国家科学技术学术著作出版基金资助出版

智能电网技术与装备丛书

高比例并网风电及系统动态分析

Power System Dynamics Analysis with Highly-Penetrated Wind Power Generation

胡家兵　谢小荣　著

科 学 出 版 社

北　京

内 容 简 介

本书是国家重点研发计划项目“高比例可再生能源并网的电力系统规划与运行基础理论”课题4“源-网-荷高度电力电子化的电力系统稳定性分析理论”的成果之一。全书共分9章。第1章为高比例并网风电与电力系统动态问题，第2章为风力机及其控制，第3章和第4章分别为电网对称和不对称条件下的风电机组控制，第5章为风电机组故障穿越运行，第6章为含高比例风电电力系统的电磁尺度小信号频域建模及分析，7章为不对称故障穿越期间不对称故障穿越期间风电机组及网络的电磁时间尺度小信号动态建模与分析，第8章为含风电电力系统机电尺度暂态分析，第9章为含风电电力系统频率动态分析。

本书可供从事新能源并网控制研究的广大高校师生和从事风电产品开发、风电场运行管理乃至电网运行分析等的研究人员及工程技术人员参考。

图书在版编目(CIP)数据

高比例并网风电及系统动态分析＝Power System Dynamics Analysis with Highly-Penetrated Wind Power Generation / 胡家兵，谢小荣著. —北京：科学出版社，2022.9

(国家科学技术学术著作出版基金资助出版)

(智能电网技术与装备丛书)

ISBN 978-7-03-068211-6

Ⅰ. ①高…　Ⅱ. ①胡…　②谢…　Ⅲ. ①风力发电系统　Ⅳ. ①TM614

中国版本图书馆CIP数据核字(2021)第038533号

责任编辑：范运年　王楠楠 / 责任校对：王萌萌

责任印制：师艳茹 / 封面设计：蓝正设计

科学出版社 出版

北京东黄城根北街16号

邮政编码：100717

http://www.sciencep.com

北京建宏印刷有限公司 印刷

科学出版社发行　各地新华书店经销

*

2022年9月第 一 版　开本：720×1000 1/16

2024年1月第二次印刷　印张：22

字数：426 000

定价：168.00元

(如有印装质量问题，我社负责调换)

“智能电网技术与装备丛书”编委会

“智能电网技术与装备丛书”序

国家重点研发计划由原来的“国家重点基础研究发展计划”(973 计划)、“国家高技术研究发展计划”(863 计划)、国家科技支撑计划、国际科技合作与交流专项、产业技术研究与开发基金和公益性行业科研专项等整合而成，是针对事关国计民生的重大社会公益性研究的计划。国家重点研发计划事关产业核心竞争力、整体自主创新能力和国家安全的战略性、基础性、前瞻性重大科学问题、重大共性关键技术和产品，为我国国民经济和社会发展主要领域提供持续性的支撑和引领。

“智能电网技术与装备”重点专项是国家重点研发计划第一批启动的重点专项，是国家创新驱动发展战略的重要组成部分。该专项通过各项目的实施和研究，持续推动智能电网领域技术创新，支撑能源结构清洁化转型和能源消费革命。该专项从基础研究、重大共性关键技术研究到典型应用示范，全链条创新设计、一体化组织实施，实现智能电网关键装备国产化。

“十三五”期间，智能电网专项重点研究大规模可再生能源并网消纳、大电网柔性互联、大规模用户供需互动用电、多能源互补的分布式供能与微网等关键技术，并对智能电网涉及的大规模长寿命低成本储能、高压大功率电力电子器件、先进电工材料以及能源互联网理论等基础理论与材料等开展基础研究，专项还部署了部分重大示范工程。“十三五”期间专项任务部署中基础理论研究项目占 24%；共性关键技术项目占 54%；应用示范任务项目占 22%。

“智能电网技术与装备”重点专项实施总体进展顺利，突破了一批事关产业核心竞争力的重大共性关键技术，研发了一批具有整体自主创新能力的装备，形成了一批应用示范带动和世界领先的技术成果。预期通过专项实施，可显著提升我国智能电网技术和装备的水平。

基于加强推广专项成果的良好愿景，工业和信息化部产业发展促进中心与科学出版社联合策划以智能电网专项优秀科技成果为基础，组织出版“智能电网技术与装备丛书”，丛书为承担重点专项的各位专家和工作人员提供一个展示的平台。出版著作是一个非常艰苦的过程，耗人、耗时，通常是几年磨一剑，在此感谢承担“智能电网技术与装备”重点专项的所有参与人员和为丛书出版做出贡献的作者和工作人员。我们期望将这套丛书做成智能电网领域权威的出版物！

我相信这套丛书的出版，将是我国智能电网领域技术发展的重要标志，不仅能使更多的电力行业从业人员学习和借鉴，也能促使更多的读者了解我国智能电网技术的发展和成就，共同推动我国智能电网领域的进步和发展。

2019-8-30

序　一

在国际社会推动能源转型发展、应对全球气候变化背景下，大力发展可再生能源，实现能源生产的清洁化转型，是能源可持续发展的重要途径。近十多年来，我国可再生能源发展迅猛，已经成为世界上风电和光伏发电装机容量最大的国家。“高比例可再生能源并网”和“高比例电力电子装备接入”将成为未来电力系统的重要特征。

由中国电力科学研究院有限公司牵头、清华大学康重庆教授担任项目负责人的国家重点研发计划项目“高比例可再生能源并网的电力系统规划与运行基础理论”(2016YFB0900100)是“智能电网技术与装备”重点专项“十三五”首批首个项目。在该项目申报阶段的研讨过程中，根据大家的研判，确定了两大科学问题：一是高比例可再生能源并网对电力系统形态演化的影响机理和源-荷强不确定性约束下输配电网规划问题，二是源-网-荷高度电力电子化条件下电力系统多时间尺度耦合的稳定机理与协同运行问题。项目从未来电力系统结构形态演化模型及电力预测方法、考虑高比例可再生能源时空分布特性的交直流输电网多目标协同规划方法、高渗透率可再生能源接入下考虑柔性负荷的配电网规划方法、源-网-荷高度电力电子化的电力系统稳定性分析理论、含高比例可再生能源的交直流混联系统协同优化运行理论五个方面进行深入研究。2018 年 11 月，我在南京参加了该项目与《电力系统自动化》杂志社共同主办的“‘紫金论电’——高比例可再生能源电力系统学术研讨会”，并做了这方面的主旨报告，对该项目研究的推进情况也有了进一步的了解。

经过四年多的研究，在 15 家高校和 3 家科研单位的共同努力下，项目进展顺利，在高比例可再生能源并网的规划和运行研究方面取得了新的突破。项目提出了高比例可再生能源电力系统的灵活性理论，并应用于未来电网形态演化；建立了高比例可再生能源多点随机注入的交直流混联复杂系统高效全景运行模拟方法，揭示了高比例可再生能源对系统运行方式的影响机理；创立了高渗透率可再生能源配电系统安全边界基础理论，提出了配电系统规划新方法；发现了电力电子化电力系统多尺度动力学相互作用机理及功角-电压联合动态稳定新原理，揭示了装备与网络的多尺度相互作用对系统稳定性的影响规律；提出了高比例可再生能源跨区协同调度方法及输配协同调度方法。整体上看，项目初步建立了高比例可再生能源接入下电力系统形态构建、协同规划和优化运行的理论与方法。

项目团队借助“十三五”的春风，同心协力，众志成城，取得了一系列显著成果，同时，他们及时总结，形成了系列著作共 5 部。该系列专著的第一作者鲁宗相、程浩忠、肖峻、胡家兵、姚良忠分别为该项目五个课题的负责人，其他作者也是课题的主要完成人，他们都是活跃于高比例可再生能源电力系统领域的研究人员。该系列专著的内容系项目团队成果的集成，5 部专著体系结构清晰、富于理论创新，学术价值高，同时具有指导工程实践的潜在价值。相信该系列专著的出版，将推动我国高比例可再生能源电力系统分析理论与方法的发展，为我国电力能源事业实现高效可持续发展的未来愿景提供切实可行的技术路线，为政府相关部门制定能源政策、发展战略和管理举措提供强有力的决策支持，同时为广大同行提供有益的参考。

祝贺项目团队和系列专著作者取得的丰硕学术成果，并预祝他们未来取得更大成绩！

周孝信

2021 年 6 月 28 日

序　二

发展风电和光伏发电等可再生能源是国家能源革命战略的必然选择，也是缓解能源危机和气候变暖的重要途径。我国已经连续多年成为世界上风电和光伏发电并网装机容量最大的国家。据预测，到 2030 年，我国可再生能源的发电量占比将达 30%以上，而局部地区非水可再生能源发电量占比也将超过 30%。纵观全球，许多国家都在大力发展可再生能源，实现能源生产的清洁化转型，丹麦、葡萄牙、德国等国家的可再生能源发电已占重要甚至主体地位。风、光资源存在波动性和不确定性等特征，高比例可再生能源并网对电力系统的安全可靠运行提出了严峻挑战，将引起电力系统规划和运行方法的巨大变革。我们需要前瞻性地研究高比例可再生能源电力系统面临的问题，并未雨绸缪地制定相应的解决方案。

“十三五”开局之年，科技部启动了国家重点研发计划“智能电网技术与装备”重点专项，2016 年首批在 5 个技术方向启动 17 个项目，在第一个技术方向“大规模可再生能源并网消纳”中设置的第一个项目就是基础研究类项目“高比例可再生能源并网的电力系统规划与运行基础理论”（2016YFB0900100）。该项目牵头单位为中国电力科学研究院有限公司，承担单位包括清华大学、上海交通大学、华中科技大学、天津大学、华北电力大学、浙江大学等 15 家高校和中国电力科学研究院有限公司、国网能源研究院有限公司、国网经济技术研究院有限公司 3 家科研院所。项目团队以长期奋战在一线的中青年学者为主力，包括众多在智能电网与可再生能源领域具有一定国内外影响力的学术领军人物和骨干研究人才。项目面向国家能源结构向清洁化转型的实际迫切需求，以未来高比例可再生能源并网的电力系统为研究对象，针对高比例可再生能源并网带来的多时空强不确定性和电力系统电力电子化趋势，研究未来电力系统的协调规划和优化运行基础理论。

经过四年多的研究，项目取得了丰富的理论研究成果。作为基础研究类项目，项目团队在国内外期刊发表了一系列有影响力的论文，多篇论文在国内外获得报道和好评；建立了软件平台 4 套、动模试验平台 1 套；构建了整个项目层面的共同算例数据平台，并在国际上发表；部分理论与方法成果已在我国西北电网、天津、浙江、江苏等典型区域开展应用。项目组在 *IEEE Transactions on Power Systems*、*IEEE Transactions on Energy Conversion*、《中国电机工程学报》、《电工技术学报》、《电力系统自动化》和《电网技术》等国内外权威期刊上主办了 20 余次与“高比例可再生能源电力系统”相关的专刊和专栏，产生了较大的国内外影响。项目组主办和参与主办了多次国内外重要学术会议，积极参与 IEEE、国际大电网组织(CIGRE)、国际电工委员会(IEC)等国际组织的学术活动，牵头成立了相关工作组，发布了多本技术报告，受到国际广泛关注。

基于所取得的研究成果，5 个课题分别从自身研究重点出发，进行了系统的总结和凝练，梳理了课题研究所形成的核心理论、方法与技术，形成了系列专著共 5 部。

第一部著作对应课题 1“未来电力系统结构形态演化模型及电力预测方法”，系统地论述了面向高比例可再生能源的资源、电源、负荷和电网的未来形态以及场景预测结果。在资源与电源侧，研判了中远期我国能源格局变化趋势及特征，对未来电力系统时空动态演变机理以及我国中长期能源电力典型发展格局进行预测；在负荷侧，对广义负荷结构以及动态关联特性进行辨识和解析，并对负荷曲线形态演变做出研判；在电网侧，对高比例可再生能源集群送出的输电网结构形态以及高渗透率可再生能源和储能灵活接入的配电网形态演变做出判断。该著作可为未来高比例可再生能源电力系统中源-网-荷-储各环节互动耦合的形态发展与优化规划提供理论指导。

第二部著作对应课题 2“考虑高比例可再生能源时空分布特性的交直流输电网多目标协同规划方法”。以输电系统为研究对象，针对高比例可再生能源并网带来的多时空强不确定性问题，建立了考虑高比例可再生能源时空分布特性的交直流输电网网源协同规划理论；提出了考虑高比例可再生能源的输电网随机规划方法和鲁棒规划方法，实现了面向新型输电网形态的电网柔性规划；介绍了与配电网相协同的交直流输电网多目标规划方法，构建了输配电网的价值、风险、协调性指标；给出了基于安全校核与生产模拟融合技术的规划方案综合评价与决策方法。该著作的内容形成了一套以多场景技术、鲁棒规划理论、随机规划理论、协同规划理论为核心的输电网规划理论体系。

第三部著作对应课题 3“高渗透率可再生能源接入下考虑柔性负荷的配电网规划方法”。针对未来配电系统接入高比例分布式可再生能源引起的消纳与安全问题，详细论述了考虑高渗透率可再生能源接入的配电网安全域理论体系。该著作给出了配电网安全域的基本概念与定义模型，介绍了配电网安全域的观测方法以及性质机理，提出了基于安全边界的配电网规划新方法以及高比例可再生能源接入下配电网规划的新原则。配电网安全域与输电网安全域不同，在域体积、形状等方面特点突出，配电网安全域能够反映配电网的结构特征，有助于在研究中更好地认识配电网。配电网安全域是未来提高配电网效率和消纳可再生能源的一个有力工具，具有巨大的应用潜力。

第四部著作对应课题 4“源-网-荷高度电力电子化的电力系统稳定性分析理

论”。针对高比例可再生能源并网引起的电力系统稳定机理的变革，以风光发电等可再生能源设备为对象、以含高比例可再生能源的电力电子化电力系统动态问题为目标，系统地阐述了系统动态稳定建模理论与分析方法。从风光发电等设备多时间尺度控制与序贯切换的基本架构出发，总结了惯性/一次调频、负序控制及对称/不对称故障穿越等典型控制，讨论了设备动态特性及其建模方法以及含高比例可再生能源的电力系统稳定形态及其分析方法，实现了不同时间尺度下多样化设备特性的统一刻画及多设备间交互作用的量化解析，可为电力电子化电力系统的稳定机理分析与控制综合提供理论基础。

第五部著作对应课题 5“含高比例可再生能源的交直流混联系统协同优化运行理论”。针对含高比例可再生能源的交直流混联系统安全经济运行问题，该著作分别从电网运行态势、高比例可再生能源集群并网及多源互补优化运行、源-网-荷交互的灵活重构与协同运行、多时间尺度运行优化与决策、高比例可再生能源输电系统与配电系统安全高效协同运行分析等多个方面进行了系统论述，并介绍了含高比例可再生能源交直流混联系统多类型源-荷互补运行策略以及实现高渗透率可再生能源配电系统源-网-荷交互的灵活重构与自治运行方法等最新研究成果。这些研究成果可为电网调度部门更好地运营未来高比例可再生能源电力系统提供有益参考。

作为“智能电网技术与装备丛书”的一个构成部分，该系列著作是对高比例可再生能源电力系统研究工作的系统化总结，其中的部分成果为高比例可再生能源电力系统的规划与运行提供了理论分析工具。出版过程中，系列著作的作者与科学出版社范运年编辑通力合作，对书稿内容进行了认真讨论和反复斟酌，以确保整体质量。作为项目负责人，我也借此机会向系列著作的出版表示祝贺，向作者和出版社表示感谢！希望这 5 部著作可以为从事可再生能源和电力系统教学、科研、管理及工程技术的相关人员提供理论指导和实际案例，为政府部门制定相关政策法规提供有益参考。

康重庆

2021 年 5 月 6 日

前　言

为实现“碳中和碳达标”重大战略目标，预计 2030 年我国风光装机将超过 12 亿 kW，2060 年将超过 50 亿 kW，以风电为代表的新能源将成为我国新型电力系统的构建主体。该发展趋势下，电力系统中的发电设备将持续由汽轮机或水轮机驱动的同步发电机演变为由风力机驱动、电力电子化设备并网的风电机组。截至 2020 年 12 月，在含高比例并网风电电力系统的运行实践中已陆续发生了与发电设备电力电子化相关的事故，如哈密地区电网出现的并网风电电力系统宽频带振荡事故、酒泉地区电网因交流故障导致的风电大规模脱网事故等。上述事故产生的机理尚不完全明确，严重威胁了电力系统的安全稳定运行。因此，含高比例风电电力系统的动态问题已成为制约我国实现风电发展目标的主要科学技术障碍，也是欧美等发达国家风电开发中面临的共性科学技术挑战。

众所周知，发电设备是构成电力系统的基本要素之一，设备替代意味着电力系统中网络节点对象的特性变化，进而改变并决定了电力系统的动态现象及其机理。风电机组采用多尺度机电/电磁控制与保护架构，与同步发电机等传统电磁变换设备的动力学特性迥异，使其在一次调频尺度以下具有多时间尺度动力学新特征。特别是随着系统中风电比例的不断提高，新一代并网规范将风电场、风电机组的惯量/一次调频等快速频率调节能力、不对称故障穿越及负序电流调节能力纳入要求，使风电机组/风电场在并网系统中表现出更加复杂的动态与暂态特性。因此，长期形成的基于同步发电机特性的电力系统动态问题分析理论正逐渐地难以适应电网新形态，急需开展针对电力电子化发电设备动态特性及含高比例风电电力系统动态问题的基础研究。本书的目的即是从基础理论和关键技术的层面上进行探讨并尝试提出相关建模与分析的基本思路。

本书以大型商用双馈型、全功率型变速恒频风电机组及其规模化并网系统为对象，从风电设备多时间尺度控制与序贯切换的基本架构出发，将惯性/一次调频、负序控制及对称/不对称故障穿越等典型控制保护作为基本知识，即构成本书上篇；下篇着重围绕有功功率突变、对称/不对称短路故障等不同电网扰动条件，以专题形式分别讨论并网风电设备动态、暂态特性及其刻画方法，以及含高比例风电的简单电力系统动态、暂态行为及其分析方法。本书内容是对作者多年来国家级科研项目研究成果的总结和对研究生培养工作的升华，理论上具有领跑国际先进风电技术规范与标准的重要意义，学术上具有明显的原创性，技术上具有相当的工程应用前景。

本书对于从事新能源并网控制研究的广大高校师生，特别对于学习高比例并网风电建模及其电力系统动态分析的研究生是一本兼具理论意义与工程实用价值的高水平参考书，对于从事风电产品开发、风电场运行管理乃至电网运行分析等的研究人员、工程技术人员具有一定的帮助。

本书由华中科技大学胡家兵教授、清华大学谢小荣教授共同撰写。常远瞩博士、唐王倩云博士、章晓杰博士、王思成博士及占颖博士等对本书的研究成果及出版工作做出了重大贡献。

本书获得了国家重点研发计划项目课题“源-网-荷高度电力电子化的电力系统稳定性分析理论”(2016YFB0900104)、国家自然科学基金项目“高渗透率并网风电频率动态响应控制及其对电力系统频率特性影响机理研究”(51777083)等多个国家级重大/重点项目的资助。本书撰写过程中参阅了不少国内外相关文献，在此向其作者致谢。

本书作者才疏学浅，书中难免存在不足之处，望请广大读者不吝赐教。热忱欢迎专家同行来信指导，联系邮箱：j.hu@mail.hust.edu.cn。

作者

2022 年 3 月 20 日

目　　录

下篇　含高比例风电电力系统动态分析

绪　论

第 1 章　高比例并网风电与电力系统动态问题

1.1　高比例并网风电基本情况

1.1.1　风力发电的发展现状

进入 21 世纪以来，全球风电市场进入了一个快速增长的阶段，近年全球风电新增及总装机容量如图 1-1 所示。在中国、美国、德国、印度等国家的引领下，全球风电的总装机容量从 2001 年的 24GW 跃升至 2020 年的 743GW[1]。虽然前些年风电装机容量增速有所放缓，但全球风电总装机容量仍保持 10%以上的增长速度，并在 2020 年创下了单年新增 93GW 的新高。除欧美、中国、印度等成熟的风电市场外，近年来也涌现了一批新兴风电市场，包括菲律宾、泰国、越南、阿根廷、哥伦比亚、智利等国家，在当地政府制定的风电发展目标和规划的驱动下，风电装机容量持续增长。在全球风电快速发展的同时，我国风电装机容量一直保持着高速增长，近年的总装机容量和年装机容量稳居全球第一。2020 年，我国新增风电装机容量为 52GW①，年装机容量超过全球其他国家总和，到 2020 年底总装机容量达到 288GW，约占全球总装机容量的 38.8%；风电发电量达 4665 亿 kW · h，全国风电平均利用小时数 2097h[1,2]。

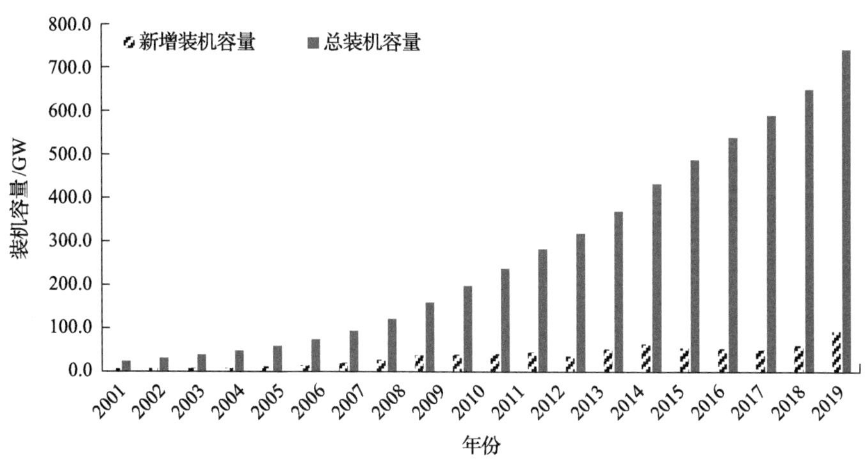

图 1-1　近年全球风电新增及总装机容量[1]

① 此处国家能源局数据与全球风能理事会(Global Wind Energy Council，GWEC)发布的数据不统一，GWEC 将 2019 年完成装机 2020 年并网的机组统计入 2019 年的装机数据中，为方便与其他国家的数据进行对比，此处选取 GWEC 数据。

随着风电装机容量的持续增加，电力系统的格局已呈现出风电局部高比例的特征，全球范围以欧洲尤为显著。2020 年欧洲风电总装机容量为 220GW，年发电量能够满足全欧洲 16.4%的电力需求[3]。其中丹麦风电发电量与电力负荷的比值达到了 48%，爱尔兰达到了 38%，德国、英国、葡萄牙、瑞典和西班牙的比值在 20%以上。我国部分省份的风电已成为省级电网的第二大装机电源[4]，且具有继续上升的趋势，多个省份的风电装机容量已经超过 10GW。西北地区为我国最先大规模开发风电的地区，风电发电量一直位于全国的领先水平，风电的发电量也一直在持续上升，其中甘肃风电发电量更是在 2021 年 1 月 18 日达到 10.24GW 的历史新高，占全省发电出力的 39.77%，占甘肃全网用电负荷的 66.76%[5]。西南地区中，云南电网风电占总发电电源装机的比例虽只有约 13%，但在春节低负荷、低外送方式下会出现特殊高占比运行方式。2019 年春节期间，风电出力正常占比在 20%～40%，最大约 7000MW，最高占比达到 50%。我国中东部风电开发也在加速进行。2020 年，华东 5 个沿海省市在电价政策的影响下，海上风电市场随着陆上风电一齐快速增长，其中江苏省在 2020 年新增风电装机 5GW，累计装机容量达到 15.5GW[6]。由此可见，无论是国外还是国内，部分地区中风电的比例已经相当高，甚至已成为局部电网中的主要电源，风电的局部高比例已经成为电力系统的一个重要特征。

1.1.2 风力发电的发展趋势

当前，局部高比例场景已在陆上、风电资源集中区域显现，近年全球陆上风电与海上风电新增装机容量对比如图 1-2 所示。未来，全球风电仍将保持高速发展的态势。据 GWEC 预测，2021～2025 年全球新增风电装机容量将达 469GW[1]，风电电源将由局部高比例逐步发展为全局高比例的新形态，特别是将来海上风电、分布式发电的崛起，会使并网风电格局由局部高比例转变为全局高比例。

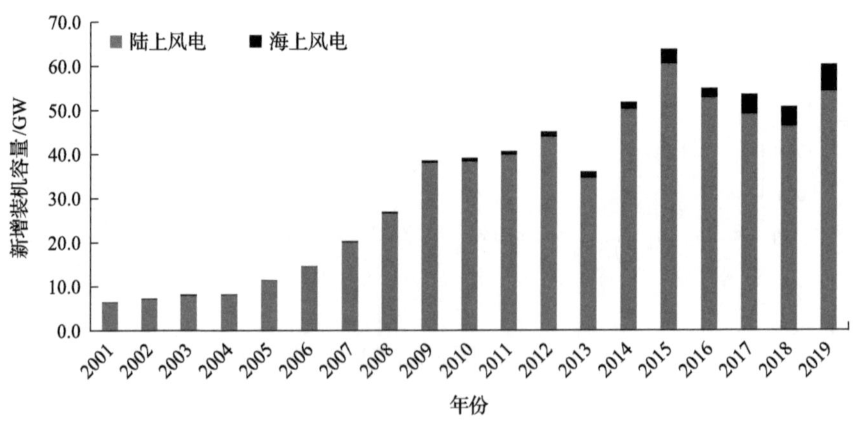

图 1-2 近年全球陆上风电与海上风电新增装机容量对比

在海上风电方面，海洋可再生能源行动联盟(Ocean Renewable Energy Action Coalition，OREAC)提出到 2050 年，全球将有大约 1400GW 的海上风电装机容量，覆盖全球约十分之一的电力需求[7]，海上风电的发展在未来将具有更高的地位。2009 年之前，全球每年海上风电新增装机容量占全部风电新增装机容量的比例不到 1%，2010～2014 年增长到约 3%，2016 年之后占比达到了 9%。截至 2019 年，欧洲海上风电占比为 11%，当年欧洲海上风电新增装机容量占总的新增装机容量的 24%。

2019 年我国提前完成了“十三五”规划中原定 2020 年完成 5GW 并网海上风电的目标。目前我国已经是世界海上风电装机容量第三大的国家，位列英国、德国之后，并在 2018 年、2019 年连续两年超越英国成为世界上单年度海上新增风电装机容量最多的国家。在未来一段时间，海上风电仍将是新能源发电的重点发展领域，沿海省份也对未来的海上风电发展做出了规划[1]。广东省在《广东省培育新能源战略性新兴产业集群行动计划(2021—2025 年)》中提出到 2025 年海上风电装机总量达到 15GW；江苏省在《江苏省“十四五”可再生能源发展专项规划(征求意见稿)》中提出到 2025 年底，全省海上风电并网装机规模达到 14GW，力争突破 15GW；浙江省在《浙江省可再生能源发展“十四五”规划》中指出“十四五”期间，全省海上风电力争新增装机容量 450 万 kW 以上，累计装机容量达到 500 万 kW 以上。

另外，分布式发电也将成为未来风电市场重要的组成部分。丹麦风电渗透率高居全球第一，分布式风电正是其陆上风电的主力；作为能源转型的标杆，德国在向清洁能源转型的过程中，大力发展包括分布式风电在内的分布式能源。除了分布式发电就地并网、就地消纳的优势，其发展也与当地的分布式发电的政策息息相关。21 世纪伊始，欧美国家以及日本等就已经从政策上大力扶持分布式发电[8]。2019 年开始，我国政府也加大力度鼓励分布式风电项目的发展。国家发展改革委、司法部联合印发的《关于加快建立绿色生产和消费法规政策体系的意见》[9]中明确提到要加大对分布式能源的政策支持力度，多省也已经出台分布式风电规划以及相关鼓励政策[10]，我国在 2019 年审批核准并且开工建设多个分布式风电项目。我国的分布式风电已经进入一个新的快速发展阶段。

因此，未来风电发展将形成集中式与分布式风电、海上风电与陆上风电并举的局面。随着全球风电市场的不断深度发展，将有越来越多的地区形成高比例风电的电网，未来的电网将从局部的高比例风电场景过渡到全局性的高比例风电场景。

1.2　高比例并网风电引起的事故及其对电力系统动态的影响

随着高比例并网风电局部化程度不断加深以及全局化局面逐渐形成，高比例风电并网场景下的电网运行事故频发，对电力系统安全稳定运行造成了巨大的不利影响。目前，在部分风电占比较高的地区，如美国得克萨斯州，欧洲北海，我国华北沽源、新疆哈密等地区，已出现多种形态各异、机理不明的电网运行事故。按照事故发展的形态，较为典型的事故包含风电机组脱网事故、系统次/超同步振荡事故和系统频率越限事故。充分认识高比例风电并网场景下各类事故的起因、经过及其引起的严重后果，掌握事故发生机制，对风电并网标准制定、风电设计制造及系统安全稳定运行和优化具有重要意义。

1. 风机暂态脱网事故对电力系统安全稳定造成的影响

由于电力电子变换器是变速风机并网的核心环节，且其应力过载能力较低，部分风机在系统扰动时会自动脱离电网，造成的后果极其严重。2011 年 4 月 17 日，我国河北张家口国华佳鑫风电场 35kV 侧装备故障，引发 4 座风电场 344 台风电机组低压脱网，并最终造成张家口地区损失风电出力 854MW，占事故前张家口地区风电出力的 48.5%[11]。2016 年 9 月 28 日，澳大利亚南澳大利亚州受极端恶劣天气影响，电网 88s 内遭受 5 次系统故障，引起 9 座风电场共计 445MW 的风力发电脱网，风电出力的大幅度损失进一步加剧了系统的功率不平衡，并使得南澳大利亚州与维多利亚相连的一条联络线严重过载跳闸，最终引发系统频率崩溃，南澳大利亚州电网全停[12]。

目前，从电力系统安全稳定运行的需求出发，许多国家、地区或电力运营企业发布了风电并网技术标准，要求风机具备一定的故障(低电压、高电压)穿越能力。但随着并网风电容量的增加，故障发生瞬间的应力过载不再是导致脱网事件的单一因素，故障期间、故障切除后出现的失稳成为诱发脱网事件的新生因素。

2. 次/超同步振荡事故对电力系统安全稳定造成的影响

随着并网风电占本地电源的比例的不断增加，电力系统出现了越来越多的大规模、集中式风力发电经远距离接入的弱支撑送端场景，而且在这些场景中频繁发生数十赫兹的振荡问题，造成了严重的系统设备受损停运事故[13]。从 2010 年 10 月开始，我国华北沽源地区发生了上百次与双馈风电场和串补线路有关的次同步振荡，振荡频率在 3～10Hz 变化，电流振幅最高可达基波的 50%左右，造成大量风机脱网[14]。另外在我国新疆哈密地区，从 2015 年 7 月以来，多次发生频率为 20～80Hz 的振荡，严重时曾导致 3 台火电机组扭振保护动作切机[15]。2009 年 10 月发生的美国得克萨斯州某双馈风电场经串补线路送出系统次同步振荡事故，振荡频率约 20Hz，电压振荡幅值达到 1.9p.u.，造成大量双馈型风机电路损坏，风电场停运[15]。此外，2014 年 3 月在欧洲北海某海上风电场经电压源型直流输电(VSC-HVDC)发生的高频振荡事故中，振荡频率为 200～250Hz，导致直流换流站停运。

目前，部分次/超同步振荡事件(如沽源振荡、哈密振荡)的机理仍未能得到很好的揭示，尚未形成成熟可靠的系统性解决方案，振荡事故仍时有发生。

3. 频率越限事故对电力系统安全稳定造成的影响

现有并网风机大多采用基于快速锁相同步的控制方式。当电网频率发生扰动时，锁相环能够促使风机快速与电网同步运行，从而屏蔽了电网的频率扰动。这导致此类风机不能够像同步机一样提供暂时的动态功率支撑，即不具备惯性响应特性。当风电在电力系统中的渗透水平不断提高并逐步取代系统中的同步机时，系统的等效惯性能力将减弱，频率动态行为将受到影响，严重时可造成大范围停电，给人们的生产生活带来巨大损失。2019 年 8 月 9 日，英国小巴福德燃气电站和霍恩西海上风电场相继脱网，使得系统接连损失出力 1630MW(占总发电的 6.43%)，频率下降至 48.9Hz，进而因超出系统允许频率波动范围而触发低频减载，造成英国大规模停电事故。当时电网风电总出力约占总负荷的 34.71%，霍恩西海上风电场总出力约为 3.55%[16]。虽然部分事故原因目前还未得到权威证实，但不可否认，高比例风电并网影响系统频率响应是停电范围扩大的一个重要原因。在含高比例风电的加拿大魁北克地区，也发生过该类事件，电网损失发电机出力后，导致频率降低至 58.6Hz，接近当地触发切出负荷保护的 58.5Hz，对当地的供电安全与稳定造成较大的影响[17]。

综上所述，局部高比例风电场景下的电网运行事故对电力系统安全稳定运行造成的典型负面影响主要包括以下三个方面：一是风电耐压水平较低，高比例风电脱网极易增加系统其余部分发生连锁事故的风险；二是系统抗扰动能力不足，系统运行过程极易受扰引发系统次/超同步振荡问题；三是系统等效转动惯量下降、调频备用容量不足，系统频率问题凸显。随着局部高比例并网风电格局逐渐全局化，上述不利影响将会更加显著，将出现更多形态各异、机理不明的新问题，含高比例并网风电电力系统的安全稳定运行受到严峻挑战。

1.3　风电并网标准及其演化

1.3.1　风电并网标准的发展趋势

随着风力发电规模的扩大，并网风电对电力系统运行的影响逐渐加剧。许多国家、地区的输配电企业发布了风电并网标准，强制要求风电场满足一系列技术规范。尽管各并网标准的技术规范细节存在差异，但这些并网导则具有相同的目的，即要求风电场并网行为符合系列技术规范以保障电力系统输供电的安全可靠。

2006 年，德国 E.ON 公司发布了首个风电并网标准，明确了接入 110～380kV 电网的风电场必须具备的技术性能规范[18]。2007 年，为更为有效地整合北欧电力市场，提高供电质量与系统可靠性，北欧电力调度系统供应商共同商定了北欧输电网技术规范[19]，为接入 110～420kV 电网的风电场制定了具体并网性能要求，该规范已应用于挪威、瑞典、芬兰和丹麦四个北欧国家。2011 年，我国也正式发布了适用于我国 110(66)kV 以上电压等级的《风电场接入电力系统技术规定》(GB/T 19963—2011)[20]。

随着并网风电占电源比例的增加，电力系统安全可靠运行的实质问题也在变化，因此并网导则的技术细则也将逐渐发展更新。按照功能区分，现有并网导则中的技术细则主要包含静态运行范围要求、功率控制能力要求、故障穿越要求等。其中，静态运行范围要求指出了风电场能够持续正常运行的电网电压、频率范围；功率控制能力要求指出了风电场在电网电压、频率波动条件下应具备的有功功率、无功功率调节功能；故障穿越要求指出了电网短路后风电场应具备的持续并网与支撑电网性能。针对本书讨论的电力系统动态问题，本节将主要对功率控制能力要求、故障穿越要求做进一步介绍。

1.3.2 有功功率与频率控制能力

交流电力系统的运行频率取决于有功功率的平衡。为维持电力系统频率在可接受的工作范围，风电场应依据电力系统频率信息主动调节输出的有功功率，使其具有类似传统发电厂的频率响应性能。按照驱动风电场有功功率调节的频率信息，并网导则要求的有功功率与频率控制能力包括惯量控制、一次调频控制等。

惯量控制要求风电场在一定的出力范围内依据电网频率的变化率改变其输出的有功功率。近年来，在一些风电发展较快的国家及地区，并网导则已将风电提供的惯量响应纳入要求。例如，2006 年加拿大魁北克电网导则中规定，装机容量超过 10MW 的风电场必须具备频率响应功能，要求风电机组应具有至少与惯性时间常数为 3.5s 的常规同步发电机组相当的惯性响应性能，即在电网出现短时(小于 10s)较为严重的频率跌落事件(大于 0.5Hz)时，风电机组必须迅速提供至少 5%的额定功率支撑，且持续 10s[21]。在我国，风电需具备的惯量响应功能也已纳入标准修改的议程中。2022 年初实施的《风电场接入电力系统技术规定 第 1 部分：陆上风电》(GB/T 19963.1—2021)中明确提出风电场应具有惯量响应功能[22]。当系统频率变化率大于死区范围且风电场出力大于 20%额定功率时，风电场应在满足式(1-1)的条件下提供惯量响应，并且风电场有功功率变化量 ΔP 应满足式(1-2)，ΔP 的响应时间不大于 1s，允许偏差不大于 2%额定功率。

$$\Delta f \cdot \frac{\mathrm{d}f}{\mathrm{d}t} > 0 \tag{1-1}$$

$$\Delta P \geqslant -\frac{T_{\mathrm{J}}}{f_{\mathrm{N}}} \cdot \frac{\mathrm{d}f}{\mathrm{d}t} \cdot P_{\mathrm{N}} \tag{1-2}$$

式中，f 为电网频率；f_N 为电网额定频率；Δf 为电网频率与额定频率的偏差量；P_N 为风电场的额定功率；T_J 为风电场惯性时间常数，典型值取 4～12s。

一次调频控制要求风电场在一定的出力范围内依据电网频率与工频的偏差量改变输出的有功功率。一些国家和地区对风电场参与一次调频也早已做出规定。例如，西班牙电网规定风电机组必须提供 1.5%额定容量的备用容量[23]，德国电网导则中则要求额定容量大于 100MW 的风电场必须提供一次调频控制，对于 0.2Hz 的频率偏差，风电场需在 30s 内提供至少 2%额定容量的功率支撑，并可至少维持 15min[24]。我国的《风电场接入电力系统技术规定 第 1 部分：陆上风电》(GB/T 19963.1—2021) 对风电场参与一次调频也做了相关规定——当系统频率偏差大于死区范围且风电场出力大于 20%额定功率时，风电场应具备参与一次调频的能力，有功功率变化量满足：

$$\Delta P = -K_f \cdot \frac{\Delta f}{f_N} \cdot P_N \tag{1-3}$$

式中，K_f 为有功调频系数，其值一般设置为 10～50。

一般而言，该类策略的执行以风电机组的减载运行为基础，会直接降低风电场正常运行工况下的发电效益。

1.3.3　无功功率与电压控制能力

交流电力系统的运行电压水平取决于无功功率的平衡。为维持本地电力系统电压水平在可接受的工作区域，风电场应依据电力系统电压信息主动调节风电机组及电容器、静止同步补偿装置 (STATCOM) 等无功补偿装置输出的无功功率，使其具有类似于传统发电厂的励磁调节性能，参与电力系统的无功平衡调节。例如，我国《风电场接入电力系统技术规定 第 1 部分：陆上风电》(GB/T 19963.1—2021) 规定，风电场应满足功率因数在超前 0.95 到滞后 0.95 范围内动态可调。

1.3.4　故障穿越能力

1.3.2 节及 1.3.3 节规定了电网电压、频率在正常运行范围内风电场需具备的调节运行能力。此外，已发布的并网导则均针对电网短路故障这一典型非正常运行场景制订了风电场的行为规范，这一系列技术规范也称为故障穿越 (fault ride through，FRT)。

该类要求的提出是因为早期基于鼠笼异步发电机的风电机组对电网电压扰动非常敏感，较小的电网电压扰动也会引发机组保护进而导致风机脱网。风电机组在电网故障场景下的脱网行为给电力系统的安全可靠运行带来了许多问题，其中主要的问题包含：

(1) 电网短路故障发生后，若大规模风电场迅速脱网，电力系统电源注入的短路电流减少进而导致电力系统电压水平大幅度下降，此外，以故障电气量变化为工作原理的继电保护装置将存在误动作风险，延长电力系统非正常运行的时间并扩大故障的影响范围。

(2) 由于风电场脱网后的重新并网需经历较长的调节过程，大规模风电场脱网将导致故障清除后电力系统缺失大量有功电源，引发后续的动态频率问题，需要更多的快速响应装备来弥补风电场减少的有功功率。

因此，针对上述问题，并网导则对故障穿越能力的要求包含以下两点。

(1) 要求风电场及机组在一定严重程度的电压跌落、电压骤升下保持不脱网连续运行一定时间。以我国《风电场接入电力系统技术规定 第 1 部分：陆上风电》(GB/T 19963.1—2021) [22]为例，当并网点电压幅值跌落至额定值的 20%时，应保持并网连续运行至少 625ms，如图 1-3 所示；当并网点电压幅值骤升至额定值的 130%时，应保持并网连续运行至少 500ms，如图 1-4 所示。

(2) 要求风电场及机组在故障发生后的规定时间内，向电网注入一定量的无功电流，支撑电网电压水平并提供一定的短路电流。以我国《风电场接入电力系统技术规定 第 1 部分：陆上风电》(GB/T 19963.1—2021) [22]为例，并网点电压因故障跌落后的 75ms 内风电场注的无功电流幅值 I_T 应达到式 (1-4) 的要求，且持续注入无功电流的时间不应少于 550ms。

$$I_T \geqslant 1.5 \times (0.9 - U_T) I_N, \quad 0.2 \leqslant U_T \leqslant 0.9 \tag{1-4}$$

式中，I_T 为风电场注入的无功电流幅值；U_T 为风电场并网点电压幅值；I_N 为风电场的额定电流。

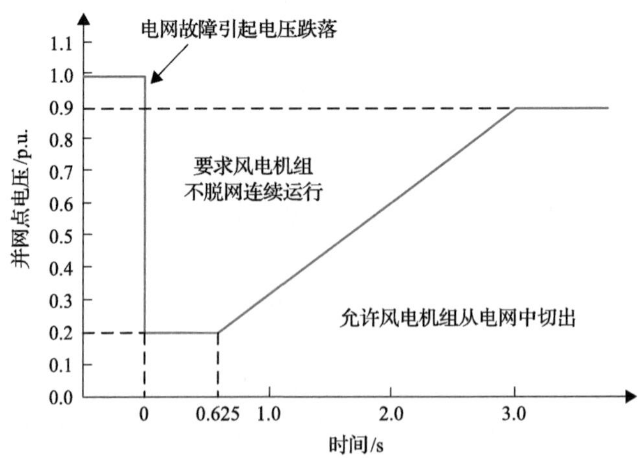

图 1-3 我国《风电场接入电力系统技术规定 第 1 部分：陆上风电》(GB/T 19963.1—2021)中的低电压穿越的要求

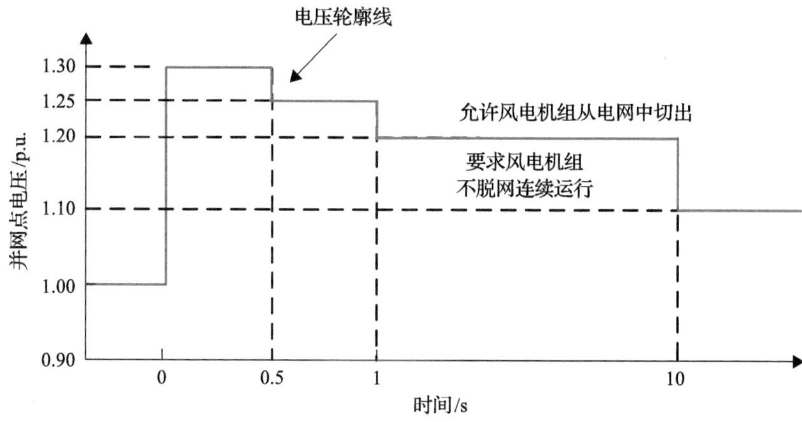

图 1-4　我国《风电场接入电力系统技术规定 第 1 部分：陆上风电》（GB/T 19963.1—2021）中的高电压穿越的要求

当前，绝大多数并网导则中的故障穿越要求仅针对对称电压跌落情况。然而，电力系统发生单相短路等不对称故障的情况更为普遍，且该类不对称故障可能造成非故障相间电压升高，因而近年新发布的并网导则将不对称故障穿越能力及过电压穿越能力纳入考核要求。例如，2017 年德国发布的并网导则 VDE-AR-N 4120 规定当电网发生两相相间短路故障时，风电场应保持并网至少 220ms 并向电力系统提供一定的负序电流[25]，如图 1-5 及图 1-6 所示。

然而，电网不对称故障将导致风电场并网点及风机机端产生负序电压，对风电机组、风电场的控制能力及性能提出了非常高的要求，详细内容将在 4.3 节中进行介绍。此外，第 5 章将会详细讨论双馈型风机和全功率型风机在电网电压跌落后的行为及故障穿越策略。

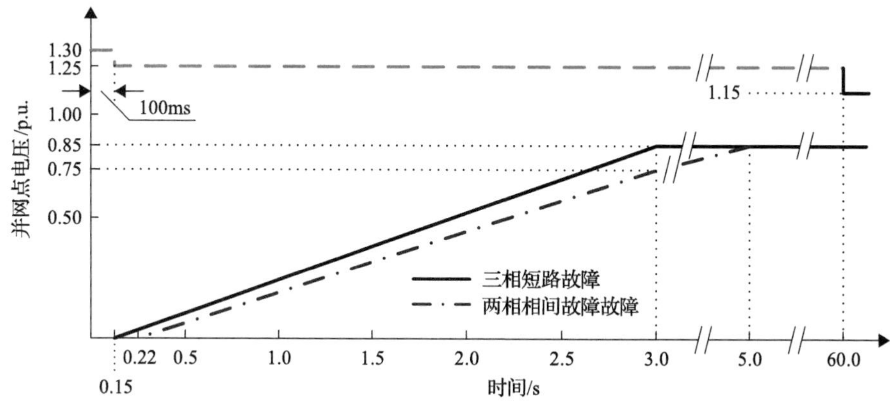

图 1-5　德国 VDE-AR-N 4120 中关于两相相间短路故障和三相短路故障的穿越要求

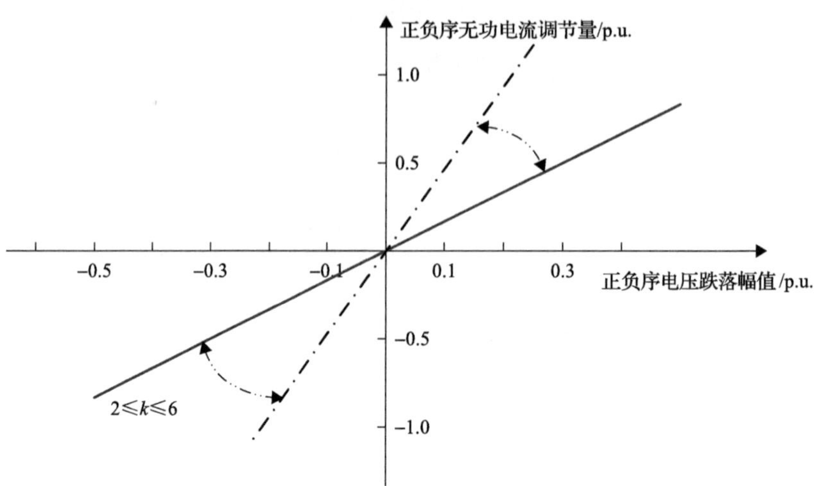

图 1-6　德国 VDE-AR-N 4120 中关于注入正负序无功电流调节量与正负序电压跌落幅值之间的要求
k 为无功电流响应增益

1.4　风电场与风电机组的控制架构

为实现风电并网标准中的诸多技术细则，风电场普遍采用了多级控制策略。按照执行控制的对象，可分为调度控制层、风电场控制层和风电机组控制层上中下三个层次。图 1-7 给出了典型风电场控制的分层架构方案。

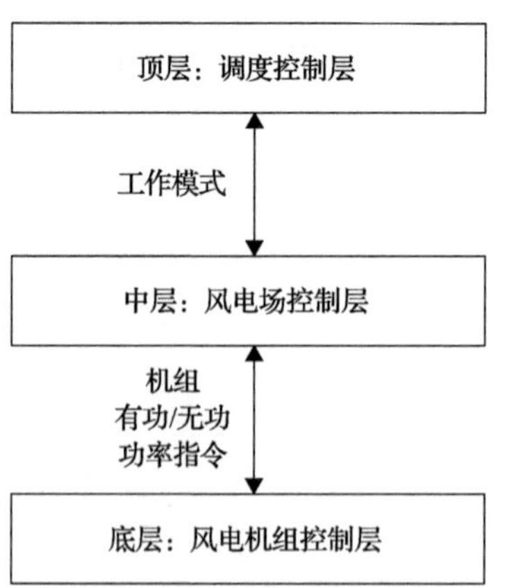

图 1-7　风电场控制的分层架构

在顶层，电力系统调度控制中心依据电力系统的运行方式与状态，下达风电场的工作方式。电力系统调度控制中心给定的风电场工作方式包含定功率因数、定无功功率等。其中，定功率因数工作方式要求风电场在依据风速实现最大化有功功率发电的同时，输出与有功功率呈比例的无功功率以保持电力系统无功功率的平衡，维持本地电压水平。

在中层，风电场依据电力系统调度控制中心下达的工作方式，使能对应的控制器对风电场内各装备的工作模式及状态进行调控。风电场控制的目标是通过分配协调风电场内各风电机组及无功补偿等装置的工作模式及其指令，以实现风电场整体对外的发电状态表现为电力系统调度控制中心设定的工作模式。风电场控制通过场内的实时通信完成，它的输入包括系统调度指令值、风电场公共连接点(PCC)的电压电流测量值、每台风电机组的工作状态。

风电场分层控制方案的底层是风电机组控制层。由于风电机群是风电场中容量占比最高的部分，因此也是执行调度指令的主体。风电机组基于对脉宽调制(PWM)变换器的控制执行风电场控制层给予的指令及工作模式。

为保障各级控制目标的有序执行，调度控制层、风电场控制层及风电机组控制层的执行速度依次递增，实行由慢至快的顺序配合。

1.4.1　风电场的汇集方式与控制

虽然单台风电机组功率越大单位发电成本越低，但受制于大功率风电机组制造、安装、运行及维护问题，风电场一般由数十至数百台兆瓦级容量的风电机组构成。因此，不同于传统水电站、火电站仅包含一台或数台发电机组，风电场的多机结构是规模化风能利用的基本形式。

风电场主要由风电机群、升压变电站以及控制管理系统等组成，其基本拓扑如图 1-8 所示。

其中，升压变电站主要包括升压变压器、开关装备、无功补偿装置(电容器、电抗器、静止无功补偿装置)、滤波器等。

风电机群是由若干风电机组按照一定的顺序排列而成的机群，风电机组通常依据地理地形建设在风资源较好的区域，负责将风能变换为符合电网特定要求的电能，一般风电机组的输出电压等级为 690V。

风电场汇集馈线的作用是通过电缆或架空线路将风电机群产生的电能输送至风电场升压变电站。风电场汇集馈线的电压等级一般为 35kV。

风电场汇集馈线和送出线之间需要经升压变电站连接。升压变压器的作用是将集电系统汇集的电能升压，达到输电网络的电压等级，一般为 110kV、220kV 或 330kV。升压变电站除了安装升压变压器，也要配备一些无功补偿装置来增加风电场的无功功率控制能力，如电容器、电抗器、静止无功补偿装置等，必要时还需配置滤波器等装置来改善并网点电压质量，满足风电场并网的电能质量要求。

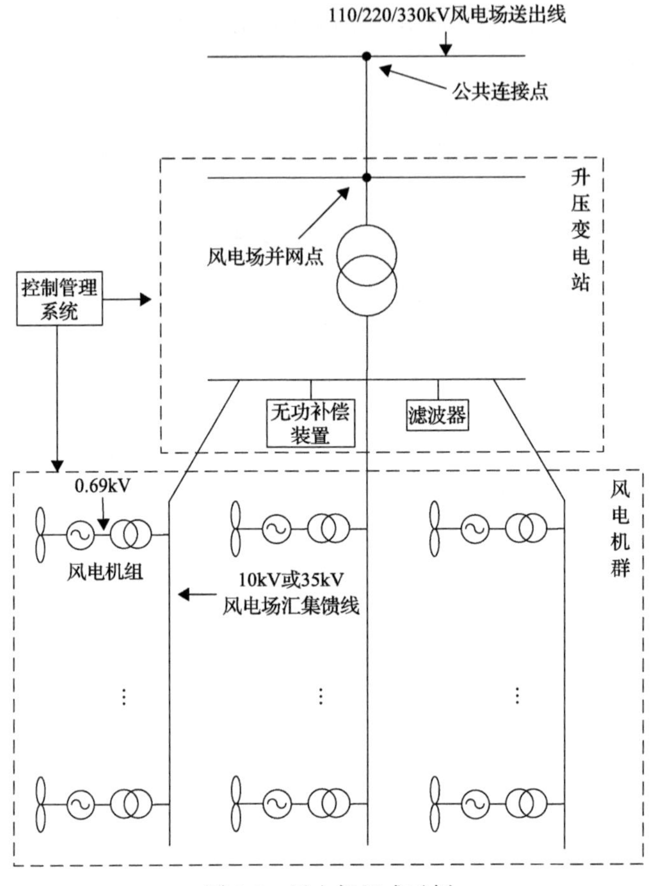

图 1-8　风电场组成示例

一种典型风电场控制结构如图 1-9 所示。典型风电场控制必须具备以下有功功率控制功能。

(1) 选择有功功率控制的运行模式：执行电网调度层指令，发出可发的全部有功功率或执行自动频率控制。

(2) 限制有功功率的变化率。

(3) 调节 PCC 处的有功功率(包含一次调频等控制功能)。

(4) 根据风电场有功功率调度指令分配每台风电机组的有功功率指令值。这种协调分配关系可以有很多种模式，可按照每台风机当时发出的有功功率占风电场总发出有功功率的比例分配，也可按照运行的风机台数平均分配，抑或根据每台风机可发出功率的计算结果进行分配。

同时，典型风电场控制也必须具备以下无功功率控制功能。

(1) 选择无功功率控制的运行模式：执行电网调度层指令，发出可发的全部无功功率，执行自动电压控制或恒功率因数控制。

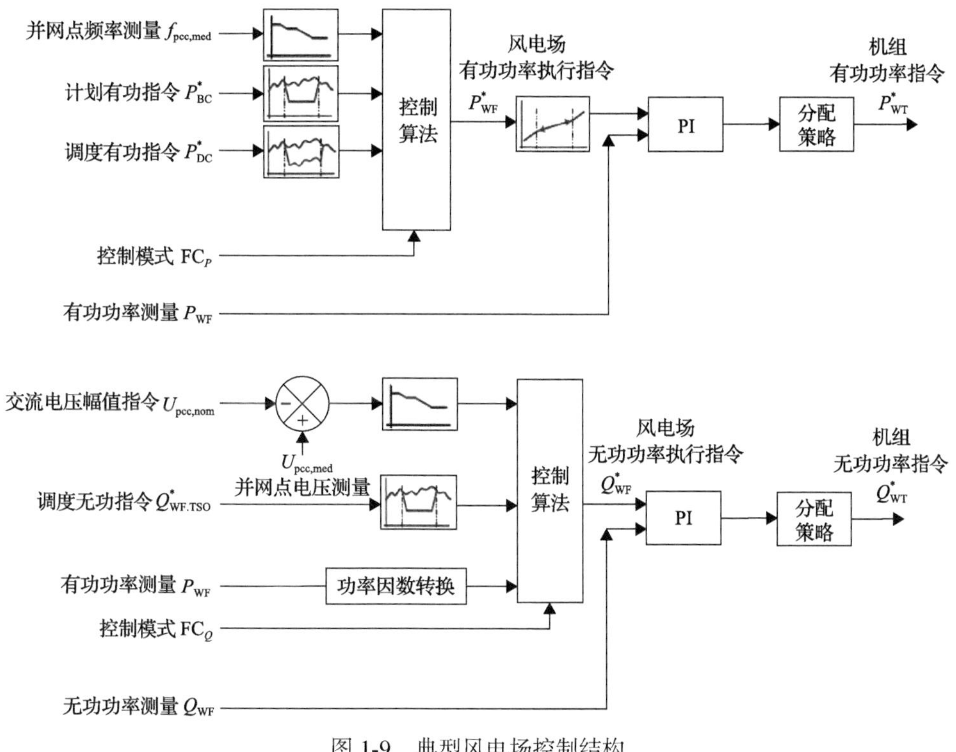

图 1-9　典型风电场控制结构

(2) 调节 PCC 处的无功功率。

(3) 根据风电场的无功功率指令调度和分配每台风机的无功功率指令值。这种调度分配的关系也可以有多种，可按照每台风机当时发出的无功功率占风电场总发出无功功率的比例分配，也可按照运行的风机台数平均分配。

为调节风电场输出的无功功率，首先，要求风机具备一定范围的功率因数调节能力，此外，风电场还普遍安装电容器、STATCOM 等无功补偿装置。风电场中的上述装备通过分配协调输出的无功功率，以调节风电场本地电压在一定的工作范围内。当电网电压低于正常范围时，风电场将向电网注入无功功率来提升本地电压；相应地，当电网电压高于正常范围时，风电场将从电网吸收无功功率来降低本地电压。

1.4.2　风电机组的典型拓扑与控制

风力发电是将风能转化为机械能，进而转化为符合电网特定要求的电能的过程，风电机组是实现风力发电的基本单元。按照风力发电的功能区分，风电机组由风力机及发电机两个核心部件组成。其中，风力机及其控制系统的功能是将风能转换为机械能，其工作特性从空气动力学及机械力学方面决定着风电机组的运行性能和能量利用效率。而发电机及 PWM 变换器控制系统的功能则是将机械能转换为电能，决定着整个发电系统的涉网性能、发电效率和输出电能质量。

按照这两大核心部件的布置关系，可将现代变速恒频风电机组分为两类：双馈型风电机组(以下简称双馈型风机)、全功率型风电机组(以下简称全功率型风机)。其中，依据所采用的发电机不同，全功率型风机又可分为鼠笼式异步发电机(SCIG)与永磁同步发电机(PMSG)两种。三种典型的风电机组如图 1-10 所示。

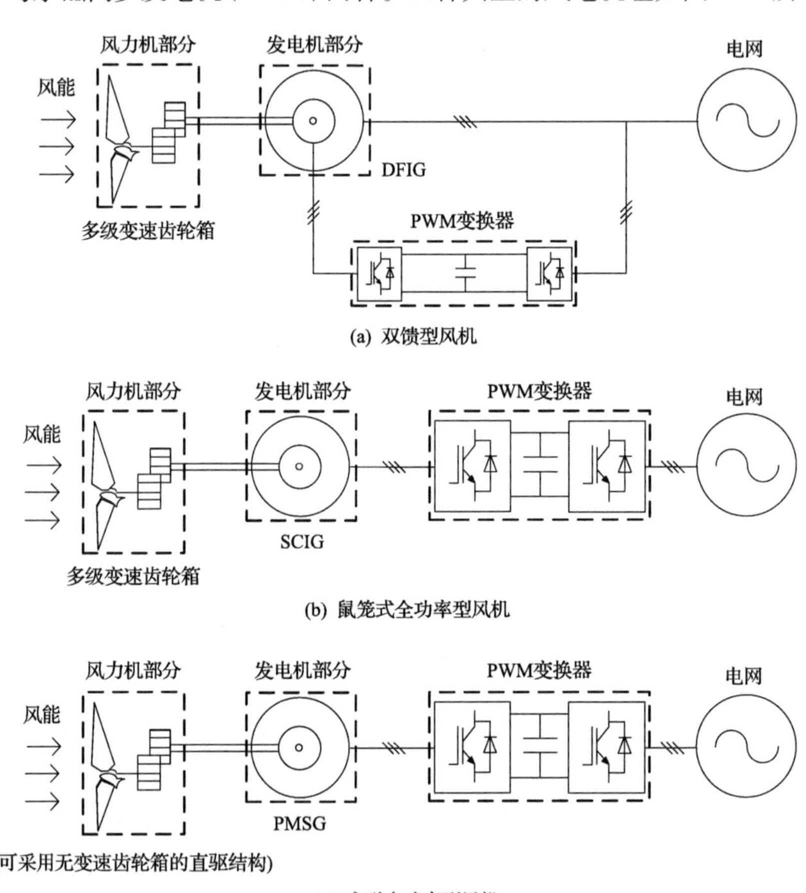

图 1-10　三种典型变速恒频风电机组的拓扑结构

其中，图 1-10(a)为目前广泛使用的双馈型风机。该类风电机组通过电力电子变换器对双馈发电机(DFIG)转子实施交流励磁。一般可在同步速上、下 30%的范围内连续运行，此时转子励磁变换器的容量仅为发电机额定功率的 30%左右。该拓扑结构采用了多级变速齿轮箱升速以减少发电机体积，增加了机组成本、降低了运行可靠性，且连接转子与励磁变换器的滑环及碳刷需要经常维护。由于定子通过箱式变压器直接并网，转子励磁变换器容量小、控制能力弱，该类型风机对电网故障等扰动相当敏感。为满足现代并网导则的故障穿越要求，需配置附加软件控制策略及硬件保护电路方案。然而，由于励磁变换器容量小、电机体积小、成本低等显著优点，双馈型风机已成为全球众多风电制造商的主力机型。

全功率型风机即为图 1-10(b)及图 1-10(c)所示风机类型的总称[25,26]。该类风电机组的发电机定子通过全功率电力电子变换器与电网相连，理论上可实现全转速范围的发电运行。其中，鼠笼式全功率型风机采用多级变速齿轮箱结构；永磁式全功率型风机可采用无变速齿轮箱的直驱结构，但由于发电机转子工作于低转速(一般仅为 10～25r/min)，所需电机极对数很多，产生相同功率容量时所需的电磁转矩大，发电机体积庞大，加重了发电机制造成本与难度。上述全功率型风机均通过变换器并网，使风力机及发电机运行特性与涉网性能相对解耦。

1. 风力机及其典型控制概述

风力机是捕获风能并将其转化为机械能的装置。风力机及机舱结构如图 1-11 所示，主要由桨叶、轮毂与变桨系统、转轴、变速齿轮箱等构成。风力机依靠桨叶在风力驱动下带动风轮(桨叶及轮毂)旋转，风轮通过转轴和变速齿轮箱(部分全功率型风机采用无变速齿轮箱结构)带动发电机转子旋转。

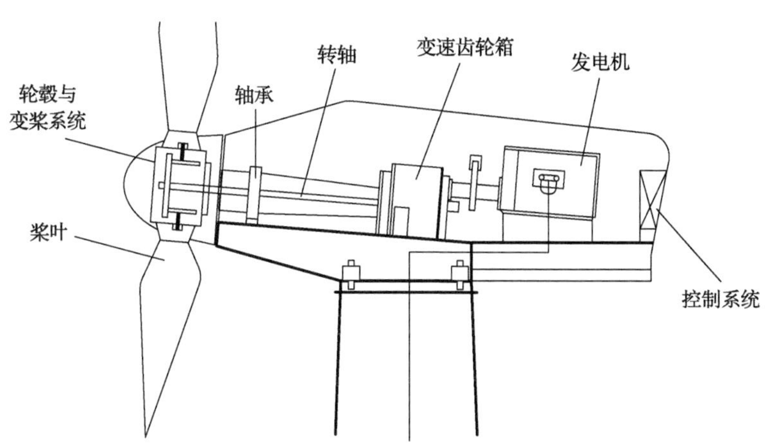

图 1-11　风力机及机舱结构示意图

风力机从空气中捕获的风能由风轮的空气动力学特性决定，捕获功率与桨叶形状、转速等多个因素相关。早期的风电机组采用桨叶与轮毂刚性固定的连接方式，而现代大型风机中的桨叶由变桨机构驱动，桨距角度可调。

对于一台设计好的风力机，其动力学性能也已确定。风力机捕获的功率由其功率-转速特性和功率-桨距角特性共同决定(详见第 2 章)，其中风力机的转速及桨距角是改变风力机输入机械转矩的控制变量。风力机的典型控制如图 1-12 所示，其主要由转速控制和桨距角控制构成。通过转速控制可使风力机实现对风能的最大功率捕获，通过桨距角控制可实现高风速下对捕获功率的调整。同时为了抑制传动链振荡，还会在风力机的控制中加入阻尼控制。另外，惯量控制和一次调频控制也依赖于风力机的控制实现。

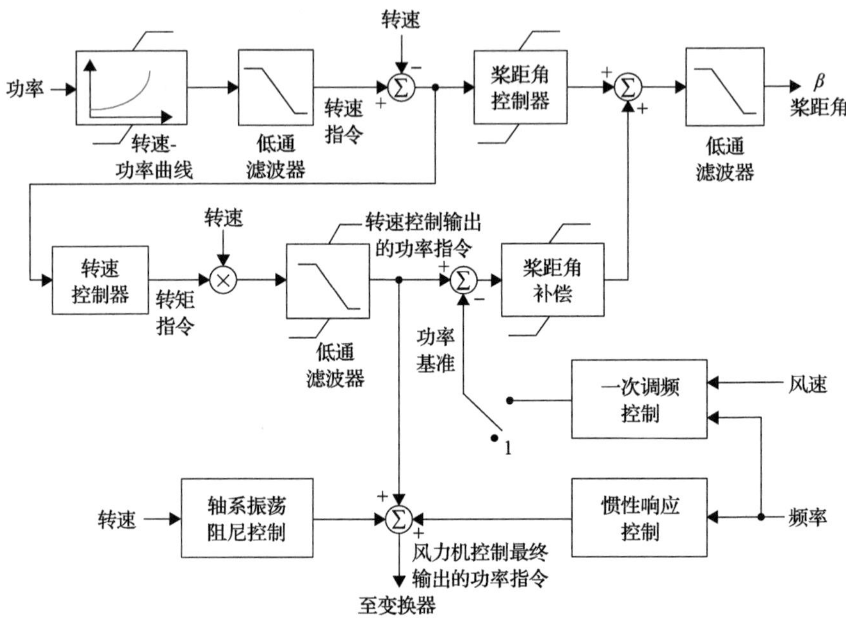

图 1-12　风力机的典型控制示意图

2. 发电机及其变换器的典型控制

在风电机组中，发电机及其变换器的功能是将风力机输出的机械能变换为符合电网特定电压频率要求的电能。依据风电机组采用的拓扑结构，发电机及其变换器的典型控制可按照双馈型风机及全功率型风机分别进行概述。

双馈型风机的定子绕组直接与电网连接，转子绕组通过三相交-直-交变换器实现交流励磁，电功率可以通过定子、转子两个通道与电网实现交换，如图 1-13 所示。其中，按照变换器的安装位置，将直接与转子绕组连接的变换器称为转子侧变换器(rotor side converter，RSC)或机侧变换器(machine side converter，MSC)，将直接与箱式变压器连接的变换器称为网侧变换器(grid side converter，GSC)。机侧、网侧变换器常采用背靠背(back-to-back)型式的三相两电平电压型 PWM 变换器结构(或其改进的串、并联结构)。

根据电机学原理，为实现稳定的机电能量转换，发电机定、转子绕组产生的旋转磁场必须保持相对静止。因此，为了确保风速及转子速度变化时发电机定子输出电能的频率恒定(即变速恒频运行)，需要实时改变转子励磁电流的频率，使其与转子电频率之和等于电网频率。

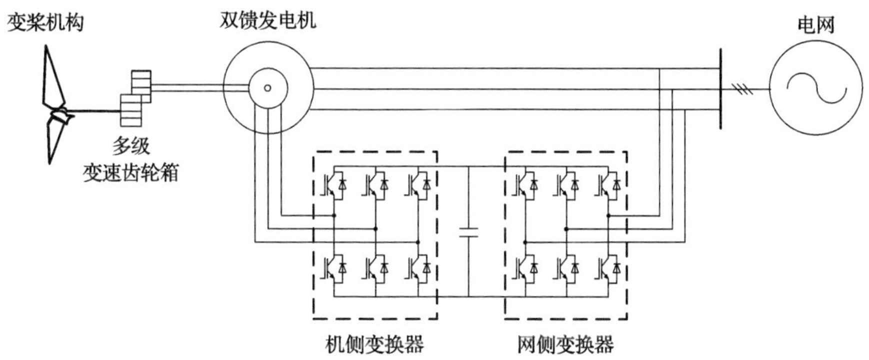

图 1-13　双馈型风机及其机侧、网侧变换器示意图

当转子电频率低于电网频率时，发电机处于亚同步运行状态，转子励磁电流产生的旋转磁场方向与转子转速方向相同，发电机转子通过励磁变换器从电网输入转差功率；当发电机电频率高于电网频率时，发电机处于超同步运行状态，转子励磁电流建立的旋转磁场方向与转子转速方向相反，转子绕组通过励磁变换器向电网输出转差功率；当发电机电频率等于电网频率时，发电机处于同步运行状态，电网与转子绕组之间无功率交换，励磁变换器向转子提供直流励磁。

由于这种变速恒频运行方式是通过双馈发电机转子绕组的交流励磁控制实现的，而转子绕组内流通的功率是由发电机转速运行范围所决定的转差功率，可根据风场风速情况来设计平均风速所对应的同步转速，并以此为依据使双馈发电机运行的转差范围在 30%以内，使励磁变换器的容量仅为整机容量的一部分(约25%)，降低变换器的成本。

与常规异步电动机运行控制相似，双馈发电机的控制可在矢量控制(VC)[27-32]、直接转矩控制(DTC)[33-36]、直接功率控制(DPC)[37-41]、多标量控制[42]、非线性控制[42-44]等方案中选择。其中，商用兆瓦级风机以电网电压定向(grid voltage oriented，GVO)的矢量控制最为常见[45,46]。

双馈型风机的 PWM 变换器(交-直-交电压源型励磁变换器)中，网侧变换器主要用于直流电容电压控制，转子侧变换器用于实现对双馈发电机的有功、无功功率解耦控制。在电网电压理想的条件下，双馈发电机的常规矢量控制系统一般采用功率控制环为外环、电流控制环为内环的多尺度级联结构，通过外环功率调节器获得转子电流参考值，通过内环电流调节器获得转子电压参考值，典型控制如图 1-14 所示。其中，基于锁相控制器的电网电压定向是实现有功、无功功率解耦控制的基础。这种控制结构将决定双馈型风机在电网电压理想条件下的并网行为，是开展相关并网系统研究的基础，详细控制原理与实现方式将在第3章中进行介绍。

除此之外，针对电网电压的不对称及故障运行条件，为应对风机转子、电容

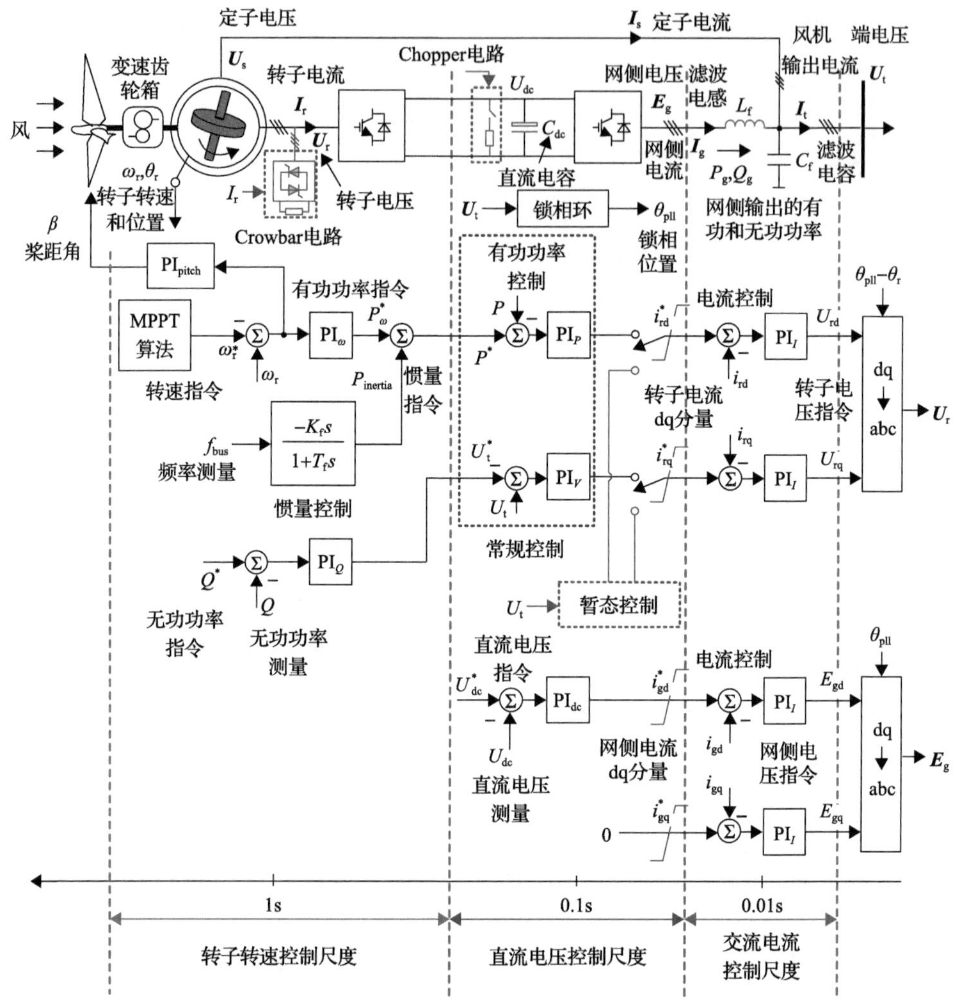

图 1-14　双馈型风机 PWM 变换器的典型控制系统示意图

器、电抗器等储能元件的应力并满足并网导则的相关要求，需将双馈型风机的控制策略从常规控制切换至相应的不对称、暂态控制。这些不对称、暂态控制结构将改变双馈型风机在电网不对称、故障条件下的并网行为，是开展相关并网系统研究的基础，详细的控制原理与实现方式将在第 4、5 章中分别进行介绍。

全功率型风机中发电机及变换器的示意图如图 1-15 所示。为在风速变化时实现最大风能追踪，风力机应变速运行；为实现变速恒频发电运行，发电机定子通过一个交-直-交变换电路与电网相连接。相似地，按照变换器安装的位置，将直接与发电机连接的变换器称为机侧变换器，将直接与箱式变压器连接的变换器称为网侧变换器。其中，网侧变换器常采用两电平或多电平 PWM 变换器，机侧变换器可为二极管不控整流器，也可为 PWM 全控型变换器。机侧变换器采用二极管整流方案时虽然成本较低，但会使发电机定子绕组中流过低次谐波电流，恶化发电机功率因数，增大发电机容量和损耗，降低机组运行效率，且必须增设额外的功率调节电路(一般为直流斩波电路)以实现最大风能追踪控制，故工程实际中较少直接采用。目前，在大容量全功率型风机中，机侧变换器也采用与网侧变换器相同的PWM全控型变换器。

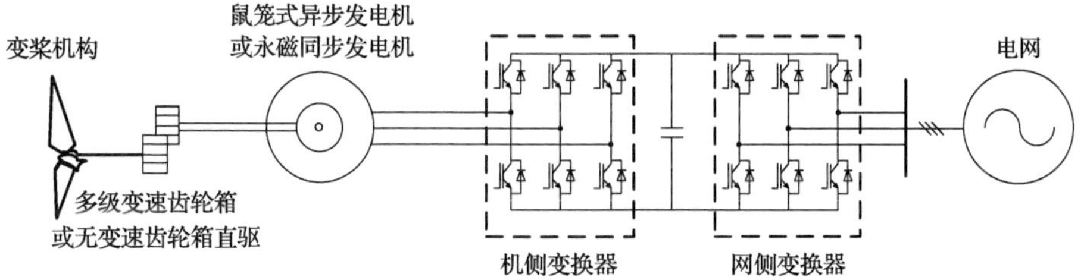

图1-15　全功率型风机中发电机及变换器示意图

与双馈型风机PWM变换器的功能相似，全功率型风机的PWM变换器中，网侧变换器用于直流电容电压控制、交流电流波形及功率因数控制，机侧变换器用以实现对发电机的功率、转矩控制。在电网电压理想的条件下，全功率型风机网侧变换器的控制原理和实现方式与双馈型风机中的网侧变换器一致，普遍采用电网电压定向的矢量控制[45,46]。全功率型风机的机侧变换器的控制原理和实现方式与交流电机变频调速系统完全相同，典型控制如图1-16所示。全功率型风机机侧、网侧变换器的具体控制原理及实现方式将在第3章中介绍。

此外，与双馈型风机相似，全功率型风机也针对电网电压的不对称及故障运行条件设置了相应的不对称、暂态控制策略。这些不对称、暂态控制策略将决定全功率型风机在电网电压不对称、故障条件下的并网行为，是开展相关并网系统研究的基础，详细的控制原理与实现方式将在第4、5章中分别进行介绍。

1.5　含高比例并网风电电力系统的动态问题

1.5.1　并网风电多尺度序贯响应过程

根据1.4节对并网风电控制结构的介绍，并网风电存在正常控制和暂态控制/硬件电路保护：正常控制包括场级控制、转速控制、直流电压控制和交流电流控制等；暂态控制/硬件电路保护包括紧急变桨控制/刹车装置、有功无功电流限流/Chopper电路、补偿控制/Crowbar电路等。

各正常/暂态控制环节相互协调配合、有序动作，共同决定并网风电响应过程。当电网发生扰动时，并网风电各反馈量相应变化，从而驱使各控制器和保护电路动作或切换。根据是否触发暂态控制切换，可将扰动分为较轻扰动和较重扰动。

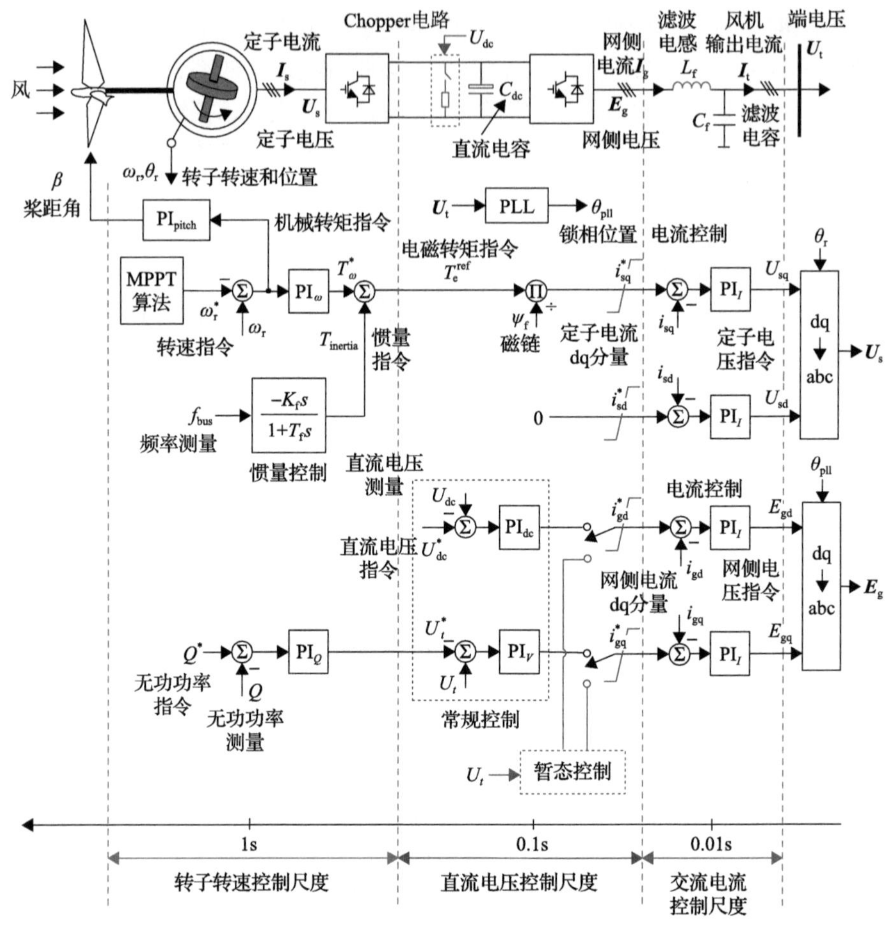

图 1-16　全功率型风机 PWM 变换器的典型控制系统示意图

发生较轻扰动时，因正常控制策略下各控制器反馈变化速度、控制器环节带宽不同，并网风电响应具有多尺度控制特征。发生较重扰动时，因暂态控制或保护电路切换时序不同，并网风电响应具有多尺度切换特征。以下将分别围绕较轻和较重扰动场景，解释并网风电多尺度响应过程。

1. 多尺度正常控制序贯响应过程

当电网发生较轻扰动时，各控制器反馈量(交流电感电流、直流电容电压、转子转速、风电场输出功率等)均发生变化，因各控制环路响应时间不同，正常控制下并网风电的响应呈现多尺度特征。扰动发生初始，交流电感电流先变化，电流控制开始调节，但直流电容电压和转子转速还未明显变化，电流指令和转矩指令还未变化。随后，直流电容电压也开始变化，直流电压控制调节，电流指令发生变化，但转子转速还未明显变化，转矩指令仍无明显动态。接着，转子转速明显变化，转速控制器动作，转矩指令变化。最后，场级控制和变桨控制动作，功率指令和桨距角指令变化。由此，形成了正常控制下并网风电的多尺度序贯响应过程。

2. 多尺度暂态控制序贯响应过程

当电网发生较重扰动时，各控制器反馈量(交流电感电流、直流电容电压、转子转速、风电场输出功率等)均发生大幅变化，依次触发相应的暂态控制和保护电路，从而呈现多尺度切换特征。扰动初始，交流电感电流快速上升，为防止变换器半导体器件过流受损，转子侧变换器闭锁、硬件保护电路 Crowbar 投入且快速相位矫正控制触发；随后，使直流电容电压上升，在防止直流电容过电压击穿的同时向电网提供适当支撑，硬件保护电路 Chopper、电流指令限制、无功注入等暂态控制投入；最后，不平衡功率进一步积累，转子转速上升，为防止风力机过速，硬件制动和风力机紧急变桨控制触发。由此，形成了暂态控制下并网风电的多尺度序贯响应过程。

综上，无论是较轻扰动还是较重扰动发生后，并网风电各控制器均会依次响应/切换，形成从电磁尺度、机电尺度至一次调频尺度的序贯过程。

1.5.2　并网风电多尺度动态特性

不同于由转子运动方程统一描述的同步机动态特性，并网风电的动态特性由多种形式的储能元件和多尺度正常/暂态控制响应过程共同决定。考虑到风电机组物理结构和控制策略会随硬件保护电路和暂态控制投入与否而改变，各储能元件和控制器响应时序会因各储能元件储能能力和相应控制器带宽的差异而不同，因此可以从扰动程度和扰动时间两个维度认识并网风电动态特性。

不同扰动程度下，并网风电动态特性由不同控制策略主导。扰动程度较小时，风电机组各暂态控制和硬件保护电路尚未触发，并网风电动态特性由多尺度正常控制主导。扰动程度较大时，风电机组暂态控制和保护电路序贯触发，物理电路和控制结构发生切换，并网风电动态特性由多尺度切换控制主导。

不同扰动时间下，并网风电动态特性由不同储能元件和控制器主导。扰动时间较短时，风电机组机电尺度控制器还未明显响应，并网风电动态特性由风电机组电磁尺度控制/保护主导。扰动时间增加后，风电机组机电尺度控制和保护也参与响应，并网风电动态特性由风电机组电磁/机电尺度控制/保护序贯动作共同决定。扰动时间进一步增大后，风电场场级控制也将动作，此时并网风电动态特性由场级控制决定。

1.5.3　含高比例并网风电电力系统的多尺度动态问题

与传统电力系统相同，含高比例并网风电电力系统动态行为同样由并网装备和网络共同形成的闭环系统决定[47-49]，如图 1-17 所示[50]，$E_1 \sim E_i$ 和 $\delta_1 \sim \delta_i$ 分别为电力装备 1～i 的内电势幅值和相位，ΔU_f和 $\Delta\delta_f$为扰动的幅值和相位。具体来说，当系统受到扰动后，网络各节点电压变化，共同决定各并网装备输入的有功/无功功率 $\boldsymbol{S}$ 或电流 $\boldsymbol{I}$，这取决于网络特性；不平衡功率 $\Delta\boldsymbol{S}^*$或电流 $\Delta\boldsymbol{I}^*$又驱动各装备内储能元件及控制器动作，从而改变装备输出电压，这取决于各装备特性。两者构成的闭环关系不断调节，直至输入、输出的有功、无功功率达到新的平衡状态或失去稳定的过程，构成了系统的动态行为。因电力系统的运行目标始终是维持电压幅值、相位/频率稳定，所以风电并网系统同样关注各节点电压幅值、相位/频率的稳定性[51]。

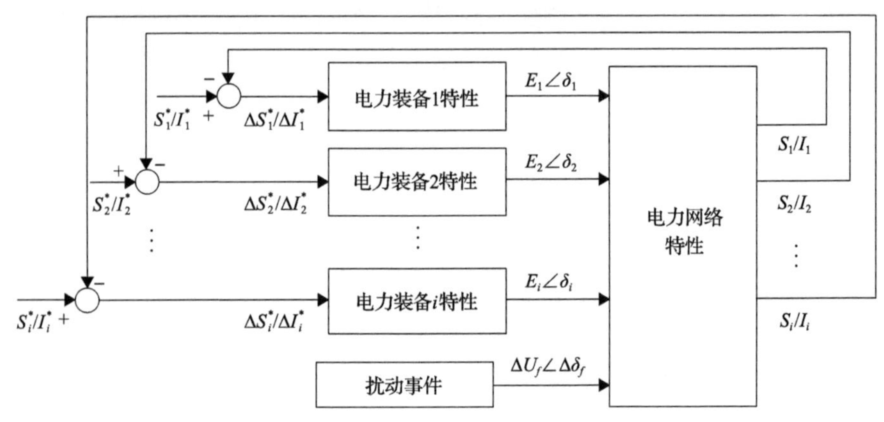

图 1-17　装备和网络动态特性与电力系统动态行为的一般关系

特别之处在于，并网风电与同步机暂态特性存在显著差异，使得在分析风电并网系统动态问题时的分类不同。首先，考虑到并网风电具有多尺度动态特性，所以含高比例并网风电电力系统动态问题也呈现出多尺度特征[49,50]，可分为电磁尺度(包含交流电流控制尺度和直流电压控制尺度)、机电尺度(对应转子转速控制尺度)和一次调频尺度。为了厘清含高比例并网风电电力系统多尺度动态稳定问题的脉络，在初步分析时，先研究各尺度自身动态行为及稳定问题，将其他尺度动态进行简化。由此，解耦各尺度动态，将复杂的多尺度动态行为及稳定问题分为不同尺度的问题。但需要意识到，因风电机组内部非线性较强，各尺度动态行为间存在强耦合。尤其是在弱电网条件或多机系统中，风电机组快尺度控制器带宽因受多机间相互作用或机网相互作用的影响而降低，使各尺度间的耦合增强。此时，在分析某一尺度动态行为时，还需考虑其他时间尺度与该尺度动态间相互作用的影响。

其次，考虑到风电机组不同控制方式对应的扰动条件不同，可以考虑从以下几个方面研究含高比例并网风电电力系统动态问题。第一，可根据风电机组控制策略是否切换，将问题按照扰动程度划分为较轻扰动和较重扰动。其中，考虑较轻扰动问题时，风电机组控制策略不切换，采用正常控制；考虑较重扰动问题时，风电机组控制策略切换，随故障时序变化依次采用暂态控制和正常控制。第二，可根据风电机组负序控制是否动作，将问题分为对称扰动和不对称扰动。其中，对称扰动下，考虑风电机组正序控制；不对称扰动下，需同时考虑风电机组的正序控制和负序控制。

最后，根据关注的系统稳定类型的不同，将问题分为小扰动和大扰动。其中，小扰动问题需考虑风电机组采用某一特定控制（正常控制或暂态控制）时，系统能否在受小扰动后恢复到受扰动前的稳定运行状态；大扰动问题需考虑风电机组采用正常控制或正常/暂态控制连续切换时，系统能否在受大扰动后过渡到新的稳定运行状态。

本书下篇各章节将分别针对其中的对称电磁尺度小信号稳定问题、不对称电磁尺度小信号稳定问题、机电暂态稳定问题、机电小干扰稳定问题展开介绍。

1.6　本书的章节安排

本书分绪论、上篇、下篇三个部分。首先，本章系统性地介绍了高比例并网风电电力系统的发展趋势、风电场/风电机组的基本功能及含高比例并网风电电力系统动态问题的新特征，以建立相关研究的背景与认识，明确相关问题研究的意义与价值。

后续章节由上、下篇两部分共八章组成，如图 1-18 所示。其中，上篇为第 2～

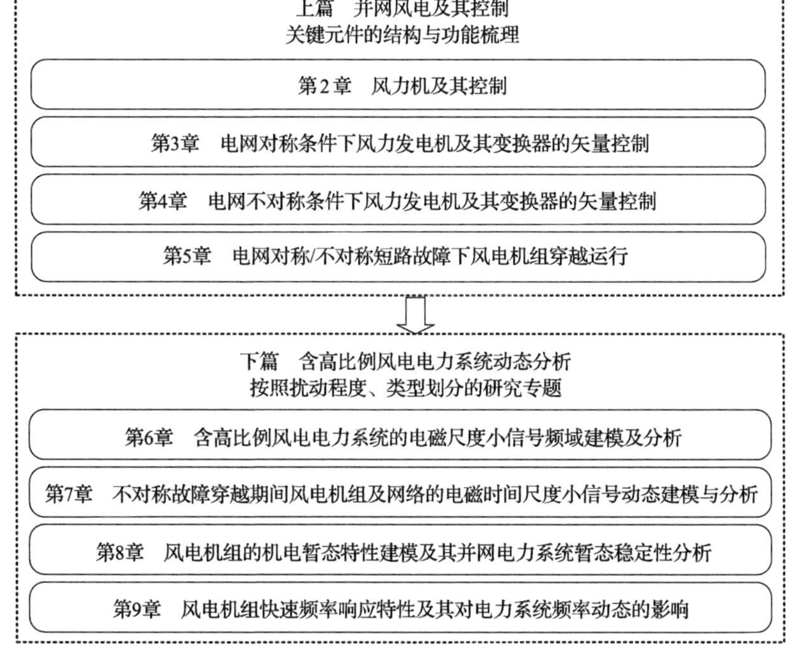

图 1-18　本书后续章节安排

5 章，按照风力机、发电机及 PWM 变换器的功能，对决定风电机组在电力系统中的特性的风力机及其控制、发电机及变换器控制进行进一步介绍与梳理，为下篇含高比例并网风电电力系统动态问题的分析奠定基础。下篇为第 6～9 章，按照不同类型、不同程度的扰动事件，对较为突出的四类动态问题分别进行专题研讨。

参 考 文 献

[1] Global Wind Energy Council. Global wind report 2021[EB/OL]. (2021-03-20) [2021-06-01]. https://gwec.net/global-wind-report-2019.

[2] 国家能源局. 国家能源局 2021 年一季度网上新闻发布会文字实录[EB/OL]. (2020-02-28) [2021-06-01] . http://www. nea.gov.cn/2021-01/30/c_139708580.htm.

[3] Wind Europe. Wind energy in Europe-2020 statistics and outlook for 2021-2025[EB/OL]. (2021-02-01) [2021-06-01] . https://windeurope.org/wp-content/uploads/files/about-wind/statistics/WindEurope-Annual-Statistics-2019.pdf.

[4] 倪旻. 新能源发展是绿色发展的生动实践——访国网能源研究院有限公司董事长（院长）、党委书记张运洲[EB/OL]. (2018-12-21) [2021-06-01]. https://shupeidian.bjx.com.cn/html/20181221/950882.shtml.

[5] 兰州晨报. "开门红"甘肃省新能源负荷占比和风电发电量均创历史新高. [EB/OL]. (2021-01-13) [2021-06-01]. https://baijiahao.baidu.com/s?id=1688720272098233666&wfr=spider&for=pc.

[6] 中国储能网新闻中心. 深度解析 2020 年全国六大区域风电装机布局. [EB/OL]. (2021-04-13) [2021-06-01]. http://www.escn.com.cn/news/show-1203105.html.

[7] Global Wind Energy Council. OREAC: 1400GW of offshore wind is possible by 2050, and will be key for green recovery. [EB/OL]. (2020-06-08) [2020-06-23]. https://gwec.net/oreac-1400-gw-of-offshore-wind-is-possible-by-2050-and-will-be-key-for-green-recovery.

[8] 国家能源局. 欧美日本等国家鼓励分布式发电[EB/OL]. (2012-08-15) [2020-03-11]. http://www.nea.gov.cn/2012-08/15/c_131785722.htm.

[9] 中华人民共和国国家发展和改革委员会. 国家发展改革委 司法部印发《关于加快建立绿色生产和消费法规政策体系的意见》的通知[EB/OL]. (2020-03-11) [2020-06-23]. https://www.ndrc.gov.cn/xxgk/zcfb/tz/202003/t20200317_1223470.html.

[10] 北极星风力发电网. 2019 全年风电政策汇总[EB/OL]. (2020-02-17) [2020-06-23]. http://news.bjx.com.cn/html/20200217/1044202.shtml.

[11] 国家电力监督委员会. 关于近期三起风电机组大规模脱网事故的通报[EB/OL]. (2011-05-06) [2020-06-23]. http://www.gov.cn/gzdt/2011-05/06/content_1859103.htm.

[12] Australian Energy Market Operator. Black system South Australia 28 September 2016: Final report[EB/OL]. (2017-05-06) [2020-06-23]. https://www.aemo.com.au/-/media/Files/Electricity/NEM/Market Notices and Events/Power System Incident Reports/2017/IntegratedFinal-Report-SA-Black-System-28-September-2016.pdf.

[13] Irwin G, Jindal A, Isaacs A. Sub-synchronous control interactions between type 3 wind turbines and series compensated AC transmission systems[C]. 2011 IEEE Power and Energy Society General Meeting, Detroit, 2011.

[14] 董晓亮, 谢小荣, 杨煜, 等. 双馈风机串补输电系统次同步谐振影响因素及稳定区域分析[J]. 电网技术, 2015, 39(1): 189-193.

[15] 李明节, 于钊, 许涛, 等. 新能源并网系统引发的复杂振荡问题及其对策研究[J]. 电网技术, 2017, 41(4): 1035-1042.

[16] 孙华东, 许涛, 郭强, 等. 英国“8·9”大停电事故分析及对中国电网的启示[J]. 中国电机工程学报, 2019, 39(21): 6183-6192.

[17] Brisebois J, Aubut N. Wind farm inertia emulation to fulfill Hydro-Québec's specific need[C]. 2011 IEEE Power and Energy Society General Meeting, Detroit, 2011.

[18] 张丽英, 叶廷路, 辛耀中, 等. 大规模风电接入电网的相关问题及措施[J]. 中国电机工程学报, 2010, 30(25): 1-9.

[19] Nordel. Nordic grid code 2007 (Nordic collection of rules) [EB/OL]. (2007-01-15) [2009-08-29]. http://www.entsoe.eu/_library/publications/nordic/planning/070115_entsoe_nordic_NordicGridCode.pdf.

[20] 中华人民共和国国家质量监督检验总局, 中国国家标准化管理委员会. 风电场接入电力系统技术规定: GB/T 19963—2011[S]. 北京: 中国标准出版社, 2012.

[21] Hydro-Québec TransÉnergie. Transmission provider technical requirements for the connection of power plants to the Hydro-Québec transmission system[R]. Montreal: Hydro-Québec, 2009.

[22] 国家市场监督管理总局, 国家标准化管理委员会. 风电场接入电力系统技术规定 第 1 部分: 陆上风电: GB/T 19963.1—2021[S]. 北京: 中国标准出版社, 2021.

[23] Milligan M, Donohoo P, Lew D, et al. Operating reserves and wind power integration: An international comparison [C]. 9th International Workshop on LargeScale Integration of Wind Power into Power Systems as well as on Transmission Networks for Offshore Wind Power Plants, Québec, 2010.

[24] E.ON Netz GmbH. Grid connection regulations for high and extra high voltage[EB/OL]. (2006-04-01) [2022-04-21]. https://www.doc88.com/p-518461313250.html.

[25] VDE. Technical requirements for the connection and operation of customer installations to the high-voltage network: VDE-AR-N 4120[S]. Offenbach: VDE Verlag, 2017.

[26] Li H, Chen Z. Overview of different wind generator systems and their comparisons [J]. IET Renewable Power Generation, 2008, 2(2): 123-138.

[27] Hansen L H, Helle L, Blaabjerg F, et al. Conceptual survey of generators and power electronics for wind turbines [EB/OL]. (2001-11-26) [2020-06-30]. http://citeseerx.ist.psu.edu/viewdoc/similar?doi=10.1.1.130.9619& type=cc.

[28] Tang Y, Xu L. Flexible active and reactive power control strategy for a variable speed constant frequency generating system[J]. IEEE Transaction on Power Electronics, 1995, 10(4): 472-478.

[29] Pena R, Clare J C, Asher G M. Doubly fed induction generator using back-to-back PWM converters and its application to variable-speed wind-energy generation[J]. IEE Proceedings-Electric Power Applications, 1996, 143: 231-241.

[30] Hopfensperger B, Atkinson D J, Lakin R A. Stator-flux-oriented control of a doubly-fed induction machine with and without position encoder[J]. IEE Proceedings-Electric Power Applications, 2000, 147: 241-250.

[31] Morel L, Godfroid H, Mirzaian A, et al. Double-fed induction machine: converter optimization and field oriented control without position sensor[J]. IEE Proceedings-Electric Power Applications, 1998, 145(4): 360-368.

[32] Muller S, Deicke M, Rik W, et al. Doubly fed induction generator systems for wind turbines[J]. IEEE Industrial Electronics Magazine, 2002, 8(3): 26-33.

[33] Wang S, Ding Y. Stability analysis of field oriented doubly-fed induction machine drive based on computer simulation[J]. Electric Machines and Power Systems, 1993, 21(1): 11-24.

[34] Arnalte S, Burgos J C, Rodriguez-Amenedo J L. Direct torque control of a doubly-fed induction generator for variable speed wind turbines[J]. Electric Power Components and Systems, 2002, 30: 199-216.

[35] Abad G, Rodriguez M A, Poza J. Two-level VSC based predictive direct torque control of the doubly fed induction machine with reduced torque and flux ripples at low constant switching frequency[J]. IEEE Transaction on Power Electronics, 2008, 23(3): 1050-1061.

[36] Arbi J, Ghorbal M J B, Slama-Belkhodja I, et al. Direct virtual torque control for doubly fed induction generator grid connection[J]. IEEE Transactions on Industrial Electronics, 2009, 56(10): 4163-4173.

[37] Datta R, Ranganathan V T. Direct power control of grid-connected wound rotor induction machine without rotor position sensors[J]. IEEE Transaction on Power Electronics, 2001, 16(3): 390-399.

[38] Xu L, Cartwright P. Direct active and reactive power control of DFIG for wind energy generation[J]. IEEE Transactions on Energy Conversion, 2006, 21(3): 750-758.

[39] Zhi D, Xu L. Direct power control of DFIG with constant switching frequency and improved transient performance [J]. IEEE Transactions on Energy Conversion, 2007, 22(1): 110-118.

[40] Abad G, Rodriguez M A, Poza J. Two-level VSC-based predictive direct power control of the doubly fed induction machine with reduced power ripple at low constant switching frequency[J]. IEEE Transactions on Energy Conversion, 2008, 23(2): 570-580.

[41] Mohammad V K, Ahmad S Y, Hossein M K. Direct power control of DFIG based on discrete space vector modulation[J]. Renewable Energy, 2010, 35(5): 1033-1042.

[42] Krzeminski Z. Senseless multiscalar control of double fed machine for wind power generator[J]. Proceedings of the Power Conversion Conference, 2002, 1: 334-339.

[43] Poitiers F, Bouaouiche T, Machmoum M. Advanced control of a doubly-fed induction generator for wind energy conversion[J]. Electric Power Systems Research, 2009, 79(7): 1085-1096.

[44] Rathi M R, Mohan N. A novel robust low voltage and fault ride through for wind turbine application operating in weak grids[C]. IEEE Industrial Electronics Society Annual Conference, Raleigh, 2005: 2481-2486.

[45] Petersson A, Harnefors L, Thiringer T. Comparison between stator-flux and grid-flux-oriented rotor current control of doubly-fed induction generators[C]. Annual IEEE Conference on Power Electronics Specialists, Aachen, 2004: 482-486.

[46] Ooi B T, Dixon J W, Kulkarni A B, et al. An integrated AC drive system using a controlled current PWM rectifier/ inverter link[C]. Annual IEEE Conference on Power Electronics Specialists, Vancouver, 1986: 494-501.

[47] Kazmierkowski M P, Dzieniakowski M A, Sulkowski W. The three phase current controlled transistor dc link PWM converter for bi-directional power flow[C]. International Conference on Power Electronics Conference and Motion Control, 1990: 465-469.

[48] 吴麒, 王诗宓. 自动控制原理[M]. 北京: 清华大学出版社, 2006.

[49] Harnefors L, Bongiorno M, Lundber S. Input-admittance calculation and shaping for controlled voltage-source converters[J]. IEEE Transactions on Industrial Electronics, 2007, 54(6): 3323-3334.

[50] 胡家兵, 袁小明, 程时杰. 电力电子并网装备多尺度切换控制与电力电子化电力系统多尺度暂态问题[J]. 中国电机工程学报, 2019, 39(18): 5457-5467.

[51] 袁小明, 程时杰, 胡家兵. 电力电子化电力系统多尺度电压功角动态稳定问题[J]. 中国电机工程学报, 2016, 36(19): 5145-5154, 5395.

上篇　并网风电及其控制

第 2 章　风力机及其控制

2.1　引　　言

本章主要介绍当前主流商用风电机组中的风力机结构、动力学性能与控制。风力机的主要功能是实现在风电机组中将风能转换为机械能并传输到发电机上，本章首先介绍风力机捕获风能的基本理论及其动力学特性，然后基于风力机的动力学特性来给出风力机运行曲线的设计，最后从控制器的角度来介绍风力机的运行曲线是如何实现的。

图 2-1 给出了风电机组结构及其控制示意图。风力机将风能转化为机械能，其产生的机械转矩由风速、风轮转速以及桨叶的桨距角共同决定。传动链将机械能传递到发电机带动发电机旋转转化为电能。风力机控制是为了保证风能到机械能再到电能的高效率转化，同时还要减小部件的载荷来保证风电机组的安全运行。通常情况下，转速控制维持风力机在最佳叶尖速比状态的同时不超速运行，桨距角控制使风力机在额定风速以上时维持恒定功率输出，两者之间并不是相互独立而是相辅相成的。另外，一些风电机组传动链扭振的阻尼较小，会设计适当的阻尼控制来抑制传动链的扭振。

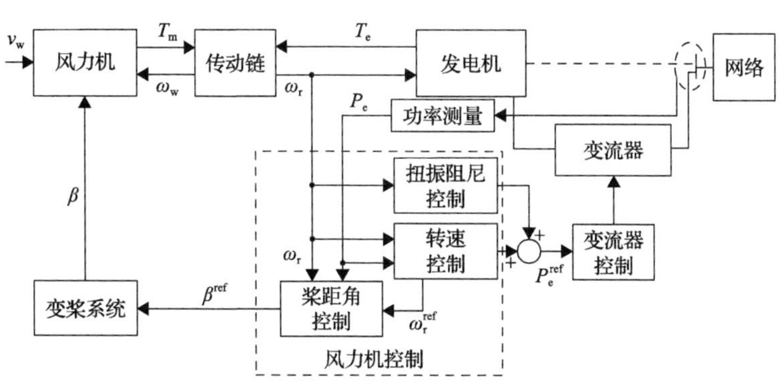

图 2-1　风电机组结构及其控制示意图

图 2-1 中，v_W 表示风速，ω_W 表示风轮旋转的角速度，ω_r 表示转子旋转的角速度，T_m 表示风力机转子输入的机械转矩，T_e 表示转子输出的电磁转矩，P_e 是风力机输出的电磁功率，上标 ref 表示相应的参考值。

本章最后给出风电机组的快速频率响应控制的介绍。当前，电力系统对风电提供频率动态支撑的需求越来越迫切，因此越来越多的风电机组加入了快速频率响应控制，主要通过短时释放部分转子动能与改变输入发电机的机械功率来实现。

2.2　风能捕获与风力机的动力学特性

水平轴风电机组的典型结构如图 1-11[1]所示，主体由桨叶、轮毂与变桨系统、转轴、变速齿轮箱以及发电机构成(桨叶和轮毂合称为风轮)，由桨叶捕获风能，带动轮毂旋转，经过转轴和变速齿轮箱驱动发电机旋转从而产生电能。在部分全功率型风机中，没有变速齿轮箱的结构，转轴也不再有低速轴和高速轴的区分。

2.2.1　风能捕获与转化

1. 贝茨理论

贝茨理论是风力发电中关于风能利用效率的一条基本理论，由德国物理学家艾伯特·贝茨(Albert Betz)于 1919 年提出。贝茨理论建立在一个假定“理想风轮”的基础之上——风机能接收通过风轮的流体的所有动能，且不考虑流体流过风轮时的阻力。贝茨理论给出了理想情况风能转换为动能的极限比值。

质量为 m、速度为 v 的空气的动能为

$$E = \frac{1}{2}mv^2 \tag{2-1}$$

对于一个固定大小的截面 A，假设流过截面的空气速度为 v，那么单位时间内流过空气的体积 V_{air} 为

$$\frac{\mathrm{d}V_{\mathrm{air}}}{\mathrm{d}t} = vA \tag{2-2}$$

假设空气密度为 ρ，那么单位时间内流过空气的质量为

$$\frac{\mathrm{d}m}{\mathrm{d}t} = \rho vA \tag{2-3}$$

结合式(2-1)，该截面上单位时间流过的能量，即功率 P 为

$$P = \frac{1}{2}\rho Av^3 \tag{2-4}$$

对于风力机来说，由于空气流过其叶片截面时部分能量会被叶片捕获，那么流过截面的空气必定会减速，如图 2-2 所示。

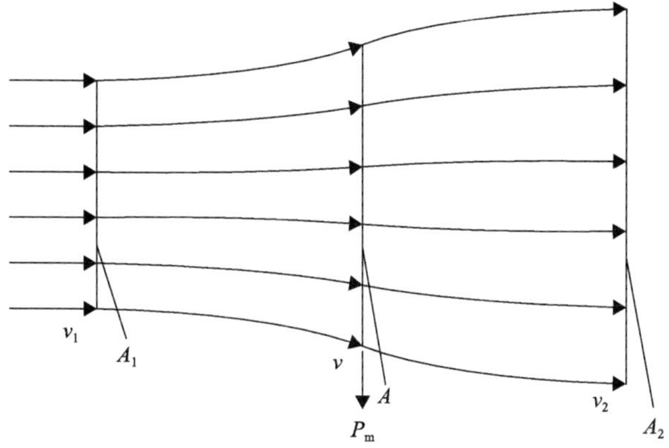

图 2-2　空气流过风力机叶片截面示意图

那么风机吸收的功率为

$$P_m = \frac{1}{2}\rho A_1 v_1^3 - \frac{1}{2}\rho A_2 v_2^3 \tag{2-5}$$

又因为前后空气质量不变，有

$$\rho A_1 v_1 = \rho A_2 v_2 \tag{2-6}$$

因此

$$P_m = \frac{1}{2}\rho A_1 v_1 \left(v_1^2 - v_2^2\right) = \frac{1}{2} m \left(v_1^2 - v_2^2\right) \tag{2-7}$$

根据式(2-7)可以得到，当 v_2=0 时，风力机捕获的功率最大，但是这在物理上并不能实现。为了求得物理限制下风力机捕获的最大功率，需要其他的公式来综合求解。

根据动量守恒定理，加在这部分空气上的力为

$$F = mv_1 - mv_2 \tag{2-8}$$

而根据牛顿第三定律，加在风力机叶片上的力与空气受到的力大小相等，也就是说，加在风力机叶片上的力的大小也为 F。那么风力机捕获的功率为

$$P_m = Fv = m\left(v_1 - v_2\right)v \tag{2-9}$$

联立式(2-7)和式(2-9)，可以得到

$$v = \frac{v_1 + v_2}{2} \tag{2-10}$$

联立式(2-3)、式(2-7)和式(2-10)，风力机捕获的功率可以重新写为

$$P_{\mathrm{m}} = \frac{1}{4}\rho A\left(v_1^2 - v_2^2\right)\left(v_1 + v_2\right) \tag{2-11}$$

定义风能利用系数 C_{p} 为风力机捕获的功率和流过截面的功率的比值：

$$C_{\mathrm{p}} = \frac{P_{\mathrm{m}}}{P_{\mathrm{o}}} = \frac{\frac{1}{4}\rho A\left(v_1^2 - v_2^2\right)\left(v_1 + v_2\right)}{\frac{1}{2}\rho A v_1} \tag{2-12}$$

对式(2-12)进行整理，可以将 C_{p} 写成与 v_1/v_2 相关的函数，如式(2-13)所示：

$$C_{\mathrm{p}} = \frac{P_{\mathrm{m}}}{P_{\mathrm{o}}} = \frac{1}{2}\left[1 - \left(\frac{v_2}{v_1}\right)^2\right]\left(1 + \frac{v_2}{v_1}\right) \tag{2-13}$$

如式(2-13)所示，理想状态下的风能利用系数 C_{p} 是一个只与流经风轮截面前后气流速度比值相关的函数，其函数关系如图 2-3 所示。可以求得当 $v_2/v_1=1/3$ 时，风能利用系数最高，为 16/27(约为 0.593)。

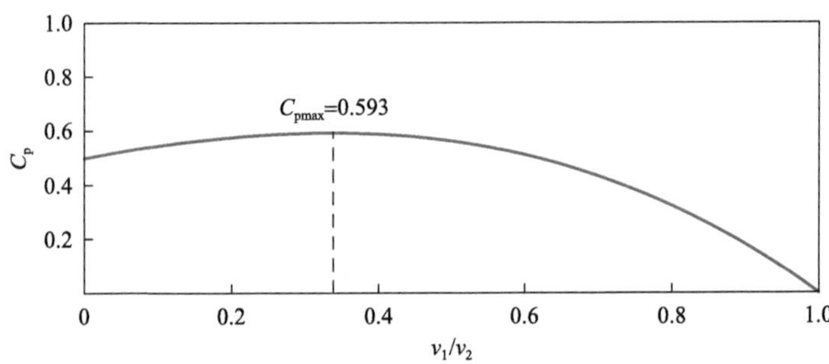

图 2-3　风能利用系数与前后气流速度比值的关系

2. 风能捕获

本节第一部分贝茨理论给出了风能利用系数的概念并给出了理想状态下风力机所能获取的功率的极限。当然，这是在不考虑风力机的能量转换装置实际设计的情况下计算的，而实际上能获取的风能由风力机能量转换装置的特性所决定。

一般地，风力机有两种方式可捕获风能，一种是利用空气阻力，另一种是利用空气升力[2]，如图 2-4 所示。图 2-4(a)是利用空气阻力带动轴旋转的装置示意图，一般来说用此方式装置的最大风能利用系数在 0.2 左右，远小于贝茨极限值 0.593[1]。而如果通过设计叶片形状使用空气升力来驱动风力机旋转，风能利用系数会高得多。现在的主流商用大型风电机组都是以升力型风力机为主，本书中所有关于风力机的介绍都是以升力型风力机为对象展开。

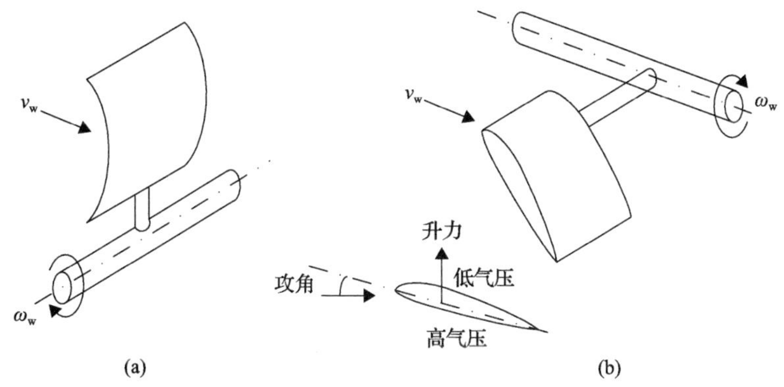

图 2-4　两种风能利用方式的示意图

2.2.2　风力机的空气动力学特性

升力型风力机利用空气流过产生的升力带动风轮旋转，桨叶是产生升力的主要元件，其结构如图 2-5 所示。也就是说，桨叶的空气动力学特性决定了风力机所能获取的功率。

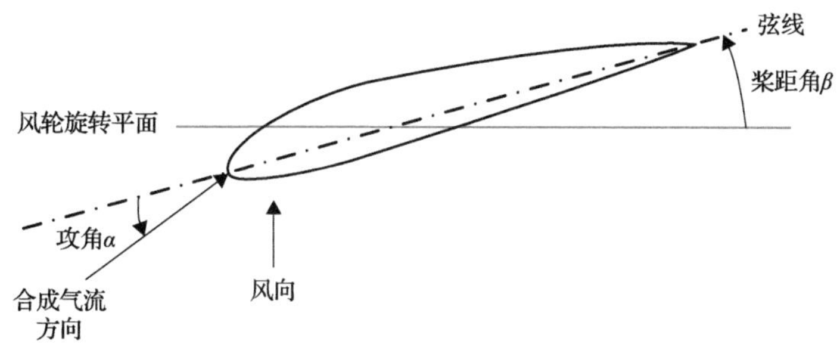

图 2-5　桨叶示意图

桨距角是叶片结构设计的一个关键参数，桨距角是叶片的弦线（叶片前缘与后缘的连线）与风轮旋转平面的夹角。叶片的攻角是叶片弦线与叶片受到的合成气流方向（也就是风速和旋转相对速度的合成气流的方向）的夹角，这是一个重要的空气动力学参数。定桨型风力机的桨距角是一个固定值，而变桨型风力机的桨距角是可调节的，通过改变桨距角可有效改变叶片的空气动力学性能。

为了介绍桨叶的空气动力学特性，除了前面已经介绍的风能利用系数 C_p，这里再引入叶尖速比的概念。叶尖速比 λ 是叶尖圆周运动线速度和风速的比值，即

$$\lambda = \frac{\omega_W R}{v_W} \tag{2-14}$$

式中，ω_{w}为风轮旋转的角速度；R为风轮的半径；v_{w}为风速。

一般认为，风轮的风能利用系数为桨距角β和叶尖速比λ的函数：

$$C_{\mathrm{p}} = f(\lambda, \beta) \tag{2-15}$$

式(2-15)是一个与桨距角β和叶尖速比λ呈非常强的非线性的函数，图 2-6 给出了不同桨距角下风能利用系数与叶尖速比λ的关系，可以看到不同桨距角下风力机风能利用系数随着叶尖速比的升高先升高再下降，也就是说桨距角固定时，只有在某一个确定的叶尖速比下风力机具有最大的风能捕获效率。进一步地，在固定的桨距角下，对于一个确定的风速，有且仅有一个对应的风轮转速使得风力机能捕获到最大功率，如图 2-7 所示。

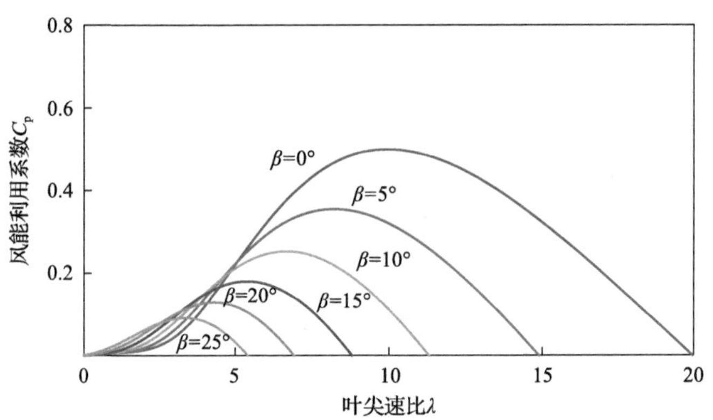

图 2-6　风能利用系数与叶尖速比和桨距角的关系

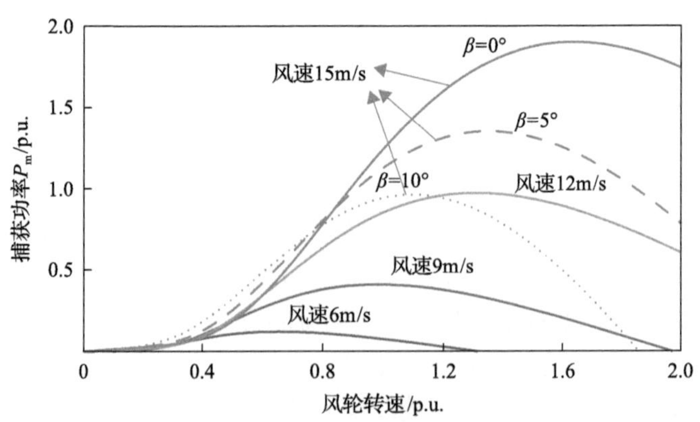

图 2-7　捕获功率与风速和桨距角的关系

2.2.3　传动链结构及其模型

实际风电机组机械系统具有复杂的结构，图 2-8 给出了除叶片以外的风电机组的传动链主结构示意图[3]，能量传递从桨叶到发电机端依次为轮毂、主轴承、低速轴、变速齿轮箱、刹车、高速轴和发电机。不过对于部分全功率型风机，其发电机直接由风轮驱动(即直驱型风电机组)，该类型的风电机组是没有变速齿轮箱的，转轴也不再分为低速轴和高速轴两部分，而是由低速轴直接连接轮毂与发电机。

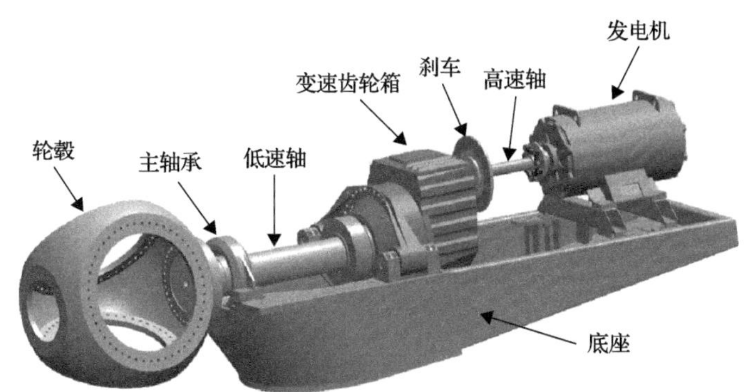

图 2-8　风电机组传动链主结构示意图[3]

对于这样复杂的机械结构，由于应用的研究场合不同，处理的方式也有所不同，主要的区别在于是否计及传动链上机械部件的扭转动态。

1) 单质量块模型

在一些研究场景中，传动链的扭振问题并不突出，或是该部分的动态不是关注的对象。一种比较简单的处理方式是把整个风力机看作一个刚体，认为所有的部件都是刚性部件，那么传动链只有一个旋转自由度，风轮和发电机的转速比保持为变速齿轮箱的转速比。将所有的质量块都折算到发电机侧，形成单质量块模型(图 2-9)，可以得到以下数学关系：

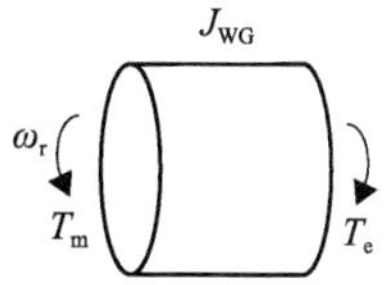

图 2-9　单质量块模型

$$J_{\mathrm{WG}} \frac{\mathrm{d}\omega_{\mathrm{r}}}{\mathrm{d}t} = T_{\mathrm{m}} - T_{\mathrm{e}} \tag{2-16}$$

$$J_{\mathrm{WG}} = J_{\mathrm{WT}} / N_{\mathrm{G}}^{2} + J_{\mathrm{G}} \tag{2-17}$$

式中，N_{G} 为变速齿轮箱两侧的转速比；J_{WT} 为风轮的转动惯量；J_{G} 为发电机转子的转动惯量；J_{WG} 为折算后的等效惯量。对于没有变速齿轮箱的风电机组，N_{G} 为 1。

2) 两质量块模型

在另外一些研究场景下，传动链的扭振问题变得突出时，简单的单质量块模型无法反映传动链上各个部件相互之间的动态，因此在分析传动链动态时需要更多质量块的模型。一般来说，考虑风力机和发电机相互之间的动态，这个动态可以用质量块-弹簧-阻尼的形式来表示，得到如图 2-10 所示的两质量块模型，θ_w 为风轮旋转过的角度，θ_r 为发电机转子旋转过的角度。其中转轴的柔性用刚度系数 K_s' 和阻尼系数 D_s 来表示，和转轴的材料、尺寸等因素相关。对于含有变速齿轮箱的风力机，低速轴和高速轴的刚度系数也会有差异，可以做如式(2-18)所示的等效处理，低速轴和高速轴等效为一根轴后的等效刚度系数为

$$K_s' = \frac{1}{\dfrac{1}{K_{ls}/N_G^2} + \dfrac{1}{K_{hs}}} \tag{2-18}$$

式中，K_{ls} 和 K_{hs} 分别为低速轴和高速轴的刚度系数。

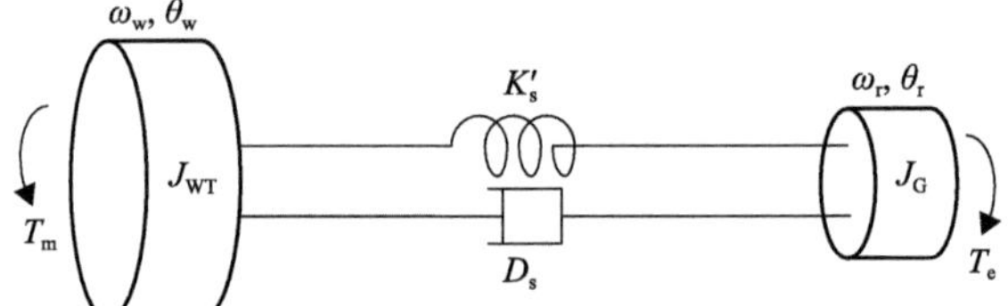

图 2-10 风机传动链两质量块模型

根据图 2-10 所示的两质量块模型，可写出传动链的数学模型，即

$$J_{WT}\frac{d\omega_w}{dt} = T_m - K_s'(\omega_w - \omega_r) - D_s(\theta_w - \theta_r) \tag{2-19}$$

$$J_G\frac{d\omega_r}{dt} = -T_e - K_s'(\omega_r - \omega_w) - D_s(\theta_r - \theta_w) \tag{2-20}$$

$$\omega_w = \frac{d\theta_w}{\omega_b dt} \tag{2-21}$$

$$\omega_r = \frac{d\theta_r}{\omega_b dt} \tag{2-22}$$

式中，ω_b 为转速的基准值。

对于含变速齿轮箱的风电机组，风轮的转动惯量 J_{WT} 和转速 ω_w 均为按变速齿轮箱的转速比折算到发电机侧的转动惯量和转速。

对于这样一个柔性系统，根据两质量块模型，可给出其无阻尼下的自然振荡频率：

$$f_d = \frac{1}{2\pi}\sqrt{K_s\left(\frac{1}{J_{WT}} + \frac{1}{J_G}\right)} \tag{2-23}$$

无论是双馈型风机还是全功率型风机，这样的扭振模式都是存在的，只是由于不同风电机组之间的结构参数以及控制参数的不同，一些风电机组的扭振问题会显得突出一些，或者说是更容易被激发和观测到。另外，在一些风电机组中，除了有上述提到的风力机和发电机之间的扭振问题，变速齿轮箱的内部也存在扭振问题，这就需要建立计及变速齿轮箱内部动态的更多质量块的模型[3]，本书不再赘述。

风电机组中传动链的实际振荡频率还需要考虑风电机组提供的电气阻尼。电气阻尼与运行的工作点、控制器参数以及所连接的电网的参数都息息相关，具体的影响在 9.6.2 节中展开介绍。

2.3　风力机的运行工作区

2.3.1　最大风能跟踪

根据 2.2.2 节可知，在桨距角固定时，最大风能利用系数与叶尖速比的关系是确定的，且与风速无关。桨距角为 0 时风能利用系数与叶尖速比的关系如图 2-11 所示。因此，在转速未达到最大及最小转速限制时，只要保证风力机的叶尖速比在最佳值处，便可使风力机的输出功率为最大。

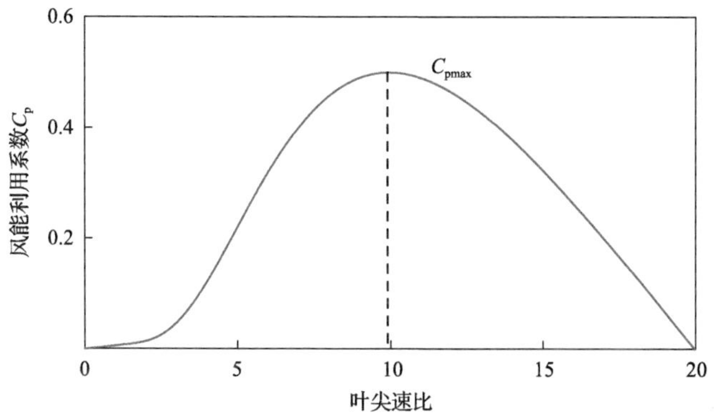

图 2-11　风能利用系数与叶尖速比的关系

在实际风力发电系统中，由于风速测量的不可靠性，依靠风速信号来控制转速并不可行。而最佳叶尖速比下的最大捕获功率和转速的关系也可以给出，如图 2-12 所示。图 2-12 中所给出的运行曲线（实线）也就是最大功率点跟踪（maximum power point tracking，MPPT）曲线。

最大功率点跟踪有两种实现方式：一种是根据厂家给出的叶片特性计算出最佳叶尖速比以及最优风能利用系数 C_{pmax}，将功率与转速的曲线作为固定的一部分设置在转速控制里，通过测量功率即可知道所需的转速指令或根据转速指令来获

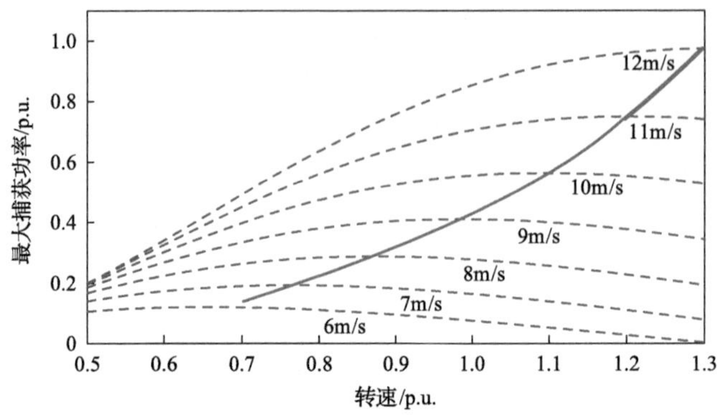

图 2-12　最大捕获功率与转速的关系曲线

取所需的功率指令；二是时刻计算 $\partial P_0 / \partial \omega_r$，用爬坡的方式来得到最佳工作点使 $\partial P_0 / \partial \omega_r = 0$，从而来保证风力机捕获的功率为最大。第一种方式依赖厂商给出的数据的准确性，如果有偏差则风电机组不能工作在最大功率点，第二种方式虽然不依赖叶片的参数，但是会增加控制的复杂度并恶化风电机组的动态性能。因此，在实际运行的风电机组中，一般采用第一种方式。

2.3.2　风力机的不同运行工作区及运行曲线

从理论上来说，为了能量的高效利用，应该将风力机运行在可以输出最大功率的运行点上。但是实际风电机组的运行会受到其他因素的制约，最基本的限制有两个，一是发电机主电路以及电力电子元件带来的功率限制，二是所有旋转部件的机械强度造成的转速限制。

对于一台商用风力机，其最大风能利用系数对应的最佳叶尖速比是固定的，也就是说，随着风速的增加，最大风能利用系数对应的转速在不断增加，能够捕获的最大功率也在不断增加。而现在广泛运行的变速恒频风电机组，由于功率限制和转速限制，其工作曲线被分成若干段，每一段也就对应一个运行工作区。在风速达到切入风速后，风力机工作在最小的限制转速处；当风速继续升高时，为了保证最大的捕获功率风力机运行在最大输出功率处，这一个区间称为最大风能跟踪区；随着风速的升高，对应工作点的转速也会升高，当达到最大转速限制时，风力机的运行也不能再保持在最大功率输出处，而是保持恒转速运行，这个区间称为额定转速运行区；当风速继续升高达到额定功率时，需要调节桨距角来保持风电机组运行在额定功率处，对应地，这个区间称为额定功率运行区。

图 2-13 和图 2-14 给出了风电机组不同工作区下功率和转速与风速的关系以及功率与转速的关系。在最大风能跟踪区转速与风速成正比，在其他运行区由于转速限制所以转速保持在固定值。而功率曲线更加复杂，是一个分段的非线性函数，一开始功率随着风速的增加而增加，到达额定功率后便不再增加。为了保证

风电机组运行在这些复杂的曲线上，需要风力机的控制器来实现，2.4 节将重点介绍风力机的控制。

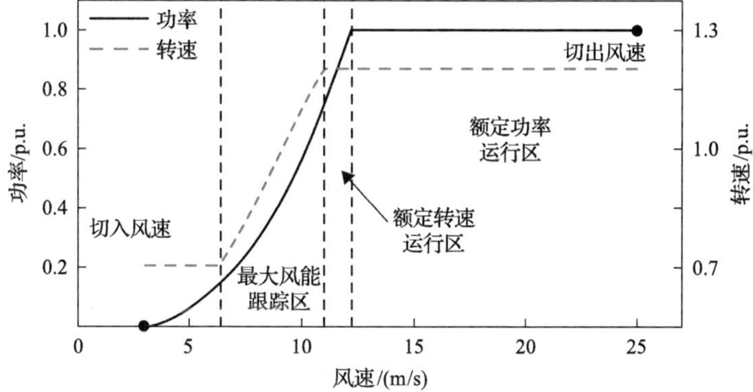

图 2-13　不同运行工作区的功率和转速与风速的关系

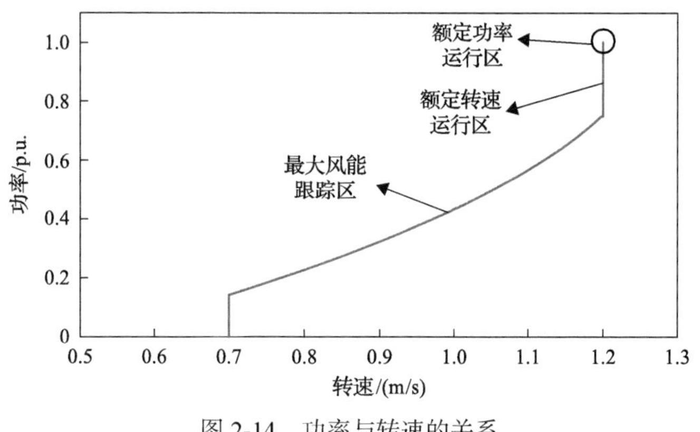

图 2-14　功率与转速的关系

2.4　风力机的典型控制

2.3 节给出了风力机的运行曲线，为了使风电机组在风速变化时都运行在理想的工作点上，风电机组需要相应的控制器来控制风力机运行。图 2-15 给出了一种典型的风力机控制示意图，控制器的输入为发电机电磁功率与转速，输出为给到变换器的电磁功率指令和给到变桨系统的桨距角指令。转速控制和桨距角控制是实现风力机运行控制所需具备的基本功能，而轴系振荡的阻尼控制是为了增强风力机轴系安全的附加控制，快速频率响应控制(包括惯性响应控制和一次调频控制)是为了优化电网频率动态而施加的附加控制，这部分会在 2.5 节中介绍。图 2-15 中，P_{stl} 为功率限额，P_{ord} 为给变流器的功率指令值；T_s 为转速指令低通滤波器的滤波时间常数，T_p 为桨距角低通滤波器的滤波时间常数，T_{pc} 为功率指令低通滤波器的滤波时间常数；k_{pp}、k_{ip}为桨距角 PI 控制器的增益系数和积分系数，k_{prs}、k_{irs}为转速 PI 控制器的增益系数和积分系数，k_{ppc}、k_{ipc}为桨距角补偿 PI 控制器的增益系数和积分系数。

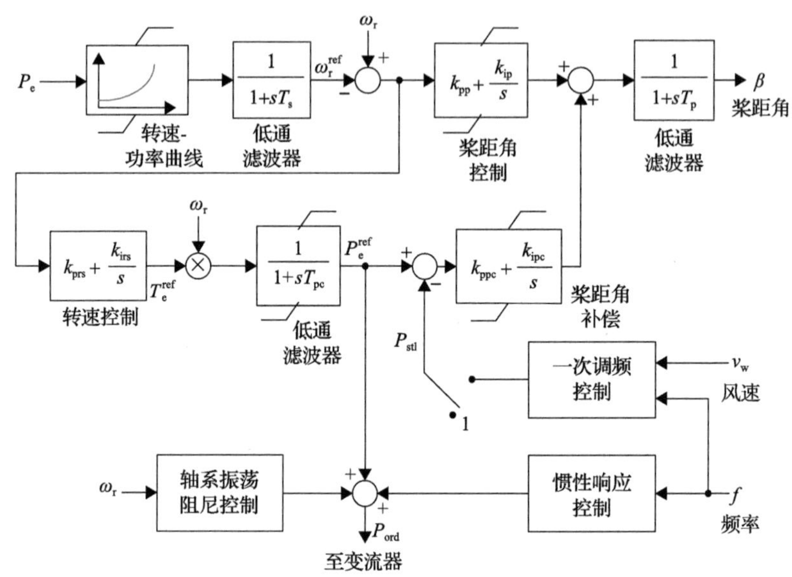

图 2-15　风力机控制示意图

2.4.1　转速控制

图 2-16 给出了一种转速控制示意图，根据给出的不同工作区中转速-功率曲线以及测量到的电磁功率并通过一个低通滤波器得到转速指令，一般低通滤波器的滤波时间常数在几秒到几十秒。转速与转速指令作差后经过一个 PI 控制器得到转矩指令，与转速相乘后经过一个低通滤波器后得到电磁功率指令给到变流器，这里的低通滤波器的滤波时间常数会小得多。当转速不在理想的工作曲线上时，通过功率的调节使转速恢复到设计的工作点上。另外值得注意的是，为了防止转速过多过快地波动，一般转速控制的带宽被设计得非常低。表 2-1 给出了 GE(美国通用电气公司) 1.5MW 双馈型风机转速控制的参数。

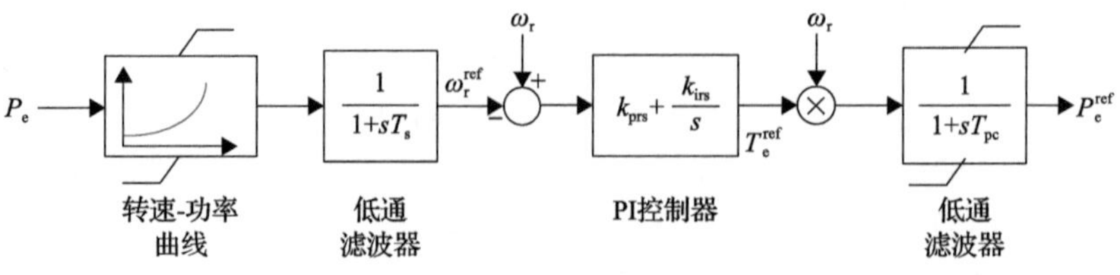

图 2-16　转速控制

表 2-1　GE 1.5MW 双馈型风机转速控制参数[4]

参数	值
转速-功率曲线	$\omega_r^{ref}=0.75P_e^2+1.59P_e+0.63$
k_{prs}, k_{irs}	3,0.6
T_s /s	60
T_{pc} /s	0.05

2.4.2　桨距角控制

如图 2-17 所示，桨距角控制分为两部分，一部分是对转速差进行的 PI 控制，另一部分是对功率差进行的 PI 控制，两部分相加为最终的桨距角指令。第一部分是为了保证风力机不会超速运行，第二部分是为了限制风力机的输出功率不超过限制功率。这个限制功率的大小在没有一次调频控制时为额定功率，而在有一次调频控制时由一次调频输出的功率决定。桨距角控制是实现一次调频控制非常重要的一部分。GE 1.5MW 双馈型风机桨距角控制参数如表 2-2 所示。

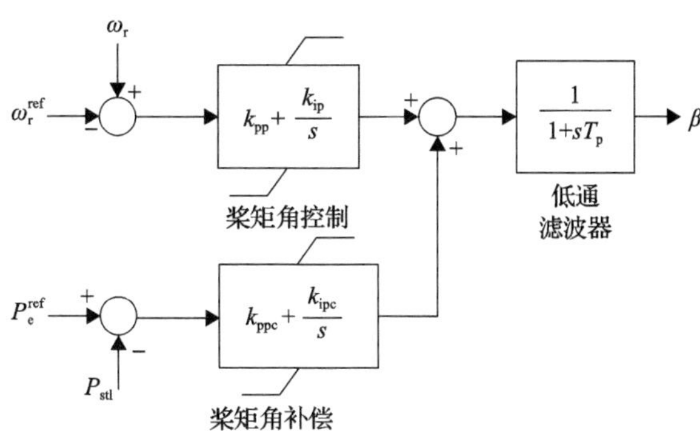

图 2-17　桨距角控制

表 2-2　GE 1.5MW 双馈型风机桨距角控制参数[4]

参数	值
k_{pp}, k_{ip}	150,25
k_{ppc}, k_{ipc}	3,30
T_p /s	0.3

2.4.3　轴系振荡的阻尼控制

对于变速恒频风电机组而言，风轮、变速齿轮箱和发电机的阻尼都很小，风速扰动和电磁转矩的脉动都可能激发传动链的轴系扭转振荡。

一种方法是在传动链中加入一些机械阻尼，但是这种方式并不经济；更多的运行风电机组是通过在风力机中附加阻尼控制来抑制风力机的轴系振荡。一般阻尼控制以转速为输入，输出为一个附加的功率或转矩指令。图 2-18 给出了一种典型轴系振荡的阻尼控制示意图，由一个带通滤波器和增益环节构成，通过调节增益的大小和带通滤波器的相位即可调节阻尼效果。

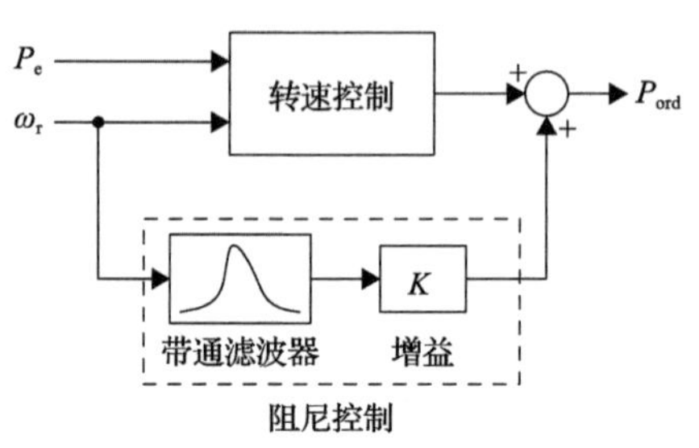

图 2-18 轴系振荡的阻尼控制

基于这种控制方式，为了优化控制效果，有许多衍生的控制结构[5-8]。有研究提到为了避免引起叶片的振荡，在带通滤波器上又叠加了一个带阻滤波器[5]；进一步，也有研究为了优化抑制效果给出了一些更复杂的控制方案[6-8]，这里不再赘述。

2.5 风电机组的快速频率响应控制

近年来，由于电网中风电渗透率不断提高，电力系统频率动态问题变得严峻，一些国家和电网也出台规定要求风电机组及风电场提供频率响应支撑。因此，频率响应控制也逐渐成为风电机组控制中必不可少的一部分。

基于常规同步电源主导的电力系统，其频率响应按照时间尺度划分，包括惯性响应、一次调频、二次调频和三次调频。惯性响应和一次调频是同步机在系统发生频率事件后的自发行为，响应较快(秒级)；二次调频涉及区域间的联络线传输功率，用以消除系统频率与基准值之间的偏差，响应时间在 30s～10min；三次调频是日前计划，由调度部门对网络功率提前规划，用以实现经济运行。风电机组主要参与的频率响应阶段为惯性响应和一次调频阶段。惯性响应控制在频率变化时迅速改变风电机组的有功出力来降低频率的变化率，而一次调频根据频率偏差调节有功功率输出来填补系统的功率缺额。由于涉及转速的调节以及机械功率的调节，风电机组的惯性响应及一次调频控制也在风力机控制系统中实现。

2.5.1 风电机组的惯性响应控制

风电机组与同步机一样具有旋转的转子，传统火力发电机组和水电机组的惯性时间常数分别在 2～9s 和 2～4s[9]，而兆瓦级风电机组为 2～6s[10]。可见，正常运行时，相同容量的大型风力发电机组转子所存储的动能与传统发电机组是相近的，风电机组提供惯性响应有着很好的潜能。风电机组的传统控制为了保证风电机组的效率使用最大功率点跟踪，使得风电机组的输出功率和电网频率解耦，转子上蕴藏的动能被“隐藏”了起来。为了改善电网频率动态，已有较多研究人员以及 GE、Enercon、Senvion、Vestas、Siemens 等众多风电厂商做出许多研究，控制策略也纷繁多样。

从实现手段上讲，现有大部分研究[11-17]均是在当前锁相同步矢量控制的基础上，通过附加辅助控制支路，以实现电网频率扰动期间风电机组释放部分机械旋转动能来短时弥补电网功率缺额或吸收部分功率存储为旋转动能以暂时缓解电网的功率过剩。具体而言，当检测电网频率扰动达到设定阈值或一定触发条件时，通过辅助控制支路相应调整原有的电磁转矩/功率或转速指令，以实现风电机组的动态功率支撑。将这种实现方案进一步细分，可以分为以下两种。一种是调节功率或者转矩指令，转子被动改变转速来使风电机组实现功率输出，另一种则是主动改变转速。

1) 调节功率/转矩指令

Enercon 公司提出了两种实现方式[13]，一种是在电网频率扰动前风电机组输出功率 $P(t=t_0)$ 的基础上附加与电网频率变化相关的功率给定值，即恒定工作点(constant set-point，CSP)模式；另一种则是考虑实际风速变化导致工作点改变的情况，即变工作点(variable set-point，VSP)模式，在变工作点的基础上附加与频率变化相关的功率给定值。在电网频率扰动期间，其输出有功功率随电网频率的变化策略如图 2-19 所示，其中 f_{ine} 为惯性响应的触发频率，f 为电网频率，P_{ine} 为惯性响应控制输出的功率指令。当检测到电网频率低于 f_{ine} 时风电机组开始惯性响应，在频率跌至 f_{min} 之前 P_{ine} 随频率线性变化，当频率跌至 f_{min} 以下时，P_{ine} 将达到设定的允许最大输出额外功率值 P_{set}，如 $P_{set}=10\%P_N$。

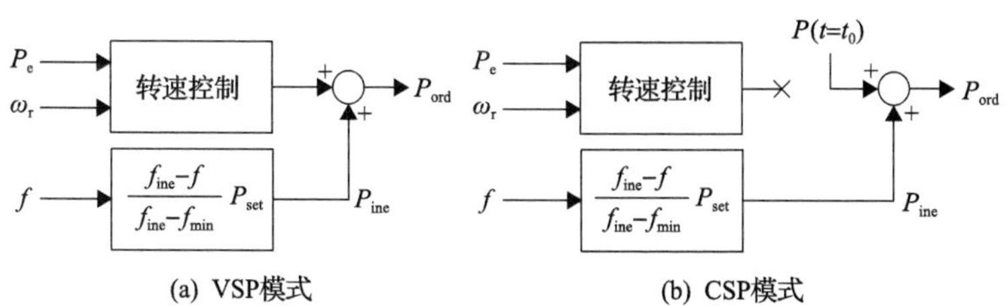

图 2-19　Enercon 公司惯性响应控制策略

GE 公司的 WindInertia™，是基于 df/dt 惯性控制实现方案的典型代表，即将电网频率变化与设定阈值相比较，相继经过低通滤波环节、比例放大环节，以及高通滤波环节，最终产生附加的转矩指令叠加在原有的电磁转矩指令上，其控制策略如图 2-20 所示[4]，图中 DB_{wi} 表示频率死区大小，T_{lpwi} 表示低通滤波器的滤波时间常数，T_{wowi} 表示高通滤波器的滤波时间常数，K_{wi} 表示惯性增益的增益系数。此外，研究人员针对转子磁链幅值功角控制(flux magnitude and angle control，FMAC)提出了相应的短期频率调节控制方法，即依据电网频率变化相应地调节锁相坐标系下内电势与机端电压之间的功角，以实现相应的动态功率支撑[16]。这些方法一般为固定参数的控制方法，也有研究聚焦在依据电网频率变化相应地调节风功率跟踪曲线以增大或减小有功功率指令的惯性响应实现方案[17]。

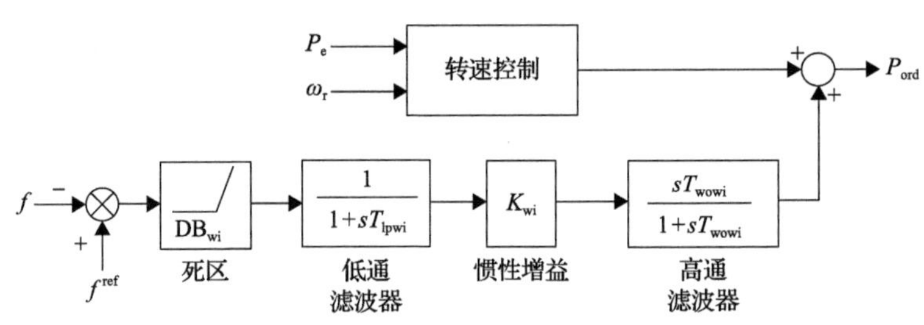

图 2-20　GE WindInertia™ 惯性响应控制策略

2)调节转子转速指令

当电网频率扰动时，考虑实际风速变化及阵风的影响，Repower(现为 Senvion)公司提出，对于额定功率以下的工况通过调节 ω_r^{ref} 来间接调整发电机的电磁转矩[18]。如图 2-21 所示，控制器根据电网频率变化生成需要增加的额外功率指令 ΔP_d，除以转速得到需要额外增加的转矩指令 ΔT_d，再除以转子的实际惯量并积分就可以得到需要额外降低的转速指令，这样通过主动地降低转子转速可释放出所需的额外功率。

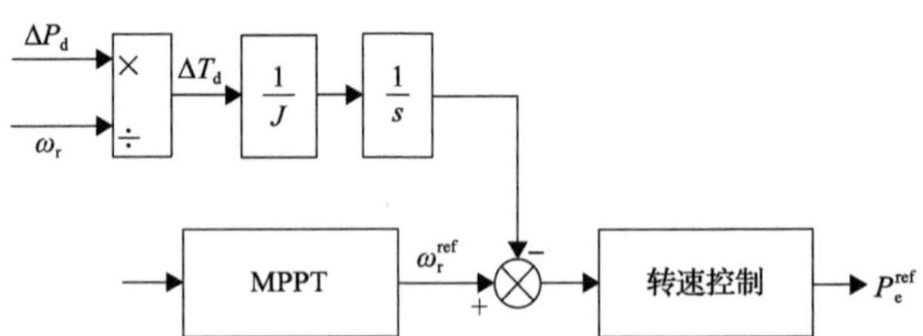

图 2-21　Repower 公司惯性响应控制策略

2.5.2　风电机组的一次调频控制

备用功率和调速器控制是风电机组能够参与一次调频控制的两个必备前提条件。风电机组留有一定的备用功率，意味着风电机组必须减载运行，为其参与一次调频控制作用提供能量来源；而调速器控制则是在电网出现频率扰动事件时实现风电机组备用功率的提取以支撑电网，通常采用下垂控制实现，以模拟常规调频电源调速器的调差特性。这里针对不同的减载运行方式，对现有的一些一次调频控制策略的特点进行简要的归纳总结。

1. 几种不同的减载运行方式及其特点

一类比较常见的减载运行方式是通过跟踪次优功率曲线使风电机组正常情况下运行在高于最优叶尖速比的状态，以实现风电机组的减载运行，为风电机组参与电网一次调频留有备用功率。图 2-22 为风电机组跟踪次优功率曲线下减载 10%的运行示意图。由于考虑实际控制为数字离散化控制，电磁功率指令仅在每个采样周期刷新一次，而工作在左侧次优功率曲线时机械功率则随着转速的增大而增大，随转速的减小而减小，易导致左侧工作点为不稳定工作点[19]；且在考虑风电机组响应电网频率扰动时，假设电网频率下跌，风电机组输出电磁功率需要增加，将致使风电机组转速下降，当工作在左侧工作点时，转速的下降导致机械功率下降，风电机组更有失速的风险[20]，因此，图 2-22 90%次优功率曲线(左)易导致稳定性问题，风电机组通常运行在 90%次优功率曲线(右)。

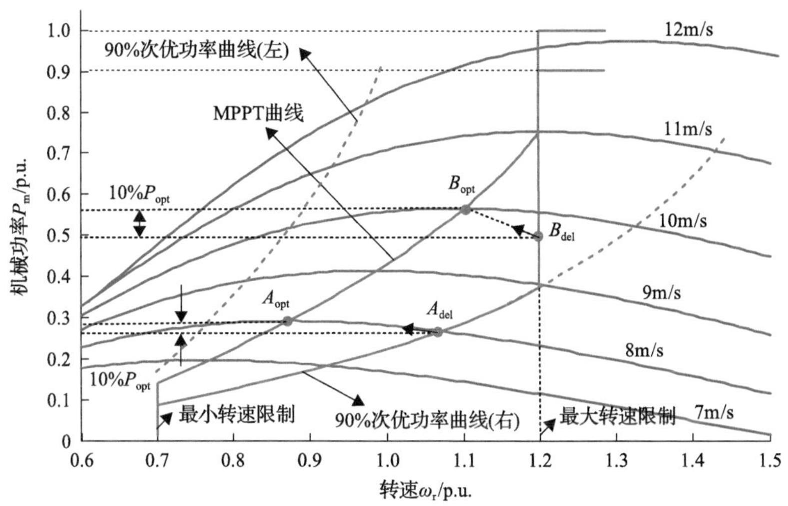

图 2-22　跟踪次优功率曲线的减载运行示意图

例如，假设风速为 8m/s 时，风电机组最佳运行点为 A_{opt}，令风电机组减载 10%，则风电机组初始运行在 A_{del}，备用功率为 10%P_{opt}，P_{opt} 为当前风速下最大可获取功率。大部分研究中都采用图 2-22 所示的减载运行方式[19-24]。文献[19]依据检测的电网频率变化，提出采用插值法以及数值解析计算的方法来动态获取风功率跟踪曲线，在不同电网频率下跟踪相应的风功率跟踪曲线以实现有功功率的响应。例如，电网频率为 50Hz 时风电机组初始运行于 A_{del}，电网频率下跌时，动态获取的风功率跟踪曲线随频率下跌逐步上调，动态风功率跟踪曲线与 8m/s 风功率特性曲线的交点由 A_{del} 逐渐向 A_{opt} 移动，即实现了备用功率的提取以支撑电网。文献[20]和[21]中则直接利用辅助的调速器控制，即下垂控制，在电网频率下跌时，使风电机组输出功率增加，则转子在机械功率与电磁功率不平衡的驱动下减速，工作点由 A_{del} 沿着 8m/s 风功率特性曲线向最佳工作点 A_{opt} 移动(如黑色箭头所示)，释放转子动能的同时提出了备用功率。因为风电机组工作在右侧次优功率曲线，风电机组转速易达到最大转速限制，如 10m/s，风电机组转速被限制在 1.2p.u.时，文献[21]中利用调速器控制(下垂控制)获得的电网频率变化时需要支撑的功率大小，并采用线性方程描述减载运行点 B_{del} 与最佳运行点 B_{opt} 之间功率与转速的关系，依据该线性关系计算获得相应的转速基准值，进一步通过桨距角的调节作用实现工作点由 B_{del} 沿虚线向 B_{opt} 移动(如黑色箭头所示)。类似地，文献[22]和[23]也采用线性方程描述减载运行功率指令与转速之间的关系，使得电网频率变化时工作点沿虚线在 B_{del} 与 B_{opt} 之间移动。文献[24]则在电网频率下降时采用功率阶跃的方式向电网提供功率支撑。总之，以上研究均通过改变最优风功率跟踪曲线使风电机组实现减载运行，即使风电机组工作在高于最佳叶尖速比的状态，当电网频率下跌时，风电机组在向电网提供备用功率的同时也释放了存储的转子动能。但由于需要额外获取次优功率曲线，且不同风况下可能需要不同的调频控制策略，显然将加大工作量，增加系统控制复杂度，另外，由于风力机工作在高转速状态，这也将限制风电机组在电网频率上升情况下的响应能力。

另外一种减载运行方式是通过桨距角的调节使风电机组保持运行于最佳叶尖速比的状态，即使减载运行点位于最佳运行点的正下方[25,26]。如图 2-23 所示，假设当前风速为 10m/s，A_{opt} 点为最佳运行点，A_{del} 点为减载运行点。变流器控制有功功率指令由 MPPT 曲线根据转速直接(有功功率与转速的三次方呈比例)获得，减载运行功率则可由获得的有功功率指令直接乘以 90%以实现留出 10%的备用功率，因此，减载功率曲线可由变流器控制简单实现，而保持最佳叶尖速比需要附加额外的速度控制以调节桨距角使风功率特性曲线下移，最终使风电机组工作于 A_{del} 点。当电网频率下跌时，在变流器下垂控制的作用下风电机组输出功率增加以支撑电网，致使风电机组转速下降，由于恒最佳叶尖速比的控制作用将调节桨距角使风功率特性曲线逐渐上移，机械功率增加以维持转速不变，因此，工作点将沿虚线由 A_{del} 点逐渐向 A_{opt} 运动(如黑色箭头所示)，实现备用功率的提取。在当前的功率跟踪方式下，维持最佳叶尖速比不变可在桨距角减至最优值(如 $\beta=0$)或关闭调频模式进入最大功率点跟踪模式时优化风电机组响应性能，即风电机组可迅速进入最大功率点跟踪状态，避免较大的暂态过程。但是，这种方法仍需要附加额外的最佳叶尖速比控制，且相对于由功率获得转速指令的最大风功率跟踪方式优势不明显，具有一定的局限性。

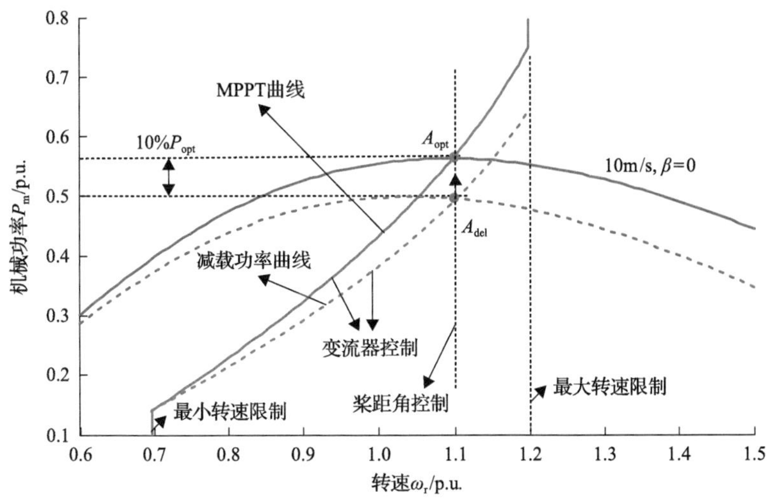

图 2-23　保持最佳叶尖速比的减载运行方式

另外，GE 风电机组减载运行直接通过修改桨距角补偿控制中的有功功率指令实现[4]。如图 2-24 所示，正常情况下桨距角补偿控制功率基准值为额定功率，即 1.0p.u.，用于限制高风速时风电机组捕获的机械功率，使风电机组输出功率不超过额定功率；而减载运行时，仅需将桨距角补偿控制中的有功功率基准值改为当前风速下可捕获的最大功率 P_{opt} 与 K_{del} 的乘积，即可实现减载运行，其中 K_{del} 表示留出的备用功率占最大功率 P_{opt} 的百分比，例如，K_{del}=10%。图 2-24 为风速 10m/s 时风电机组减载 10%的运行示意图，A_{opt} 为最佳运行点，电网频率在正常死区范围内时，在桨距角补偿控制的作用下，风电机组捕获的机械功率被限制为 90%P_{opt}，则风电机组将稳定工作于 MPPT 曲线与调桨作用下的风功率特性曲线（如虚线所示）的交点，即 A_{del} 减载运行点。当电网频率下跌超出设定的死区范围时，依据下垂特性曲线相应增大桨距角补偿控制的有功功率基准值，即桨距角减小，风功率特性曲线逐渐上移，工作点也将由 A_{del} 点沿 MPPT 曲线逐步向 A_{opt} 移动（如黑色箭头所示），释放备用功率参与电网一次频率调节作用。可知，此种减载运行方式不需要修改现有控制及重新设计计算功率跟踪曲线，仅通过修改桨距角补偿控制中的有功功率基准值，调节桨距角以实现风电机组减载运行，实现简单，极大地减小工作量，且不增加控制复杂度。类似地，文献[27]提出在不改变现有控制下仅通过修改功率基准值实现风电机组减载运行，文献[28]提出依据电网频率变化计算得到相应的转速指令，并进一步通过调节桨距角实现风电机组减载运行。文献[29]在原有的桨距角控制中加入一个稳态的桨距角偏移量以实现风电机组减载运行，但需对每个工作点计算其桨距角偏移量。

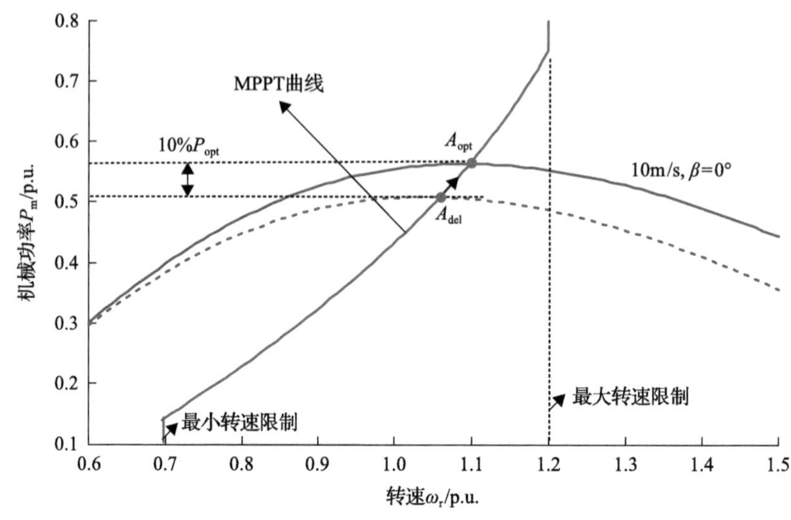

图 2-24　保持 MPPT 曲线不变调节桨距角实现减载运行方式

2. 不同减载运行方式实施下的失速风险

本节第 1 部分主要从减载运行方式的角度对现有一些调频控制策略进行简要的归纳总结，本部分则结合调速器控制实现方式，从失速风险的角度简析一些典型调频控制的优缺点。

在电网出现频率扰动时，为有效利用风电机组减载运行留出的备用功率，通常需要附加调速器控制来模拟常规同步发电机组的功频静态特性或者调差特性。其中，一类较为常见的方式是直接将电网频率偏差通过调速器控制改变变换器控制或者电气控制中的有功功率/转矩指令，以使风电机组响应电网频率扰动。以图 2-25 所示的次优功率跟踪控制方式为例，假设风电机组初始工作在 90%次优功率曲线与风功率曲线的交点 A_{del} 实现减载运行，当电网频率跌落时，在调速器控制的作用下使有功功率指令迅速增加，由于变换器控制/电气控制的快速性，风电机组输出的电磁功率将迅速增加。进而，机械功率与电磁功率的不平衡致使风电机组转速开始下降，工作点由 A_{del} 沿着风功率曲线向 A_{opt} 移动，机械功率逐步增加，即释放备用功率支撑电网。由上述响应过程可知，调速器控制首先响应电网频率变化使风电机组提供功率支撑，而备用功率则在控制系统作用下逐渐得以释放，若调速器控制参数设计不合理使风电机组过度提供功率支撑以至于超出自身备用功率，势必将导致风电机组失速，即备用功率不足引起风电机组失速。类似地，图 2-26 中所示的调频控制策略同样需要调速器控制的参数设计与风电机组当前实际功率支撑能力相配合，以避免出现备用功率不足导致的风电机组失速问题。

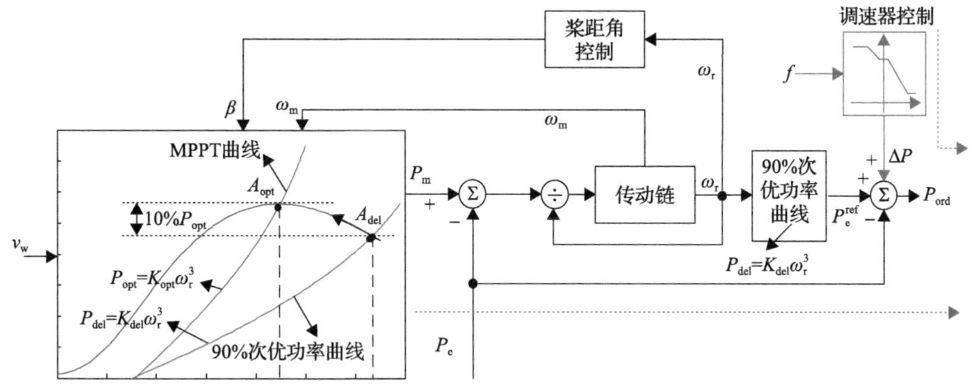

图 2-25　次优功率跟踪控制结构示意图

K_{opt} 为 P_{opt} 与 ω_r 之间的系数

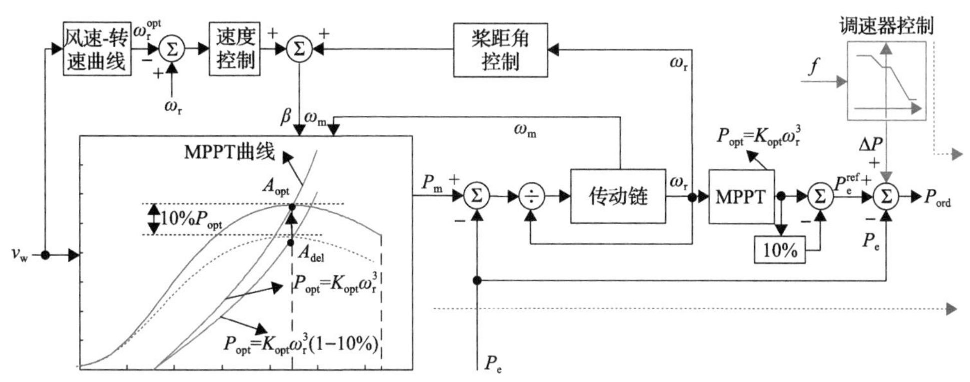

图 2-26　保持最佳叶尖速比调频控制结构示意图

另一类调速器控制方式更接近于常规同步发电机组通过调节汽门开度以增大原动机输入机械功率的一次调频动态响应过程，即将电网频率偏差通过调速器控制调节相应有功功率指令或者转速指令，进而经过调节桨距角增大风电机组输入的机械功率。以 GE 风电机组调频控制为例，其控制结构示意图如图 2-27 所示。假设风电机组初始运行于减载运行点 A_{del}，当电网频率下跌时，在调速器控制的作用下，有功功率设定值 P_{set} 随电网频率的下降而增加，进而在桨距角补偿控制作用下使桨距角减小以增大风电机组输入的机械功率，工作点则由 A_{del} 向 A_{opt} 移动，即释放备用功率为电网提供功率支撑。从上述一次调频动态响应过程中可以看出，风电机组的一次调频响应首先从调节桨距角以增大风电机组输入的机械功率开始，依据电网频率扰动严重程度，以及调速器控制中参数设定，风电机组最多将留出的备用功率完全释放，且有功功率设定值 P_{set} 要经过合理的上下限幅以保证风电机组输出功率在允许的最大功率和最小功率范围之内。因此，不同于首先通过变换器快速响应电网频率扰动，在这种调频控制策略下风电机组有效避免了调速器控制过度响应引起的备用功率不足导致风电机组失速的问题。

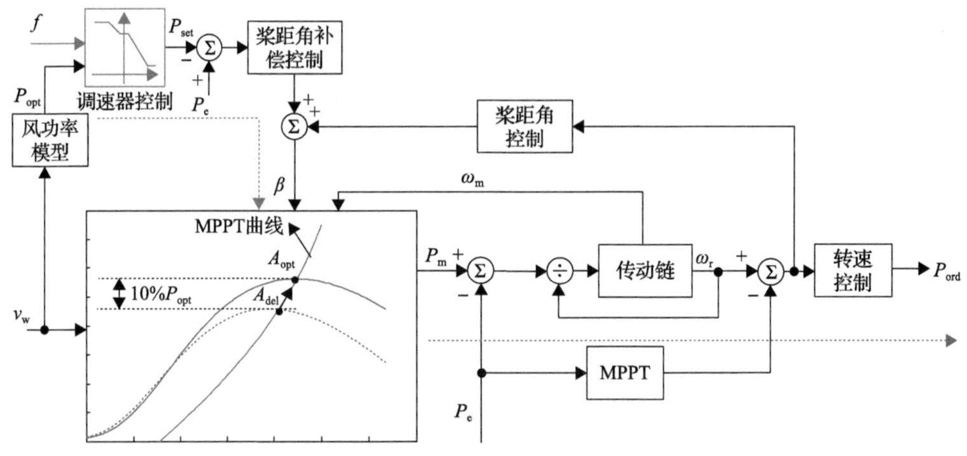

图 2-27　保持 MPPT 曲线的调频控制结构示意图

综合几种减载运行方式以及不同调速器控制方式下风电机组频率响应过程的失速风险可以看出，保持 MPPT 曲线减载运行方式的实现最为简单，无须改变现有控制，即不增加控制系统复杂度，仅通过修改桨距角补偿控制中有功功率设定值实现风电机组减载运行，而在电网频率扰动时，调速器控制相应调节桨距角补偿控制中的有功功率设定值即可实现风电机组参与电网的频率一次调节，在一定程度上不存在由于变换器控制中调速器控制过度响应而引起的失速风险。

2.6　小　　结

本章从风力机的控制对象、控制目标和控制功能三个角度来阐述风力机安全运行的实现方案。首先介绍了风力机的机械结构，包括风力机的基本概念和关键参数，以及桨叶的空气动力学特性和传动链的扭振特性。然后介绍了风力机运行的状态以及实现风力机安全运行的控制策略，并分别描述了各个部分的实现手段。最后结合含高比例风电电力系统所面临的动态频率问题，介绍了如何在风力机控制中实现风电机组对电力系统频率扰动的响应，分别从惯性响应和一次调频控制两个角度进行了阐述，并分析比较了不同实现方式下风力机的响应物理过程。

参考文献

[1] Hau E, Renouard H. Windturbines: Fundamentals, technologies, application, economics[J]. IEEE Electrical Insulation Magazine, 2006, 19(2): 48.

[2] Molly J. Windenergie in Theorie und Praxis[M]. Karlsruhe: C.F.Muller-Verlag, 1978.

[3] Oyague F. Gearbox modeling and load simulation of a baseline 750kW wind turbine using state-of-the-art simulation codes[R]. Golden: NREL, 2009.

[4] Clark K, Miller N W, Sanchez-Gasca J. Modeling of GE wind turbine generators for grid studies[R]. New York: G.E., Schenectady, 2010.

[5] 叶杭冶. 风力发电机组的控制技术[M]. 北京: 机械工业出版社, 2015.

[6] Licari J, Ugalde-Loo C E, Ekanayake J B, et al. Damping of torsional vibrations in a variable-speed wind turbine[J]. IEEE Transactions on Energy Conversion, 2013, 28(1): 172-180.

[7] White W N, Fateh F, Yu Z. Torsional resonance active damping in grid tied wind turbines with gearbox, DFIG, and power converters[C]. ACC 2015, Chicago, 2015: 2549-2554.

[8] Fateh F, White W N, Gruenbacher D. Torsional vibrations mitigation in the drivetrain of DFIG-based grid-connected wind turbine[J]. IEEE Transactions on Industry Applications, 2017, 53(6): 5760-5767.

[9] Kundur P. Power System Stability and Control[M]. New York: McGraw-Hill, 1994.

[10] Morren J, Pierik J, Haan S. Inertial response of variable speed wind turbines[J]. Electric Power Systems Research, 2006, 76(11): 980-987.

[11] Tarnowski G C. Wind turbine providing grid support: WO 2011/000531[P]. 2012-06-08.

[12] Stiesdal H. Wind energy installation and method of controlling the output power from a wind energy installation: US 7898099 B2[P]. 2008-04-24.

[13] Fischer M, Engelken S, Mihov N. Operational experiences with inertial response provided by type 4 wind turbines[J]. IET Renewable Power Generation, 2016, 10(1): 17-24.

[14] Conroy J F, Watson R. Frequency response capability of full converter wind turbine generators in comparison to conventional generation[J]. IEEE Transaction on Power Systems, 2008, 23(2): 649-656.

[15] Keung P K, Li P, Banakar H, et al. Kinetic energy of wind turbine generators for system frequency support[J]. IEEE Transaction on Power Systems, 2009, 24(1): 279-287.

[16] Anaya-Lara O, Hughes F M, Jenkins N. Contribution of DFIG-based wind farms to power system short-term frequency regulation[J]. Generation, Transmission and Distribution, 2006, 153(2): 164-170.

[17] Zhu X, Wang Y, Xu L, et al. Virtual inertia control of DFIG based wind turbines for dynamic grid frequency support[C]. IET Renewable Power Generation Conference, Edinburgh, 2011: 1-6.

[18] Geisler J. A robust control algorithm for emulating grid inertia in commercial wind turbines[C]. European Wind Energy Conference Exhibition, Vienna, 2013: 1-5.

[19] Juankorena X, Esandi I, Lopez J, et al. Method to enable variable speed wind turbine primary regulation[C]. 2009 International Conference on Power Engineering, Energy and Electrical Drives, Lisbon, 2009: 495-500.

[20] Ma H T, Chowdhury B H. Working towards frequency regulation with wind plants: Combined control approaches[J]. IET Renewable Power Generation, 2010, 4(4): 308-316.

[21] Zhang Z S, Sun Y Z, Lin J, et al. Coordinated frequency regulation by doubly-fed induction generator based wind power plants[J]. IET Renewable Power Generation, 2012, 6(1): 38-47.

[22] Vidyanandan K V, Senroy N. Primary frequency regulation by deloaded wind turbines using variable droop[J]. IEEE Transaction on Power Systems, 2013, 28 (2) : 837-846.

[23] de Almeida R G, Castronuovo E D, Lopes J A P. Optimum generation control in wind parks when carrying out system operator requests[J]. IEEE Transaction on Power Systems, 2006, 21 (2) : 718-725.

[24] Gowaid I A, El-Zawawi A, El-Gammal M. Improved inertia and frequency support from grid-connected DFIG wind farms[C]. Power Systems Conference and Exposition (PSCE) , Phoenix, 2011: 1-9.

[25] Ela E, Gevorgian V, Fleming P, et al. Active power controls from wind power: Bridging the gaps[R]. Golden: NREL, 2014.

[26] Singh M, Gevorgian V, Muljadi E, et al. Variable-speed wind power plant operating with reserve power capability[C]. Energy Conversion Congress and Exposition (ECCE) , Denver, 2013: 3305-3310.

[27] Buckspan A, Aho J, Fleming P, et al. Combining droop curve concepts with control systems for wind turbine active power control[C]. Power Electronics and Machines in Wind Applications (PEMWA) , Denver, 2012: 1-8.

[28] Fu Y, Wang Y, Zhang X. An integrated wind turbine controller with virtual inertia and primary frequency responses for grid dynamic frequency support[J]. IET Renewable Power Generation, 2017, 11 (8) : 1129-1137.

[29] Erlich I, Wilch M. Primary frequency control by wind turbines[C]. Power and Energy Society General Meeting (PESGM) , Minneapolis, 2010.

第3章　电网对称条件下风力发电机及其变换器的矢量控制

3.1　引　　言

发电机及其变换器是风电机组的重要核心组件，在电网的对称正常(非故障)条件下负责将机械能变换为符合电网特定电压、频率要求的电能，即扮演着变速恒频发电的重要角色。从并网系统动态问题的视角看，这些 PWM 变换器及其控制直接决定了风电机组在并网系统中的行为，是决定并网系统运行稳定性的重要因素。

本章将分别介绍电网对称条件下双馈型风机、全功率型风机中网侧、机侧变换器的功能与控制实现原理。其中，机侧变换器及其控制按照发电机的类型分别叙述。而由于双馈型风机、全功率型风机的网侧变换器均具有相同的功能与结构，为避免重复，本章将以网侧变换器集中叙述，不做特意区分。

3.2　风力发电机的数学模型

如 1.4.2 节所述，因拓扑差异，变速恒频风电机组中的发电机主要包括双馈(即绕线式)型风机异步发电机、鼠笼式异步发电机及永磁同步发电机三种类型[1]。其中，双馈型风机中的发电机为双馈异步发电机，全功率型风机中的发电机主要有鼠笼式异步发电机与永磁同步发电机两种。由于鼠笼式异步发电机可视为三相转子绕组短接的双馈异步发电机，本节将分别介绍异步发电机、永磁同步发电机的数学模型，这些模型是实施变换器矢量控制的基础。

3.2.1　三相静止坐标系中异步发电机的数学模型

本书中的数学关系均采用电动机惯例，即定子、转子绕组电压降的正方向与电流的正方向一致，正值电流产生正值磁链(符合右手螺旋定则)[2-6]。

针对异步发电机的建模还采用了以下假设。

(1) 忽略空间谐波。设三相绕组对称，在空间中互差 120°电角度，所产生的磁动势沿气隙按正弦规律分布。

(2) 忽略磁路的非线性饱和。

(3) 忽略铁心损耗。

(4) 不考虑频率变化和温度变化对绕组电阻的影响。

(5) 转子参数均经折算至定子侧，折算后的定、转子绕组匝数相同。

在上述假设下，一台异步发电机的等效物理模型可表达成如图 3-1 所示的绕组模型形式。图中，定子绕组轴线 A、B、C 在空间静止、互差 120°对称分布；转子绕组轴线 a、b、c 亦对称分布但随转子以角速度 ω_r 在空间旋转，定、转子绕组间的空间位置关系可用转子 a 相轴线和定子 A 相轴线间的空间位置角 θ_r 来表达。这样，三相静止 ABC 坐标系中异步发电机的数学模型可描述如下。

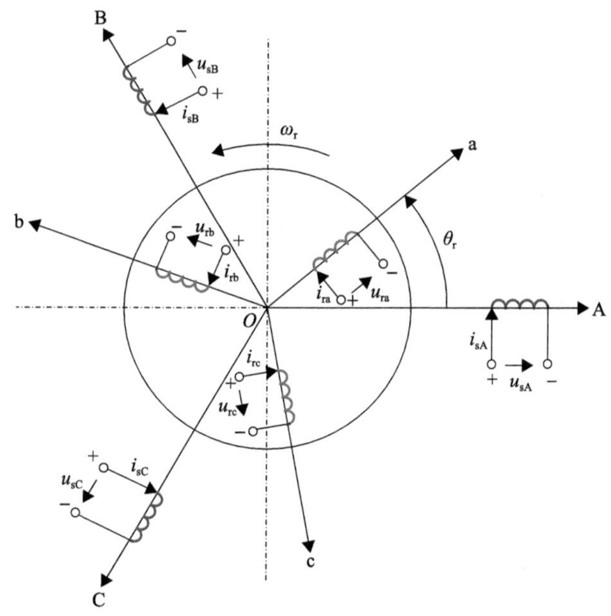

图 3-1　异步发电机等效物理模型

1) 电压方程

三相定子电压方程为

$$\begin{cases} u_{sA} = R_s i_{sA} + \dfrac{d\psi_{sA}}{dt} \\ u_{sB} = R_s i_{sB} + \dfrac{d\psi_{sB}}{dt} \\ u_{sC} = R_s i_{sC} + \dfrac{d\psi_{sC}}{dt} \end{cases} \tag{3-1}$$

式中，u_{sA}、u_{sB}、u_{sC} 为定子相电压(瞬时值)；i_{sA}、i_{sB}、i_{sC} 为定子相电流(瞬时值)；ψ_{sA}、ψ_{sB}、ψ_{sC} 为定子各相绕组磁链(瞬时值)；R_s 为定子绕组电阻。

鼠笼式异步发电机可视作转子短路的特殊双馈异步发电机，故以双馈异步发电机为例，三相转子电压方程为

$$\begin{cases} u_{\mathrm{ra}} = R_{\mathrm{r}} i_{\mathrm{ra}} + \dfrac{\mathrm{d}\psi_{\mathrm{ra}}}{\mathrm{d}t} \\ u_{\mathrm{rb}} = R_{\mathrm{r}} i_{\mathrm{rb}} + \dfrac{\mathrm{d}\psi_{\mathrm{rb}}}{\mathrm{d}t} \\ u_{\mathrm{rc}} = R_{\mathrm{r}} i_{\mathrm{rc}} + \dfrac{\mathrm{d}\psi_{\mathrm{rc}}}{\mathrm{d}t} \end{cases} \tag{3-2}$$

式中，u_{ra}、u_{rb}、u_{rc} 为转子相电压(瞬时值)；i_{ra}、i_{rb}、i_{rc} 为转子相电流(瞬时值)；ψ_{ra}、ψ_{rb}、ψ_{rc} 为转子各相绕组磁链(瞬时值)；R_{r} 为转子绕组电阻。

令微分算子 p=d/dt，并将电压方程写成矩阵形式，则有

$$\boldsymbol{U} = \boldsymbol{RI} + p\boldsymbol{\psi} \tag{3-3}$$

式中

$$\boldsymbol{U} = [u_{\mathrm{sA}}, u_{\mathrm{sB}}, u_{\mathrm{sC}}, u_{\mathrm{ra}}, u_{\mathrm{rb}}, u_{\mathrm{rc}}]^{\mathrm{T}} = [\boldsymbol{U}_{\mathrm{s}}, \boldsymbol{U}_{\mathrm{r}}]^{\mathrm{T}}$$

$$\boldsymbol{U}_{\mathrm{s}} = [u_{\mathrm{sA}}, u_{\mathrm{sB}}, u_{\mathrm{sC}}]$$

$$\boldsymbol{U}_{\mathrm{r}} = [u_{\mathrm{ra}}, u_{\mathrm{rb}}, u_{\mathrm{rc}}]$$

$$\boldsymbol{I} = [i_{\mathrm{sA}}, i_{\mathrm{sB}}, i_{\mathrm{sC}}, i_{\mathrm{ra}}, i_{\mathrm{rb}}, i_{\mathrm{rc}}]^{\mathrm{T}} = [\boldsymbol{I}_{\mathrm{s}}, \boldsymbol{I}_{\mathrm{r}}]^{\mathrm{T}}$$

$$\boldsymbol{I}_{\mathrm{s}} = [i_{\mathrm{sA}}, i_{\mathrm{sB}}, i_{\mathrm{sC}}]$$

$$\boldsymbol{I}_{\mathrm{r}} = [i_{\mathrm{ra}}, i_{\mathrm{rb}}, i_{\mathrm{rc}}]$$

$$\boldsymbol{\psi} = [\psi_{\mathrm{sA}}, \psi_{\mathrm{sB}}, \psi_{\mathrm{sC}}, \psi_{\mathrm{ra}}, \psi_{\mathrm{rb}}, \psi_{\mathrm{rc}}]^{\mathrm{T}} = [\boldsymbol{\psi}_{\mathrm{s}}, \boldsymbol{\psi}_{\mathrm{r}}]^{\mathrm{T}}$$

$$\boldsymbol{\psi}_{\mathrm{s}} = [\psi_{\mathrm{sA}}, \psi_{\mathrm{sB}}, \psi_{\mathrm{sC}}]$$

$$\boldsymbol{\psi}_{\mathrm{r}} = [\psi_{\mathrm{ra}}, \psi_{\mathrm{rb}}, \psi_{\mathrm{rc}}]$$

$$\boldsymbol{R} = \begin{bmatrix} R_{\mathrm{s}} & 0 & 0 & 0 & 0 & 0 \\ 0 & R_{\mathrm{s}} & 0 & 0 & 0 & 0 \\ 0 & 0 & R_{\mathrm{s}} & 0 & 0 & 0 \\ 0 & 0 & 0 & R_{\mathrm{r}} & 0 & 0 \\ 0 & 0 & 0 & 0 & R_{\mathrm{r}} & 0 \\ 0 & 0 & 0 & 0 & 0 & R_{\mathrm{r}} \end{bmatrix}$$

2) 磁链方程

矩阵形式的磁链方程可表示为

$$\boldsymbol{\psi}=\begin{bmatrix}\boldsymbol{\psi}_{\mathrm{s}}^{\mathrm{T}}\\ \boldsymbol{\psi}_{\mathrm{r}}^{\mathrm{T}}\end{bmatrix}=\begin{bmatrix}\boldsymbol{L}_{\mathrm{ss}} & \boldsymbol{L}_{\mathrm{sr}}\\ \boldsymbol{L}_{\mathrm{rs}} & \boldsymbol{L}_{\mathrm{rr}}\end{bmatrix}\begin{bmatrix}\boldsymbol{I}_{\mathrm{s}}^{\mathrm{T}}\\ \boldsymbol{I}_{\mathrm{r}}^{\mathrm{T}}\end{bmatrix}=\boldsymbol{LI} \tag{3-4}$$

式中

$$\boldsymbol{L}_{\mathrm{ss}}=\begin{bmatrix}L_{\mathrm{ms}}+L_{\mathrm{ls}} & -\dfrac{1}{2}L_{\mathrm{ms}} & -\dfrac{1}{2}L_{\mathrm{ms}}\\ -\dfrac{1}{2}L_{\mathrm{ms}} & L_{\mathrm{ms}}+L_{\mathrm{ls}} & -\dfrac{1}{2}L_{\mathrm{ms}}\\ -\dfrac{1}{2}L_{\mathrm{ms}} & -\dfrac{1}{2}L_{\mathrm{ms}} & L_{\mathrm{ms}}+L_{\mathrm{ls}}\end{bmatrix}$$

$$\boldsymbol{L}_{\mathrm{rr}}=\begin{bmatrix}L_{\mathrm{mr}}+L_{\mathrm{lr}} & -\dfrac{1}{2}L_{\mathrm{mr}} & -\dfrac{1}{2}L_{\mathrm{mr}}\\ -\dfrac{1}{2}L_{\mathrm{mr}} & L_{\mathrm{mr}}+L_{\mathrm{lr}} & -\dfrac{1}{2}L_{\mathrm{mr}}\\ -\dfrac{1}{2}L_{\mathrm{mr}} & -\dfrac{1}{2}L_{\mathrm{mr}} & L_{\mathrm{mr}}+L_{\mathrm{lr}}\end{bmatrix}$$

$$\boldsymbol{L}_{\mathrm{rs}}=\boldsymbol{L}_{\mathrm{sr}}^{\mathrm{T}}=L_{\mathrm{ms}}\begin{bmatrix}\cos\theta_{\mathrm{r}} & \cos(\theta_{\mathrm{r}}-120°) & \cos(\theta_{\mathrm{r}}+120°)\\ \cos(\theta_{\mathrm{r}}+120°) & \cos\theta_{\mathrm{r}} & \cos(\theta_{\mathrm{r}}-120°)\\ \cos(\theta_{\mathrm{r}}-120°) & \cos(\theta_{\mathrm{r}}+120°) & \cos\theta_{\mathrm{r}}\end{bmatrix} \tag{3-5}$$

其中，L_{ms} 为与定子一相绕组交链的最大互感磁通所对应的定子互感值；L_{mr} 为与转子一相绕组交链的最大互感磁通所对应的转子互感值，由于折算后定、转子绕组匝数相等，且各绕组间互感磁通都通过相同磁阻的主气隙，故可认为 $L_{\mathrm{ms}}=L_{\mathrm{mr}}$；$L_{\mathrm{ls}}$、$L_{\mathrm{lr}}$ 分别为定、转子漏电感；θ_{r} 为转子的位置角(电角度)。

值得注意的是，式(3-5)中两个分块矩阵互为转置，且均与转子位置角 θ_{r} 有关，其元素均为变参数，这是系统非线性的表现和根源。为了把变参数矩阵转换成常参数矩阵，必须进行相应的坐标变换。

将磁链方程式(3-4)代入电压方程式(3-3)，展开后得

$$\boldsymbol{U}=\boldsymbol{RI}+p(\boldsymbol{LI})=\boldsymbol{RI}+\boldsymbol{L}\frac{\mathrm{d}\boldsymbol{I}}{\mathrm{d}t}+\boldsymbol{I}\frac{\mathrm{d}\boldsymbol{L}}{\mathrm{d}t}=\boldsymbol{RI}+\boldsymbol{L}\frac{\mathrm{d}\boldsymbol{I}}{\mathrm{d}t}+\omega_{\mathrm{r}}\boldsymbol{I}\frac{\mathrm{d}\boldsymbol{L}}{\mathrm{d}\theta_{\mathrm{r}}} \tag{3-6}$$

式中，p=d/dt；$\boldsymbol{L}\mathrm{d}\boldsymbol{I}/\mathrm{d}t$ 为感应电动势中的变压器电动势项；$\omega_{\mathrm{r}}\boldsymbol{I}(\mathrm{d}\boldsymbol{L}/\mathrm{d}\theta_{\mathrm{r}})$ 为感应电动势中的旋转电动势项，其大小与转速 ω_{r} 成正比。

3) 转矩方程

根据机电能量转换原理，发电机的电磁转矩可表达为

$$T_{\mathrm{e}}=\frac{1}{2}n_{\mathrm{p}}\left(\boldsymbol{I}_{\mathrm{r}}^{\mathrm{T}}\frac{\mathrm{d}\boldsymbol{L}_{\mathrm{rs}}}{\mathrm{d}\theta_{\mathrm{r}}}\boldsymbol{I}_{\mathrm{s}}+\boldsymbol{I}_{\mathrm{s}}^{\mathrm{T}}\frac{\mathrm{d}\boldsymbol{L}_{\mathrm{sr}}}{\mathrm{d}\theta_{\mathrm{r}}}\boldsymbol{I}_{\mathrm{r}}\right) \tag{3-7}$$

式中，n_{p} 为电机的极对数。

将式(3-5)代入式(3-7)并展开，得

$$\begin{aligned}T_{\mathrm{e}}=&-n_{\mathrm{p}}L_{\mathrm{ms}}[(i_{\mathrm{sA}}i_{\mathrm{ra}}+i_{\mathrm{sB}}i_{\mathrm{rb}}+i_{\mathrm{C}}i_{\mathrm{rc}})\sin\theta_{\mathrm{r}}+(i_{\mathrm{sA}}i_{\mathrm{ra}}+i_{\mathrm{sB}}i_{\mathrm{rb}}+i_{\mathrm{sC}}i_{\mathrm{rc}})\sin(\theta_{\mathrm{r}}+120^{\circ})\\&+(i_{\mathrm{sA}}i_{\mathrm{ra}}+i_{\mathrm{sB}}i_{\mathrm{rb}}+i_{\mathrm{sC}}i_{\mathrm{rc}})\sin(\theta_{\mathrm{r}}-120^{\circ})]\end{aligned} \tag{3-8}$$

式(3-8)是在磁路线性、磁动势在空间按正弦分布的假定下导出的，但并未限定定、转子电流随时间变化的规律(波形)，即式(3-8)适用于电流瞬时值。因此，该转矩表达完全适用于转子侧采用电力电子变换器供电的异步发电机运行分析。

4) 运动方程

运动方程如下：

$$T_{\mathrm{e}}-T_{\mathrm{L}}=\frac{J}{n_{\mathrm{p}}}\frac{\mathrm{d}\omega_{\mathrm{r}}}{\mathrm{d}t}+\frac{D}{n_{\mathrm{p}}}\omega_{\mathrm{r}}+\frac{K}{n_{\mathrm{p}}}\theta_{\mathrm{r}} \tag{3-9}$$

式中，T_{L} 为风力机提供的驱动转矩；J 为风电机组的转动惯量；D 为与转速成正比的转矩阻尼系数；K 为扭转弹性转矩系数。

此处需注意上述运动方程也参照电动机惯例：T_{L} 具有负荷转矩的含义，即当其为正值时对应减小转速；T_{e} 具有驱动转矩的含义，即当其为正值时对应增大转速。在工作于发电机模式时，上述两个转矩均为负值(风力机所提供的负荷转矩为负对应于转子加速旋转，发电机提供的电磁驱动转矩为负对应于转子减速旋转)。

通常假定 D=0，K=0，则有

$$T_{\mathrm{e}}-T_{\mathrm{L}}=\frac{J}{n_{\mathrm{p}}}\frac{\mathrm{d}\omega_{\mathrm{r}}}{\mathrm{d}t} \tag{3-10}$$

综合式(3-6)、式(3-8)和式(3-10)，再考虑

$$\omega_{\mathrm{r}}=\frac{\mathrm{d}\theta_{\mathrm{r}}}{\mathrm{d}t} \tag{3-11}$$

以此可构成三相静止 ABC 坐标系中的异步发电机数学模型。这是一个非线性、时变、强耦合的多变量系统方程，必须通过坐标变换，特别是旋转坐标变换来实现变量解耦和简化才能适应线性控制策略的实施，其中任意速旋转 dq 坐标系是一种可自由定义旋转速度的广义坐标变换系统，可简化坐标变换运算。

3.2.2 任意速旋转坐标系中异步发电机的数学模型

任意速旋转 dq 坐标系是一个以任意角速度 ω 在空间旋转的两相坐标系，其 d 轴与两相静止 $(\alpha\beta)_s$ 坐标系 α_s 轴、两相转子转速旋转 $(\alpha\beta)_r$ 坐标系 α_r 轴间的空间夹角 θ 、θ' ，以及 α_r 轴与 α_s 轴的夹角 θ_r 的关系如图 3-2 所示，即分别有

$$\begin{cases}\theta = \int \omega(t)\mathrm{d}t + \theta_0 \\ \theta' = \int \left[\omega(t) - \omega_r(t)\right]\mathrm{d}t + \theta'_0 \\ \theta_r = \int \omega_r(t)\mathrm{d}t + \theta_{r0}\end{cases} \tag{3-12}$$

式中，θ_0、θ'_0 和 θ_{r0} 分别为 θ 、θ' 和 θ_r 的初始位置角。当任意角速度分别设定为 $\omega(t)=\omega_1$ 、ω_r 和 0 时，任意速旋转 dq 坐标系将被具体明确为两相同步速 ω_1（$\omega_1=2\pi f_1$，f_1 为电网频率）旋转 dq 坐标系、两相转子转速 ω_r 旋转 $(\alpha\beta)_r$ 坐标系和两相静止 $(\alpha\beta)_s$ 坐标系。

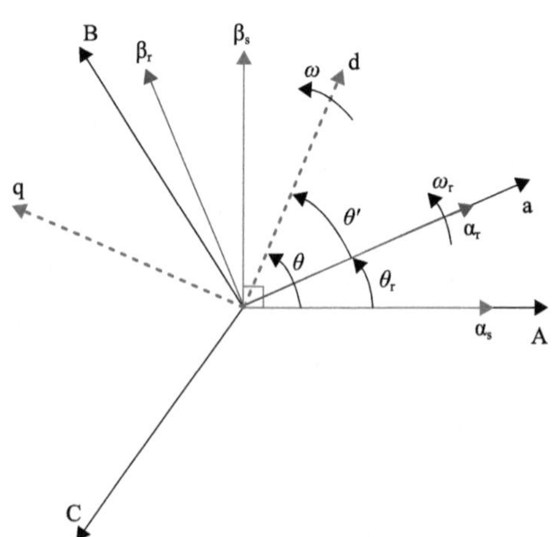

图 3-2 三相静止 ABC 坐标系、两相静止 $(\alpha\beta)_s$ 坐标系、两相转子转速旋转 $(\alpha\beta)_r$ 坐标系和任意速 ω 旋转 dq 坐标系间的空间位置关系

根据交流电机的坐标变换理论，从三相静止 ABC 坐标系到两相静止 $(\alpha\beta)_s$ 坐标系的变换称为 3s/2s 变换，采用幅值守恒原则[7]的矩阵形式 3s/2s 变换关系式为

$$\boldsymbol{C}_{3s/2s} = \frac{2}{3}\begin{bmatrix} 1 & -\frac{1}{2} & -\frac{1}{2} \\ 0 & \frac{\sqrt{3}}{2} & -\frac{\sqrt{3}}{2} \end{bmatrix} \tag{3-13}$$

从两相静止$(\alpha\beta)_s$坐标系到两相同步速ω_1旋转 dq 坐标系间的变换称为 2s/2r 变换，其变换矩阵为

$$\boldsymbol{C}_{2s/2r} = \begin{bmatrix} \cos\theta_1 & \sin\theta_1 \\ -\sin\theta_1 & \cos\theta_1 \end{bmatrix} \tag{3-14}$$

式中，θ_1为 d 轴与 α 轴之间的夹角，$\theta_1 = \omega_1 t + \theta_0$，$\theta_0$为初始时刻 d 轴与 α 轴之间的夹角；$\omega_1$为同步电角速度。

根据式(3-12)～式(3-14)，可求得三相定子(静止)ABC 坐标系、转子转速ω_r旋转 abc 坐标系至两相任意转速ω旋转 dq 坐标系间的变换矩阵分别为

$$\boldsymbol{C}_{ABCs/dq} = \frac{2}{3}\begin{bmatrix} \cos\theta & \cos(\theta - 2\pi/3) & \cos(\theta + 2\pi/3) \\ -\sin\theta & -\sin(\theta - 2\pi/3) & -\sin(\theta + 2\pi/3) \end{bmatrix} \tag{3-15}$$

$$\boldsymbol{C}_{abcr/dq} = \frac{2}{3}\begin{bmatrix} \cos\theta' & \cos(\theta' - 2\pi/3) & \cos(\theta' + 2\pi/3) \\ -\sin\theta' & -\sin(\theta' - 2\pi/3) & -\sin(\theta' + 2\pi/3) \end{bmatrix} \tag{3-16}$$

利用式(3-15)和式(3-16)，可将三相静止坐标系中的异步发电机数学模型变换到两相任意转速ω旋转 dq 坐标系中的数学模型，如图 3-3 所示。

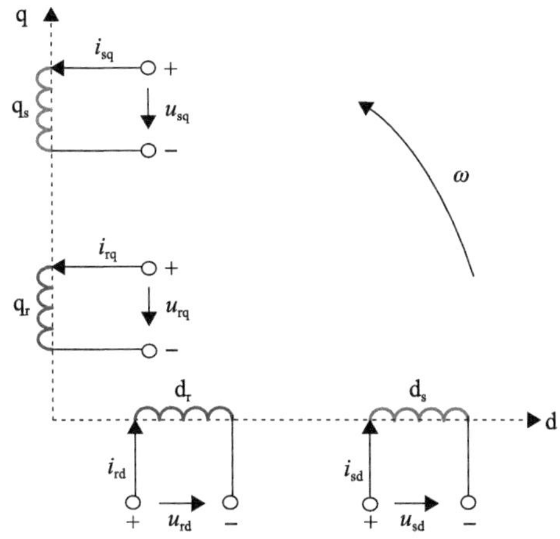

图 3-3　两相任意速ω旋转 dq 坐标系中异步发电机的数学模型

假定定、转子三相绕组对称且不考虑中轴(零序)分量，则两相任意速ω旋转

dq 坐标系中异步发电机的数学模型可表示如下。

1) 磁链方程

磁链方程如下：

$$\begin{cases}\psi_{sd} = L_s i_{sd} + L_m i_{rd} \\ \psi_{sq} = L_s i_{sq} + L_m i_{rq} \\ \psi_{rd} = L_m i_{sd} + L_r i_{rd} \\ \psi_{rq} = L_m i_{sq} + L_r i_{rq}\end{cases} \tag{3-17}$$

式中，ψ_{sd}、ψ_{sq}、ψ_{rd}、ψ_{rq}分别为定、转子磁链的 d、q 轴分量；i_{sd}、i_{sq}、i_{rd}、i_{rq}分别为定、转子电流的 d、q 轴分量；L_m为 dq 坐标系中定、转子同轴等效绕组间的互感，$L_m = 3/2L_{ms}$；L_s为 dq 坐标系中定子等效两相绕组自感，$L_s = L_m + L_{ls}$；L_r为 dq 坐标系中转子等效两相绕组自感，$L_r = L_m + L_{lr}$。

值得注意的是，由于采取两相绕组等效替代三相绕组，定、转子同轴等效绕组间的互感 L_m是原三相绕组中任意两相间最大互感(当轴线重合时)的 3/2 倍。由式(3-17)还可看出，由于互相垂直的两轴之间没有耦合，互感磁链只在同轴绕组间存在。

2) 电压方程

电压方程如下：

$$\begin{cases}u_{sd} = R_s i_{sd} + p\psi_{sd} - \omega\psi_{sq} \\ u_{sq} = R_s i_{sq} + p\psi_{sq} + \omega\psi_{sd} \\ u_{rd} = R_r i_{rd} + p\psi_{rd} - (\omega - \omega_r)\psi_{rq} \\ u_{rq} = R_r i_{rq} + p\psi_{rq} + (\omega - \omega_r)\psi_{rd}\end{cases} \tag{3-18}$$

式中，u_{sd}、u_{sq}、u_{rd}、u_{rq}分别为定、转子电压的 d、q 轴分量。

3) 转矩和运动方程

电磁转矩的表达式为

$$T_e = n_p L_m (i_{sq} i_{rd} - i_{sd} i_{rq}) \tag{3-19}$$

运动方程与坐标变换无关，仍为式(3-9)。

这样，由式(3-17)～式(3-19)和式(3-9)完整地构成了任意速ω旋转 dq 坐标系中异步发电机的数学模型。

特别地，将任意转速旋转坐标系的转速设定为$\omega(t) = 0$，则由式(3-17)和式(3-18)可得两相静止坐标系$(\alpha\beta)_s$中矢量形式的异步发电机电压-磁链方程，分别为

$$\begin{cases}\boldsymbol{U}_{s\alpha\beta} = R_s\boldsymbol{I}_{s\alpha\beta} + d\boldsymbol{\psi}_{s\alpha\beta}/dt \\ \boldsymbol{U}_{r\alpha\beta} = R_r\boldsymbol{I}_{r\alpha\beta} + d\boldsymbol{\psi}_{r\alpha\beta}/dt - j\omega_r\boldsymbol{\psi}_{r\alpha\beta}\end{cases} \tag{3-20}$$

式中，$\boldsymbol{U}_{s\alpha\beta}$、$\boldsymbol{U}_{r\alpha\beta}$ 分别为定、转子端电压矢量，且有 $\boldsymbol{U}_{s\alpha\beta} = u_{s\alpha} + ju_{s\beta}$，$\boldsymbol{U}_{r\alpha\beta} = u_{r\alpha} + ju_{r\beta}$；$\boldsymbol{I}_{s\alpha\beta}$、$\boldsymbol{I}_{r\alpha\beta}$ 分别为定、转子绕组中的电流矢量，且有 $\boldsymbol{I}_{s\alpha\beta} = i_{s\alpha} + ji_{s\beta}$，$\boldsymbol{I}_{r\alpha\beta} = i_{r\alpha} + ji_{r\beta}$；$\boldsymbol{\psi}_{s\alpha\beta}$、$\boldsymbol{\psi}_{r\alpha\beta}$ 分别为定、转子磁链矢量，且有 $\boldsymbol{\psi}_{s\alpha\beta} = \psi_{s\alpha} + j\psi_{s\beta}$，$\boldsymbol{\psi}_{r\alpha\beta} = \psi_{r\alpha} + j\psi_{r\beta}$。其中，$\psi_{s\alpha}$、$\psi_{s\beta}$ 分别为定子磁链矢量的 α、β 分量；$u_{s\alpha}$、$u_{s\beta}$ 分别为定子电压矢量的 α、β 分量；$i_{s\alpha}$、$i_{s\beta}$ 分别为定子电流矢量的 α、β 分量。

同理，将任意转速旋转坐标系的转速设定为 $\omega(t) = \omega_1$，则由式(3-17)和式(3-18)可得同步转速旋转 dq 坐标系中矢量形式的异步发电机电压方程和磁链方程，分别为

$$\begin{cases}\boldsymbol{U}_s = R_s\boldsymbol{I}_s + d\boldsymbol{\psi}_s/dt + j\omega_1\boldsymbol{\psi}_s \\ \boldsymbol{U}_r = R_r\boldsymbol{I}_r + d\boldsymbol{\psi}_r/dt + j\omega_{slip}\boldsymbol{\psi}_r\end{cases} \tag{3-21}$$

$$\begin{cases}\boldsymbol{\psi}_s = L_s\boldsymbol{I}_s + L_m\boldsymbol{I}_r \\ \boldsymbol{\psi}_r = L_m\boldsymbol{I}_s + L_r\boldsymbol{I}_r\end{cases} \tag{3-22}$$

式中，$\boldsymbol{U}_s$、$\boldsymbol{U}_r$ 分别为定、转子端电压矢量，且有 $\boldsymbol{U}_s = u_{sd} + ju_{sq}$，$\boldsymbol{U}_r = u_{rd} + ju_{rq}$；$\boldsymbol{I}_s$、$\boldsymbol{I}_r$ 分别为定、转子绕组中的电流矢量，且有 $\boldsymbol{I}_s = i_{sd} + ji_{sq}$，$\boldsymbol{I}_r = i_{rd} + ji_{rq}$；$\boldsymbol{\psi}_s$、$\boldsymbol{\psi}_r$ 分别为定、转子磁链矢量，且有 $\boldsymbol{\psi}_s = \psi_{sd} + j\psi_{sq}$，$\boldsymbol{\psi}_r = \psi_{rd} + j\psi_{rq}$；$\omega_{slip} = \omega_1 - \omega_r$ 为滑差电角速度。

根据式(3-21)和式(3-22)可得矢量形式的双馈发电机等效电路，如图 3-4 所示。

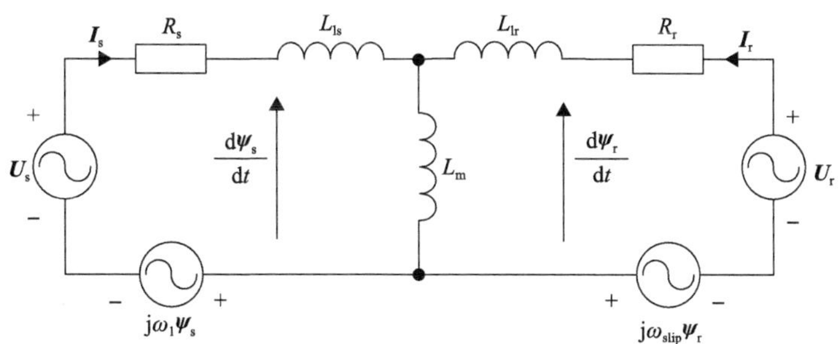

图 3-4　同步速 ω_1 旋转 dq 坐标系中矢量形式的双馈发电机等效电路

3.2.3　三相静止坐标系中永磁同步发电机的数学模型

应用于兆瓦级风电机组的永磁同步发电机与异步发电机具有相似的定子结

构，不同的是，位于永磁同步发电机转子上的永磁体产生幅值恒定的转子磁链。在定子三相静止坐标系中的数学模型可表示如下。

1）电压方程

永磁同步发电机与异步发电机定子侧的电压方程相同，即

$$\begin{cases} u_{sA} = R_s i_{sA} + \dfrac{d\psi_{sA}}{dt} \\ u_{sB} = R_s i_{sB} + \dfrac{d\psi_{sB}}{dt} \\ u_{sC} = R_s i_{sC} + \dfrac{d\psi_{sC}}{dt} \end{cases} \tag{3-23}$$

2）磁链方程

以表贴式隐极永磁同步发电机为例，定子三相绕组的磁链分别为

$$\begin{bmatrix} \psi_{sa} \\ \psi_{sb} \\ \psi_{sc} \end{bmatrix} = \boldsymbol{L}_{ss} \begin{bmatrix} I_{sa} \\ I_{sb} \\ I_{sc} \end{bmatrix} + \begin{bmatrix} \psi_{fa} \\ \psi_{fb} \\ \psi_{fc} \end{bmatrix} \tag{3-24}$$

式中，电感矩阵 $\boldsymbol{L}_{ss}$ 与 3.2.1 节一致，仅包含各定子绕组的自感及定子绕组间的互感，与转子位置无关；ψ_{fa}、ψ_{fb}、ψ_{fc} 分别为永磁体在定子三相绕组中产生的磁链：

$$\begin{cases} \psi_{fa} = \psi_f \cos\theta_r \\ \psi_{fb} = \psi_f \cos(\theta_r - 2\pi/3) \\ \psi_{fc} = \psi_f \cos(\theta_r + 2\pi/3) \end{cases} \tag{3-25}$$

其中，θ_r 为转子直轴相对于定子 A 相轴线的电角度；ψ_f 为永磁体产生的磁链幅值。

3.2.4 转子坐标系中永磁同步发电机的数学模型

基于 3.2.2 节的变换矩阵，将三相静止坐标系中永磁同步发电机的数学模型变换至转子坐标系下，所使用的变换矩阵为

$$\boldsymbol{C}_{ABCs/dq} = \frac{2}{3}\begin{bmatrix} \cos\theta_r & \cos(\theta_r - 2\pi/3) & \cos(\theta_r + 2\pi/3) \\ -\sin\theta_r & -\sin(\theta_r - 2\pi/3) & -\sin(\theta_r + 2\pi/3) \end{bmatrix} \tag{3-26}$$

其中，d、q 分别为永磁同步发电机的直轴、交轴分量。

将式(3-26)代入式(3-23)可得转子坐标系中永磁同步发电机的数学模型。

(1)电压方程：

$$
\begin{cases}
u_{sd} = R_s i_{sd} + \dfrac{d\psi_{sd}}{dt} - \omega_r \psi_{sq} \\
u_{sq} = R_s i_{sq} + \dfrac{d\psi_{sq}}{dt} + \omega_r \psi_{sd}
\end{cases}
\tag{3-27}
$$

(2)磁链方程：

$$
\begin{cases}
\psi_{sd} = L_s i_{sd} + \psi_f \\
\psi_{sq} = L_s i_{sq}
\end{cases}
\tag{3-28}
$$

进一步，将式(3-28)代入式(3-27)，可得由定子电流表示的定子电压方程：

$$
\begin{cases}
u_{sd} = R_s i_{sd} + L_s \dfrac{di_{sd}}{dt} - \omega_r L_s i_{sd} - \omega_r \psi_f \\
u_{sq} = R_s i_{sq} + L_s \dfrac{di_{sq}}{dt} + \omega_r L_s i_{sq}
\end{cases}
\tag{3-29}
$$

3.3　机侧变换器及其矢量控制

以前述三种发电机数学模型为基础，风电机组基于对机侧变换器的矢量控制实现对有功功率、电磁转矩、无功功率等的调节。本节首先推导不同定向条件下的功率、转矩的表达式，进而阐述风电机组机侧变换器典型矢量控制策略的基本原理与实现方式。

3.3.1　双馈异步发电机的矢量控制

由于双馈异步发电机的定子直接并网，其机侧变换器矢量控制的目标是实现机组有功功率、无功功率的解耦独立调节。

双馈发电机矢量控制可选取的定向方式众多，包含定子电压矢量[8-10]、定子磁链矢量[11-13]、气隙磁链矢量[8]以及电网虚拟磁链矢量[14]等，但最常用的是定子电压定向的矢量控制与定子磁链定向的矢量控制两种方式，本节将分别介绍。

1)定子电压定向的矢量控制

在定子电压定向下，锁相环坐标系按同步速旋转，且其 d 轴与定子电压矢量 $\boldsymbol{U}_s$ 保持方向一致，即

$$
\begin{cases}
u_{sd} = |\boldsymbol{U}_s| = U_s \\
u_{sq} = 0
\end{cases}
\tag{3-30}
$$

式中，U_s 为定子电压矢量的幅值。

在正常稳态运行工况下，同步速旋转坐标系中的磁链微分项为零，且由于定子电阻 R_s 上的电压降落非常小，定子电压矢量与定子磁链矢量之间的关系可近似表示为

$$\boldsymbol{U}_s = R_s\boldsymbol{I}_s + \frac{d\boldsymbol{\psi}_s}{dt} + j\omega_1\boldsymbol{\psi}_s \approx j\omega_1\boldsymbol{\psi}_s \tag{3-31}$$

对应地，将式(3-30)代入式(3-31)可得

$$\begin{cases}\psi_{sd} \approx 0 \\ \psi_{sq} \approx -\dfrac{U_s}{\omega_1}\end{cases} \tag{3-32}$$

根据瞬时有功功率、无功功率的定义式，当电网电压保持恒定且定子电压定向时，双馈异步发电机定子侧输出的有功功率、无功功率分别为

$$\begin{cases}P_s = -\mathrm{Re}\left(\dfrac{3}{2}\boldsymbol{U}_s\hat{\boldsymbol{I}}_s\right) \\ Q_s = -\dfrac{3}{2}\mathrm{Im}(\boldsymbol{U}_s\hat{\boldsymbol{I}}_s)\end{cases} \tag{3-33}$$

式中，上标“^”表示复矢量的共轭运算。

基于 $\boldsymbol{I}_s = \dfrac{\boldsymbol{\psi}_s}{L_s} - \dfrac{L_m}{L_s}\boldsymbol{I}_r$ 将式(3-33)中的定子电流替换为定子磁链与转子电流，可得双馈发电机定子侧输出的有功功率、无功功率与转子 d、q 轴电流之间的关系：

$$\begin{cases}P_s = -\dfrac{3}{2}U_sI_{sd} \approx \dfrac{3L_m}{2L_s}U_si_{rd} \\ Q_s = -\dfrac{3}{2}\mathrm{Im}(\boldsymbol{U}_s\hat{\boldsymbol{I}}_s) \approx -\dfrac{3U_s}{2\omega_1L_s}(U_s + \omega_1L_mi_{rq})\end{cases} \tag{3-34}$$

可见，在采取定子电压定向并忽略定子电阻压降的情况下，双馈发电机的有功功率和无功功率获得了近似解耦，即控制转子电流 d 轴分量即可控制双馈发电机的有功功率，控制转子电流 q 轴分量即可控制双馈发电机输向电网的无功功率。

将式(3-22)代入式(3-21)并采用式(3-32)的近似，则转子电流与转子电压的关系可表示为

$$\begin{cases}u_{rd} = R_ri_{rd} + \sigma L_r\dfrac{di_{rd}}{dt} - \omega_{slip}\psi_{rq} \\ u_{rq} = R_ri_{rq} + \sigma L_r\dfrac{di_{rq}}{dt} + \omega_{slip}\psi_{rd}\end{cases} \tag{3-35}$$

式中，σ 为双馈发电机的漏磁系数，$\sigma = 1 - \frac{L_m^{\ 2}}{L_s L_r}$。

转子磁链可以由定子电压和转子电流来表示，即

$$\begin{cases} \psi_{rd} = \sigma L_r i_{rd} \\ \psi_{rq} = -\dfrac{L_m}{\omega_1 L_s} U_s + \sigma L_r i_{rq} \end{cases} \tag{3-36}$$

将式(3-36)代入式(3-35)，得

$$\begin{cases} u_{rd} = R_r i_{rd} + \sigma L_r \dfrac{di_{rd}}{dt} - \omega_{slip} \left(-\dfrac{L_m}{\omega_1 L_s} U_s + \sigma L_r i_{rq} \right) \\ u_{rq} = R_r i_{rq} + \sigma L_r \dfrac{di_{rq}}{dt} + \omega_{slip} \sigma L_r i_{rd} \end{cases} \tag{3-37}$$

双馈型风机中的机侧变换器为电压源型，能够直接调制生成转子电压。因此，双馈型风机通过改变机侧变换器输出的转子电压来实现对转子电流 d、q 轴分量的独立解耦调节。然而，由式(3-37)可见，在完成定向的前提下，转子电流的 d、q 轴分量仍相互耦合，即调节转子电压的 d 轴分量将同时导致转子电流 q 轴分量的变化，反之亦然。

根据式(3-37)可绘出基于定子电压定向矢量控制的转子电流闭环控制框图，如图 3-5 所示，图中 $u_{r\alpha}^*$ 和 $u_{r\beta}^*$ 分别表示两相静止坐标系 α 和 β 轴上的转子电压指令值。该设计下的转子侧 PWM 输出电压为

$$\begin{cases} u_{rd}^* = R_r i_{rd} - \omega_{slip} \left(-\dfrac{L_m}{\omega_1 L_s} U_s + \sigma L_r i_{rq} \right) + k_{irp} \left(i_{rd}^* - i_{rd} \right) + k_{iri} \int \left(i_{rd}^* - i_{rd} \right) dt \\ u_{rq}^* = R_r i_{rq} + \omega_{slip} \sigma L_r i_{rd} + k_{irp} \left(i_{rq}^* - i_{rq} \right) + k_{iri} \int \left(i_{rq}^* - i_{rq} \right) dt \end{cases} \tag{3-38}$$

式中，k_{irp} 和 k_{iri} 为转子电流控制的 PI 参数；“*”表示指令值。也可写为矢量形式：

$$\boldsymbol{U}_r^* = R_r \boldsymbol{I}_r + j\omega_{slip} \left(\frac{L_m}{L_s} \frac{\boldsymbol{U}_s}{j\omega_1} + \sigma L_r \boldsymbol{I}_r \right) + k_{irp} \left(\boldsymbol{I}_r^* - \boldsymbol{I}_r \right) + k_{iri} \int \left(\boldsymbol{I}_r^* - \boldsymbol{I}_r \right) dt \tag{3-39}$$

2) 定子磁链定向的矢量控制

当同步速旋转坐标系的 d 轴定向于定子磁链矢量 $\boldsymbol{\psi}_s$ 时，有

$$\begin{cases} \psi_{sd} = |\boldsymbol{\psi}_s| = \psi_s \\ \psi_{sq} = 0 \end{cases} \tag{3-40}$$

$$
\begin{cases} i_{\mathrm{msd}} = |\boldsymbol{I}_{\mathrm{ms}}| = I_{\mathrm{ms}} = \dfrac{\psi_{\mathrm{s}}}{L_{\mathrm{m}}} \\ i_{\mathrm{msq}} = 0 \end{cases} \tag{3-41}
$$

式中，ψ_{s} 为定子磁链矢量幅值；I_{ms} 为定子励磁电流矢量幅值。在电网电压恒定的条件下，ψ_{s} 和 I_{ms} 均可看作常量。

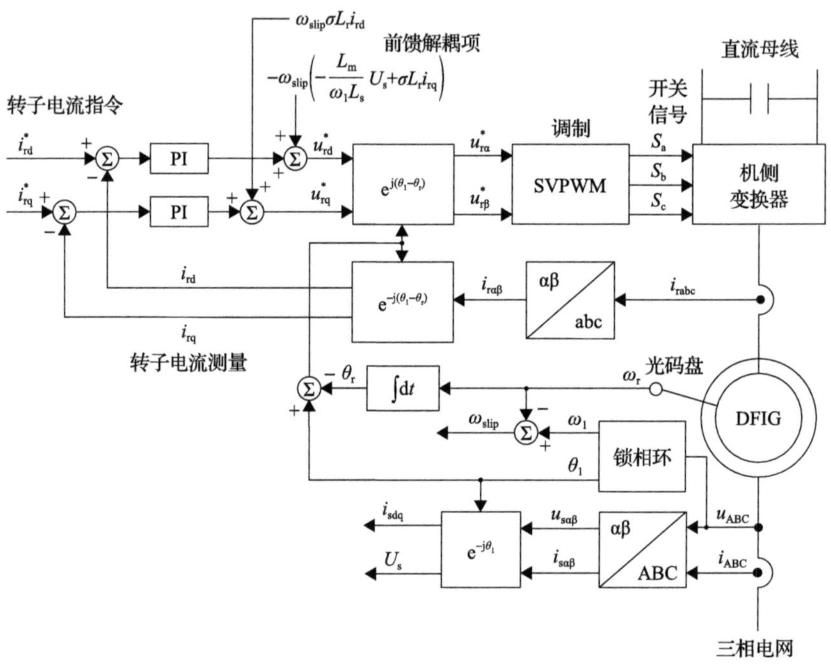

图 3-5　基于定子电压定向矢量控制的转子电流闭环控制框图

定子磁链矢量幅值 ψ_{s} 和坐标变换由定子磁链观测器获得。基于式(3-20)，一种基于积分的磁链观测器的工作原理如下：

$$
\begin{cases} \psi_{\mathrm{s}\alpha} = \int (u_{\mathrm{s}\alpha} - R_{\mathrm{s}} i_{\mathrm{s}\alpha})\mathrm{d}t \\ \psi_{\mathrm{s}\beta} = \int (u_{\mathrm{s}\beta} - R_{\mathrm{s}} i_{\mathrm{s}\beta})\mathrm{d}t \end{cases} \tag{3-42}
$$

则定子磁链的幅值与空间位置角度可进一步获得：

$$
\psi_{\mathrm{s}} = \sqrt{\psi_{\mathrm{s}\alpha}^2 + \psi_{\mathrm{s}\beta}^2} \tag{3-43}
$$

$$
\theta_1 = \arctan\left(\frac{\psi_{\mathrm{s}\beta}}{\psi_{\mathrm{s}\alpha}}\right) \tag{3-44}
$$

在实际应用中，通常采用一个低通滤波器来取代式(3-42)的纯积分器以避免因初始值或干扰而造成的直流偏置。

根据功率的定义式，当电网电压保持恒定时，双馈异步发电机定子侧输出的有功功率、无功功率分别为

$$\begin{cases} P_{\mathrm{s}} = -\mathrm{Re}\left(\dfrac{3}{2}\boldsymbol{U}_{\mathrm{s}}\hat{\boldsymbol{I}}_{\mathrm{s}}\right) \approx -\dfrac{3}{2}\mathrm{Re}(\mathrm{j}\omega_1\boldsymbol{\psi}_{\mathrm{s}}\hat{\boldsymbol{I}}_{\mathrm{s}}) \\ Q_{\mathrm{s}} = -\dfrac{3}{2}\mathrm{Im}(\boldsymbol{U}_{\mathrm{s}}\hat{\boldsymbol{I}}_{\mathrm{s}}) \approx \dfrac{3}{2}\mathrm{Im}(\mathrm{j}\omega_1\boldsymbol{\psi}_{\mathrm{s}}\hat{\boldsymbol{I}}_{\mathrm{s}}) = -\dfrac{3}{2}\mathrm{Re}(\omega_1\boldsymbol{\psi}_{\mathrm{s}}\hat{\boldsymbol{I}}_{\mathrm{s}}) \end{cases} \tag{3-45}$$

基于磁链方程式(3-17)，定子电流可用转子电流表达式及定子磁链表示，即

$$\boldsymbol{I}_{\mathrm{s}} = \frac{1}{L_{\mathrm{s}}}(\boldsymbol{\psi}_{\mathrm{s}} - L_{\mathrm{m}}\boldsymbol{I}_{\mathrm{r}}) \tag{3-46}$$

$$\hat{\boldsymbol{I}}_{\mathrm{s}} = \frac{1}{L_{\mathrm{s}}}(\hat{\boldsymbol{\psi}}_{\mathrm{s}} - L_{\mathrm{m}}\hat{\boldsymbol{I}}_{\mathrm{r}}) \tag{3-47}$$

将式(3-47)代入式(3-45)，并进一步在定子磁链定向的前提下，双馈异步发电机的定子有功功率、无功功率可进一步简化为

$$\begin{cases} P_{\mathrm{s}} \approx \dfrac{3L_{\mathrm{m}}}{2L_{\mathrm{s}}}\omega_1\psi_{\mathrm{s}}i_{\mathrm{rq}} \\ Q_{\mathrm{s}} \approx \dfrac{3\omega_1\psi_{\mathrm{s}}L_{\mathrm{m}}^2}{2L_{\mathrm{s}}}\left(i_{\mathrm{rd}} - \dfrac{\psi_{\mathrm{s}}}{L_{\mathrm{m}}}\right) \end{cases} \tag{3-48}$$

由式(3-48)可看出，采用定子磁链定向后，双馈异步发电机定子侧向电网输出的有功功率仅与转子电流 q 轴分量呈比例，双馈异步发电机定子侧向电网输出的无功功率仅与转子电流 d 轴分量呈比例。因此，在正常运行工况下，控制转子电流 q 轴分量就可以控制双馈异步发电机定子向电网输出的有功功率，控制转子电流 d 轴分量就可控制双馈异步发电机向电网输出的无功功率。同步坐标系中双馈异步发电机的这一有功功率、无功功率关系是实施磁链定向矢量控制的基础。

控制转子电流的闭环控制器仍可以根据式(3-21)进行设计。首先，依据 $\boldsymbol{\psi}_{\mathrm{r}} = \dfrac{L_{\mathrm{m}}}{L_{\mathrm{s}}}\boldsymbol{\psi}_{\mathrm{s}} + \sigma L_{\mathrm{r}}\boldsymbol{I}_{\mathrm{r}}$ 将转子磁链替换为转子电流与定子磁链，即

$$\boldsymbol{U}_{\mathrm{r}} = R_{\mathrm{r}}\boldsymbol{I}_{\mathrm{r}} + \frac{L_{\mathrm{m}}}{L_{\mathrm{s}}}\frac{\mathrm{d}\boldsymbol{\psi}_{\mathrm{s}}}{\mathrm{d}t} + \sigma L_{\mathrm{r}}\frac{\mathrm{d}\boldsymbol{I}_{\mathrm{r}}}{\mathrm{d}t} + \mathrm{j}\omega_{\mathrm{slip}}\left(\frac{L_{\mathrm{m}}}{L_{\mathrm{s}}}\boldsymbol{\psi}_{\mathrm{s}} + \sigma L_{\mathrm{r}}\boldsymbol{I}_{\mathrm{r}}\right) \tag{3-49}$$

在正常运行工况及定子磁链定向下，转子电压与转子电流的关系可进一步简化为

$$\begin{cases} u_{\mathrm{rd}} = R_{\mathrm{r}} i_{\mathrm{rd}} + \sigma L_{\mathrm{r}} \dfrac{\mathrm{d} i_{\mathrm{rd}}}{\mathrm{d}t} - \omega_{\mathrm{slip}} \sigma L_{\mathrm{r}} i_{\mathrm{rq}} \\ u_{\mathrm{rq}} = R_{\mathrm{r}} i_{\mathrm{rq}} + \sigma L_{\mathrm{r}} \dfrac{\mathrm{d} i_{\mathrm{rq}}}{\mathrm{d}t} + \omega_{\mathrm{slip}} \left(\dfrac{L_{\mathrm{m}}}{L_{\mathrm{s}}} \psi_{\mathrm{s}} + \sigma L_{\mathrm{r}} i_{\mathrm{rd}} \right) \end{cases} \tag{3-50}$$

可见，在定子磁链定向下，转子电流的 d、q 轴分量相互耦合，调节转子电压的 d 轴分量将同时导致转子电流 q 轴分量变化，反之亦然。因此，为实现对转子电流的 d、q 轴分量的独立解耦控制，需在 PI 调节器附加与式(3-50)相对应的解耦项。可得到基于定子磁链定向矢量控制的转子电流闭环控制框图，如图 3-6 所示。

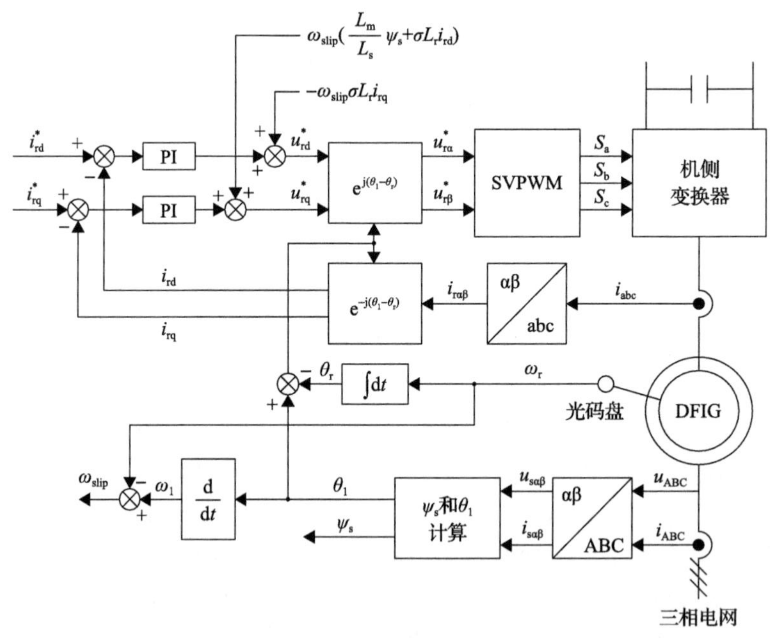

图 3-6 基于定子磁链定向矢量控制的转子电流闭环控制框图

3.3.2 鼠笼式异步发电机的矢量控制

鼠笼式异步发电机是构成全功率型风机的一种基本方案。由于鼠笼式异步发电机转子绕组短接且定子电压由机侧变换器直接生成，其机侧变换器矢量控制的目标是实现对鼠笼式异步发电机定子侧有功功率、无功功率的调节。

鼠笼式异步发电机的矢量控制同样有多种定向选择，其中最为常见的是转子磁链定向的矢量控制[1,15]，本节将主要介绍这一矢量控制策略。

首先，依据$\boldsymbol{\psi}_{\mathrm{s}}=\dfrac{L_{\mathrm{m}}}{L_{\mathrm{r}}}\boldsymbol{\psi}_{\mathrm{r}}+\sigma L_{\mathrm{s}}\boldsymbol{I}_{\mathrm{s}}$将式(3-21)中的定子磁链替换为转子磁链与定子电流，可得

$$\boldsymbol{U}_{\mathrm{s}}=R_{\mathrm{s}}\boldsymbol{I}_{\mathrm{s}}+\frac{L_{\mathrm{m}}}{L_{\mathrm{r}}}\frac{\mathrm{d}\boldsymbol{\psi}_{\mathrm{r}}}{\mathrm{d}t}+\sigma L_{\mathrm{s}}\frac{\mathrm{d}\boldsymbol{I}_{\mathrm{s}}}{\mathrm{d}t}+\mathrm{j}\omega_{\mathrm{f}}\left(\frac{L_{\mathrm{m}}}{L_{\mathrm{r}}}\boldsymbol{\psi}_{\mathrm{r}}+\sigma L_{\mathrm{s}}\boldsymbol{I}_{\mathrm{s}}\right) \tag{3-51}$$

式中，ω_{f}为转子磁链矢量相对于定子的旋转转速。

在正常运行工况及转子磁链定向下，定子电压与转子磁链、定子电流矢量的关系可进一步简化为

$$\boldsymbol{U}_{\mathrm{s}}=R_{\mathrm{s}}\boldsymbol{I}_{\mathrm{s}}+\mathrm{j}\omega_{\mathrm{f}}\left(\frac{L_{\mathrm{m}}}{L_{\mathrm{r}}}\boldsymbol{\psi}_{\mathrm{r}}+\sigma L_{\mathrm{s}}\boldsymbol{I}_{\mathrm{s}}\right)\approx\mathrm{j}\omega_{\mathrm{f}}\left(\frac{L_{\mathrm{m}}}{L_{\mathrm{r}}}\boldsymbol{\psi}_{\mathrm{r}}+\sigma L_{\mathrm{s}}\boldsymbol{I}_{\mathrm{s}}\right) \tag{3-52}$$

因此，鼠笼式异步发电机定子侧输出的有功功率为

$$\begin{aligned}P_{\mathrm{s}}&=-\mathrm{Re}\left(\frac{3}{2}\boldsymbol{U}_{\mathrm{s}}\hat{\boldsymbol{I}}_{\mathrm{s}}\right)\\&\approx-\frac{3}{2}\mathrm{Re}\left[\mathrm{j}\omega_{\mathrm{f}}\left(\frac{L_{\mathrm{m}}}{L_{\mathrm{r}}}\psi_{\mathrm{rd}}+\sigma L_{\mathrm{s}}I_{\mathrm{sd}}+\mathrm{j}\sigma L_{\mathrm{s}}I_{\mathrm{sq}}\right)(I_{\mathrm{sd}}-\mathrm{j}I_{\mathrm{sq}})\right]=-\frac{3}{2}\omega_{\mathrm{f}}\frac{L_{\mathrm{m}}}{L_{\mathrm{r}}}\psi_{\mathrm{rd}}I_{\mathrm{sq}}\end{aligned} \tag{3-53}$$

可见，在采取转子磁链定向并忽略定子电阻的情况下，鼠笼式异步发电机定子侧输出的有功功率仅与定子电流 q 轴分量呈比例。因此，控制定子电流的 q 轴分量即可控制鼠笼式异步发电机产生的有功功率。

此外，由式(3-53)可知，产生并维持一定大小的转子磁链是异步发电机形成有功功率、电磁转矩的必要条件。在转子磁链定向下，鼠笼式异步发电机转子磁链幅值与定子电流的 d 轴分量成正比，即有

$$\left|\boldsymbol{\psi}_{\mathrm{r}}\right|=\psi_{\mathrm{r}}=\psi_{\mathrm{rd}}=L_{\mathrm{m}}I_{\mathrm{sd}}+L_{\mathrm{r}}I_{\mathrm{rd}} \tag{3-54}$$

因此，控制定子电流的 d 轴分量即可控制鼠笼式异步发电机转子磁链的幅值大小。

基于定子 q 轴电流与定子有功功率、定子 d 轴电流与转子磁链幅值的比例关系，可形成基于转子磁链定向矢量控制的鼠笼式异步发电机定子电流闭环控制框图，如图 3-7 所示，图中θ_{f}为转子磁链矢量相对于定子的位置，K_{T}为转矩测量与转子磁链测量的比值。

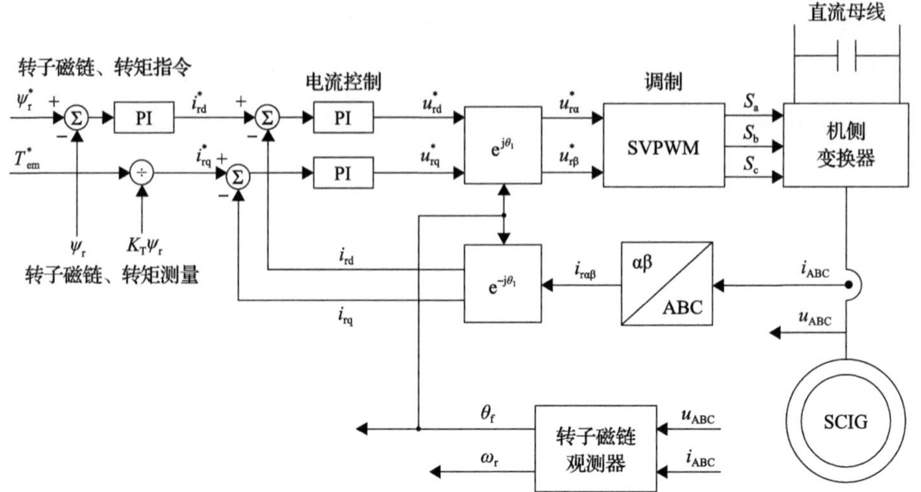

图 3-7　基于转子磁链定向矢量控制的鼠笼式异步发电机定子电流闭环控制框图

3.3.3　永磁同步发电机的矢量控制

永磁同步发电机是构成全功率型风机的另一种基本方案。与鼠笼式异步发电机相似，全功率型风机中的永磁同步发电机定子侧控制电压直接由机侧变换器产生，其机侧变换器矢量控制的目标仍是实现定子侧有功功率、无功功率的调节。

由于通过位置传感器即可方便地确定永磁体及转子磁链的位置，永磁同步发电机的矢量控制一般基于转子磁链定向[1]，本节将主要介绍这一矢量控制策略。

首先，永磁体产生的转子磁链幅值为常数，且在转子磁链定向条件下有

$$\begin{cases}\psi_{\mathrm{fd}}=\psi_{\mathrm{f}}\\ \psi_{\mathrm{fq}}=0\end{cases}\tag{3-55}$$

依据 $\boldsymbol{\psi}_{\mathrm{s}}=\dfrac{L_{\mathrm{m}}}{L_{\mathrm{r}}}\boldsymbol{\psi}_{\mathrm{r}}+\sigma L_{\mathrm{s}}\boldsymbol{I}_{\mathrm{s}}$ 将式(3-27)中的定子磁链替换为转子磁链与定子电流，可得

$$\boldsymbol{U}_{\mathrm{s}}=R_{\mathrm{s}}\boldsymbol{I}_{\mathrm{s}}+\frac{L_{\mathrm{m}}}{L_{\mathrm{r}}}\frac{\mathrm{d}\boldsymbol{\psi}_{\mathrm{r}}}{\mathrm{d}t}+\sigma L_{\mathrm{s}}\frac{\mathrm{d}\boldsymbol{I}_{\mathrm{s}}}{\mathrm{d}t}+\mathrm{j}\omega_{\mathrm{r}}\left(\frac{L_{\mathrm{m}}}{L_{\mathrm{r}}}\boldsymbol{\psi}_{\mathrm{r}}+\sigma L_{\mathrm{s}}\boldsymbol{I}_{\mathrm{s}}\right)\tag{3-56}$$

在正常运行工况及转子磁链定向准确的情况下，定子电压与转子磁链、定子电流矢量的关系可进一步简化为

$$\boldsymbol{U}_{\mathrm{s}}=R_{\mathrm{s}}\boldsymbol{I}_{\mathrm{s}}+\mathrm{j}\omega_{\mathrm{r}}\left(\frac{L_{\mathrm{m}}}{L_{\mathrm{r}}}\boldsymbol{\psi}_{\mathrm{r}}+\sigma L_{\mathrm{s}}\boldsymbol{I}_{\mathrm{s}}\right)\approx\mathrm{j}\omega_{\mathrm{r}}\left(\frac{L_{\mathrm{m}}}{L_{\mathrm{r}}}\boldsymbol{\psi}_{\mathrm{r}}+\sigma L_{\mathrm{s}}\boldsymbol{I}_{\mathrm{s}}\right)\tag{3-57}$$

因此，永磁同步发电机定子侧输出的有功功率为

$$
\begin{aligned}
P_{\mathrm{s}} &= -\mathrm{Re}\left(\frac{3}{2}\boldsymbol{U}_{\mathrm{s}}\hat{\boldsymbol{I}}_{\mathrm{s}}\right) \\
&\approx -\frac{3}{2}\mathrm{Re}\left[\mathrm{j}\omega_{\mathrm{r}}\left(\frac{L_{\mathrm{m}}}{L_{\mathrm{r}}}\psi_{\mathrm{r}}+\sigma L_{\mathrm{s}}I_{\mathrm{sd}}+\mathrm{j}\sigma L_{\mathrm{s}}I_{\mathrm{sq}}\right)(I_{\mathrm{sd}}-\mathrm{j}I_{\mathrm{sq}})\right] = -\frac{3}{2}\omega_{\mathrm{r}}\frac{L_{\mathrm{m}}}{L_{\mathrm{r}}}\psi_{\mathrm{r}}I_{\mathrm{sq}}
\end{aligned}
\tag{3-58}
$$

可见，在采取转子磁链定向并忽略定子电阻的情况下，永磁同步发电机定子侧输出的有功功率仅与定子电流 q 轴分量呈比例。因此，控制定子电流的 q 轴分量即可控制永磁同步发电机产生的有功功率。

此外，由于转子磁链直接由永磁体产生，不需要额外的励磁，永磁同步发电机的定子 d 轴电流一般控制为零以在有限的电流控制能力内保障有功功率的调节。基于转子磁链定向矢量控制的永磁同步发电机定子电流闭环控制框图如图 3-8 所示。

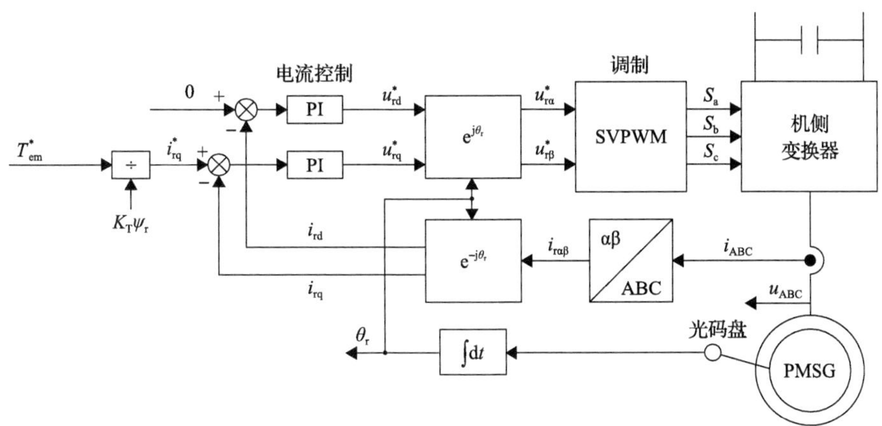

图 3-8　基于转子磁链定向矢量控制的永磁同步发电机定子电流闭环控制框图

3.4　网侧变换器及其矢量控制

网侧变换器在双馈型风机及全功率型风机中均有配置，一方面，其主要功能是通过调节输出的有功功率为机组提供稳定充足的直流电压；另一方面，其可调节机组输出的无功功率。

双馈型风机中，网侧变换器仅需处理滑差率倍的整机功率，而在全功率型风机中，网侧变换器是全功率型风机并网的唯一接口，需对整机功率进行变换。除网侧变换器容量大小的差别外，双馈型风机、全功率型风机的网侧变换器具有完全相同的功能与控制结构，故在本节中不做特别区分。

3.4.1　网侧变换器的数学模型与稳态特性

网侧变换器主电路如图 3-9 所示。图中，u_{ga}、u_{gb}、u_{gc} 分别为电网的三相电压；i_{ga}、i_{gb}、i_{gc} 分别为三相输入电流；v_{ga}、v_{gb}、v_{gc} 分别为变换器交流侧的三相电压；U_{dc} 为网侧变换器直流母线电压；C 为直流母线电容；i_{load} 为直流侧的负载电流。主电路中的 L_{ga}、L_{gb}、L_{gc} 分别为每相进线电抗器的电感；R_{ga}、R_{gb}、R_{gc} 分别为包括电抗器电阻在内的每相线路电阻。

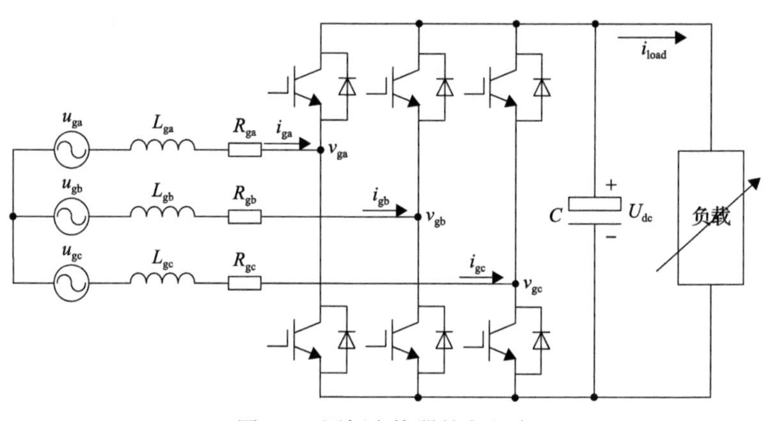

图 3-9　网侧变换器的主电路

1. 三相静止坐标系中网侧变换器的数学模型

设图 3-9 中主电路的功率器件为理想开关，三相静止坐标系中网侧变换器的数学描述为[11]

$$\begin{cases} u_{ga} - i_{ga}R_{ga} - L_{ga}\dfrac{\mathrm{d}i_{ga}}{\mathrm{d}t} - S_{ga}U_{dc} = u_{gb} - i_{gb}R_{gb} - L_{gb}\dfrac{\mathrm{d}i_{gb}}{\mathrm{d}t} - S_{gb}U_{dc} \\ u_{gb} - i_{gb}R_{gb} - L_{gb}\dfrac{\mathrm{d}i_{gb}}{\mathrm{d}t} - S_{gb}U_{dc} = u_{gc} - i_{gc}R_{gc} - L_{gc}\dfrac{\mathrm{d}i_{gc}}{\mathrm{d}t} - S_{gc}U_{dc} \\ C\dfrac{\mathrm{d}U_{dc}}{\mathrm{d}t} = S_{ga}i_{ga} + S_{gb}i_{gb} + S_{gc}i_{gc} - i_{load} \end{cases} \tag{3-59}$$

式中，S_{ga}、S_{gb}、S_{gc} 为三相 PWM 变换器中各相桥臂的开关函数，且定义上桥臂元件导通时为 1、下桥臂元件导通时为 0。

考虑到网侧变换器一般采用三相无中线的接线方式，根据基尔霍夫电流定律可知三相电流之和应为零，即

$$i_{ga} + i_{gb} + i_{gc} = 0 \tag{3-60}$$

将式(3-60)代入式(3-59)可得

$$\begin{cases} L_{ga}\dfrac{di_{ga}}{dt}=u_{ga}-i_{ga}R_{ga}-\dfrac{u_{ga}+u_{gb}+u_{gc}}{3}-\left(S_{ga}-\dfrac{S_{ga}+S_{gb}+S_{gc}}{3}\right)U_{dc} \\ L_{gb}\dfrac{di_{gb}}{dt}=u_{gb}-i_{gb}R_{gb}-\dfrac{u_{ga}+u_{gb}+u_{gc}}{3}-\left(S_{gb}-\dfrac{S_{ga}+S_{gb}+S_{gc}}{3}\right)U_{dc} \\ L_{gc}\dfrac{di_{gc}}{dt}=u_{gc}-i_{gc}R_{gc}-\dfrac{u_{ga}+u_{gb}+u_{gc}}{3}-\left(S_{gc}-\dfrac{S_{ga}+S_{gb}+S_{gc}}{3}\right)U_{dc} \\ C\dfrac{dV_{dc}}{dt}=S_{ga}i_{ga}+S_{gb}i_{gb}+S_{gc}i_{gc}-i_{load} \end{cases} \tag{3-61}$$

网侧变换器交流侧输出的三相线电压与各相桥臂开关状态 S_{ga}、S_{gb}、S_{gc} 间的关系为

$$\begin{cases} v_{gab}=(S_{ga}-S_{gb})U_{dc} \\ v_{gbc}=(S_{gb}-S_{gc})U_{dc} \\ v_{gca}=(S_{gc}-S_{ga})U_{dc} \end{cases} \tag{3-62}$$

转换成相电压关系为

$$\begin{cases} v_{ga}=\left(S_{ga}-\dfrac{S_{ga}+S_{gb}+S_{gc}}{3}\right)U_{dc} \\ v_{gb}=\left(S_{gb}-\dfrac{S_{ga}+S_{gb}+S_{gc}}{3}\right)U_{dc} \\ v_{gc}=\left(S_{gc}-\dfrac{S_{ga}+S_{gb}+S_{gc}}{3}\right)U_{dc} \end{cases} \tag{3-63}$$

将式(3-63)代入式(3-61)可得

$$\begin{cases} L_{ga}\dfrac{di_{ga}}{dt}=u_{ga}-i_{ga}R_{ga}-\dfrac{u_{ga}+u_{gb}+u_{gc}}{3}-v_{ga} \\ L_{gb}\dfrac{di_{gb}}{dt}=u_{gb}-i_{gb}R_{gb}-\dfrac{u_{ga}+u_{gb}+u_{gc}}{3}-v_{gb} \\ L_{gc}\dfrac{di_{gc}}{dt}=u_{gc}-i_{gc}R_{gc}-\dfrac{u_{ga}+u_{gb}+u_{gc}}{3}-v_{gc} \\ C\dfrac{dU_{dc}}{dt}=S_{ga}i_{ga}+S_{gb}i_{gb}+S_{gc}i_{gc}-i_{load} \end{cases} \tag{3-64}$$

由于推导式(3-64)时未对网侧变换器的运行条件做任何假定，故在电网电压波动、三相不平衡、电压波形畸变(存在谐波)等各种情况下该方程均有效。

2. 两相静止 αβ 坐标系中网侧变换器的数学模型

依据 3.2.2 节坐标系间的变换关系可建立两相静止 αβ 坐标系中网侧变换器的数学模型。若三相进线电抗器的电感、电阻相等，即 $L_{ga}=L_{gb}=L_{gc}=L_g$，$R_{ga}=R_{gb}=R_{gc}=R_g$，采用式(3-13)所示的变换关系对式(3-64)进行坐标变换，可得如式(3-65)所示的两相静止 αβ 坐标系中网侧变换器的数学模型：

$$\begin{cases} u_{g\alpha}=R_g i_{g\alpha}+L_g\dfrac{\mathrm{d}i_{g\alpha}}{\mathrm{d}t}+v_{g\alpha} \\ u_{g\beta}=R_g i_{g\beta}+L_g\dfrac{\mathrm{d}i_{g\beta}}{\mathrm{d}t}+v_{g\beta} \\ C\dfrac{\mathrm{d}U_{dc}}{\mathrm{d}t}=\dfrac{3}{2}(S_\alpha i_{g\alpha}+S_\beta i_{g\beta})-i_{load} \end{cases} \tag{3-65}$$

式中，$u_{g\alpha}$、$u_{g\beta}$ 分别为电网电压的 α 轴、β 轴分量；$i_{g\alpha}$、$i_{g\beta}$ 分别为变换器输入电流的 α 轴、β 轴分量；$v_{g\alpha}$、$v_{g\beta}$ 分别为变换器交流侧电压的 α 轴、β 轴分量；S_α、S_β 分别为开关函数的 α 轴分量和 β 轴分量。

3. 同步速旋转 dq 坐标系中网侧变换器数学模型

再次依据 3.2.2 节中的坐标变换关系，可获得同步速旋转 dq 坐标系中网侧变换器的数学模型。利用式(3-14)对式(3-65)进行变换，可得同步速 ω_1 旋转 dq 坐标系中网侧变换器的数学模型：

$$\begin{cases} u_{gd}=R_g i_{gd}+L_g\dfrac{\mathrm{d}i_{gd}}{\mathrm{d}t}-\omega_1 L_g i_{gq}+v_{gd} \\ u_{gq}=R_g i_{gq}+L_g\dfrac{\mathrm{d}i_{gq}}{\mathrm{d}t}+\omega_1 L_g i_{gd}+v_{gq} \\ C\dfrac{\mathrm{d}U_{dc}}{\mathrm{d}t}=\dfrac{3}{2}(S_d i_{gd}+S_q i_{gq})-i_{load} \end{cases} \tag{3-66}$$

式中，u_{gd}、u_{gq} 分别为电网电压的 d 轴、q 轴分量；i_{gd}、i_{gq} 分别为输入电流的 d 轴、q 轴分量；v_{gd}、v_{gq} 分别为变换器交流侧电压的 d 轴、q 轴分量；S_d、S_q 分别为开关函数的 d 轴、q 轴分量。

令 $\boldsymbol{U}_g=u_{gd}+\mathrm{j}u_{gq}$ 为电网电压矢量。当该同步速旋转坐标系的 d 轴定向于电网

电压矢量(即电网电压定向)时，有 $u_{\mathrm{gd}}=\left|\boldsymbol{U}_{\mathrm{g}}\right|=U_{\mathrm{g}}$，$u_{\mathrm{gq}}$=0，其中 U_{g} 为电网相电压峰值，于是式(3-66)变为

$$\begin{cases}U_{\mathrm{g}}=R_{\mathrm{g}}i_{\mathrm{gd}}+L_{\mathrm{g}}\dfrac{\mathrm{d}i_{\mathrm{gd}}}{\mathrm{d}t}-\omega_1L_{\mathrm{g}}i_{\mathrm{gq}}+v_{\mathrm{gd}}\\0=R_{\mathrm{g}}i_{\mathrm{gq}}+L_{\mathrm{g}}\dfrac{\mathrm{d}i_{\mathrm{gq}}}{\mathrm{d}t}+\omega_1L_{\mathrm{g}}i_{\mathrm{gd}}+v_{\mathrm{gq}}\\C\dfrac{\mathrm{d}U_{\mathrm{dc}}}{\mathrm{d}t}=\dfrac{3}{2}(S_{\mathrm{d}}i_{\mathrm{gd}}+S_{\mathrm{q}}i_{\mathrm{gq}})-i_{\mathrm{load}}\end{cases}\tag{3-67}$$

4. 网侧变换器的稳态特性

稳态运行时，由于电流矢量相对于同步速旋转坐标系静止，各状态变量的导数等于零，于是由式(3-67)可得同步速旋转坐标系中的稳态方程：

$$\begin{cases}U_{\mathrm{g}}=R_{\mathrm{g}}i_{\mathrm{gd}}-\omega_1L_{\mathrm{g}}i_{\mathrm{gq}}+v_{\mathrm{gd}}\\0=R_{\mathrm{g}}i_{\mathrm{gq}}+\omega_1L_{\mathrm{g}}i_{\mathrm{gd}}+v_{\mathrm{gq}}\end{cases}\tag{3-68}$$

$$i_{\mathrm{load}}=S_{\mathrm{d}}i_{\mathrm{gd}}+S_{\mathrm{q}}i_{\mathrm{gq}}\tag{3-69}$$

据此可得如图 3-10(a)所示的网侧变换器稳态电压空间矢量图。图中，$Z_{\mathrm{g}}=R_{\mathrm{g}}+\mathrm{j}\omega_1L_{\mathrm{g}}$ 为线路的阻抗，φ 为功率因数角。可以看出，如果功率因数一定，则网侧变换器输出的交流电压空间矢量 $\boldsymbol{V}_{\mathrm{g}}=v_{\mathrm{gd}}+\mathrm{j}v_{\mathrm{gq}}$ 的末端将始终在阻抗三角形的斜边上滑动。如果忽略电阻 R_{g} 且运行在功率因数为 1 的情况下，则网侧变换器稳态电压空间矢量关系将变得如图 3-10(b)所示。

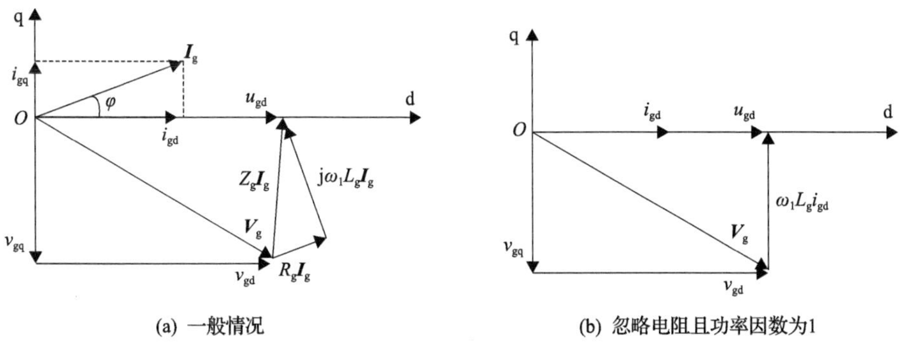

图 3-10　网侧变换器稳态电压空间矢量图

若 R_{g}=0，则式(3-68)变为

$$\begin{cases} v_{gd} = U_g + \omega_1 L_g i_{gq} \\ v_{gq} = -\omega_1 L_g i_{gd} \end{cases} \tag{3-70}$$

于是有

$$\sqrt{S_d^2 + S_q^2} \cdot U_{dc} = \sqrt{\left(U_g + \omega_1 L_g i_{gq}\right)^2 + \left(\omega_1 L_g i_{gd}\right)^2} \tag{3-71}$$

即

$$U_{dc} = \frac{\sqrt{\left(U_g + \omega_1 L_g i_{gq}\right)^2 + \left(\omega_1 L_g i_{gd}\right)^2}}{\sqrt{S_d^2 + S_q^2}} \tag{3-72}$$

根据电压空间矢量调制原理，如果不做过调制，应有

$$\sqrt{S_d^2 + S_q^2} \leqslant \frac{1}{\sqrt{2}} \tag{3-73}$$

即

$$U_{dc} \geqslant \sqrt{2}\sqrt{\left(U_g + \omega_1 L_g i_{gq}\right)^2 + \left(\omega_1 L_g i_{gd}\right)^2} \tag{3-74}$$

式(3-74)给出了直流母线电压与电网相电压峰值、交流进线电感及负载电流之间的关系，也确定了网侧变换器直流母线电压 U_{dc} 的下限，直流母线电压只有满足式(3-74)的关系时网侧变换器才能正常工作。

由式(3-74)还可看出，在相同的输出负载电流 i_{gd} 下，若网侧变换器输入交流电流中包含超前分量（$i_{gq} > 0$），则需要较高的直流母线电压；如果网侧变换器输入交流电流中包含滞后分量（$i_{gq} < 0$），则所需的直流母线电压要低一些。当网侧变换器工作在功率因数为 1 的情况下时，如图 3-10(b)所示，输出负载越大所需最低直流母线电压就越高，即使在空载条件下直流母线电压也不能小于电网线电压峰值，这是由 PWM 变换器的 Boost 电路升压特性所决定的。

按图 3-9 所示三相输入电流 i_{ga}、i_{gb}、i_{gc} 的正方向规定和幅值守恒原则的坐标变换关系，网侧变换器向电网输出的有功功率和无功功率分别为

$$P_g = -\frac{3}{2}\left(u_{gd} i_{gd} + u_{gq} i_{gq}\right) \tag{3-75}$$

$$Q_g = -\frac{3}{2}\left(u_{gq} i_{gd} - u_{gd} i_{gq}\right) \tag{3-76}$$

在 d 轴定向于电网电压矢量的同步速旋转坐标系统中，有

$$P_{\rm g} = -\frac{3}{2}u_{\rm gd}i_{\rm gd} \tag{3-77}$$

$$Q_{\rm g} = \frac{3}{2}u_{\rm gd}i_{\rm gq} \tag{3-78}$$

式(3-77)中，$P_{\rm g}$ 小于零表示网侧变换器工作于整流状态，从电网吸收能量；$P_{\rm g}$ 大于零表示网侧变换器处于逆变状态，能量从直流侧回馈到电网。式(3-78)中 $Q_{\rm g}$ 小于零表示网侧变换器呈容性，从电网吸收超前的无功；$Q_{\rm g}$ 大于零表示网侧变换器呈感性，从电网吸收滞后的无功。所以电流矢量的 d、q 轴分量 $i_{\rm gd}$ 和 $i_{\rm gq}$ 实际上代表了网侧变换器的有功电流和无功电流。

网侧变换器运行在单位功率因数时的有功功率流动情况如图 3-11 所示。图 3-11(a)表示了运行于单位功率因数整流工况时的有功功率流向，此时由电网提供的有功功率 $P_{\rm g}$ 供给了直流侧的负载功率 $P_{\rm load}$ 和各种损耗功率，如交流侧线路电阻损耗 $P_{\rm gR}$、PWM 变换器开关和导通损耗 $P_{\rm gs}$、直流母线电容等效并联电阻损耗和电容充放电的功率 $P_{\rm C}$ 等。图 3-11(b)则表示网侧变换器运行在单位功率因数逆变工况时的有功功率流动情况，此时直流侧有源负载提供的有功功率在补偿各种损耗后回馈至电网。

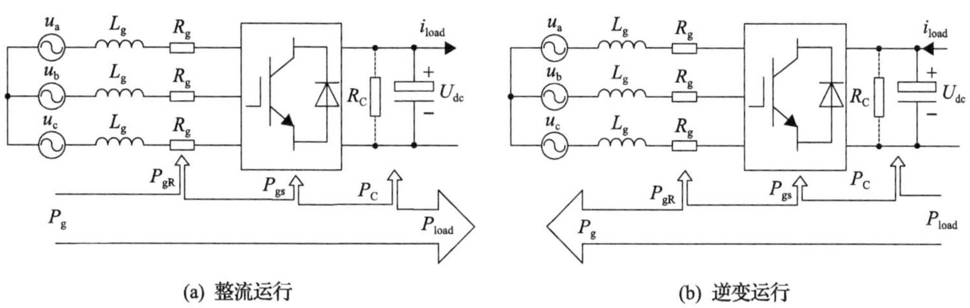

图 3-11　网侧变换器单位功率因数运行时的有功功率流动情况

忽略掉各种损耗后，可以得到网侧变换器直流侧与交流侧的功率平衡关系：

$$P_{\rm g} = -\frac{3}{2}u_{\rm gd}i_{\rm gd} = U_{\rm dc}i_{\rm load} = P_{\rm load} \tag{3-79}$$

当交流侧输入的功率大于直流侧负载消耗的功率时，多余的能量会使直流母线电压升高，反之降低。因此只要能控制交流侧输入的有功电流，就可控制变换器有功功率的平衡，从而保持直流母线电压的稳定。

由式(3-70)可得

$$\begin{cases} i_{\mathrm{gd}} = -\dfrac{v_{\mathrm{gq}}}{\omega_1 L_{\mathrm{g}}} \\ i_{\mathrm{gq}} = \dfrac{1}{\omega_1 L_{\mathrm{g}}}\left(v_{\mathrm{gd}} - u_{\mathrm{gd}}\right) \end{cases} \tag{3-80}$$

于是式(3-77)和式(3-78)表示的功率方程变为

$$P_{\mathrm{g}} = \frac{3}{2}\frac{u_{\mathrm{gd}} v_{\mathrm{gq}}}{\omega_1 L_{\mathrm{g}}} \tag{3-81}$$

$$Q_{\mathrm{g}} = \frac{3}{2}\frac{u_{\mathrm{gd}}}{\omega_1 L_{\mathrm{g}}}\left(v_{\mathrm{gd}} - u_{\mathrm{gd}}\right) \tag{3-82}$$

式(3-81)和式(3-82)表明，调节网侧变换器输出电压空间矢量的 d、q 轴分量，即可调节变换器从电网吸收的有功功率和无功功率，从而可使变换器在不同的有功、无功状态下实现四象限运行。

3.4.2　基于电网电压定向的网侧变换器矢量控制策略

在正常运行工况下电网电压基本恒定，对交流侧有功功率的控制实际上就是对输入电流有功分量的控制，输入无功功率的控制实际上就是对输入电流无功分量的控制。网侧变换器的控制系统可分为直流电压外环控制、交流电流内环控制两个环节，如图 3-12 所示。

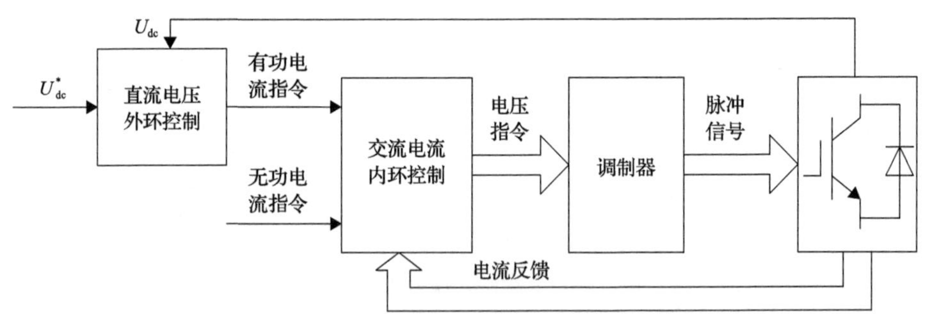

图 3-12　网侧变换器控制系统结构示意图

双馈型风机、全功率型风机网侧变换器普遍采用电网电压定向的矢量控制[9-12]。首先，通过锁相环(PLL)的调节使控制坐标系的 d 轴位置与电压矢量保持重合，此时电网电压矢量为

$$\boldsymbol{U}_{\mathrm{g}} = u_{\mathrm{gd}} + \mathrm{j}0 \tag{3-83}$$

由式(3-81)、式(3-82)可知，为实现网侧变换器有功功率、无功功率的解耦调节，仅需分别对该电压定向下的电流 d、q 轴分量进行调节控制。

根据式(3-66)，可以导出基于 d 轴电网电压定向、dq 分量形式的网侧变换器交流侧输出电压：

$$\begin{cases} v_{gd} = -L_g \dfrac{di_{gd}}{dt} - R_g i_{gd} + \omega_1 L_g i_{gq} + u_{gd} \\ v_{gq} = -L_g \dfrac{di_{gq}}{dt} - R_g i_{gq} - \omega_1 L_g i_{gd} \end{cases} \tag{3-84}$$

式(3-84)表明，网侧变换器 d、q 轴电流除受 v_{gd}、v_{gq} 的控制外，还受电流交叉耦合项 $\omega_1 L_g i_{gq}$、$\omega_1 L_g i_{gd}$、电阻压降 $R_g i_{gd}$、$R_g i_{gq}$ 及电网电压 u_{gd} 的影响。因此欲实现对 d、q 轴电流的有效控制，必须寻找一种能解除 d、q 轴间电流耦合和消除电网电压扰动的控制量，使

$$\begin{cases} v'_{gd} = L_g \dfrac{di_{gd}}{dt} \\ v'_{gq} = L_g \dfrac{di_{gq}}{dt} \end{cases} \tag{3-85}$$

为了消除控制静差，引入比例-积分环节，根据式(3-74)可设计出如下电流控制器[15]：

$$\begin{cases} v'_{gd} = L_g \dfrac{di_{gd}}{dt} = k_{igp}\left(i_{gd}^* - i_{gd}\right) + k_{igi}\int\left(i_{gd}^* - i_{gd}\right)dt \\ v'_{gq} = L_g \dfrac{di_{gq}}{dt} = k_{igp}\left(i_{gq}^* - i_{gq}\right) + k_{igi}\int\left(i_{gq}^* - i_{gq}\right)dt \end{cases} \tag{3-86}$$

式中，v'_{gd}、v'_{gq} 分别为电流控制器 d、q 轴的输出电压；i_{gd}^*、i_{gq}^* 分别为 d、q 轴的电流参考值；k_{igp}、k_{igi} 分别为电流控制器的比例、积分系数。

式(3-86)给出了电流控制器的输出电压，代入式(3-84)可得网侧变换器输出电压参考值：

$$\begin{cases} v_{gd}^* = -v'_{gd} - R_g i_{gd} + \omega_1 L_g i_{gq} + u_{gd} \\ v_{gq}^* = -v'_{gq} - R_g i_{gq} - \omega_1 L_g i_{gd} \end{cases} \tag{3-87}$$

式(3-87)表明，由于引入了电流状态反馈量 $\omega_1 L_g i_{gd}$、$\omega_1 L_g i_{gq}$ 来实现解耦，同时又引入电网扰动电压项和电阻压降项 $R_g i_{gd}$、$R_g i_{gq}$ 进行前馈补偿，从而实现了 d、 q 轴电流的独立(解耦)控制，有效提高了系统的动态解耦控制性能。

为了提高网侧变换器的抗负载扰动性能，还可再加上负载电流的前馈补偿项。直流环节电压控制器可采取类似于式(3-86)所示电流控制器的方式来设计，即

$$i_{\mathrm{c}}' = C\frac{\mathrm{d}U_{\mathrm{dc}}}{\mathrm{d}t} = k_{\mathrm{vp}}\left(U_{\mathrm{dc}}^{*} - U_{\mathrm{dc}}\right) + k_{\mathrm{vi}}\int\left(U_{\mathrm{dc}}^{*} - U_{\mathrm{dc}}\right)\mathrm{d}t \tag{3-88}$$

式中，U_{dc}^{*} 为直流母线电压的参考值；i_{c}' 为注入直流电容的净电流；k_{vp}、k_{vi} 分别为直流电压控制器的比例、积分系数。

d 轴电流的参考值可由式(3-67)、式(3-79)和式(3-88)求得

$$i_{\mathrm{gd}}^{*} = \frac{2U_{\mathrm{dc}}}{3u_{\mathrm{sd}}}\left(i_{\mathrm{load}} + i_{\mathrm{c}}'\right) \tag{3-89}$$

式中，$\dfrac{2U_{\mathrm{dc}}}{3u_{\mathrm{sd}}}i_{\mathrm{load}}$ 为可选的负载电流的前馈补偿项。

于是，根据式(3-87)～式(3-89)，可得基于电网电压定向带解耦和扰动补偿的网侧变换器直流环节电压、电流双闭环控制框图，如图 3-13 所示。图中，通过电流状态反馈来实现两轴电流间的解耦控制，通过电网电压前馈来实现对电网电压扰动的补偿，通过对负载电流的前馈来实现对负载扰动的补偿。

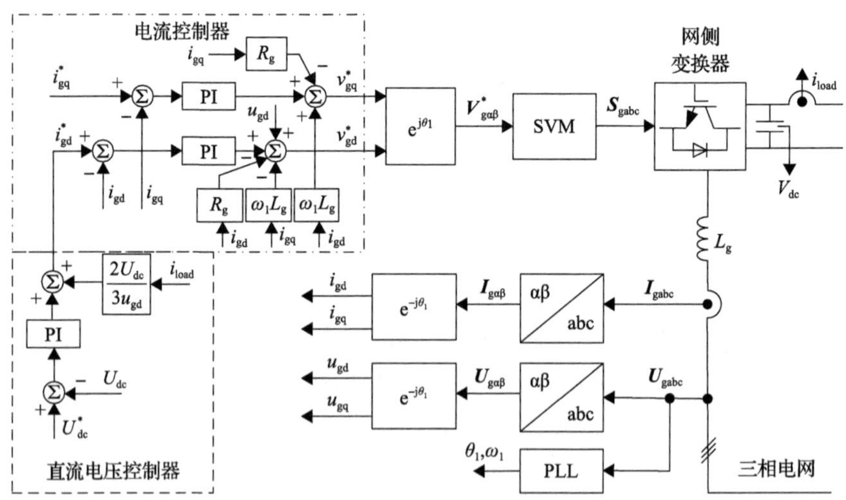

图 3-13　基于 d 轴电网电压定向的网侧变换器直流电压、电流双闭环控制框图

3.5　小　　结

本章分别介绍了电网对称条件下双馈型风机、全功率型风机中网侧变换器、

机侧变换器的功能、控制实现原理与典型实现方式。在理想电网条件下，机网侧变换器及其矢量控制的总体目标是实现风电机组输出有功功率、无功功率的解耦独立调节。基于该总体目标，虽然各厂家、型号风机的实现细节不同，但变换器的控制原理具有一致性。

双馈型风机机侧变换器的基本功能是为双馈异步发电机提供交流励磁，实现双馈型风机注入电网有功功率、无功功率的解耦调节。机侧变换器的典型控制策略采用基于定子电压定向的转子电流闭环控制，其实现基础是理想电网条件下转子电流 d、q 轴分量与双馈发电机有功功率、无功功率的解耦关系。双馈型风机网侧变换器的基本功能是确保直流母线电压的恒定安全，这是通过机侧变换器实施双馈异步发电机交流励磁控制的基础。网侧变换器的典型控制策略采用基于定子电压定向的“双闭环”控制，包含直流电压外环控制与交流电流内环控制，其实现基础是理想电网条件及电网电压定向下 d 轴分量电流与有功功率的解耦关系。机侧、网侧变换器及其矢量控制均直接影响双馈型风机接入电网的行为特性，在进行并网系统分析研究中需要进行充分考虑。

全功率型风机机侧变换器及其控制的目标是调节电机产生的有功功率，按照采用的电机类型可分为鼠笼式异步发电机、永磁同步发电机技术方案。其中，两种方案的典型控制策略均是基于转子磁链定向的定子电流闭环控制。由于发电机不直接与电网相连，一般情况下全功率型风机的机侧变换器不直接决定全功率型风机的涉网特性，在并网系统的分析中应视具体对象场景进行适当的简化处理。全功率型风机的网侧变换器与双馈型风机中的网侧变换器具有相同的功能与目标，且控制的原理与实现方式一致。由于网侧变换器是全功率型风机与电网的唯一接口，这直接决定了全功率型风机在电网中的行为特性，因而在并网系统分析研究时需充分考虑。

参 考 文 献

[1] Wu B, Lang Y Q, Zargari N, et al. Power Conversion and Control of Wind Energy Systems[M]. New York: Wiley-IEEE Press, 2011.

[2] 许善椿, 黄曦东. 交流励磁双馈发电机的原理、能量关系和应用[J]. 哈尔滨电工学院学报, 1995(1): 24-33.

[3] 汤蕴璆, 史乃. 电机学[M]. 北京: 机械工业出版社, 2001.

[4] 陈伯时. 电力拖动自动控制系统[M]. 北京: 机械工业出版社, 1992.

[5] 陈坚. 交流电机数学模型及调速系统[M]. 北京: 国防工业出版社, 1989.

[6] 陈伯时, 陈敏逊. 交流调速系统[M]. 北京: 机械工业出版社, 2000.

[7] 贺益康, 许大中. 电机控制[M]. 3 版. 杭州: 浙江大学出版社, 2010.

[8] Petersson A. Analysis, modeling and control of doubly-fed induction generators for wind turbines[D]. Göteborg: Chalmers University of Technology, 2003.

[9] Kazmierkowski M P, Krishnan R, Blaabjerg F. Control in Power Electronics: Selected Problems[M]. New York: Academic Press, 2002.

[10] Malinowski M. AC-line sensorless control strategies for three-phase PWM rectifiers[D]. Warsaw: Warsaw University of Technology, 2001.

[11] 赵仁德. 变速恒频双馈风力发电机交流励磁电源研究[D]. 杭州: 浙江大学, 2005.

[12] 李辉, 杨顺昌, 廖勇. 并网双馈发电机电网电压定向励磁控制的研究[J]. 中国电机工程学报, 2003, 23(8): 87-90.

[13] 胡家兵, 孙丹, 贺益康, 等. 电网电压骤降故障下双馈风力发电机建模与控制[J]. 电力系统自动化, 2006, 30(8): 21-26.

[14] Petersson A, Lundberg S, Thiringer T. Comparison between stator-flux and grid-flux-oriented rotor current control of doubly-fed induction generators[C]. 35th Annual IEEE Power Electronics Specialists Conference, Aachen, 2004: 482-486.

[15] Wu B. High-Power Converters and AC Drives[M]. New York: Wiley-IEEE Press, 2006.

第 4 章　电网不对称条件下风力发电机及其变换器的矢量控制

4.1　引　　言

因电网三相负荷、参数不匹配或不对称短路、断路故障导致的电网电压不对称或不平衡是普遍存在于实际电力系统的运行工况。当风电机组接入三相电压不对称的电网时，若仍采用第 3 章所讨论的基于对称电网电压设计的基本矢量控制策略，将导致一系列应力问题，危害风电机组和并网系统的安全运行[1,2]。因此，为实现电网不对称条件下风电机组的可控运行[3-9]，风力发电机用电力电子变换器均采用了不同于理想对称电网条件下的矢量控制策略。从电网的视角看，电力电子变换器的这种特殊矢量控制策略直接决定了风电机组在电网不对称并网系统中的特性行为。

本章将系统性地介绍电网不对称条件下风电机组运行应力问题的产生机制及典型解决方案，着重介绍电网电压不对称条件下电力电子变换器需具备的基本功能和矢量控制的实现方式，为第 7 章中不对称短路故障穿越期间风电机组并网系统动态分析奠定基础。

由双馈型风机、全功率型风机拓扑结构的特点可知，在电网不对称条件下，双馈型风机、全功率型风机的网侧变换器具有相同的功能与控制实现方式，为避免重复，本章仍以双馈型风机中的网侧、机侧变换器为主进行介绍，穿插对全功率型风机网侧变换器的介绍与讨论，其机侧变换器控制仍保留第 3 章中介绍的典型控制策略。

4.2　电网不对称条件下双馈发电机及变换器的动态模型

由于双馈型风机中双馈发电机的定子绕组直接与交流电网相连，在电网不对称条件下，双馈发电机的机侧(转子侧)、网侧变换器均会承受负序电压分量带来的冲击。考虑到双馈型风机中机侧、网侧变换器间的直流滤波电容具有足够的容量，在电网不对称度较小时仍能保证直流母线电压的基本恒定，即认为机侧、网侧变换器之间仍基本满足解耦运行的条件。因此，在建立电网电压不对称条件下双馈发电机的数学模型时将网侧、转子侧变换器暂时看成两个独立的对象分别分析。

对称分量法是电力系统不对称运行研究中的重要分析手段，电网不对称条件下风力发电机及其变换器的建模与分析应从三相电磁量的瞬时对称分量表达开始。

4.2.1　不对称三相电磁量的瞬时对称分量及其表达形式

根据瞬时对称分量理论[10]，一组任意不对称的三相电磁量 f_a, f_b, f_c (f 广义地代表电压、电流或磁链)，可分解成为三相对称的正序分量 f_{a+}, f_{b+}, f_{c+}、负序分量 f_{a-}, f_{b-}, f_{c-} 及零序量之和。考虑到当前风力发电机均采用三相三线制与电网相连，即电路中无零序分量通路，因此分析中将忽略零序分量，即有

$$\begin{cases} f_a = f_{a+} + f_{a-} \\ f_b = f_{b+} + f_{b-} \\ f_c = f_{c+} + f_{c-} \end{cases} \tag{4-1}$$

式中

$$\begin{cases} f_{a+} = f_{m+}\cos(\omega_1 t + \phi_+) \\ f_{b+} = f_{m+}\cos(\omega_1 t - 2\pi/3 + \phi_+) \\ f_{c+} = f_{m+}\cos(\omega_1 t + 2\pi/3 + \phi_+) \end{cases} \tag{4-2}$$

$$\begin{cases} f_{a-} = f_{m-}\cos(\omega_1 t + \phi_-) \\ f_{b-} = f_{m-}\cos(\omega_1 t + 2\pi/3 + \phi_-) \\ f_{c-} = f_{m-}\cos(\omega_1 t - 2\pi/3 + \phi_-) \end{cases} \tag{4-3}$$

其中，f_{m+} 和 ϕ_+ 分别为正序分量的幅值和初相位；ω_1 为电网电压角速度；f_{m-} 和 ϕ_- 分别为负序分量的幅值和初相位。

采用三相静止 ABC 坐标系到两相静止 αβ 坐标系的 3s/2s 变换关系对式(4-1)进行变换，可得

$$\begin{bmatrix} f_\alpha \\ f_\beta \end{bmatrix} = \boldsymbol{C}_{3s/2s}\begin{bmatrix} f_{a+} \\ f_{b+} \\ f_{c+} \end{bmatrix} + \boldsymbol{C}_{3s/2s}\begin{bmatrix} f_{a-} \\ f_{b-} \\ f_{c-} \end{bmatrix} \tag{4-4}$$

定义

$$\begin{bmatrix} f_{\alpha+} \\ f_{\beta+} \end{bmatrix} = \boldsymbol{C}_{3s/2s}\begin{bmatrix} f_{a+} \\ f_{b+} \\ f_{c+} \end{bmatrix} \tag{4-5}$$

$$\begin{bmatrix} f_{\alpha-} \\ f_{\beta-} \end{bmatrix} = \boldsymbol{C}_{3s/2s} \begin{bmatrix} f_{a-} \\ f_{b-} \\ f_{c-} \end{bmatrix} \tag{4-6}$$

则有

$$\begin{bmatrix} f_{\alpha} \\ f_{\beta} \end{bmatrix} = \begin{bmatrix} f_{\alpha+} \\ f_{\beta+} \end{bmatrix} + \begin{bmatrix} f_{\alpha-} \\ f_{\beta-} \end{bmatrix} \tag{4-7}$$

分别将式(4-2)和式(4-3)代入式(4-5)和式(4-6)中，可得

$$\begin{bmatrix} f_{\alpha+} \\ f_{\beta+} \end{bmatrix} = \begin{bmatrix} f_{m+}\cos(\omega_1 t + \phi_+) \\ f_{m+}\sin(\omega_1 t + \phi_+) \end{bmatrix} \tag{4-8}$$

$$\begin{bmatrix} f_{\alpha-} \\ f_{\beta-} \end{bmatrix} = \begin{bmatrix} f_{m-}\cos(\omega_1 t + \phi_-) \\ -f_{m-}\sin(\omega_1 t + \phi_-) \end{bmatrix} \tag{4-9}$$

在两相静止 αβ 坐标系中，定义电磁量的空间矢量 $\boldsymbol{F}$ 形式如下：

$$\boldsymbol{F}_{\alpha\beta} = f_{\alpha} + \mathrm{j}f_{\beta} = (f_{\alpha+} + f_{\alpha-}) + \mathrm{j}(f_{\beta+} + f_{\beta-}) \tag{4-10}$$

将式(4-8)和式(4-9)代入式(4-10)中，并根据欧拉公式（$\mathrm{e}^{\mathrm{j}\gamma} = \cos\gamma + \mathrm{j}\sin\gamma$），可以推导出如下关系：

$$\boldsymbol{F}_{\alpha\beta} = \boldsymbol{F}_{\alpha\beta+} + \boldsymbol{F}_{\alpha\beta-} \tag{4-11}$$

式中

$$\boldsymbol{F}_{\alpha\beta+} = f_{\alpha+} + \mathrm{j}f_{\beta+} = f_{m+}\mathrm{e}^{\mathrm{j}(\omega_1 t + \phi_+)} \tag{4-12}$$

$$\boldsymbol{F}_{\alpha\beta-} = f_{\alpha-} + \mathrm{j}f_{\beta-} = f_{m-}\mathrm{e}^{-\mathrm{j}(\omega_1 t + \phi_-)} \tag{4-13}$$

式(4-12)和式(4-13)中的 $\boldsymbol{F}_{\alpha\beta+}$ 和 $\boldsymbol{F}_{\alpha\beta-}$ 分别表示两相静止 αβ 坐标系中的正序空间矢量和负序空间矢量，均为时间的函数。

为方便后续的推导，定义以 ω_1 转速逆时针旋转的 dq^+坐标系和以 ω_1 转速顺时针旋转的 dq^-坐标系，如图 4-1 所示，图中 α_r 和 β_r 分别是转子上的两相静止 $(\alpha\beta)_r$ 坐标系的横轴和纵轴，其中转子角速度为 ω_r，转子位置为 $\theta_r = \omega_r t$。由图 4-1 可得两相静止 αβ 坐标系、正转同步速旋转 dq^+坐标系以及反转同步速旋转 dq^-坐标系之间的坐标转换关系如下：

$$\boldsymbol{F}_{\mathrm{dq}}^{+}=\boldsymbol{F}_{\alpha\beta}\mathrm{e}^{-\mathrm{j}\theta_1},\boldsymbol{F}_{\mathrm{dq}}^{-}=\boldsymbol{F}_{\alpha\beta}\mathrm{e}^{\mathrm{j}\theta_1} \tag{4-14}$$

$$\boldsymbol{F}_{\alpha\beta}=\boldsymbol{F}_{\mathrm{dq}}^{+}\mathrm{e}^{\mathrm{j}\theta_1},\boldsymbol{F}_{\alpha\beta}=\boldsymbol{F}_{\mathrm{dq}}^{-}\mathrm{e}^{-\mathrm{j}\theta_1} \tag{4-15}$$

$$\boldsymbol{F}_{\mathrm{dq}}^{-}=\boldsymbol{F}_{\mathrm{dq}}^{+}\mathrm{e}^{\mathrm{j}2\theta_1},\boldsymbol{F}_{\mathrm{dq}}^{+}=\boldsymbol{F}_{\mathrm{dq}}^{-}\mathrm{e}^{-\mathrm{j}2\theta_1} \tag{4-16}$$

式中，$\theta_1=\omega_1 t$；上标“+”“−”分别表示为正、反转同步速旋转坐标系。

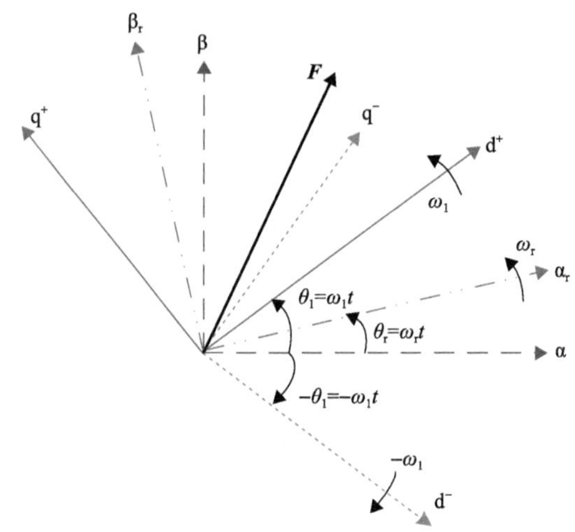

图 4-1　两相静止 αβ 坐标系与正、反转同步速旋转 dq+、dq−坐标系之间的空间位置关系

利用式(4-14)对式(4-11)分别进行正、反转同步速旋转坐标变换，可得

$$\boldsymbol{F}_{\mathrm{dq}}^{+}=\boldsymbol{F}_{\mathrm{dq+}}^{+}+\boldsymbol{F}_{\mathrm{dq-}}^{+}=\boldsymbol{F}_{\mathrm{dq+}}^{+}+\boldsymbol{F}_{\mathrm{dq-}}^{-}\mathrm{e}^{-\mathrm{j}2\omega_1 t} \tag{4-17}$$

$$\boldsymbol{F}_{\mathrm{dq}}^{-}=\boldsymbol{F}_{\mathrm{dq-}}^{-}+\boldsymbol{F}_{\mathrm{dq+}}^{-}=\boldsymbol{F}_{\mathrm{dq-}}^{-}+\boldsymbol{F}_{\mathrm{dq+}}^{+}\mathrm{e}^{\mathrm{j}2\omega_1 t} \tag{4-18}$$

式中，$\boldsymbol{F}_{\mathrm{dq+}}^{+}=f_{\mathrm{d+}}^{+}+\mathrm{j}f_{\mathrm{q+}}^{+}$ 为正转同步速旋转坐标系中的正序分量，为直流量；$\boldsymbol{F}_{\mathrm{dq-}}^{+}=f_{\mathrm{d-}}^{+}+\mathrm{j}f_{\mathrm{q-}}^{+}$ 为正转同步速旋转坐标系中的负序分量，为二倍频的交流量；$\boldsymbol{F}_{\mathrm{dq-}}^{-}=f_{\mathrm{d-}}^{-}+\mathrm{j}f_{\mathrm{q-}}^{-}$ 为反转同步速旋转坐标系中的负序分量，为直流量；$\boldsymbol{F}_{\mathrm{dq+}}^{-}=f_{\mathrm{d+}}^{-}+\mathrm{j}f_{\mathrm{q+}}^{-}$ 为反转同步速旋转坐标系中的正序分量，为二倍频的交流量。

由式(4-17)和式(4-18)可见，电网电压不对称条件下，各电磁量在正、反转同步速旋转坐标系中整体表现为直流量和二倍频交流量之和。

4.2.2　电网不对称条件下网侧、机侧变换器的数学模型

1. 电网不对称条件下网侧变换器的等效模型

基于式(3-59)，可将网侧变换器的电压方程改写为以下形式：

$$\begin{bmatrix} u_{gab} \\ u_{gca} \end{bmatrix} = \begin{bmatrix} R_{ga} & -R_{gb} \\ -\left(R_{ga}+R_{gc}\right) & -R_{gc} \end{bmatrix} \begin{bmatrix} i_{ga} \\ i_{gb} \end{bmatrix} + \begin{bmatrix} L_{ga} & -L_{gb} \\ -\left(L_{ga}+L_{gc}\right) & -L_{gc} \end{bmatrix} \begin{bmatrix} \dfrac{\mathrm{d}i_{ga}}{\mathrm{d}t} \\ \dfrac{\mathrm{d}i_{gb}}{\mathrm{d}t} \end{bmatrix} + \begin{bmatrix} v_{gab} \\ v_{gca} \end{bmatrix} \tag{4-19}$$

式中，$u_{gab}=u_{ga}-u_{gb}$；$u_{gca}=u_{gc}-u_{ga}$；$v_{gab}=v_{ga}-v_{gb}$；$v_{gca}=v_{gc}-v_{ga}$。

利用式(4-7)对式(4-19)进行坐标变换，可得两相静止αβ坐标系中基于矢量描述的网侧变换器方程：

$$\boldsymbol{U}_{g\alpha\beta} = \boldsymbol{V}_{g\alpha\beta} + \boldsymbol{L}\frac{\mathrm{d}\boldsymbol{I}_{g\alpha\beta}}{\mathrm{d}t} + \boldsymbol{R}\boldsymbol{I}_{g\alpha\beta} \tag{4-20}$$

式中，$\boldsymbol{U}_{g\alpha\beta}$ 为电网三相电压；$\boldsymbol{V}_{g\alpha\beta}$ 为变相器交流器电压；$\boldsymbol{I}_{g\alpha\beta}$ 为三相输入电流。

$$\boldsymbol{U}_{g\alpha\beta} = \boldsymbol{U}_{g\alpha\beta+} + \boldsymbol{U}_{g\alpha\beta-} = u_{g\alpha} + \mathrm{j}u_{g\beta} = \left(u_{g\alpha+}+u_{g\alpha-}\right) + \mathrm{j}\left(u_{g\beta+}+u_{g\beta-}\right)$$

$$\boldsymbol{V}_{g\alpha\beta} = \boldsymbol{V}_{g\alpha\beta+} + \boldsymbol{V}_{g\alpha\beta-} = v_{g\alpha} + \mathrm{j}v_{g\beta} = \left(v_{g\alpha+}+v_{g\alpha-}\right) + \mathrm{j}\left(v_{g\beta+}+v_{g\beta-}\right)$$

$$\boldsymbol{I}_{g\alpha\beta} = \boldsymbol{I}_{g\alpha\beta+} + \boldsymbol{I}_{g\alpha\beta-} = i_{g\alpha} + \mathrm{j}i_{g\beta} = \left(i_{g\alpha+}+i_{g\alpha-}\right) + \mathrm{j}\left(i_{g\beta+}+i_{g\beta-}\right)$$

$$\boldsymbol{R} = \begin{bmatrix} \overline{R} + \left(2R_{ga}-R_{gb}-R_{gc}\right)/6 & -\left(R_{gc}-R_{ga}\right)/2\sqrt{3} \\ \left(R_{gc}-R_{ga}\right)/\left(2\sqrt{3}\right) & \overline{R} + \left(2R_{ga}-R_{gb}-R_{gc}\right)/6 \end{bmatrix}$$

$$\boldsymbol{L} = \begin{bmatrix} \overline{L} + \left(2L_{ga}-L_{gb}-L_{gc}\right)/6 & -\left(L_{gc}-L_{ga}\right)/\left(2\sqrt{3}\right) \\ \left(L_{gc}-L_{ga}\right)/\left(2\sqrt{3}\right) & \overline{L} + \left(2L_{ga}-L_{gb}-L_{gc}\right)/6 \end{bmatrix}$$

$$\overline{R} = \left(R_{ga}+R_{gb}+R_{gc}\right)/3, \qquad \overline{L} = \left(L_{ga}+L_{gb}+L_{gc}\right)/3$$

由式(4-15)和式(4-17)可得

$$\boldsymbol{U}_{g\alpha\beta} = \boldsymbol{U}_{gdq+}^{+}\mathrm{e}^{\mathrm{j}\omega_1 t} + \boldsymbol{U}_{gdq-}^{-}\mathrm{e}^{-\mathrm{j}\omega_1 t} \tag{4-21}$$

$$\boldsymbol{V}_{g\alpha\beta} = \boldsymbol{V}_{gdq+}^{+}\mathrm{e}^{\mathrm{j}\omega_1 t} + \boldsymbol{V}_{gdq-}^{-}\mathrm{e}^{-\mathrm{j}\omega_1 t} \tag{4-22}$$

$$\boldsymbol{I}_{g\alpha\beta} = \boldsymbol{I}_{gdq+}^{+}\mathrm{e}^{\mathrm{j}\omega_1 t} + \boldsymbol{I}_{gdq-}^{-}\mathrm{e}^{-\mathrm{j}\omega_1 t} \tag{4-23}$$

式中，$\boldsymbol{U}_{gdq+}^{+}=u_{gd+}^{+}+\mathrm{j}u_{gq+}^{+}$；$\boldsymbol{U}_{gdq-}^{-}=u_{gd-}^{-}+\mathrm{j}u_{gq-}^{-}$；$\boldsymbol{V}_{gdq+}^{+}=v_{gd+}^{+}+\mathrm{j}v_{gq+}^{+}$；$\boldsymbol{V}_{gdq-}^{-}=v_{gd-}^{-}+\mathrm{j}v_{gq-}^{-}$；$\boldsymbol{I}_{gdq+}^{+}=i_{gd+}^{+}+\mathrm{j}i_{gq+}^{+}$；$\boldsymbol{I}_{gdq-}^{-}=i_{gd-}^{-}+\mathrm{j}i_{gq-}^{-}$。

将式(4-21)～式(4-23)代入式(4-20)并经整理，可得不对称电网电压条件下在正、反转同步速旋转坐标系中矢量形式的网侧变换器正、负序电压方程：

$$\left\{\begin{aligned}\boldsymbol{U}_{\mathrm{gdq}+}^{+}&=\bar{R}_{\mathrm{gdq}}\boldsymbol{I}_{\mathrm{gdq}+}^{+}+\mathrm{j}\omega_1\bar{L}_{\mathrm{gdq}}\boldsymbol{I}_{\mathrm{gdq}+}^{+}+\boldsymbol{V}_{\mathrm{gdq}+}^{+}+\bar{L}_{\mathrm{gdq}}\frac{\mathrm{d}\boldsymbol{I}_{\mathrm{gdq}+}^{+}}{\mathrm{d}t}\\&\quad+\left(\tilde{R}_{\mathrm{gdq}}\hat{\boldsymbol{I}}_{\mathrm{gdq}+}^{+}-\mathrm{j}\omega_1\tilde{L}_{\mathrm{gdq}}\hat{\boldsymbol{I}}_{\mathrm{gdq}+}^{+}+\tilde{L}_{\mathrm{gdq}}\frac{\mathrm{d}\hat{\boldsymbol{I}}_{\mathrm{gdq}+}^{+}}{\mathrm{d}t}\right)\mathrm{e}^{-\mathrm{j}2\omega_1 t}\\\boldsymbol{U}_{\mathrm{gdq}-}^{-}&=\bar{R}_{\mathrm{gdq}}\boldsymbol{I}_{\mathrm{gdq}-}^{-}-\mathrm{j}\omega_1\bar{L}_{\mathrm{gdq}}\boldsymbol{I}_{\mathrm{gdq}-}^{-}+\boldsymbol{V}_{\mathrm{gdq}-}^{-}+\bar{L}_{\mathrm{gdq}}\frac{\mathrm{d}\boldsymbol{I}_{\mathrm{gdq}-}^{-}}{\mathrm{d}t}\\&\quad+\left(\tilde{R}_{\mathrm{gdq}}\hat{\boldsymbol{I}}_{\mathrm{gdq}-}^{-}+\mathrm{j}\omega_1\tilde{L}_{\mathrm{gdq}}\hat{\boldsymbol{I}}_{\mathrm{gdq}-}^{-}+\tilde{L}_{\mathrm{gdq}}\frac{\mathrm{d}\hat{\boldsymbol{I}}_{\mathrm{gdq}-}^{-}}{\mathrm{d}t}\right)\mathrm{e}^{\mathrm{j}2\omega_1 t}\end{aligned}\right.\tag{4-24}$$

式中，$\bar{R}_{\mathrm{gdq}}=\left(R_{\mathrm{gd}}+R_{\mathrm{gq}}\right)/2$，$\tilde{R}_{\mathrm{gdq}}=\left(R_{\mathrm{gd}}-R_{\mathrm{gq}}\right)/2+\mathrm{j}R_{\mathrm{gdq}}$，$R_{\mathrm{gd}}=\left(4R_{\mathrm{ga}}+R_{\mathrm{gb}}+R_{\mathrm{gc}}\right)/6$，$R_{\mathrm{gq}}=\left(R_{\mathrm{gb}}+R_{\mathrm{gc}}\right)/2$，$R_{\mathrm{gdq}}=\left(R_{\mathrm{gc}}-R_{\mathrm{gb}}\right)/\left(2\sqrt{3}\right)$；$\bar{L}_{\mathrm{gdq}}=\left(L_{\mathrm{gd}}+L_{\mathrm{gq}}\right)/2$，$\tilde{L}_{\mathrm{gdq}}=\left(L_{\mathrm{gd}}-L_{\mathrm{gq}}\right)/2+\mathrm{j}L_{\mathrm{gdq}}$，$L_{\mathrm{gd}}=\left(4L_{\mathrm{ga}}+L_{\mathrm{gb}}+L_{\mathrm{gc}}\right)/6$，$L_{\mathrm{gq}}=\left(L_{\mathrm{gb}}+L_{\mathrm{gc}}\right)/2$，$L_{\mathrm{gdq}}=\left(L_{\mathrm{gc}}-L_{\mathrm{gb}}\right)/\left(2\sqrt{3}\right)$；$\hat{\boldsymbol{I}}_{\mathrm{gdq}+}^{+}$和$\hat{\boldsymbol{I}}_{\mathrm{gdq}-}^{-}$分别为电流矢量$\boldsymbol{I}_{\mathrm{gdq}+}^{+}$和$\boldsymbol{I}_{\mathrm{gdq}-}^{-}$的共轭成分。

若三相交流输入阻抗相等，即令$L_{\mathrm{ga}}=L_{\mathrm{gb}}=L_{\mathrm{gc}}=L_{\mathrm{g}}$，$R_{\mathrm{ga}}=R_{\mathrm{gb}}=R_{\mathrm{gc}}=R_{\mathrm{g}}$，则式(4-24)可以简化为

$$\left\{\begin{aligned}\boldsymbol{U}_{\mathrm{gdq}+}^{+}&=R_{\mathrm{g}}\boldsymbol{I}_{\mathrm{gdq}+}^{+}+\mathrm{j}\omega_1 L_{\mathrm{g}}\boldsymbol{I}_{\mathrm{gdq}+}^{+}+\boldsymbol{V}_{\mathrm{gdq}+}^{+}+L_{\mathrm{g}}\frac{\mathrm{d}\boldsymbol{I}_{\mathrm{gdq}+}^{+}}{\mathrm{d}t}\\\boldsymbol{U}_{\mathrm{gdq}-}^{-}&=R_{\mathrm{g}}\boldsymbol{I}_{\mathrm{gdq}-}^{-}-\mathrm{j}\omega_1 L_{\mathrm{g}}\boldsymbol{I}_{\mathrm{gdq}-}^{-}+\boldsymbol{V}_{\mathrm{gdq}-}^{-}+L_{\mathrm{g}}\frac{\mathrm{d}\boldsymbol{I}_{\mathrm{gdq}-}^{-}}{\mathrm{d}t}\end{aligned}\right.\tag{4-25}$$

式(4-25)即为电网不对称条件及三相输入阻抗相等条件下的正、反转同步速旋转坐标系中网侧变换器的正、负序电压方程[11-15]。可见，在电网不对称条件下，网侧变换器可分别在正、反转同步速旋转坐标系中对各自的正、负序分量进行独立分析。

根据式(3-65)并考虑式(4-23)，可得电网不对称时直流环节电压方程为

$$\begin{aligned}C\frac{\mathrm{d}U_{\mathrm{dc}}}{\mathrm{d}t}&=\frac{3}{2}\mathrm{Re}\left(\boldsymbol{S}_{\alpha\beta}\hat{\boldsymbol{I}}_{\mathrm{g}\alpha\beta}\right)-i_{\mathrm{load}}\\&=\frac{3}{2}\mathrm{Re}\left[\left(\boldsymbol{S}_{\mathrm{dq}+}^{+}\mathrm{e}^{\mathrm{j}\omega_1 t}+\boldsymbol{S}_{\mathrm{dq}-}^{-}\mathrm{e}^{-\mathrm{j}\omega_1 t}\right)\left(\hat{\boldsymbol{I}}_{\mathrm{gdq}+}^{+}\mathrm{e}^{-\mathrm{j}\omega_1 t}+\hat{\boldsymbol{I}}_{\mathrm{gdq}-}^{-}\mathrm{e}^{\mathrm{j}\omega_1 t}\right)\right]-i_{\mathrm{load}}\\&=\frac{3}{2}\mathrm{Re}\left(\boldsymbol{S}_{\mathrm{dq}+}^{+}\hat{\boldsymbol{I}}_{\mathrm{gdq}+}^{+}+\boldsymbol{S}_{\mathrm{dq}-}^{-}\hat{\boldsymbol{I}}_{\mathrm{gdq}-}^{-}+\boldsymbol{S}_{\mathrm{dq}+}^{+}\hat{\boldsymbol{I}}_{\mathrm{gdq}-}^{-}\mathrm{e}^{\mathrm{j}2\omega_1 t}+\boldsymbol{S}_{\mathrm{dq}-}^{-}\hat{\boldsymbol{I}}_{\mathrm{gdq}+}^{+}\mathrm{e}^{-\mathrm{j}2\omega_1 t}\right)-i_{\mathrm{load}}\end{aligned}\tag{4-26}$$

从式(4-26)可见，$\boldsymbol{S}_{\mathrm{dq}+}^{+}\hat{\boldsymbol{I}}_{\mathrm{gdq}-}^{-}\mathrm{e}^{\mathrm{j}2\omega_1 t}$ 及 $\boldsymbol{S}_{\mathrm{dq}-}^{-}\hat{\boldsymbol{I}}_{\mathrm{gdq}+}^{+}\mathrm{e}^{-\mathrm{j}2\omega_1 t}$ 两项将直接导致直流环节电流的二倍频波动，从而引起直流母线电压的波动。一方面，直流母线电压的波动可能直接超过直流电容的瞬时耐压值，导致直流母线电容的击穿；另一方面，由于直流电容的容抗与频率成反比，二倍频的直流母线波动将使电容中流过较大的负载电流，引起电容过热寿命衰减等风险。

2. 电网不对称条件下网侧变换器的瞬时功率表达

由式(4-21)和式(4-23)，可推得不对称电网电压下网侧变换器输出至电网的瞬时复功率为

$$\begin{aligned}\boldsymbol{S}_{\mathrm{g}} &= -\frac{3}{2}\boldsymbol{U}_{\mathrm{g}\alpha\beta}\hat{\boldsymbol{I}}_{\mathrm{g}\alpha\beta} \\ &= -\frac{3}{2}\left(\boldsymbol{U}_{\mathrm{gdq}+}^{+}\mathrm{e}^{\mathrm{j}\omega_1 t}+\boldsymbol{U}_{\mathrm{gdq}-}^{-}\mathrm{e}^{-\mathrm{j}\omega_1 t}\right)\left(\hat{\boldsymbol{I}}_{\mathrm{gdq}+}^{+}\mathrm{e}^{-\mathrm{j}\omega_1 t}+\hat{\boldsymbol{I}}_{\mathrm{gdq}-}^{-}\mathrm{e}^{\mathrm{j}\omega_1 t}\right)\end{aligned} \tag{4-27}$$

其中，输出至电网的瞬时有功、无功功率分别为

$$P_{\mathrm{g}} = \mathrm{Re}\left\{\boldsymbol{S}_{\mathrm{g}}\right\} = P_{\mathrm{g0}} + P_{\mathrm{gcos2}}\cos\left(2\omega_1 t\right) + P_{\mathrm{gsin2}}\sin\left(2\omega_1 t\right) \tag{4-28}$$

$$Q_{\mathrm{g}} = \mathrm{Im}\left\{\boldsymbol{S}_{\mathrm{g}}\right\} = Q_{\mathrm{g0}} + Q_{\mathrm{gcos2}}\cos\left(2\omega_1 t\right) + Q_{\mathrm{gsin2}}\sin\left(2\omega_1 t\right) \tag{4-29}$$

式中

$$\begin{bmatrix} P_{\mathrm{g0}} \\ Q_{\mathrm{g0}} \\ P_{\mathrm{gcos2}} \\ P_{\mathrm{gsin2}} \\ Q_{\mathrm{gcos2}} \\ Q_{\mathrm{gsin2}} \end{bmatrix} = -\frac{3}{2}\begin{bmatrix} u_{\mathrm{gd}+}^{+} & u_{\mathrm{gq}+}^{+} & u_{\mathrm{gd}-}^{-} & u_{\mathrm{gq}-}^{-} \\ u_{\mathrm{gq}+}^{+} & -u_{\mathrm{gd}+}^{+} & u_{\mathrm{gq}-}^{-} & -u_{\mathrm{gd}-}^{-} \\ u_{\mathrm{gd}-}^{-} & u_{\mathrm{gq}-}^{-} & u_{\mathrm{gd}+}^{+} & u_{\mathrm{gq}+}^{+} \\ u_{\mathrm{gq}-}^{-} & -u_{\mathrm{gd}-}^{-} & -u_{\mathrm{gq}+}^{+} & u_{\mathrm{gd}+}^{+} \\ u_{\mathrm{gq}-}^{-} & -u_{\mathrm{gd}-}^{-} & u_{\mathrm{gq}+}^{+} & -u_{\mathrm{gd}+}^{+} \\ -u_{\mathrm{gd}-}^{-} & -u_{\mathrm{gq}-}^{-} & u_{\mathrm{gd}+}^{+} & u_{\mathrm{gq}+}^{+} \end{bmatrix}\begin{bmatrix} i_{\mathrm{gd}+}^{+} \\ i_{\mathrm{gq}+}^{+} \\ i_{\mathrm{gd}-}^{-} \\ i_{\mathrm{gq}-}^{-} \end{bmatrix} \tag{4-30}$$

P_{gcos2}、P_{gsin2} 和 Q_{gcos2}、Q_{gsin2} 的存在表明，电网不对称时网侧变换器输向电网的有功、无功功率除平均(直流)分量外，还含有两倍于电网频率的波动成分。

依据图 4-2，以同样的方法，网侧变换器输出的瞬时有功、无功功率的计算结果为

$$P_{\mathrm{o}} = \mathrm{Re}\left\{\boldsymbol{S}_{\mathrm{o}}\right\} = P_{\mathrm{o0}} + P_{\mathrm{ocos2}}\cos\left(2\omega_1 t\right) + P_{\mathrm{osin2}}\sin\left(2\omega_1 t\right) \tag{4-31}$$

$$Q_{\mathrm{o}} = \mathrm{Im}\left\{\boldsymbol{S}_{\mathrm{o}}\right\} = Q_{\mathrm{o0}} + Q_{\mathrm{ocos2}}\cos\left(2\omega_1 t\right) + Q_{\mathrm{osin2}}\sin\left(2\omega_1 t\right) \tag{4-32}$$

式中，$\boldsymbol{S}_{\mathrm{o}}$ 为网侧变换器输出的瞬时复功率，其余变量定义如下：

$$
\begin{bmatrix} P_{\text{o0}} \\ Q_{\text{o0}} \\ P_{\text{ocos2}} \\ P_{\text{osin2}} \\ Q_{\text{ocos2}} \\ Q_{\text{osin2}} \end{bmatrix} = -\frac{3}{2}\begin{bmatrix} v_{\text{gd+}}^{+} & v_{\text{gq+}}^{+} & v_{\text{gd-}}^{-} & v_{\text{gq-}}^{-} \\ v_{\text{gq+}}^{+} & -v_{\text{gd+}}^{+} & v_{\text{gq-}}^{-} & -v_{\text{gd-}}^{-} \\ v_{\text{gd-}}^{-} & v_{\text{gq-}}^{-} & v_{\text{gd+}}^{+} & v_{\text{gq+}}^{+} \\ v_{\text{gq-}}^{-} & -v_{\text{gd-}}^{-} & -v_{\text{gq+}}^{+} & v_{\text{gd+}}^{+} \\ v_{\text{gq-}}^{-} & -v_{\text{gd-}}^{-} & v_{\text{gq+}}^{+} & -v_{\text{gd+}}^{+} \\ -v_{\text{gd-}}^{-} & -v_{\text{gq-}}^{-} & v_{\text{gd+}}^{+} & v_{\text{gq+}}^{+} \end{bmatrix}\begin{bmatrix} i_{\text{gd+}}^{+} \\ i_{\text{gq+}}^{+} \\ i_{\text{gd-}}^{-} \\ i_{\text{gq-}}^{-} \end{bmatrix} \tag{4-33}
$$

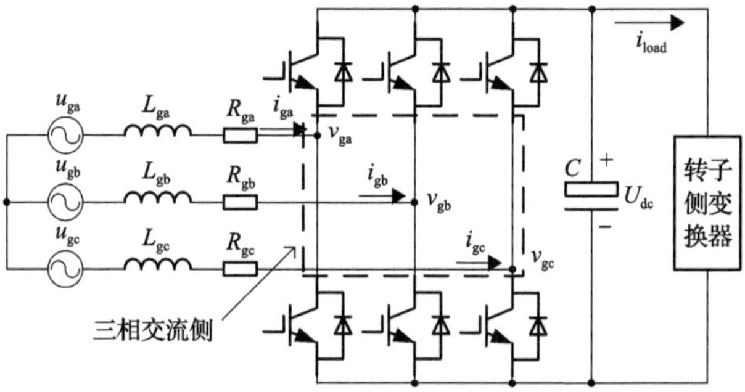

图 4-2 双馈型发电机用网侧变换器的主电路

同样，P_{ocos2}、P_{osin2} 和 Q_{ocos2}、Q_{osin2} 的存在表明电网不对称时网侧变换器交流侧除含有平均有功、无功功率外，也包含两倍于电网频率的有功、无功功率波动。这是直流母线电容波动的原因。

在三相交流输入阻抗相等的条件下，可将图 4-2 中三相交流输入阻抗的关系引入，则输出至电网的瞬时功率与网侧变换器输出的瞬时功率间的关系为

$$
\begin{aligned}
\begin{bmatrix} P_{\text{o0}} \\ P_{\text{ocos2}} \\ P_{\text{osin2}} \\ Q_{\text{o0}} \\ Q_{\text{ocos2}} \\ Q_{\text{osin2}} \end{bmatrix} = \begin{bmatrix} P_{\text{g0}} \\ P_{\text{gcos2}} \\ P_{\text{gsin2}} \\ Q_{\text{g0}} \\ Q_{\text{gcos2}} \\ Q_{\text{gsin2}} \end{bmatrix} &- \frac{3R_{\text{g}}}{2}\begin{bmatrix} -i_{\text{gd+}}^{+} & -i_{\text{gq+}}^{+} & -i_{\text{gd-}}^{-} & -i_{\text{gq-}}^{-} \\ 0 & 0 & -2i_{\text{gd+}}^{+} & -2i_{\text{gq+}}^{+} \\ 0 & 0 & 2i_{\text{gq+}}^{+} & -2i_{\text{gd+}}^{+} \\ 0 & 0 & 0 & 0 \\ 0 & 0 & 0 & 0 \\ 0 & 0 & 0 & 0 \end{bmatrix}\begin{bmatrix} i_{\text{gd+}}^{+} \\ i_{\text{gq+}}^{+} \\ i_{\text{gd-}}^{-} \\ i_{\text{gq-}}^{-} \end{bmatrix} \\
&- \frac{3\omega_1 L_{\text{g}}}{2}\begin{bmatrix} 0 & 0 & 0 & 0 \\ 0 & 0 & 2i_{\text{gq+}}^{+} & -2i_{\text{gd+}}^{+} \\ 0 & 0 & 2i_{\text{gd+}}^{+} & 2i_{\text{gq+}}^{+} \\ -i_{\text{gd+}}^{+} & -i_{\text{gq+}}^{+} & i_{\text{gd-}}^{-} & i_{\text{gd-}}^{-} \\ 0 & 0 & 0 & 0 \\ 0 & 0 & 0 & 0 \end{bmatrix}\begin{bmatrix} i_{\text{gd+}}^{+} \\ i_{\text{gq+}}^{+} \\ i_{\text{gd-}}^{-} \\ i_{\text{gq-}}^{-} \end{bmatrix}
\end{aligned} \tag{4-34}
$$

由式(4-34)可见，在电网不对称条件下运行时，不对称三相电流将导致网侧变换器交流输入阻抗上所消耗的有功功率发生二倍频波动。由于兆瓦级双馈型风机中网侧变换器的开关频率较低(2kHz 左右)，交流输入电抗器的电感值相对较大，因此在分析不对称电网电压条件下网侧变换器的功率变换关系和进行网侧变换器增强运行能力控制策略设计时，应该考虑该输入阻抗上功率波动的影响。

3. 电网不对称条件下双馈发电机的等效模型

将式(4-21)～式(4-23)代入式(3-20)则可得不对称电网电压条件下两相静止 αβ 坐标系中矢量形式的双馈发电机定、转子电压和磁链方程：

$$\begin{cases} \boldsymbol{U}_{\mathrm{s\alpha\beta}} = R_{\mathrm{s}}\boldsymbol{I}_{\mathrm{s\alpha\beta}} + \dfrac{\mathrm{d}\boldsymbol{\psi}_{\mathrm{s\alpha\beta}}}{\mathrm{d}t} \\ \boldsymbol{U}_{\mathrm{r\alpha\beta}} = R_{\mathrm{r}}\boldsymbol{I}_{\mathrm{r\alpha\beta}} + \dfrac{\mathrm{d}\boldsymbol{\psi}_{\mathrm{r\alpha\beta}}}{\mathrm{d}t} - \mathrm{j}\omega_{\mathrm{r}}\boldsymbol{\psi}_{\mathrm{r\alpha\beta}} \end{cases} \tag{4-35}$$

$$\begin{cases} \boldsymbol{\psi}_{\mathrm{s\alpha\beta}} = L_{\mathrm{s}}\boldsymbol{I}_{\mathrm{s\alpha\beta}} + L_{\mathrm{m}}\boldsymbol{I}_{\mathrm{r\alpha\beta}} \\ \boldsymbol{\psi}_{\mathrm{r\alpha\beta}} = L_{\mathrm{m}}\boldsymbol{I}_{\mathrm{s\alpha\beta}} + L_{\mathrm{r}}\boldsymbol{I}_{\mathrm{r\alpha\beta}} \end{cases} \tag{4-36}$$

式中

$$\boldsymbol{U}_{\mathrm{s\alpha\beta}} = u_{\mathrm{s\alpha}} + \mathrm{j}u_{\mathrm{s\beta}} = \left(u_{\mathrm{s\alpha+}} + u_{\mathrm{s\alpha-}}\right) + \mathrm{j}\left(u_{\mathrm{s\beta+}} + u_{\mathrm{s\beta-}}\right)$$

$$\boldsymbol{U}_{\mathrm{r\alpha\beta}} = u_{\mathrm{r\alpha}} + \mathrm{j}u_{\mathrm{r\beta}} = \left(u_{\mathrm{r\alpha+}} + u_{\mathrm{r\alpha-}}\right) + \mathrm{j}\left(u_{\mathrm{r\beta+}} + u_{\mathrm{r\beta-}}\right)$$

$$\boldsymbol{\psi}_{\mathrm{s\alpha\beta}} = \psi_{\mathrm{s\alpha}} + \mathrm{j}\,\psi_{\mathrm{s\beta}} = \left(\psi_{\mathrm{s\alpha+}} + \psi_{\mathrm{s\alpha-}}\right) + \mathrm{j}\left(\psi_{\mathrm{s\beta+}} + \psi_{\mathrm{s\beta-}}\right)$$

$$\boldsymbol{\psi}_{\mathrm{r\alpha\beta}} = \psi_{\mathrm{r\alpha}} + \mathrm{j}\,\psi_{\mathrm{r\beta}} = \left(\psi_{\mathrm{r\alpha+}} + \psi_{\mathrm{r\alpha-}}\right) + \mathrm{j}\left(\psi_{\mathrm{r\beta+}} + \psi_{\mathrm{r\beta-}}\right)$$

$$\boldsymbol{I}_{\mathrm{s\alpha\beta}} = i_{\mathrm{s\alpha}} + \mathrm{j}i_{\mathrm{s\beta}} = \left(i_{\mathrm{s\alpha+}} + i_{\mathrm{s\alpha-}}\right) + \mathrm{j}\left(i_{\mathrm{s\beta+}} + i_{\mathrm{s\beta-}}\right)$$

$$\boldsymbol{I}_{\mathrm{r\alpha\beta}} = i_{\mathrm{r\alpha}} + \mathrm{j}i_{\mathrm{r\beta}} = \left(i_{\mathrm{r\alpha+}} + i_{\mathrm{r\alpha-}}\right) + \mathrm{j}\left(i_{\mathrm{r\beta+}} + i_{\mathrm{r\beta-}}\right)$$

类似于式(4-21)～式(4-23)，可得两相静止 αβ 坐标系中，以正、反转同步速旋转 dq^{+}、dq^{-}坐标系中各自正、负序分量表示的定、转子电压、电流和磁链方程：

$$\boldsymbol{U}_{\mathrm{s\alpha\beta}} = \boldsymbol{U}_{\mathrm{sdq+}}^{+}\mathrm{e}^{\mathrm{j}\omega_1 t} + \boldsymbol{U}_{\mathrm{sdq-}}^{-}\mathrm{e}^{-\mathrm{j}\omega_1 t}\,,\quad \boldsymbol{U}_{\mathrm{r\alpha\beta}} = \boldsymbol{U}_{\mathrm{rdq+}}^{+}\mathrm{e}^{\mathrm{j}\omega_1 t} + \boldsymbol{U}_{\mathrm{rdq-}}^{-}\mathrm{e}^{-\mathrm{j}\omega_1 t} \tag{4-37}$$

$$\boldsymbol{\psi}_{\mathrm{s\alpha\beta}} = \boldsymbol{\psi}_{\mathrm{sdq+}}^{+}\mathrm{e}^{\mathrm{j}\omega_1 t} + \boldsymbol{\psi}_{\mathrm{sdq-}}^{-}\mathrm{e}^{-\mathrm{j}\omega_1 t}\,,\quad \boldsymbol{\psi}_{\mathrm{r\alpha\beta}} = \boldsymbol{\psi}_{\mathrm{rdq+}}^{+}\mathrm{e}^{\mathrm{j}\omega_1 t} + \boldsymbol{\psi}_{\mathrm{rdq-}}^{-}\mathrm{e}^{-\mathrm{j}\omega_1 t} \tag{4-38}$$

$$\boldsymbol{I}_{\mathrm{s\alpha\beta}} = \boldsymbol{I}_{\mathrm{sdq+}}^{+}\mathrm{e}^{\mathrm{j}\omega_1 t} + \boldsymbol{I}_{\mathrm{sdq-}}^{-}\mathrm{e}^{-\mathrm{j}\omega_1 t}\,,\quad \boldsymbol{I}_{\mathrm{r\alpha\beta}} = \boldsymbol{I}_{\mathrm{rdq+}}^{+}\mathrm{e}^{\mathrm{j}\omega_1 t} + \boldsymbol{I}_{\mathrm{rdq-}}^{-}\mathrm{e}^{-\mathrm{j}\omega_1 t} \tag{4-39}$$

式中

$$\boldsymbol{U}_{\mathrm{sdq}+}^{+}=u_{\mathrm{sd}+}^{+}+\mathrm{j}u_{\mathrm{sq}+}^{+},\boldsymbol{U}_{\mathrm{sdq}-}^{-}=u_{\mathrm{sd}-}^{-}+\mathrm{j}u_{\mathrm{sq}-}^{-},\quad \boldsymbol{U}_{\mathrm{rdq}+}^{+}=u_{\mathrm{rd}+}^{+}+\mathrm{j}u_{\mathrm{rq}+}^{+},\boldsymbol{U}_{\mathrm{rdq}-}^{-}=u_{\mathrm{rd}-}^{-}+\mathrm{j}u_{\mathrm{rq}-}^{-}$$

$$\boldsymbol{\psi}_{\mathrm{sdq}+}^{+}=\psi_{\mathrm{sd}+}^{+}+\mathrm{j}\psi_{\mathrm{sq}+}^{+},\boldsymbol{\psi}_{\mathrm{sdq}-}^{-}=\psi_{\mathrm{sd}-}^{-}+\mathrm{j}\psi_{\mathrm{sq}-}^{-},\quad \boldsymbol{\psi}_{\mathrm{rdq}+}^{+}=\psi_{\mathrm{rd}+}^{+}+\mathrm{j}\psi_{\mathrm{rq}+}^{+},\boldsymbol{\psi}_{\mathrm{rdq}-}^{-}=\psi_{\mathrm{rd}-}^{-}+\mathrm{j}\psi_{\mathrm{rq}-}^{-}$$

$$\boldsymbol{I}_{\mathrm{sdq}+}^{+}=i_{\mathrm{sd}+}^{+}+\mathrm{j}i_{\mathrm{sq}+}^{+},\boldsymbol{I}_{\mathrm{sdq}-}^{-}=i_{\mathrm{sd}-}^{-}+\mathrm{j}i_{\mathrm{sq}-}^{-},\quad \boldsymbol{I}_{\mathrm{rdq}+}^{+}=i_{\mathrm{rd}+}^{+}+\mathrm{j}i_{\mathrm{rq}+}^{+},\boldsymbol{I}_{\mathrm{rdq}-}^{-}=i_{\mathrm{rd}-}^{-}+\mathrm{j}i_{\mathrm{rq}-}^{-}$$

将式(4-37)～式(4-39)代入式(4-35)和式(4-36)并经过整理，可得正、反转同步速旋转 dq^+、dq^-坐标系中由各自正、负序分量表示的双馈发电机电压、磁链方程为

$$\begin{cases}\boldsymbol{U}_{\mathrm{sdq}+}^{+}=R_{\mathrm{s}}\boldsymbol{I}_{\mathrm{sdq}+}^{+}+\dfrac{\mathrm{d}\boldsymbol{\psi}_{\mathrm{sdq}+}^{+}}{\mathrm{d}t}+\mathrm{j}\omega_1\boldsymbol{\psi}_{\mathrm{sdq}+}^{+}\\ \boldsymbol{U}_{\mathrm{rdq}+}^{+}=R_{\mathrm{r}}\boldsymbol{I}_{\mathrm{rdq}+}^{+}+\dfrac{\mathrm{d}\boldsymbol{\psi}_{\mathrm{rdq}+}^{+}}{\mathrm{d}t}+\mathrm{j}\omega_{\mathrm{slip}+}\boldsymbol{\psi}_{\mathrm{rdq}+}^{+}\end{cases}\tag{4-40}$$

$$\begin{cases}\boldsymbol{\psi}_{\mathrm{sdq}+}^{+}=L_{\mathrm{s}}\boldsymbol{I}_{\mathrm{sdq}+}^{+}+L_{\mathrm{m}}\boldsymbol{I}_{\mathrm{rdq}+}^{+}\\ \boldsymbol{\psi}_{\mathrm{rdq}+}^{+}=L_{\mathrm{m}}\boldsymbol{I}_{\mathrm{sdq}+}^{+}+L_{\mathrm{r}}\boldsymbol{I}_{\mathrm{rdq}+}^{+}\end{cases}\tag{4-41}$$

$$\begin{cases}\boldsymbol{U}_{\mathrm{sdq}-}^{-}=R_{\mathrm{s}}\boldsymbol{I}_{\mathrm{sdq}-}^{-}+\dfrac{\mathrm{d}\boldsymbol{\psi}_{\mathrm{sdq}-}^{-}}{\mathrm{d}t}-\mathrm{j}\omega_1\boldsymbol{\psi}_{\mathrm{sdq}-}^{-}\\ \boldsymbol{U}_{\mathrm{rdq}-}^{-}=R_{\mathrm{r}}\boldsymbol{I}_{\mathrm{rdq}-}^{-}+\dfrac{\mathrm{d}\boldsymbol{\psi}_{\mathrm{rdq}-}^{-}}{\mathrm{d}t}+\mathrm{j}\omega_{\mathrm{slip}-}\boldsymbol{\psi}_{\mathrm{rdq}-}^{-}\end{cases}\tag{4-42}$$

$$\begin{cases}\boldsymbol{\psi}_{\mathrm{sdq}-}^{-}=L_{\mathrm{s}}\boldsymbol{I}_{\mathrm{sdq}-}^{-}+L_{\mathrm{m}}\boldsymbol{I}_{\mathrm{rdq}-}^{-}\\ \boldsymbol{\psi}_{\mathrm{rdq}-}^{-}=L_{\mathrm{m}}\boldsymbol{I}_{\mathrm{sdq}-}^{-}+L_{\mathrm{r}}\boldsymbol{I}_{\mathrm{rdq}-}^{-}\end{cases}\tag{4-43}$$

式中，$\omega_{\mathrm{slip}+}=\omega_1-\omega_{\mathrm{r}}$ 为正转滑差角速度；$\omega_{\mathrm{slip}-}=-\omega_1-\omega_{\mathrm{r}}$ 为反转滑差角速度。

于是根据式(4-40)和式(4-41)，可得如图 4-3 所示的正转同步速 ω_1 旋转 dq^+坐标系中双馈发电机的正序分量等效电路；同样基于式(4-42)和式(4-43)，可得如图 4-4 所示的反转同步速 $-\omega_1$ 旋转 dq^-坐标系中双馈发电机的负序分量等效电路。

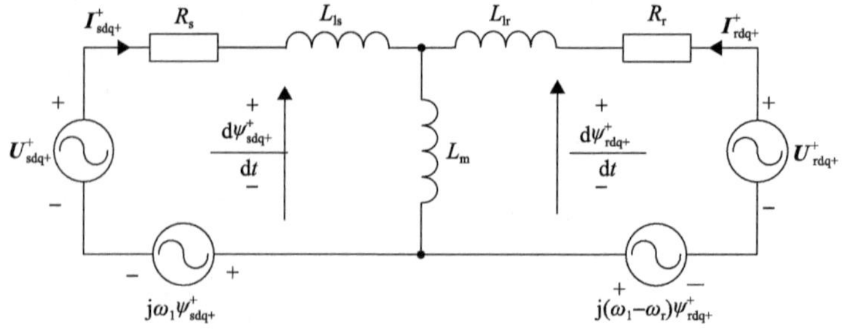

图 4-3　正转同步速 ω_1 旋转 dq^+坐标系中双馈发电机的正序分量等效电路

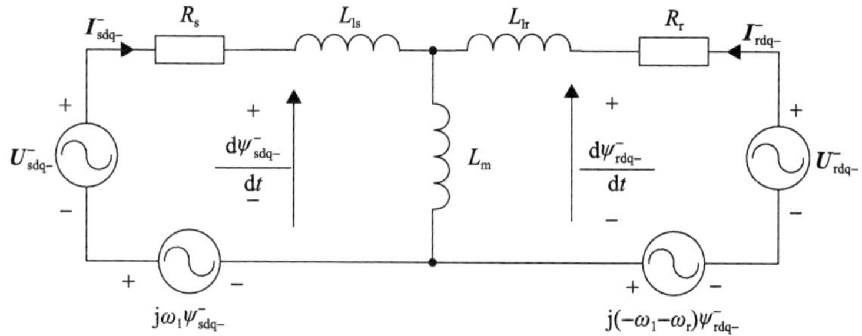

图 4-4　反转同步速 $-\omega_1$ 旋转 dq^-坐标系中双馈发电机的负序分量等效电路

基于式(4-14)与式(4-17)可导出不对称电网电压条件下正转同步速旋转 dq^+ 坐标系中包括正、负序分量在内的矢量形式的双馈发电机定、转子电压和磁链方程：

$$\begin{cases} \boldsymbol{U}_{sdq}^+ = R_s \boldsymbol{I}_{sdq}^+ + \dfrac{d\boldsymbol{\psi}_{sdq}^+}{dt} + j\omega_1 \boldsymbol{\psi}_{sdq}^+ \\ \boldsymbol{U}_{rdq}^+ = R_r \boldsymbol{I}_{rdq}^+ + \dfrac{d\boldsymbol{\psi}_{rdq}^+}{dt} + j\omega_{slip+} \boldsymbol{\psi}_{rdq}^+ \end{cases} \tag{4-44}$$

$$\begin{cases} \boldsymbol{\psi}_{sdq}^+ = L_s \boldsymbol{I}_{sdq}^+ + L_m \boldsymbol{I}_{rdq}^+ \\ \boldsymbol{\psi}_{rdq}^+ = L_m \boldsymbol{I}_{sdq}^+ + L_r \boldsymbol{I}_{rdq}^+ \end{cases} \tag{4-45}$$

式中

$$\boldsymbol{U}_{sdq}^+ = \boldsymbol{U}_{sdq+}^+ + \boldsymbol{U}_{sdq-}^+ = \boldsymbol{U}_{sdq+}^+ + \boldsymbol{U}_{sdq-}^- e^{-j2\omega_1 t}, \quad \boldsymbol{U}_{rdq}^+ = \boldsymbol{U}_{rdq+}^+ + \boldsymbol{U}_{rdq-}^+ = \boldsymbol{U}_{rdq+}^+ + \boldsymbol{U}_{rdq-}^- e^{-j2\omega_1 t}$$

$$\boldsymbol{\psi}_{sdq}^+ = \boldsymbol{\psi}_{sdq+}^+ + \boldsymbol{\psi}_{sdq-}^+ = \boldsymbol{\psi}_{sdq+}^+ + \boldsymbol{\psi}_{sdq-}^- e^{-j2\omega_1 t}, \quad \boldsymbol{\psi}_{rdq}^+ = \boldsymbol{\psi}_{rdq+}^+ + \boldsymbol{\psi}_{rdq-}^+ = \boldsymbol{\psi}_{rdq+}^+ + \boldsymbol{\psi}_{rdq-}^- e^{-j2\omega_1 t}$$

$$\boldsymbol{I}_{sdq}^+ = \boldsymbol{I}_{sdq+}^+ + \boldsymbol{I}_{sdq-}^+ = \boldsymbol{I}_{sdq+}^+ + \boldsymbol{I}_{sdq-}^- e^{-j2\omega_1 t}, \quad \boldsymbol{I}_{rdq}^+ = \boldsymbol{I}_{rdq+}^+ + \boldsymbol{I}_{rdq-}^+ = \boldsymbol{I}_{rdq+}^+ + \boldsymbol{I}_{rdq-}^- e^{-j2\omega_1 t}$$

4. 电网不对称条件下双馈发电机的瞬时功率表达

稳态运行条件下，有

$$\frac{d\boldsymbol{\psi}_{sdq+}^+}{dt} = 0, \quad \frac{d\boldsymbol{\psi}_{sdq-}^-}{dt} = 0 \tag{4-46}$$

忽略定子电阻压降，则式(4-44)中的定子电压方程可化简为

$$\boldsymbol{U}_{sdq}^+ = j\omega_1 \left(\boldsymbol{\psi}_{sdq+}^+ - \boldsymbol{\psi}_{sdq-}^- e^{-j2\omega_1 t} \right) \tag{4-47}$$

磁链与电压间的关系可近似表示为

$$\begin{cases} \psi_{sd+}^{+} = \dfrac{u_{sq+}^{+}}{\omega_1}, & \psi_{sq+}^{+} = -\dfrac{u_{sd+}^{+}}{\omega_1} \\ \psi_{sd-}^{-} = -\dfrac{u_{sq-}^{-}}{\omega_1}, & \psi_{sq-}^{-} = \dfrac{u_{sd-}^{-}}{\omega_1} \end{cases} \tag{4-48}$$

而由式(4-45)可得正转同步速旋转 dq^{+}坐标系中定子电流的表达式为

$$\boldsymbol{I}_{sdq}^{+} = \frac{1}{L_s}\left(\boldsymbol{\psi}_{sdq}^{+} - L_m \boldsymbol{I}_{rdq}^{+}\right) \tag{4-49}$$

与对称电网电压条件下的功率分析相似，电网不对称时输入电网的双馈发电机定子有功、无功功率可表示为

$$\begin{aligned} P_s + jQ_s = & \left[P_{s0} + P_{scos2}\cos(2\omega_1 t) + P_{ssin2}\sin(2\omega_1 t)\right] \\ & + j\left[Q_{s0} + Q_{scos2}\cos(2\omega_1 t) + Q_{ssin2}\sin(2\omega_1 t)\right] \end{aligned} \tag{4-50}$$

式中，P_{s0}、P_{ssin2} 和 P_{scos2} 分别为定子输出有功功率的直流(平均)分量，二倍频正、余弦波动分量；Q_{s0}、Q_{ssin2} 和 Q_{scos2} 分别为定子输出无功功率的直流(平均)分量，二倍频正、余弦波动分量：

$$\begin{aligned} \begin{bmatrix} P_{s0} \\ Q_{s0} \\ P_{ssin2} \\ P_{scos2} \\ Q_{ssin2} \\ Q_{scos2} \end{bmatrix} = & \frac{3\omega_1}{2L_s} \begin{bmatrix} 0 & 0 & 0 & 0 \\ -\psi_{sd+}^{+} & -\psi_{sq+}^{+} & \psi_{sd-}^{-} & \psi_{sq-}^{-} \\ \psi_{sd-}^{-} & \psi_{sq-}^{-} & \psi_{sd+}^{+} & \psi_{sq+}^{+} \\ -\psi_{sq-}^{-} & \psi_{sd-}^{-} & \psi_{sq+}^{+} & -\psi_{sd+}^{+} \\ 0 & 0 & 0 & 0 \\ 0 & 0 & 0 & 0 \end{bmatrix} \begin{bmatrix} \psi_{sd+}^{+} \\ \psi_{sq+}^{+} \\ \psi_{sd-}^{-} \\ \psi_{sq-}^{-} \end{bmatrix} \\ & + \frac{3\omega_1 L_m}{2L_s} \begin{bmatrix} -\psi_{sq+}^{+} & \psi_{sd+}^{+} & \psi_{sq-}^{-} & -\psi_{sd-}^{-} \\ \psi_{sd+}^{+} & \psi_{sq+}^{+} & -\psi_{sd-}^{-} & -\psi_{sq-}^{-} \\ -\psi_{sd-}^{-} & -\psi_{sq-}^{-} & -\psi_{sd+}^{+} & -\psi_{sq+}^{+} \\ \psi_{sq-}^{-} & -\psi_{sd-}^{-} & -\psi_{sq+}^{+} & \psi_{sd+}^{+} \\ -\psi_{sq-}^{-} & \psi_{sd-}^{-} & -\psi_{sq+}^{+} & \psi_{sd+}^{+} \\ -\psi_{sd-}^{-} & -\psi_{sq-}^{-} & \psi_{sd+}^{+} & \psi_{sq+}^{+} \end{bmatrix} \begin{bmatrix} i_{rd+}^{+} \\ i_{rq+}^{+} \\ i_{rd-}^{-} \\ i_{rq-}^{-} \end{bmatrix} \end{aligned} \tag{4-51}$$

式(4-50)中，P_{ssin2}、P_{scos2}、Q_{ssin2} 和 Q_{scos2} 的存在表明，在电网不对称条件下运行时，双馈发电机定子输出功率中除有平均有功、无功功率外，还存在二倍频的有功、无功功率脉动。

基于相同的步骤，可得不对称电网电压条件下双馈发电机的电磁功率表达式，为

$$\begin{aligned} P_{\text{e}} &= -\frac{3}{2}\text{Re}\left[\text{j}\omega_1\boldsymbol{\psi}_{\text{sdq}}^{+}\times\hat{\boldsymbol{I}}_{\text{sdq}}^{+}+\text{j}(\omega_1-\omega_{\text{r}})\boldsymbol{\psi}_{\text{rdq}}^{+}\times\hat{\boldsymbol{I}}_{\text{rdq}}^{+}\right] \\ &= P_{\text{e0}}+P_{\text{esin2}}\sin(2\omega_1 t)+P_{\text{ecos2}}\cos(2\omega_1 t) \end{aligned} \tag{4-52}$$

式中，P_{e0}、P_{esin2} 和 P_{ecos2} 分别为双馈发电机电磁功率的直流(平均)分量，二倍频正、余弦波动分量，即

$$\begin{aligned} \begin{bmatrix} P_{\text{e0}} \\ P_{\text{esin2}} \\ P_{\text{ecos2}} \end{bmatrix} &= \frac{3}{2}\frac{L_{\text{m}}}{L_{\text{s}}}\omega_{\text{r}}\begin{bmatrix} -\psi_{\text{sq+}}^{+} & \psi_{\text{sd+}}^{+} & -\psi_{\text{sq-}}^{-} & \psi_{\text{sd-}}^{-} \\ \psi_{\text{sd-}}^{-} & \psi_{\text{sq-}}^{-} & -\psi_{\text{sd+}}^{+} & -\psi_{\text{sq+}}^{+} \\ -\psi_{\text{sq-}}^{-} & \psi_{\text{sd-}}^{-} & -\psi_{\text{sq+}}^{+} & \psi_{\text{sd+}}^{+} \end{bmatrix}\begin{bmatrix} i_{\text{rd+}}^{+} \\ i_{\text{rq+}}^{+} \\ i_{\text{rd-}}^{-} \\ i_{\text{rq-}}^{-} \end{bmatrix} \\ &= \frac{3}{2}\frac{L_{\text{m}}}{L_{\text{s}}}\frac{\omega_{\text{r}}}{\omega_1}\begin{bmatrix} u_{\text{sd+}}^{+} & u_{\text{sq+}}^{+} & -u_{\text{sd-}}^{-} & u_{\text{sq-}}^{-} \\ -u_{\text{sq-}}^{-} & u_{\text{sd-}}^{-} & -u_{\text{sq+}}^{+} & u_{\text{sd+}}^{+} \\ -u_{\text{sd-}}^{-} & -u_{\text{sq-}}^{-} & u_{\text{sd+}}^{+} & u_{\text{sq+}}^{+} \end{bmatrix}\begin{bmatrix} i_{\text{rd+}}^{+} \\ i_{\text{rq+}}^{+} \\ i_{\text{rd-}}^{-} \\ i_{\text{rq-}}^{-} \end{bmatrix} \end{aligned} \tag{4-53}$$

比较式(4-51)和式(4-53)可以发现，定子输出无功功率的二倍频分量和电磁功率二倍频分量两者的矩阵系数相等，即 $Q_{\text{ssin2}}=P_{\text{ecos2}}$，$Q_{\text{scos2}}=-P_{\text{esin2}}$，这表明在消除电磁转矩波动的同时亦能对无功功率波动实现有效抑制。

于是，双馈发电机电磁转矩可写为

$$T_{\text{e}}=\frac{P_{\text{e}}}{\Omega_1}=\frac{P_{\text{e0}}+P_{\text{esin2}}+P_{\text{ecos2}}}{\Omega_1} \tag{4-54}$$

式中，$\Omega_1=\omega_1/n_{\text{p}}$ 为同步机械角速度，n_{p} 为极对数。上述推导表明在电网不对称条件下，双馈发电机的电磁转矩中将出现二倍频波动分量，造成转子转轴的二倍频扭振，增加机械传动链的动态负荷，严重的情况将可能导致变速齿轮箱间的反复机械疲劳损坏，降低变速齿轮箱等传动链的可靠性与寿命。

基于定子电压重写式(4-51)，并将式(4-48)代入，可得电压表示的定子侧输出功率：

$$\begin{bmatrix} P_{s0} \\ Q_{s0} \\ P_{ssin2} \\ P_{scos2} \\ Q_{ssin2} \\ Q_{scos2} \end{bmatrix} = -\frac{3}{2}\frac{1}{\omega_1 L_s}\begin{bmatrix} u_{sd+}^{+} & u_{sq+}^{+} & u_{sd-}^{-} & u_{sq-}^{-} \\ u_{sq+}^{+} & -u_{sd+}^{+} & u_{sq-}^{-} & -u_{sd-}^{-} \\ u_{sq-}^{-} & -u_{sd-}^{-} & -u_{sq+}^{+} & u_{sd+}^{+} \\ u_{sd-}^{-} & u_{sq-}^{-} & u_{sd+}^{+} & u_{sq+}^{+} \\ -u_{sd-}^{-} & -u_{sq-}^{-} & u_{sd+}^{+} & u_{sq+}^{+} \\ u_{sq-}^{-} & -u_{sd-}^{-} & u_{sq+}^{+} & -u_{sd+}^{+} \end{bmatrix}\begin{bmatrix} u_{sq+}^{+} \\ -u_{sd+}^{+} \\ -u_{sq-}^{-} \\ u_{sd-}^{-} \end{bmatrix} + \frac{3}{2}\frac{L_m}{L_s}\begin{bmatrix} u_{sd+}^{+} & u_{sq+}^{+} & u_{sd-}^{-} & u_{sq-}^{-} \\ u_{sq+}^{+} & -u_{sd+}^{+} & u_{sq-}^{-} & -u_{sd-}^{-} \\ u_{sq-}^{-} & -u_{sd-}^{-} & -u_{sq+}^{+} & u_{sd+}^{+} \\ u_{sd-}^{-} & u_{sq-}^{-} & u_{sd+}^{+} & u_{sq+}^{+} \\ -u_{sd-}^{-} & -u_{sq-}^{-} & u_{sd+}^{+} & u_{sq+}^{+} \\ u_{sq-}^{-} & -u_{sd-}^{-} & u_{sq+}^{+} & -u_{sd+}^{+} \end{bmatrix}\begin{bmatrix} i_{rd+}^{+} \\ i_{rq+}^{+} \\ i_{rd-}^{-} \\ i_{rq-}^{-} \end{bmatrix} \tag{4-55}$$

式(4-55)是可用于不对称电网条件下定子电压定向(SVO)的双馈发电机矢量控制模型。

若忽略定、转子绕组铜耗，则双馈发电机转子输出的有功功率可表示为

$$P_r = P_e - P_s = \left(P_{e0} - P_{s0}\right) + \left(P_{ecos2} - P_{scos2}\right)\cos\left(2\omega_1 t\right) + \left(P_{esin2} - P_{ssin2}\right)\sin\left(2\omega_1 t\right) \tag{4-56}$$

式中，P_{e0}、P_{ecos2}、P_{esin2} 和 P_{s0}、P_{scos2}、P_{ssin2} 分别可由式(4-53)和式(4-55)计算得到。

4.3　电网不对称条件下的控制目标设计

基于以上推导可知，在电网不对称条件下，负序电压分量将导致定、转子电流的不对称，进而引起定、转子绕组产生不对称发热，直流母线电压波动，发电机转矩产生脉动等应力问题，危害风电机组和并网系统的安全运行。

基于以上对不对称电网电压条件下瞬时功率波动的计算，可基于正、负序对称分量模型，设计双馈型风机机侧、网侧变换器的控制目标与策略，有针对性地减弱或消除部分应力问题，以增强电网不对称条件下风电机组的不间断运行能力。

4.3.1　电网不对称条件下双馈型风机机侧变换器的控制目标

式(4-53)和式(4-55)表明，电网不对称时双馈型风机的机侧变换器有四个转子电流分量 i_{rd+}^{+}、i_{rq+}^{+}、i_{rd-}^{-}、i_{rq-}^{-} 可用作可控变量(双馈型和全功率型风机的网侧

变换器也有四个电流分量 i_{gd+}^{+}、i_{gq+}^{+}、i_{gg-}^{-}、i_{gq-}^{-} 可用作可控变量，将在 4.3.2 节中介绍)，因此除能对双馈发电机定子输出平均有功、无功功率 P_{s0}、Q_{s0} 进行独立解耦控制外，还可实现以下控制目标。

目标Ⅰ：恒定的定子输出有功功率，即消除定子有功功率的二倍频分量。

目标Ⅱ：双馈发电机转子电流对称，不含负序分量。

目标Ⅲ：定子电流对称，保证双馈发电机三相定子绕组的均衡发热。

目标Ⅳ：电磁转矩恒定，即消除电磁转矩的二倍频分量，以减轻对风力机的机械负担。

针对以上不同的控制目标，运用所建立的不对称电网条件下的双馈发电机数学模型，可获得各种控制所需的转子电流指令值算法[16,17]。

1) 目标Ⅰ：恒定的定子输出有功功率，即消除定子有功功率的二倍频分量

令 $P_{ssin2}=P_{scos2}=0$，由式(4-55)可解得转子电流参考值为

$$i_{rd+}^{+*}=\frac{L_s u_{sd+}^{+}}{L_m D_4}P_{s0}-\frac{4u_{sd+}^{+}u_{sd-}^{-}u_{sq-}^{-}}{D_4\omega_1 L_m} \tag{4-57}$$

$$i_{rq+}^{+*}=-\frac{L_s u_{sd+}^{+}\left(Q_{s0}+\dfrac{D_4}{\omega_1 L_s}\right)}{L_m D_3}-\frac{2u_{sd+}^{+}}{D_3\omega_1 L_m}\left(u_{sd-}^{-2}-u_{sq-}^{-2}\right) \tag{4-58}$$

$$i_{rd-}^{-*}=-\frac{2u_{sq-}^{-}}{\omega_1 L_m}-k_{dd}i_{rd+}^{+*}-k_{qd}i_{rq+}^{+*} \tag{4-59}$$

$$i_{rq-}^{-*}=\frac{2u_{sd-}^{-}}{\omega_1 L_m}-k_{qd}i_{rd+}^{+*}+k_{dd}i_{rq+}^{+*} \tag{4-60}$$

式中，$D_3=u_{sd+}^{+2}+u_{sd-}^{-2}+u_{sq-}^{-2}$；$D_4=u_{sd+}^{+2}-(u_{sd-}^{-2}+u_{sq-}^{-2})$；$k_{dd}=u_{sd-}^{-}/u_{sd+}^{+}$；$k_{qd}=u_{sq-}^{-}/u_{sd+}^{+}$。

2) 目标Ⅱ：双馈发电机转子电流对称，不含负序分量

令 $i_{rd-}^{-*}=i_{rq-}^{-*}=0$，代入式(4-55)后可得正序转子电流的参考值为

$$i_{rd+}^{+*}=\frac{L_s P_{s0}}{L_m u_{sd+}^{+}} \tag{4-61}$$

$$i_{rq+}^{+*}=-\frac{L_s\left(Q_{s0}+\dfrac{D_4}{\omega_1 L_s}\right)}{L_m u_{sd+}^{+}} \tag{4-62}$$

3) 目标III：定子电流对称，保证双馈发电机三相定子绕组的均衡发热

根据式(4-55)可得转子正、负序电流参考值为

$$i_{rd+}^{+*}=\frac{L_s P_{s0}}{L_m u_{sd+}^{+}} \tag{4-63}$$

$$i_{rq+}^{+*}=-\frac{L_s\left(Q_{s0}+\dfrac{D_4}{\omega_1 L_s}\right)}{L_m u_{sd+}^{+}} \tag{4-64}$$

$$i_{rd-}^{-*}=-\frac{u_{sq-}^{-}}{\omega_1 L_m} \tag{4-65}$$

$$i_{rq-}^{-*}=\frac{u_{sd-}^{-}}{\omega_1 L_m} \tag{4-66}$$

4) 目标IV：电磁转矩恒定，即消除电磁转矩的二倍频分量，以减轻对风力机的机械负担

令 $P_{esin2}=P_{ecos2}=0$，由式(4-53)和式(4-55)可得

$$i_{rd+}^{+*}=\frac{L_s u_{sd+}^{+}}{L_m D_3}P_{s0} \tag{4-67}$$

$$i_{rq+}^{+*}=-\frac{L_s u_{sd+}^{+}\left(Q_{s0}+\dfrac{D_4}{\omega_1 L_s}\right)}{L_m D_4} \tag{4-68}$$

$$i_{rd-}^{-*}=k_{dd}i_{rd+}^{+*}+k_{qd}i_{rq+}^{+*} \tag{4-69}$$

$$i_{rq-}^{-*}=k_{qd}i_{rd+}^{+*}-k_{dd}i_{rq+}^{+*} \tag{4-70}$$

对比上述不同控制目标下的转子负序电流参考值后不难发现，若选取控制目标 I 和IV中转子负序电流的值为

$$i_{rd-}^{-}=-\frac{u_{sq-}^{-}}{\omega_1 L_m} \tag{4-71}$$

$$i_{rq-}^{-}=\frac{u_{sd-}^{-}}{\omega_1 L_m} \tag{4-72}$$

则与式(4-65)、式(4-66)相比后可看出，此时所需的转子负序电流值与控制目标

III的负序电流参考值相等。可见控制目标III在消除双馈发电机定子电流负序分量的同时亦能对定子输出的有功功率、发电机电磁转矩中的二倍频脉动进行有效抑制。

由以上分析可见，在电网不对称条件下双馈型风机的机侧变换器有四个可供选择的控制目标，均能够在一定范围内不同程度地改善双馈型风机的运行性能。然而由于机侧变换器中控制变量个数有限，仅有 $i_{\mathrm{rd}+}^{+}$ 、 $i_{\mathrm{rq}+}^{+}$ 、 $i_{\mathrm{rd}-}^{-}$ 、 $i_{\mathrm{rq}-}^{-}$ 四个转子正、负序电流分量可用于控制，因而只能实现其中部分或某一控制目标。

4.3.2　电网不对称条件下网侧变换器的控制目标

同理分析式(4-30)还不难发现，电网不对称时双馈型风机及全功率型风机的网侧变换器亦有 $i_{\mathrm{gd}+}^{+}$ 、 $i_{\mathrm{gq}+}^{+}$ 、 $i_{\mathrm{gd}-}^{-}$ 、 $i_{\mathrm{gq}-}^{-}$ 四个电流分量可供控制。

对于全功率型风机，网侧变换器除了能实现直流母线电压(平均有功功率)、平均无功功率的解耦控制功能外，亦可实现以下控制目标。

目标 I：输出三相对称的电流，即消除输出电流中的负序分量。

目标 II：输出恒定的有功功率，即消除输出有功功率的二倍频分量。

目标III：稳定的直流母线电压，即消除直流母线电压的二倍频波动。

目标IV：输出恒定的无功功率，即消除无功功率的二倍频分量。

针对不同的控制目标，运用所建立的不对称条件下网侧变换器数学模型，可获得不对称控制所需的不同网侧变换器电流参考指令值算法。

(1) 目标 I：输出三相对称的电流。对于全功率型风机，该目标即为 $i_{\mathrm{gd}-}^{-*}=0$ ， $i_{\mathrm{gq}-}^{-*}=0$ 。

(2) 目标 II：输出恒定的有功功率，即 $P_{\mathrm{gsin2}}=0$ ， $P_{\mathrm{gcos2}}=0$ 。根据式(4-30)可计算求得正、负序电流参考值为

$$\begin{bmatrix} i_{\mathrm{gd}+}^{+*} \\ i_{\mathrm{gq}+}^{+*} \\ i_{\mathrm{gd}-}^{-*} \\ i_{\mathrm{gq}-}^{-*} \end{bmatrix} = -\frac{2}{3}\begin{bmatrix} u_{\mathrm{gd}+}^{+} & u_{\mathrm{gq}+}^{+} & u_{\mathrm{gd}-}^{-} & u_{\mathrm{gq}-}^{-} \\ u_{\mathrm{gq}+}^{+} & -u_{\mathrm{gd}+}^{+} & u_{\mathrm{gq}-}^{-} & -u_{\mathrm{gd}-}^{-} \\ u_{\mathrm{gd}-}^{-} & u_{\mathrm{gq}-}^{-} & u_{\mathrm{gd}+}^{+} & u_{\mathrm{gq}+}^{+} \\ u_{\mathrm{gq}-}^{-} & -u_{\mathrm{gd}-}^{-} & -u_{\mathrm{gq}+}^{+} & u_{\mathrm{gd}+}^{+} \end{bmatrix}^{-1} \begin{bmatrix} P_{\mathrm{g0}} \\ P_{\mathrm{g0}} \\ 0 \\ 0 \end{bmatrix} \tag{4-73}$$

(3) 目标III：稳定的直流母线电压。直流母线电压的动态方程为

$$CV_{\mathrm{dc}}\frac{\mathrm{d}V_{\mathrm{dc}}}{\mathrm{d}t}=P_{\mathrm{M}}-P_{\mathrm{o}}=P_{\mathrm{M}}-P_{\mathrm{o0}}-P_{\mathrm{ocos2}}\cos\left(2\omega_{1}t\right)-P_{\mathrm{osin2}}\sin\left(2\omega_{1}t\right) \tag{4-74}$$

则实现该目标的一种方案是使全功率型风机机侧变换器启动主动调节，使输

入直流母线的机械功率 P_M 随输出功率的二倍频波动而波动；另一种方案是在不改变全功率型风机机侧变流器输入的功率，即在 P_M 中不含二倍频波动的前提下，通过网侧变换器电流指令的配合使输出有功功率的二倍频振荡为零，即对应有

$$P_{\text{ocos2}}=0 \tag{4-75}$$

$$P_{\text{osin2}}=0 \tag{4-76}$$

考虑到输入电阻 R_g 足够小，忽略其影响，则可得

$$\begin{bmatrix} P_{\text{o0}} \\ 0 \\ 0 \end{bmatrix}=\begin{bmatrix} P_M \\ P_{\text{gcos2}} \\ P_{\text{gsin2}} \end{bmatrix}-\begin{bmatrix} 0 \\ P_{\text{Xcos2}} \\ P_{\text{Xsin2}} \end{bmatrix} \tag{4-77}$$

式中

$$\begin{bmatrix} P_{\text{Xcos2}} \\ P_{\text{Xsin2}} \end{bmatrix}=3\omega_1 L_g\begin{bmatrix} i_{\text{gq+}}^{+} & -i_{\text{gd+}}^{+} \\ i_{\text{gd+}}^{+} & i_{\text{gq+}}^{+} \end{bmatrix}\begin{bmatrix} i_{\text{gd-}}^{-} \\ i_{\text{gq-}}^{-} \end{bmatrix} \tag{4-78}$$

将式(4-77)代入式(4-75)和式(4-76)，可得

$$P_{\text{gcos2}}=P_{\text{Xcos2}} \tag{4-79}$$

$$P_{\text{gsin2}}=P_{\text{Xsin2}} \tag{4-80}$$

于是，根据式(4-30)和式(4-33)可求得正、负序电流参考值为

$$\begin{bmatrix} i_{\text{gd+}}^{+*} \\ i_{\text{gq+}}^{+*} \\ i_{\text{gd-}}^{-*} \\ i_{\text{gq-}}^{-*} \end{bmatrix}=-\frac{2}{3}\begin{bmatrix} u_{\text{gd+}}^{+} & u_{\text{gq+}}^{+} & u_{\text{gd-}}^{-} & u_{\text{gq-}}^{-} \\ u_{\text{gq+}}^{+} & -u_{\text{gd+}}^{+} & u_{\text{gq-}}^{-} & -u_{\text{gd-}}^{-} \\ u_{\text{gd-}}^{-} & u_{\text{gq-}}^{-} & u_{\text{gd+}}^{+} & u_{\text{gq+}}^{+} \\ u_{\text{gq-}}^{-} & -u_{\text{gd-}}^{-} & -u_{\text{gq+}}^{+} & u_{\text{gd+}}^{+} \end{bmatrix}^{-1}\begin{bmatrix} P_{\text{g0}} \\ P_{\text{g0}} \\ P_{\text{Xcos2}} \\ P_{\text{Xsin2}} \end{bmatrix} \tag{4-81}$$

(4) 目标Ⅳ：输出恒定的无功功率。$Q_{\text{gcos2}}=0$，$Q_{\text{gsin2}}=0$。根据式(4-30)可算得正、负序电流参考值为

$$\begin{bmatrix} i_{\text{gd+}}^{+*} \\ i_{\text{gq+}}^{+*} \\ i_{\text{gd-}}^{-*} \\ i_{\text{gq-}}^{-*} \end{bmatrix}=-\frac{2}{3}\begin{bmatrix} u_{\text{gd+}}^{+} & u_{\text{gq+}}^{+} & u_{\text{gd-}}^{-} & u_{\text{gq-}}^{-} \\ u_{\text{gq+}}^{+} & -u_{\text{gd+}}^{+} & u_{\text{gq-}}^{-} & -u_{\text{gd-}}^{-} \\ u_{\text{gq-}}^{-} & -u_{\text{gd-}}^{-} & u_{\text{gq+}}^{+} & -u_{\text{gd+}}^{+} \\ -u_{\text{gd-}}^{-} & -u_{\text{gq-}}^{-} & u_{\text{gd+}}^{+} & u_{\text{gq+}}^{+} \end{bmatrix}^{-1}\begin{bmatrix} P_{\text{g0}} \\ Q_{\text{g0}} \\ 0 \\ 0 \end{bmatrix} \tag{4-82}$$

考虑双馈型风机拓扑，其网侧变换器有以下条件不同于全功率型风机的网侧变换器。

(1)定子电压与网侧变换器电压一致，即$\boldsymbol{U}_{\mathrm{gdq}}^{+}=\boldsymbol{U}_{\mathrm{sdq}}^{+}$，且在采用正序电网(定子)电压定向下，有$u_{\mathrm{gd+}}^{+}=u_{\mathrm{sd+}}^{+}$，$u_{\mathrm{gq+}}^{+}=u_{\mathrm{sq+}}^{+}=0$。

(2)输入直流母线的机械功率等于转子功率，即$P_{\mathrm{M}}=P_{\mathrm{r0}}+P_{\mathrm{rcos2}}\cos(2\omega_1 t)+P_{\mathrm{rsin2}}\sin(2\omega_1 t)$。

基于上述关系，双馈型风机的网侧变换器除了能实现直流母线电压(平均有功功率)、平均无功功率固有的独立解耦控制功能外，亦可实现以下控制目标之一[18-21]。

目标 1，使双馈型风机总输出电流三相对称，即消除总输出电流中的负序分量：

$$\begin{cases} i_{\mathrm{gd-}}^{-*}=-i_{\mathrm{sd-}}^{-} \\ i_{\mathrm{gq-}}^{-*}=-i_{\mathrm{sq-}}^{-} \end{cases} \tag{4-83}$$

目标 2，使双馈型风机总输出有功功率恒定，即消除总输出有功功率的二倍频分量：

$$P_{\mathrm{gsin2}}+P_{\mathrm{ssin2}}=0 \tag{4-84}$$

$$P_{\mathrm{gcos2}}+P_{\mathrm{scos2}}=0 \tag{4-85}$$

根据式(4-30)可计算求得正、负序电流参考值之间的关系为

$$\begin{cases} i_{\mathrm{gd-}}^{-*}=-\dfrac{2P_{\mathrm{scos2}}}{3u_{\mathrm{sd+}}^{+}}-k_{\mathrm{dd}}i_{\mathrm{gd+}}^{+*}-k_{\mathrm{qd}}i_{\mathrm{gq+}}^{+*} \\ i_{\mathrm{gq-}}^{-*}=-\dfrac{2P_{\mathrm{ssin2}}}{3u_{\mathrm{sd+}}^{+}}-k_{\mathrm{qd}}i_{\mathrm{gd+}}^{+*}+k_{\mathrm{dd}}i_{\mathrm{gq+}}^{+*} \end{cases} \tag{4-86}$$

目标 3，使直流母线电压恒定，将$P_{\mathrm{M}}=P_{\mathrm{r0}}+P_{\mathrm{rcos2}}\cos(2\omega_1 t)+P_{\mathrm{rsin2}}\sin(2\omega_1 t)$代入式(4-74)可解得

$$\begin{cases} i_{\mathrm{gd-}}^{-*}=-\dfrac{2(P_{\mathrm{scos2}}-P_{\mathrm{Xcos2}})}{3u_{\mathrm{sd+}}^{+}}-k_{\mathrm{dd}}i_{\mathrm{gd+}}^{+*}-k_{\mathrm{qd}}i_{\mathrm{gq+}}^{+*} \\ i_{\mathrm{gq-}}^{-*}=-\dfrac{2(P_{\mathrm{ssin2}}-P_{\mathrm{Xsin2}})}{3u_{\mathrm{sd+}}^{+}}-k_{\mathrm{qd}}i_{\mathrm{gd+}}^{+*}+k_{\mathrm{dd}}i_{\mathrm{gq+}}^{+*} \end{cases} \tag{4-87}$$

目标 4，使双馈型风机的输出无功功率恒定，即$Q_{\mathrm{scos2}}+Q_{\mathrm{gcos2}}=0$，$Q_{\mathrm{ssin2}}+Q_{\mathrm{gsin2}}=0$。根据式(4-30)可算得正、负序电流参考值间的关系为

$$i_{\mathrm{gd-}}^{-*} = k_{\mathrm{dd}} i_{\mathrm{gd+}}^{+*} + k_{\mathrm{qd}} i_{\mathrm{gq+}}^{+*} \tag{4-88}$$

$$i_{\mathrm{gq-}}^{-*} = k_{\mathrm{qd}} i_{\mathrm{gd+}}^{+*} - k_{\mathrm{dd}} i_{\mathrm{gq+}}^{+*} \tag{4-89}$$

4.4 基于正/反转同步速旋转坐标系中双 dq、PI 电流调节器的矢量控制

由以上分析可知，在电网不对称条件下设计的控制目标包含正序、负序等多个指令，第 3 章中基于理想电网电压条件设计的矢量控制已不能满足可控性要求。本章将介绍双馈型及全功率型风机中 PWM 变换器的一种典型矢量控制策略。

与对称电网电压条件下的双馈发电机建模过程相似，在设计电网不对称条件下双馈发电机电流控制器时仍可将网侧、转子侧变换器看成两个解耦的独立对象来分别讨论。

4.4.1 网侧变换器双 dq、PI 电流调节器的控制设计

基于正序 d$^+$轴定子（电网）电压定向，即 $u_{\mathrm{sd+}}^{+} = \left|\boldsymbol{U}_{\mathrm{sdq+}}^{+}\right|$，$u_{\mathrm{sq+}}^{+} = 0$，根据式(4-25)，可得电网不对称条件下正、反转同步速旋转 dq$^+$、dq$^-$坐标系中 dq 分量形式的网侧变换器交流侧正、负序电压表达式：

$$\begin{cases} v_{\mathrm{gd+}}^{+} = -\dfrac{\mathrm{d}i_{\mathrm{gd+}}^{+}}{\mathrm{d}t} - \left(R_{\mathrm{g}} i_{\mathrm{gd+}}^{+} - \omega_1 L_{\mathrm{g}} i_{\mathrm{gq+}}^{+}\right) + u_{\mathrm{sd+}}^{+} \\ v_{\mathrm{gq+}}^{+} = -\dfrac{\mathrm{d}i_{\mathrm{gq+}}^{+}}{\mathrm{d}t} - \left(R_{\mathrm{g}} i_{\mathrm{gq+}}^{+} + \omega_1 L_{\mathrm{g}} i_{\mathrm{gd+}}^{+}\right) \end{cases} \tag{4-90}$$

$$\begin{cases} v_{\mathrm{gd-}}^{-} = -\dfrac{\mathrm{d}i_{\mathrm{gd-}}^{-}}{\mathrm{d}t} - \left(R_{\mathrm{g}} i_{\mathrm{gd-}}^{-} + \omega_1 L_{\mathrm{g}} i_{\mathrm{gq-}}^{-}\right) + u_{\mathrm{sd-}}^{-} \\ v_{\mathrm{gq-}}^{-} = -\dfrac{\mathrm{d}i_{\mathrm{gq-}}^{-}}{\mathrm{d}t} - \left(R_{\mathrm{g}} i_{\mathrm{gq-}}^{-} - \omega_1 L_{\mathrm{g}} i_{\mathrm{gd-}}^{-}\right) + u_{\mathrm{sq-}}^{-} \end{cases} \tag{4-91}$$

与对称电网电压条件下同步速 ω_1 旋转 dq 坐标系中网侧变换器 dq 分量形式的交流侧电压表达式相比较不难发现，正转同步速旋转坐标系中的 d$^+$、q$^+$轴正序电流除受控制量 $v_{\mathrm{gd+}}^{+}$、$v_{\mathrm{gq+}}^{+}$ 的影响外，还受到正序电流交叉耦合项 $\omega_1 L_{\mathrm{g}} i_{\mathrm{gq+}}^{+}$、$\omega_1 L_{\mathrm{g}} i_{\mathrm{gd+}}^{+}$，电阻压降 $R_{\mathrm{g}} i_{\mathrm{gd+}}^{+}$、$R_{\mathrm{g}} i_{\mathrm{gq+}}^{+}$ 以及正序定子电压 $u_{\mathrm{sd+}}^{+}$ 的影响；同理，反转同步速旋转坐标系中的 d$^-$、q$^-$轴负序电流除受控制量 $v_{\mathrm{gd-}}^{-}$、$v_{\mathrm{gq-}}^{-}$ 的影响外，也受到负序电流交

叉耦合项 $\omega_1 L_g i_{gq-}^-$、$\omega_1 L_g i_{gd-}^-$，电阻压降 $R_g i_{gd-}^-$、$R_g i_{gq-}^-$ 以及负序电网电压 u_{sd-}^-、u_{sq-}^- 的影响；但是正、反转同步速旋转坐标系中的正、负序电流之间并不存在耦合关系，因此可以分别在正、反转同步速旋转坐标系中对正、负序电流分别实现独立调节。

参考网侧变换器输出电压参考值计算式，可获得正、反转同步速旋转坐标系中实现分别对正、负序电流的 d、q 轴解耦和消除电网电压扰动的矢量控制方法。引入积分环节以消除静差，可分别设计出正、负序电流控制器为

$$\begin{cases} v_{gd+}^{+\prime} = L_g \dfrac{\mathrm{d}i_{gd+}^{+}}{\mathrm{d}t} = L_g \dfrac{\mathrm{d}i_{gd+}^{+*}}{\mathrm{d}t} + k_{igp+}\left(i_{gd+}^{+*} - i_{gd+}^{+}\right) + k_{igi+}\displaystyle\int\left(i_{gd+}^{+*} - i_{gd+}^{+}\right)\mathrm{d}t \\ v_{gq+}^{+\prime} = L_g \dfrac{\mathrm{d}i_{gq+}^{+}}{\mathrm{d}t} = L_g \dfrac{\mathrm{d}i_{gq+}^{+*}}{\mathrm{d}t} + k_{igp+}\left(i_{gq+}^{+*} - i_{gq+}^{+}\right) + k_{igi+}\displaystyle\int\left(i_{gq+}^{+*} - i_{gq+}^{+}\right)\mathrm{d}t \end{cases} \tag{4-92}$$

$$\begin{cases} v_{gd-}^{-\prime} = L_g \dfrac{\mathrm{d}i_{gd-}^{-}}{\mathrm{d}t} = L_g \dfrac{\mathrm{d}i_{gd-}^{-*}}{\mathrm{d}t} + k_{igp-}\left(i_{gd-}^{-*} - i_{gd-}^{-}\right) + k_{igi-}\displaystyle\int\left(i_{gd-}^{-*} - i_{gd-}^{-}\right)\mathrm{d}t \\ v_{gq-}^{-\prime} = L_g \dfrac{\mathrm{d}i_{gq-}^{-}}{\mathrm{d}t} = L_g \dfrac{\mathrm{d}i_{gq-}^{-*}}{\mathrm{d}t} + k_{igp-}\left(i_{gq-}^{-*} - i_{gq-}^{-}\right) + k_{igi-}\displaystyle\int\left(i_{gq-}^{-*} - i_{gq-}^{-}\right)\mathrm{d}t \end{cases} \tag{4-93}$$

式中，i_{gd+}^{+*}、i_{gq+}^{+*} 分别为正转同步速旋转坐标系中 d^+、q^+轴正序电流参考值；k_{igp+}、k_{igi+}分别为正序电流控制器的比例、积分系数；i_{gd-}^{-*}、i_{gq-}^{-*} 分别为反转同步速旋转坐标系中 d^-、q^-轴负序电流参考值，上述指令均为直流量；k_{igp-}、k_{igi-}分别为负序电流控制器的比例、积分系数。

式(4-92)、式(4-93)所示实际是正、负序电流 PI 控制器的输出电压，代入式(4-90)和式(4-91)可得网侧变换器交流侧正、负序电压参考值，分别为

$$\begin{cases} v_{gd+}^{+*} = -v_{gd+}^{+\prime} - \left(R_g i_{gd+}^{+} - \omega_1 L_g i_{gq+}^{+}\right) + u_{sd+}^{+} \\ v_{gq+}^{+*} = -v_{gq+}^{+\prime} - \left(R_g i_{gq+}^{+} + \omega_1 L_g i_{gd+}^{+}\right) \end{cases} \tag{4-94}$$

$$\begin{cases} v_{gd-}^{-*} = -v_{gd-}^{-\prime} - \left(R_g i_{gd-}^{-} + \omega_1 L_g i_{gq-}^{-}\right) + u_{sd-}^{-} \\ v_{gq-}^{-*} = -v_{gq-}^{-\prime} - \left(R_g i_{gq-}^{-} - \omega_1 L_g i_{gd-}^{-}\right) + u_{sq-}^{-} \end{cases} \tag{4-95}$$

式(4-94)和式(4-95)表明，由于引入了正、负序电流状态反馈量 $\omega_1 L_g i_{gd+}^+$、$\omega_1 L_g i_{gq+}^+$ 和 $\omega_1 L_g i_{gd-}^-$、$\omega_1 L_g i_{gq-}^-$ 来实现解耦，同时又引入电网扰动项正、负序电压 u_{sd+}^+、u_{sd-}^- 和 u_{sq-}^-，以及电阻压降 $R_g i_{gd+}^+$、$R_g i_{gq+}^+$ 和 $R_g i_{gd-}^-$、$R_g i_{gq-}^-$ 来进行前馈补偿，从而分别在正、反转同步速 ω_1、$-\omega_1$ 旋转坐标系中实现了正、负序电流的独

立、解耦控制。

由式(4-94)和式(4-95)可得两相静止αβ坐标系中包括正、负序成分在内的网侧变换器交流侧控制电压参考值为

$$\boldsymbol{V}_{\mathrm{g\alpha\beta}}^{*} = \boldsymbol{V}_{\mathrm{gdq+}}^{+*}\mathrm{e}^{\mathrm{j}\theta_1} + \boldsymbol{V}_{\mathrm{gdq-}}^{-*}\mathrm{e}^{-\mathrm{j}\theta_1} \tag{4-96}$$

式中，$\boldsymbol{V}_{\mathrm{g\alpha\beta}}^{*} = v_{\mathrm{g\alpha}}^{*} + \mathrm{j}v_{\mathrm{g\beta}}^{*}$；$\boldsymbol{V}_{\mathrm{gdq+}}^{+*} = v_{\mathrm{gd+}}^{+*} + \mathrm{j}v_{\mathrm{gq+}}^{+*}$；$\boldsymbol{V}_{\mathrm{gdq-}}^{-*} = v_{\mathrm{gd-}}^{-*} + \mathrm{j}v_{\mathrm{gq-}}^{-*}$。

一旦获得两相静止αβ坐标系中的正、负序控制电压参考值，即可通过空间矢量脉宽调制(SVPWM)来获得网侧变换器所需开关信号以实现对功率开关器件的导、断控制。

直流母线环节控制器设计可参考第3章中对称电网电压条件下基于d轴电网电压定向的网侧变换器直流电压、电流双闭环控制框图。这样，根据式(4-94)和式(4-95)可设计出如图4-5(a)所示的基于正序d^+轴电网电压定向的网侧变换器双dq、PI电流控制系统(适用于双馈型风机及全功率型风机)。网侧变换器主要功能是对直流母线电压进行连续控制，所以平均有功功率的参考值可由直流电压调节环节获取，如图4-5(a)所示；再根据所需的平均无功功率参考值和选择的既定控制目标，按照式(4-83)～式(4-88)计算出正、负序电流参考值$\boldsymbol{I}_{\mathrm{gdq+}}^{+*}$和$\boldsymbol{I}_{\mathrm{gdq-}}^{-*}$。从式(4-92)和式(4-93)不难看出，由于是在正、反转同步速旋转坐标系中分别对正、负序电流完成独立调节，因而必须获得相应分量电流的反馈值，即必须对三相采样电流实施正、负序分量的分解和提取。此外，计算正、负序分量电流参考值时亦需用到电网电压的正、负序分量，故控制实施中三相电压、电流的正、负相序分解必不可少。

三相电磁量的正、负序分解方法很多，工程实用中应用较广的是陷波器技术[22]，其分解过程如图4-5(a)所示，即先将三相电压、电流在正、反转同步速旋转坐标系进行变换，由式(4-17)和式(4-18)可知，正序分量在正转同步速旋转坐标系中、负序分量在反转同步速旋转坐标系中表现为直流量，而正序分量在反转同步速旋转坐标系中、负序分量在正转同步速旋转坐标系中表现为二倍频的交流量，所以通过两阶带阻滤波器(陷波器)即可将其中的二倍频分量剔除干净以获取相应正、负序直流成分，即$\boldsymbol{U}_{\mathrm{sdq+}}^{+}$、$\boldsymbol{U}_{\mathrm{sdq-}}^{-}$、$\boldsymbol{I}_{\mathrm{gdq+}}^{+}$和$\boldsymbol{I}_{\mathrm{gdq-}}^{-}$。

两阶陷波器的连续域表达式为

$$F_{\mathrm{notch}}(s) = \frac{s^2 + \omega_0^2}{s^2 + 2\xi\omega_0 s + \omega_0^2} \tag{4-97}$$

式中，$\omega_0 = 2\omega_1 = 200\pi\ \mathrm{rad/s}$为截止频率；$\xi$为衰减系数。实际工程中，考虑到滤波效果和控制稳定性，取$\xi = 0.707$。

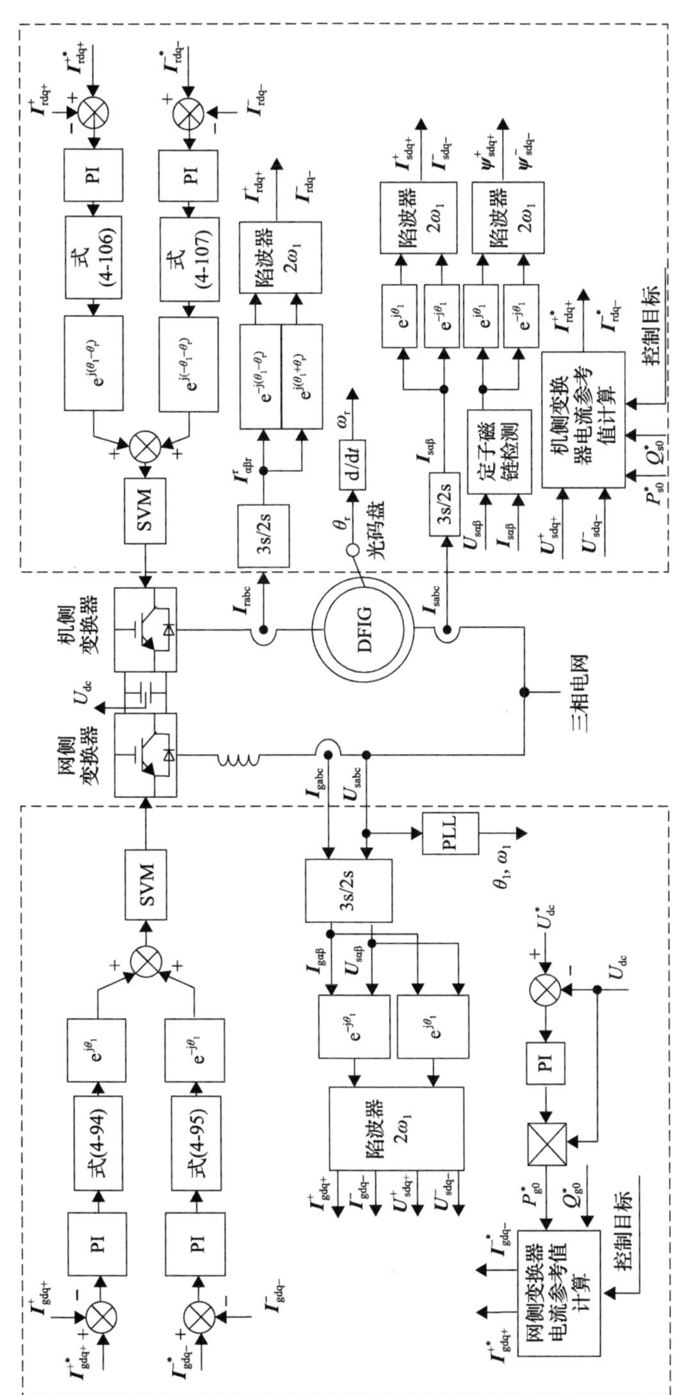

(a) 网侧变换器的双dq、PI控制系统

(b) 机侧变换器的双dq、PI控制系统

图4-5　电网不对称条件下基于正序d^+轴电网电压定向的双馈发电机励磁用网侧、机侧变换器双dq、PI电流控制原理框图

此外，电网不对称时还需准确获取正序电网电压的相位和频率，以完成精确的旋转坐标变换和控制定向，如图 4-5(a)所示。对此，采用了如图 4-6 所示的改进锁相环(详见 4.7 节)，即在传统的锁相环中嵌入一个截止频率为 100Hz 的两阶陷波器以滤出负序电压的影响。

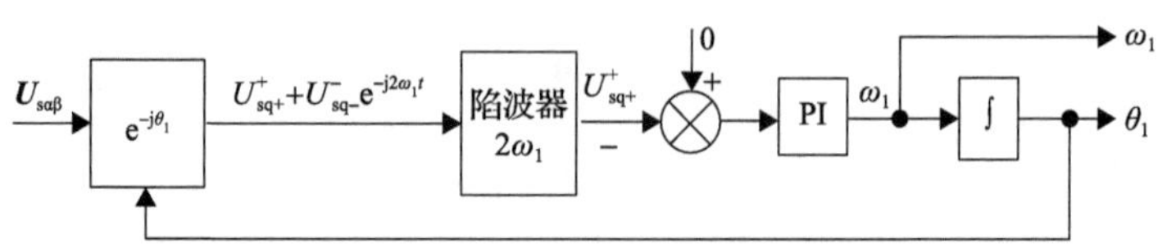

图 4-6 改进的锁相环结构原理图

4.4.2 双馈型风机机侧变换器双 dq、PI 电流调节器的控制设计

根据正、反转同步速旋转 dq^+、dq^-坐标系中采用正、负序分量表示的双馈发电机电压、磁链方程式(4-40)～式(4-43)，可得正转同步速旋转坐标系中定、转子正序磁链的表达：

$$\frac{d\boldsymbol{\psi}^+_{sdq+}}{dt}=\boldsymbol{U}^+_{sdq+}-R_s\boldsymbol{I}^+_{sdq+}-j\omega_1\boldsymbol{\psi}^+_{sdq+} \tag{4-98}$$

$$\boldsymbol{\psi}^+_{rdq+}=\frac{L_m}{L_s}\boldsymbol{\psi}^+_{sdq+}+\left(1-\frac{L_m^2}{L_sL_r}\right)L_r\boldsymbol{I}^+_{rdq+}=\frac{L_m}{L_s}\boldsymbol{\psi}^+_{sdq+}+\sigma L_r\boldsymbol{I}^+_{rdq+} \tag{4-99}$$

在正序 d^+轴电网电压定向的基准下，有 $u^+_{sd+}=\left|\boldsymbol{U}^+_{sdq+}\right|$，$u^+_{sq+}=0$，将式(4-98)和式(4-99)代入式(4-40)，可得电网不对称时正转同步速旋转 dq^+坐标系中 dq 分量形式的双馈发电机转子正序电压方程：

$$\begin{cases}u^+_{rd+}=\sigma L_r\dfrac{di^+_{rd+}}{dt}+R_ri^+_{rd+}-\omega_{slip+}\sigma L_ri^+_{rq+}+\dfrac{L_m}{L_s}\left(u^+_{sd+}-R_si^+_{sd+}+\omega_r\psi^+_{sd+}\right)\\ u^+_{rq+}=\sigma L_r\dfrac{di^+_{rq+}}{dt}+R_ri^+_{rq+}+\omega_{slip+}\sigma L_ri^+_{rd+}+\dfrac{L_m}{L_s}\left(-R_si^+_{sq+}-\omega_r\psi^+_{sq+}\right)\end{cases} \tag{4-100}$$

同样可得反转同步速旋转 dq^-坐标系中 dq 分量形式的转子负序电压方程为

$$\begin{cases}u^-_{rd-}=\sigma L_r\dfrac{di^-_{rd-}}{dt}+R_ri^-_{rd-}-\omega_{slip-}\sigma L_ri^-_{rq-}+\dfrac{L_m}{L_s}\left(u^-_{sd-}-R_si^-_{sd-}+\omega_r\psi^-_{sq-}\right)\\ u^-_{rq-}=\sigma L_r\dfrac{di^-_{rq-}}{dt}+R_ri^-_{rq-}+\omega_{slip-}\sigma L_ri^-_{rd-}+\dfrac{L_m}{L_s}\left(u^-_{sq-}-R_si^-_{sq-}-\omega_r\psi^-_{sd-}\right)\end{cases} \tag{4-101}$$

正、反转同步速旋转坐标系中转子电流正、负序分量之间也已解除耦合关系，因此可以分别在正、反转同步速旋转坐标系中对正、负序转子电流进行独立的跟踪、调节。引入中间变量：

$$\begin{cases} u_{\mathrm{rd}+}^{+\prime} = \sigma L_{\mathrm{r}} \dfrac{\mathrm{d}i_{\mathrm{rd}+}^{+}}{\mathrm{d}t} \\ u_{\mathrm{rq}+}^{+\prime} = \sigma L_{\mathrm{r}} \dfrac{\mathrm{d}i_{\mathrm{rq}+}^{+}}{\mathrm{d}t} \end{cases} \tag{4-102}$$

$$\begin{cases} u_{\mathrm{rd}-}^{-\prime} = \sigma L_{\mathrm{r}} \dfrac{\mathrm{d}i_{\mathrm{rd}-}^{-}}{\mathrm{d}t} \\ u_{\mathrm{rq}-}^{-\prime} = \sigma L_{\mathrm{r}} \dfrac{\mathrm{d}i_{\mathrm{rq}-}^{-}}{\mathrm{d}t} \end{cases} \tag{4-103}$$

为了消除静差，根据式(4-102)和式(4-103)引入积分环节可设计出正、反转同步速旋转坐标系中转子正、负序电流的 PI 控制器，即

$$\begin{cases} u_{\mathrm{rd}+}^{+\prime} = \sigma L_{\mathrm{r}} \dfrac{\mathrm{d}i_{\mathrm{rd}+}^{+}}{\mathrm{d}t} = \sigma L_{\mathrm{r}} \dfrac{\mathrm{d}i_{\mathrm{rd}+}^{+*}}{\mathrm{d}t} + k_{\mathrm{irp}+}\left(i_{\mathrm{rd}+}^{+*} - i_{\mathrm{rd}+}^{+}\right) + k_{\mathrm{iri}+}\displaystyle\int\left(i_{\mathrm{rd}+}^{+*} - i_{\mathrm{rd}+}^{+}\right)\mathrm{d}t \\ u_{\mathrm{rq}+}^{+\prime} = \sigma L_{\mathrm{r}} \dfrac{\mathrm{d}i_{\mathrm{rq}+}^{+}}{\mathrm{d}t} = \sigma L_{\mathrm{r}} \dfrac{\mathrm{d}i_{\mathrm{rq}+}^{+*}}{\mathrm{d}t} + k_{\mathrm{irp}+}\left(i_{\mathrm{rq}+}^{+*} - i_{\mathrm{rq}+}^{+}\right) + k_{\mathrm{iri}+}\displaystyle\int\left(i_{\mathrm{rq}+}^{+*} - i_{\mathrm{rq}+}^{+}\right)\mathrm{d}t \end{cases} \tag{4-104}$$

$$\begin{cases} u_{\mathrm{rd}-}^{-\prime} = \sigma L_{\mathrm{r}} \dfrac{\mathrm{d}i_{\mathrm{rd}-}^{-}}{\mathrm{d}t} = \sigma L_{\mathrm{r}} \dfrac{\mathrm{d}i_{\mathrm{rd}-}^{-*}}{\mathrm{d}t} + k_{\mathrm{irp}-}\left(i_{\mathrm{rd}-}^{-*} - i_{\mathrm{rd}-}^{-}\right) + k_{\mathrm{iri}-}\displaystyle\int\left(i_{\mathrm{rd}-}^{-*} - i_{\mathrm{rd}-}^{-}\right)\mathrm{d}t \\ u_{\mathrm{rq}-}^{-\prime} = \sigma L_{\mathrm{r}} \dfrac{\mathrm{d}i_{\mathrm{rq}-}^{-}}{\mathrm{d}t} = \sigma L_{\mathrm{r}} \dfrac{\mathrm{d}i_{\mathrm{rq}-}^{-*}}{\mathrm{d}t} + k_{\mathrm{irp}-}\left(i_{\mathrm{rq}-}^{-*} - i_{\mathrm{rq}-}^{-}\right) + k_{\mathrm{iri}-}\displaystyle\int\left(i_{\mathrm{rq}-}^{-*} - i_{\mathrm{rq}-}^{-}\right)\mathrm{d}t \end{cases} \tag{4-105}$$

其中，$i_{\mathrm{rd}+}^{+*}$ 、$i_{\mathrm{rq}+}^{+*}$ 分别为正转同步速旋转坐标系中 d^{+}、q^{+}轴转子正序电流指令，$i_{\mathrm{rd}-}^{-*}$、$i_{\mathrm{rq}-}^{-*}$ 分别为反转同步速旋转坐标系中 d^{-}、q^{-}轴转子负序电流指令，它们可由式(4-57)～式(4-72)计算求得，均为直流量；$k_{\mathrm{irp}+}$、$k_{\mathrm{iri}+}$分别为转子正序电流 PI 控制器的比例、积分系数；$k_{\mathrm{irp}-}$、$k_{\mathrm{iri}-}$分别为转子负序电流 PI 控制器的比例、积分系数。

实际上式(4-104)和式(4-105)分别给出了转子正、负序电流 PI 控制器的输出电压，将其代入式(4-100)和式(4-101)后，可得转子侧变换器输出电压的正、负序分量参考值，即

$$\begin{cases} u_{\mathrm{rd}+}^{+*} = u_{\mathrm{rd}+}^{+\prime} + R_{\mathrm{r}} i_{\mathrm{rd}+}^{+} - \omega_{\mathrm{slip}+}\sigma L_{\mathrm{r}} i_{\mathrm{rq}+}^{+} + \dfrac{L_{\mathrm{m}}}{L_{\mathrm{s}}}\left(u_{\mathrm{sd}+}^{+} - R_{\mathrm{s}} i_{\mathrm{sd}+}^{+} + \omega_{\mathrm{r}}\psi_{\mathrm{sd}+}^{+}\right) \\ u_{\mathrm{rq}+}^{+*} = u_{\mathrm{rq}+}^{+\prime} + R_{\mathrm{r}} i_{\mathrm{rq}+}^{+} + \omega_{\mathrm{slip}+}\sigma L_{\mathrm{r}} i_{\mathrm{rd}+}^{+} + \dfrac{L_{\mathrm{m}}}{L_{\mathrm{s}}}\left(-R_{\mathrm{s}} i_{\mathrm{sq}+}^{+} - \omega_{\mathrm{r}}\psi_{\mathrm{sq}+}^{+}\right) \end{cases} \tag{4-106}$$

$$\begin{cases} u_{\text{rd}-}^{-*} = u_{\text{rd}-}^{-\prime} + R_{\text{r}} i_{\text{rd}-}^{-} - \omega_{\text{slip}-} \sigma L_{\text{r}} i_{\text{rq}-}^{-} + \dfrac{L_{\text{m}}}{L_{\text{s}}} \left(u_{\text{sd}-}^{-} - R_{\text{s}} i_{\text{sd}-}^{-} + \omega_{\text{r}} \psi_{\text{sq}-}^{-} \right) \\ u_{\text{rq}-}^{-*} = u_{\text{rq}-}^{-\prime} + R_{\text{r}} i_{\text{rq}-}^{-} + \omega_{\text{slip}-} \sigma L_{\text{r}} i_{\text{rd}-}^{-} + \dfrac{L_{\text{m}}}{L_{\text{s}}} \left(u_{\text{sq}-}^{-} - R_{\text{s}} i_{\text{sq}-}^{-} - \omega_{\text{r}} \psi_{\text{sd}-}^{-} \right) \end{cases} \tag{4-107}$$

综合式(4-106)和式(4-107)，可导出两相转子转速 ω_{r} 旋转 $(\alpha\beta)_{\text{r}}$ 坐标系中包括正、负序成分在内的矢量形式的转子侧变换器的输出电压参考值：

$$\boldsymbol{U}_{\text{r}\alpha\beta}^{\text{r}*} = \boldsymbol{U}_{\text{rdq}+}^{+*} \text{e}^{\text{j}(\theta_1 - \theta_{\text{r}})} + \boldsymbol{U}_{\text{rdq}-}^{-*} \text{e}^{-\text{j}(\theta_1 + \theta_{\text{r}})} \tag{4-108}$$

式中，$\boldsymbol{U}_{\text{r}\alpha\beta}^{\text{r}*} = u_{\text{r}\alpha}^{\text{r}*} + \text{j} u_{\text{r}\beta}^{\text{r}*}$；$\boldsymbol{U}_{\text{rdq}+}^{+*} = u_{\text{rd}+}^{+*} + \text{j} u_{\text{rq}+}^{+*}$，$\boldsymbol{U}_{\text{rdq}-}^{-*} = u_{\text{rd}-}^{-*} + \text{j} u_{\text{rq}-}^{-*}$；上标 r 表示以转子转速 ω_{r} 旋转 $(\alpha\beta)_{\text{r}}$ 坐标系。

根据式(4-106)～式(4-108)，同样可设计出电网不对称条件下，基于正序 d^+ 轴定子电压定向的双馈发电机机侧变换器用双 dq、PI 电流控制原理框图，如图 4-5(b)所示。根据既定的定子平均有功、无功功率参考值和所选定的机侧变换器控制目标，由图 4-5(b)还可获取相应转子正、负序电流的参考值。同样，采用两阶陷波器技术可实现定子磁链、电流及转子电流的正、负序分解与提取。

4.5　基于正转同步速旋转坐标系中比例积分谐振电流调节器的矢量控制

如 4.2 节所述，电网不对称时正转同步速旋转坐标系中转子电流包含正序直流分量和负序 100Hz 交流成分；而根据第 3 章的网侧、转子侧变换器控制策略不难发现，按理想对称电网条件下设计的比例积分(PI)电流调节器已经无法适用于同步速旋转 dq 坐标系中对正、负序电流的精确控制，其根本原因是所用 PI 电流调节器只能对直流量实现无静差调节，不能对 100Hz 交流量的调节提供足够的幅值和相位增益，如图 4-7 所示。考虑到广义积分器能够对交流量实现无穷大增益控制，可以考虑在比例积分电流调节器的基础上加入一个 100Hz 的谐振调节器，以期在 100Hz 频率点上也获得有效的幅值和相位增益，实现对网侧、转子侧变换器正、负序电流的精确跟踪与统一控制。这就是正转同步速旋转坐标系中的比例积分谐振(PI-R)电流调节器控制[21]思想。

4.5.1　网侧变换器 PI-R 电流调节器的控制设计

根据式(4-89)可得不对称电网电压条件下、正转同步速旋转 dq^+坐标系中包括正、负序分量在内的网侧变换器的微分形式的电流表达式：

$$\frac{\mathrm{d}\boldsymbol{I}_{\mathrm{gdq}}^{+}}{\mathrm{d}t}=\frac{1}{L_{\mathrm{g}}}\left[\boldsymbol{U}_{\mathrm{gdq}}^{+}-\left(R_{\mathrm{g}}+\mathrm{j}\omega_{1}L_{\mathrm{g}}\right)\boldsymbol{I}_{\mathrm{gdq}}^{+}-\boldsymbol{V}_{\mathrm{gdq}}^{+*}\right] \tag{4-109}$$

式中，$\boldsymbol{V}_{\mathrm{gdq}}^{+*}$ 为正转同步速旋转坐标系中网侧变换器用 PI-R 电流调节器输出的控制电压参考值。

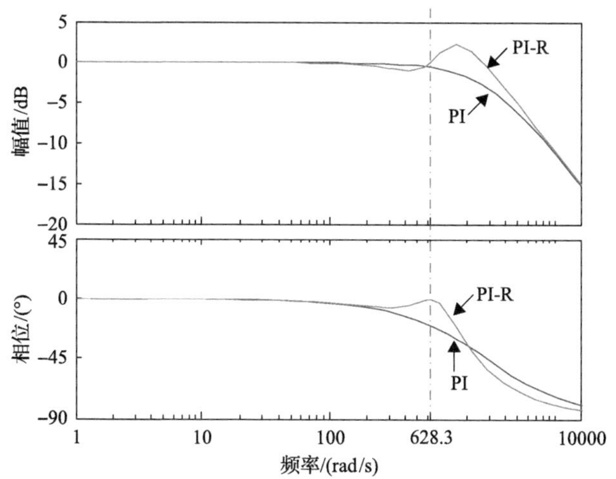

图 4-7　PI 电流调节器和 PI-R 电流调节器的开环伯德图

在不引入任何正、负序电流分解处理的条件下，$\boldsymbol{V}_{\mathrm{gdq}}^{+*}$ 可通过 PI-R 电流调节器设计为

$$\boldsymbol{V}_{\mathrm{gdq}}^{+*}=-L_{\mathrm{g}}\boldsymbol{V}_{\mathrm{gdq}}^{+\prime}-\left(R_{\mathrm{g}}+\mathrm{j}\omega_{1}L_{\mathrm{g}}\right)\boldsymbol{I}_{\mathrm{gdq}}^{+}+\boldsymbol{U}_{\mathrm{gdq}}^{+} \tag{4-110}$$

式中

$$\boldsymbol{V}_{\mathrm{gdq}}^{+\prime}=\left(k_{\mathrm{igp}}+\frac{k_{\mathrm{igi}}}{s}+\frac{\omega_{\mathrm{igc1}}k_{\mathrm{igr}}s}{s^{2}+2\omega_{\mathrm{igc1}}s+4\omega_{1}^{2}}\right)\left(\boldsymbol{I}_{\mathrm{gdq}}^{+*}-\boldsymbol{I}_{\mathrm{gdq}}^{+}\right) \tag{4-111}$$

式中，k_{igp}、k_{igi} 和 k_{igr} 分别为网侧变换器 PI-R 电流调节器的比例、积分和谐振系数；ω_{igc1} 为其中谐振电流调节器的衰减系数。

将式(4-110)和式(4-111)分解为正转同步速旋转 dq$^+$坐标系中的 d$^+$、q$^+$轴分量形式，有

$$\begin{cases} v_{\mathrm{gd}}^{+*}=-L_{\mathrm{g}}v_{\mathrm{gd}}^{+\prime}-R_{\mathrm{g}}i_{\mathrm{gd}}^{+}+\omega_{1}L_{\mathrm{g}}i_{\mathrm{gq}}^{+}+u_{\mathrm{gd}}^{+} \\ v_{\mathrm{gq}}^{+*}=-L_{\mathrm{g}}v_{\mathrm{gq}}^{+\prime}-R_{\mathrm{g}}i_{\mathrm{gq}}^{+}-\omega_{1}L_{\mathrm{g}}i_{\mathrm{gd}}^{+}+u_{\mathrm{gq}}^{+} \end{cases} \tag{4-112}$$

$$\begin{cases} v_{\mathrm{gd}}^{+\prime} = \left(k_{\mathrm{igp}} + \dfrac{k_{\mathrm{igi}}}{s} + \dfrac{\omega_{\mathrm{igc1}} k_{\mathrm{igr}} s}{s^2 + 2\omega_{\mathrm{igc1}} s + 4\omega_1^2} \right) \left(i_{\mathrm{gd}}^{+*} - i_{\mathrm{gd}}^{+} \right) \\ v_{\mathrm{gq}}^{+\prime} = \left(k_{\mathrm{igp}} + \dfrac{k_{\mathrm{igi}}}{s} + \dfrac{\omega_{\mathrm{igc1}} k_{\mathrm{igr}} s}{s^2 + 2\omega_{\mathrm{igc1}} s + 4\omega_1^2} \right) \left(i_{\mathrm{gq}}^{+*} - i_{\mathrm{gq}}^{+} \right) \end{cases} \tag{4-113}$$

再由式(4-112)可得两相静止αβ坐标系中网侧变换器输出电压参考值:

$$\boldsymbol{V}_{\mathrm{g\alpha\beta}}^{*} = \boldsymbol{V}_{\mathrm{gdq}}^{+*} \mathrm{e}^{\mathrm{j}\theta_1} \tag{4-114}$$

式中，$\boldsymbol{V}_{\mathrm{g\alpha\beta}}^{*} = v_{\mathrm{g\alpha}}^{*} + \mathrm{j} v_{\mathrm{g\beta}}^{*}$。

于是根据式(4-112)～式(4-114)，可设计出不对称电网电压条件下网侧变换器的 PI-R 电流控制系统，如图 4-8(a)所示。由于 PI-R 电流调节器对网侧正、负序电流实施统一调节，故也必须将网侧三相电流转换到正转同步速旋转坐标系中以作为 PI-R 电流调节器的反馈量。此外还需根据给定控制目标计算出正、负序电流参考值，转化至正转同步速旋转 dq^+坐标系后作为 PI-R 电流调节器的参考值。

4.5.2 机侧变换器 PI-R 电流调节器的控制设计

根据式(4-100)可得电网不对称条件下，正转同步速旋转坐标系中包括正、负序分量在内的转子电流微分方程:

$$\frac{\mathrm{d}\boldsymbol{I}_{\mathrm{rdq}}^{+}}{\mathrm{d}t} = \frac{1}{\sigma L_{\mathrm{r}}} \boldsymbol{U}_{\mathrm{rdq}}^{+*} - \frac{1}{\sigma L_{\mathrm{r}}} \left[\left(\mathrm{j}\omega_{\mathrm{slip+}} \sigma L_{\mathrm{r}} + R_{\mathrm{r}} \right) \boldsymbol{I}_{\mathrm{rdq}}^{+} + \frac{L_{\mathrm{m}}}{L_{\mathrm{s}}} \left(\boldsymbol{U}_{\mathrm{sdq}}^{+} - R_{\mathrm{s}} \boldsymbol{I}_{\mathrm{sdq}}^{+} - \mathrm{j}\omega_{\mathrm{r}} \boldsymbol{\psi}_{\mathrm{sdq}}^{+} \right) \right] \tag{4-115}$$

式中，$\boldsymbol{U}_{\mathrm{rdq}}^{+*}$ 为正转同步速 ω_1 旋转 dq^+坐标系中转子侧变换器的 PI-R 电流调节器输出控制电压参考值。

在不进行任何转子电流相序分解的条件下，可按转子 PI-R 电流调节器来设计 $\boldsymbol{U}_{\mathrm{rdq}}^{+*}$，即

$$\boldsymbol{U}_{\mathrm{rdq}}^{+*} = \sigma L_{\mathrm{r}} \boldsymbol{U}_{\mathrm{rdq}}^{+\prime} + \left(\mathrm{j}\omega_{\mathrm{slip+}} \sigma L_{\mathrm{r}} + R_{\mathrm{r}} \right) \boldsymbol{I}_{\mathrm{rdq}}^{+} + \frac{L_{\mathrm{m}}}{L_{\mathrm{s}}} \left(\boldsymbol{U}_{\mathrm{sdq}}^{+} - R_{\mathrm{s}} \boldsymbol{I}_{\mathrm{sdq}}^{+} - \mathrm{j}\omega_{\mathrm{r}} \boldsymbol{\psi}_{\mathrm{sdq}}^{+} \right) \tag{4-116}$$

式中

$$\boldsymbol{U}_{\mathrm{rdq}}^{+\prime} = \left(k_{\mathrm{irp}} + \frac{k_{\mathrm{iri}}}{s} + \frac{\omega_{\mathrm{irc1}} k_{\mathrm{irr}} s}{s^2 + 2\omega_{\mathrm{irc1}} s + 4\omega_1^2} \right) \left(\boldsymbol{I}_{\mathrm{rdq}}^{+*} - \boldsymbol{I}_{\mathrm{rdq}}^{+} \right) \tag{4-117}$$

其中，k_{irp}、k_{iri} 和 k_{irr} 分别为机侧变换器 PI-R 电流调节器的比例、积分和谐振系数；ω_{irc1} 为其中谐振电流调节器的衰减系数。

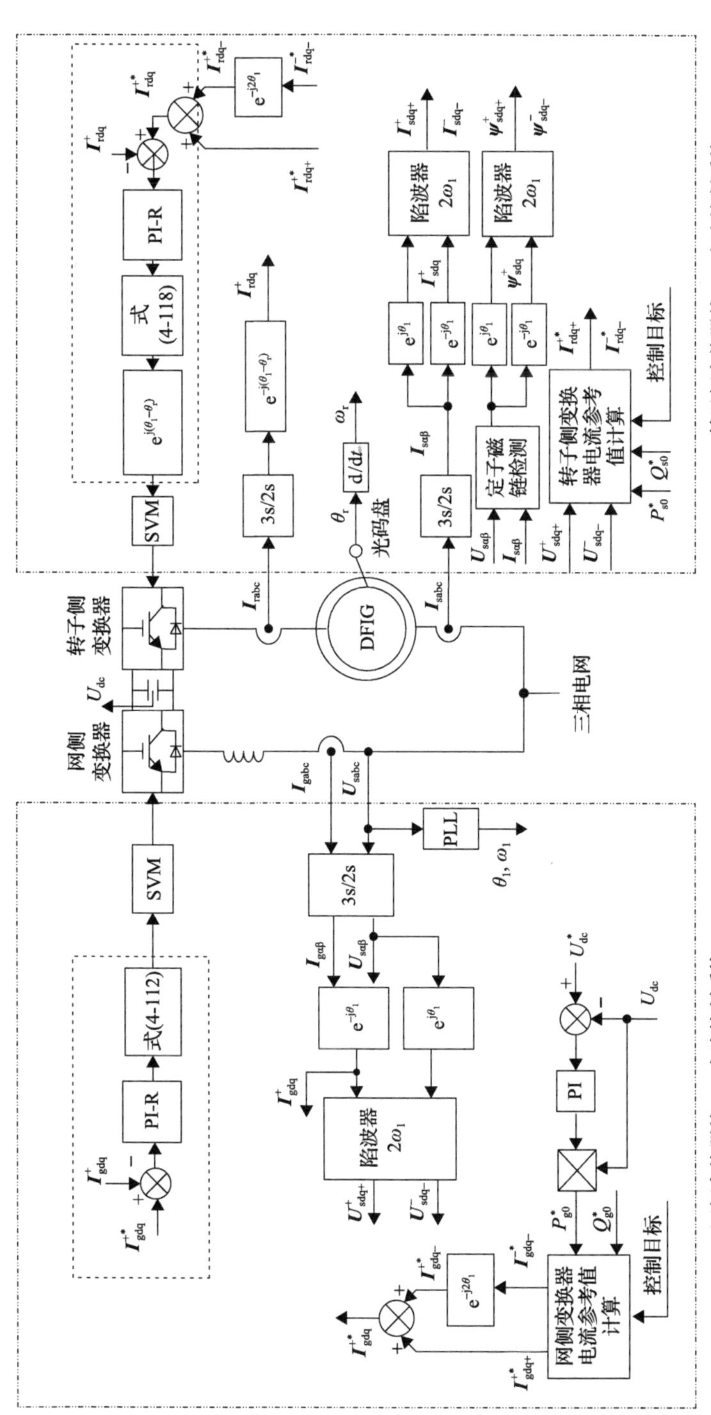

(a) 网侧变换器的PI-R电流控制系统

(b) 转子侧变换器的PI-R电流控制系统

图4-8　电网不对称条件下双馈发电机励磁用网侧、转子侧变换器PI-R电流控制原理框图

将式(4-116)、式(4-117)分解为正转同步速旋转 dq$^+$坐标系中的 dq 分量形式，有

$$\begin{cases} u_{\mathrm{rd}}^{+*} = \sigma L_{\mathrm{r}} u_{\mathrm{rd}}^{+\prime} + R_{\mathrm{r}} i_{\mathrm{rd}}^{+} - \omega_{\mathrm{slip+}} \sigma L_{\mathrm{r}} i_{\mathrm{rq}}^{+} + \dfrac{L_{\mathrm{m}}}{L_{\mathrm{s}}}\left(u_{\mathrm{sd}}^{+} - R_{\mathrm{s}} i_{\mathrm{sd}}^{+} + \omega_{\mathrm{r}} \psi_{\mathrm{sq}}^{+}\right) \\ u_{\mathrm{rq}}^{+*} = \sigma L_{\mathrm{r}} u_{\mathrm{rq}}^{+\prime} + R_{\mathrm{r}} i_{\mathrm{rq}}^{+} + \omega_{\mathrm{slip+}} \sigma L_{\mathrm{r}} i_{\mathrm{rd}}^{+} + \dfrac{L_{\mathrm{m}}}{L_{\mathrm{s}}}\left(u_{\mathrm{sq}}^{+} - R_{\mathrm{s}} i_{\mathrm{sq}}^{+} - \omega_{\mathrm{r}} \psi_{\mathrm{sd}}^{+}\right) \end{cases} \tag{4-118}$$

$$\begin{cases} u_{\mathrm{rd}}^{+\prime} = \left(k_{\mathrm{irp}} + \dfrac{k_{\mathrm{iri}}}{s} + \dfrac{\omega_{\mathrm{irc1}} k_{\mathrm{irr}} s}{s^2 + 2\omega_{\mathrm{irc1}} s + 4\omega_1^2}\right)\left(i_{\mathrm{rd}}^{+*} - i_{\mathrm{rd}}^{+}\right) \\ u_{\mathrm{rq}}^{+\prime} = \left(k_{\mathrm{irp}} + \dfrac{k_{\mathrm{iri}}}{s} + \dfrac{\omega_{\mathrm{irc1}} k_{\mathrm{irr}} s}{s^2 + 2\omega_{\mathrm{irc1}} s + 4\omega_1^2}\right)\left(i_{\mathrm{rq}}^{+*} - i_{\mathrm{rq}}^{+}\right) \end{cases} \tag{4-119}$$

这样，根据式(4-118)可得两相转子转速 ω_{r} 旋转坐标系中，包含正、负序分量在内的机侧变换器控制电压参考值为

$$\boldsymbol{U}_{\mathrm{r\alpha\beta}}^{\mathrm{r}*} = \boldsymbol{U}_{\mathrm{rdq}}^{+*} \mathrm{e}^{\mathrm{j}(\theta_1 - \theta_{\mathrm{r}})} \tag{4-120}$$

式(4-118)～式(4-120)为针对电网不对称条件设计的机侧变换器 PI-R 电流控制，如图 4-8(b)所示。为了使用 PI-R 电流调节器对正、负序转子电流进行统一调节，必须将三相转子电流直接转换到正转同步速旋转坐标系中。此外，还需根据选定的机侧变换器控制目标，计算出正、负序电流参考值并转化到正转同步速旋转 dq$^+$坐标系中，以用作 PI-R 电流调节器的电流参考值。同样由于正转同步速旋转 dq$^+$坐标系中的 PI-R 电流调节器也未引入任何转子电流相序分解环节，其比例-积分系数可直接采用传统对称条件下 PI 调节器的设计参数。

比较图 4-8 与第 3 章中的双馈发电机网侧、转子侧变换器电流控制方案不难发现，正转同步速旋转坐标系中的 PI-R 电流调节器是在原对称电网条件下设计的传统 PI 电流控制器基础上嵌入一个 100Hz 的广义积分器(R)，以此来实现对正、负序电流的统一、精确控制，适用于以已有对称控制为基础的简单修正，其实现方法相对简单，具有相当强的工程实用性。

4.6 机侧变换器输出电压约束对不对称控制的影响及对策

在 4.3 节中，针对不对称电网电压条件下的网侧、转子侧变换器控制目标及实现均未考虑网侧、转子侧变换器的电压、电流输出能力(物理上限)约束。实际工程中双馈型风机的 PWM 变换器的电压电流输出能力受到半导体器件、直流电

容等的限制，因此控制器设计中必须考虑变换器实际约束对增强不对称运行能力控制的影响。

由式(4-100)和式(4-101)可分别求得不对称电网电压条件下，增强运行能力控制所需的正、负序转子电压幅值：

$$U_{r+}^{+}=\sqrt{u_{rd+}^{+2}+u_{rq+}^{+2}} \tag{4-121}$$

$$\begin{cases} u_{rd+}^{+}=R_r i_{rd+}^{+}-\omega_{slip+}\sigma L_r i_{rq+}^{+}+\dfrac{L_m}{L_s}su_{sd+}^{+} \\ u_{rq+}^{+}=R_r i_{rq+}^{+}+\omega_{slip+}\sigma L_r i_{rd+}^{+}+\dfrac{L_m}{L_s}su_{sq+}^{+} \end{cases} \tag{4-122}$$

$$U_{r-}^{-}=\sqrt{u_{rd-}^{-2}+u_{rq-}^{-2}} \tag{4-123}$$

$$\begin{cases} u_{rd-}^{-}=R_r i_{rd-}^{-}-\omega_{slip-}\sigma L_r i_{rq-}^{-}+\dfrac{L_m}{L_s}(s-2)u_{sd-}^{-} \\ u_{rq-}^{-}=R_r i_{rq-}^{-}+\omega_{slip-}\sigma L_r i_{rd-}^{-}+\dfrac{L_m}{L_s}(s-2)u_{sq-}^{-} \end{cases} \tag{4-124}$$

式中，s 为双馈发电机转子滑差。

由于转子电阻 R_r 和发电机漏磁系数 σ 相对较小，故可忽略式(4-122)和式(4-124)中的转子电阻压降和交叉耦合项。若取 $u_{sd-}^{-}=u_{sq-}^{-}=\dfrac{\sqrt{2}}{2}U_{s-}^{-}$，则式(4-121)和式(4-123)可分别简化为

$$U_{r+}^{+}=\sqrt{u_{rd+}^{+2}+u_{rq+}^{+2}}\approx|s|\frac{L_m}{L_s}U_{s+}^{+} \tag{4-125}$$

$$U_{r-}^{-}=\sqrt{u_{rd-}^{-2}+u_{rq-}^{-2}}\approx|s-2|\frac{L_m}{L_s}U_{s-}^{-} \tag{4-126}$$

实际运行中双馈发电机转子滑差 s 范围为−0.2～0.2，即 $|s|<1$，$|s-2|>1$，因此电网不对称条件下转子所需电压幅值要比对称电网电压条件下大，且随着不对称度的增加所需转子负序电压幅值可能超过正序电压幅值。此外，转子电压中正序成分的角频率为滑差频率 $|s|\omega_1$，是转子基频；负序成分角频率为 $|2-s|\omega_1$，表现为叠加在转子正序基频分量上的转子谐波成分。所以，不对称电网下所需转子电压幅值可表达为

$$U_{\mathrm{r}}=U_{\mathrm{r}+}^{+}+U_{\mathrm{r}-}^{-}=|s|\frac{L_{\mathrm{m}}}{L_{\mathrm{s}}}U_{\mathrm{s}+}^{+}+(2-s)\frac{L_{\mathrm{m}}}{L_{\mathrm{s}}}U_{\mathrm{s}-}^{-} \tag{4-127}$$

式(4-127)中的转子变量均已折算至定子侧，实际分析时应考虑定、转子绕组的匝比关系。针对图 4-9 所示的双馈发电机参数，图 4-10 给出了电网不对称条件下，转子正、负序电压幅值随转子滑差和电压不对称度的变化关系。其中图 4-10(a)以标幺值形式表示，图 4-10(b)和图 4-10(c)则给出了不同定、转子匝比 N_{sr} 下的实际值，其中空间矢量调制(SVM)和 SPWM 分别表示转子侧变换器采用两种不同调制方式时输出交流相电压幅值的理论最大值。由图 4-10(a)可得，在转子滑差 $s=-0.2$、电网不对称度 $\delta=0.2$ 时，所需转子负序电压幅值将大于正序电

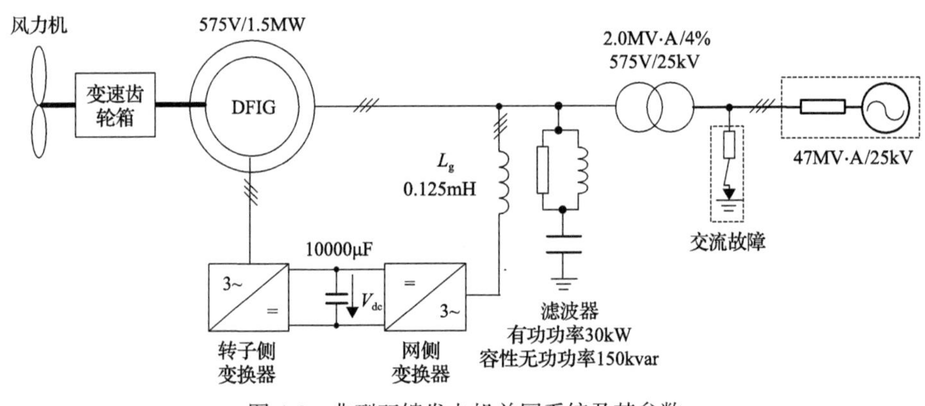

图 4-9　典型双馈发电机并网系统及其参数

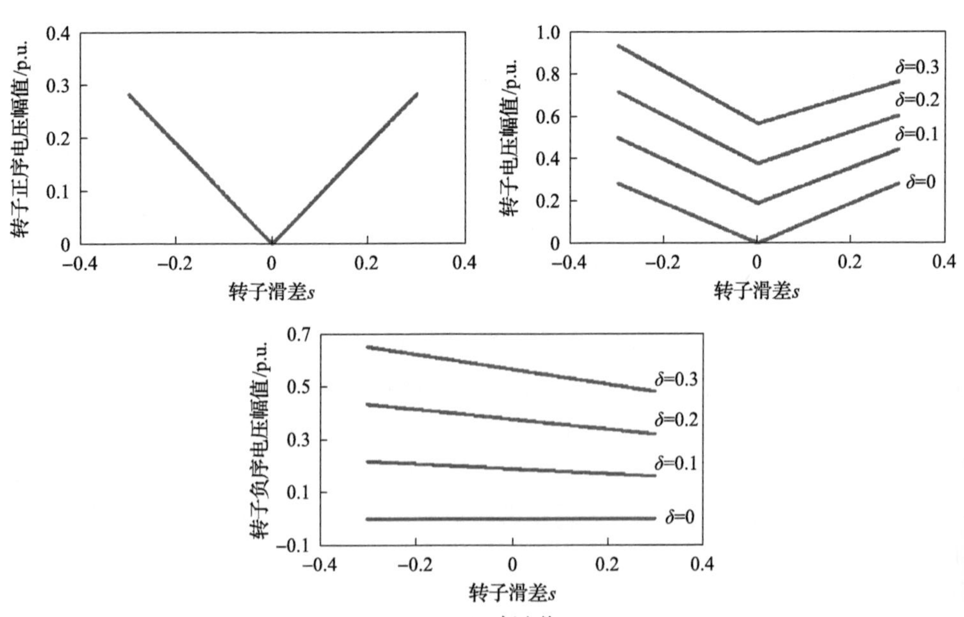

(a) 标幺值

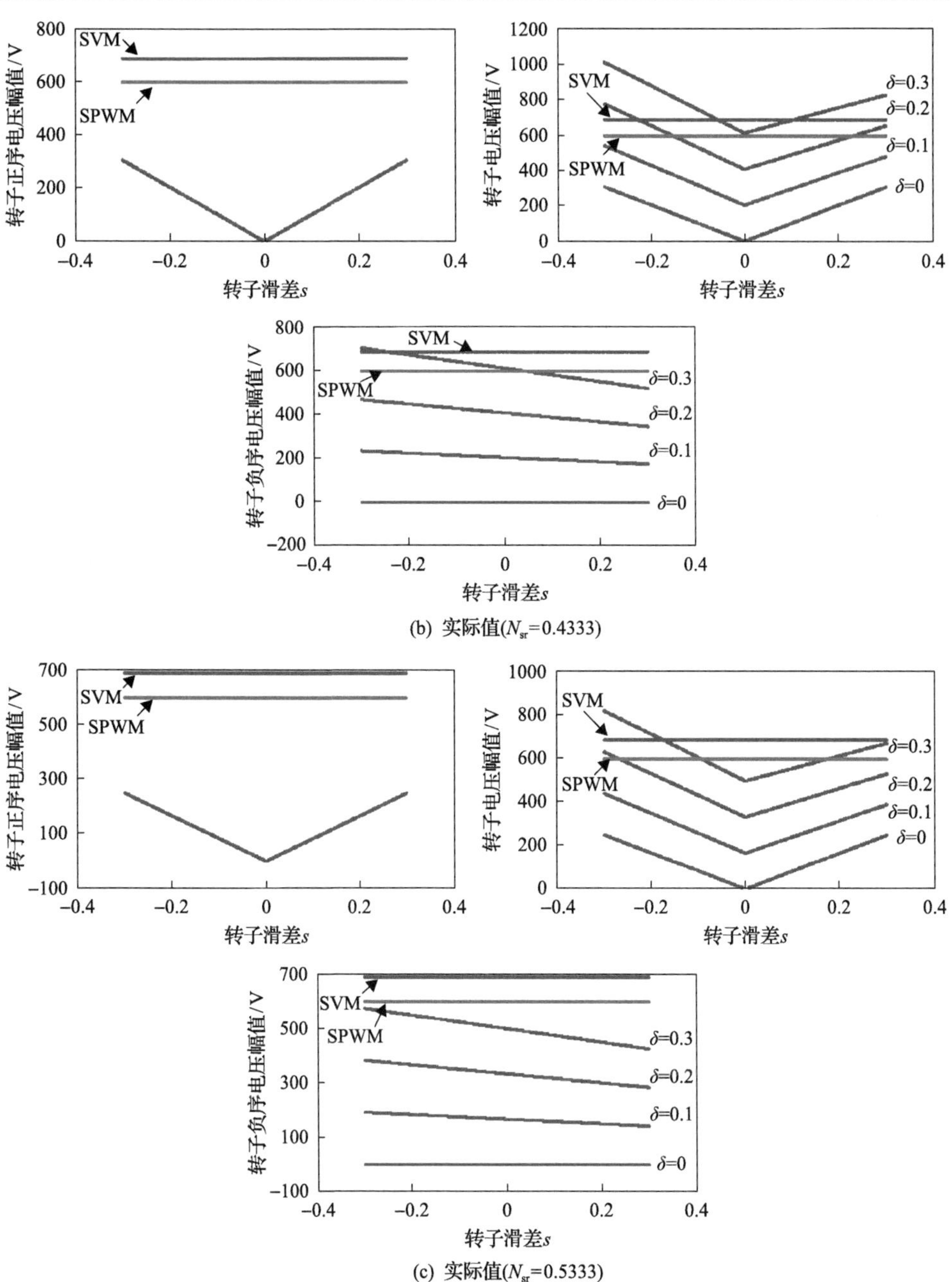

(b) 实际值(N_{sr}=0.4333)

(c) 实际值(N_{sr}=0.5333)

图 4-10　双馈发电机所需正、负序转子电压幅值随转子滑差和电网不对称度的变化关系

压幅值。而从图 4-10(b)转子电压实际值可以看出，当电网电压严格对称时，转子所需电压能限定在转子侧变换器额定输出范围之内；而当电网不平衡度达到 22%且运行在 $s=-0.2$ 时，双馈发电机所需转子电压已经超出转子侧变换器所能输出的

最大电压，必将导致控制失败。此外从图 4-10(c)可以看出，当双馈发电机定、转子匝比 N_{sr} 较大时，不对称电网条件下所需转子正、负序电压幅值将相应变小，更易实现增强不对称运行能力控制的目标。然而当 N_{sr} 较大时，相同功率等级下双馈发电机转子电流较大，故需相应提高转子侧变换器的电流等级。当然也可以在功率器件电压等级允许的条件下适当提高变换器直流母线电压，以此增加转子侧变换器输出电压的能力。

4.7 电网不对称条件下矢量控制基准检测技术

由 4.2 节可知，在电网不对称条件下三相交流系统包含正、负序成分的电压、电流和磁链等电气量。4.4 节、4.5 节针对电网不对称条件设计的矢量控制依赖于对上述电气量正、负序分量的快速分离。一方面，电压矢量定向需要精确的正序电网电压频率和相位作为控制的基准；另一方面，对电流、磁链等正、负序电气量的分解是构造优化控制目标、执行闭环控制所需的重要信息。本节将着重讨论适用于电网不对称条件的典型锁相环检测技术方案。

4.7.1 理想电网条件下的锁相环原理

在全功率型风机的网侧变换器，双馈型风机的机侧、网侧变换器控制中均普遍采用锁相环技术获取电网电压的频率、相位和幅值信息。PLL 是一种能够实现两个电信号相位同步的自动控制闭环系统，广泛应用于通信、自动控制、信号检测及时钟同步等技术领域[23]。PLL 在电机控制和电力电子变换器领域的应用则经历了由硬件 PLL 到软件 PLL[24-26]的发展阶段。硬件 PLL 中的鉴相器采用的电压过零检测方式存在动态响应慢、检测精度低等问题，特别是过零点附近存在的噪声干扰对其测量准确性有严重影响。因此随着高性能 DSP(数字信号处理器)芯片的广泛应用，电压同步信号的检测一般都采用了软件 PLL 技术，当前广泛采用的三相软件 PLL 原理如图 4-11 所示。

理想电网条件下当 PLL 处于锁定状态时，PLL 输出电压矢量 $\hat{\boldsymbol{U}}_{s\alpha\beta}$ 与实际电网电压矢量 $\boldsymbol{U}_{s\alpha\beta}$ 应当重合；但当电网电压相位突然变化时，这两个矢量之间将出现差异，如图 4-11(b)所示。此时，两矢量之间的夹角可表示为

$$\Delta\theta_1 = \hat{\theta}_1 - \theta_1 = \arctan\frac{u_{s\beta}}{u_{s\alpha}} - \theta_1 \approx \sin(\hat{\theta}_1 - \theta_1) = u_{s\beta}\cos\theta_1 - u_{s\alpha}\sin\theta_1 \tag{4-128}$$

将电网电压由两相静止 αβ 坐标系变换到同步速旋转 dq^+坐标系后，可得

$$\begin{bmatrix} u_{sd}^+ \\ u_{sq}^+ \end{bmatrix} = \begin{bmatrix} \cos\theta_1 & \sin\theta_1 \\ -\sin\theta_1 & \cos\theta_1 \end{bmatrix} \begin{bmatrix} u_{s\alpha} \\ u_{s\beta} \end{bmatrix} \tag{4-129}$$

式中

$$u_{sq}^{+} = u_{s\beta}\cos\theta_1 - u_{s\alpha}\sin\theta_1 \tag{4-130}$$

比较式(4-128)和式(4-130)可知，电网电压的相角跳变$\Delta\theta_1$可用同步速旋转dq$^+$坐标系中电网电压 q 轴分量u_{sq}^{+}来描述。在理想电网电压条件下，电网电压矢量的 d、q 轴分量u_{sd}^{+}、u_{sq}^{+}为直流量，采用 PI 调节器对u_{sq}^{+}实现无静差调节即可准确跟踪电网电压空间矢量，据此可得检测三相电网电压频率和相位的软件 PLL 原理框图，如图 4-11(a)所示。

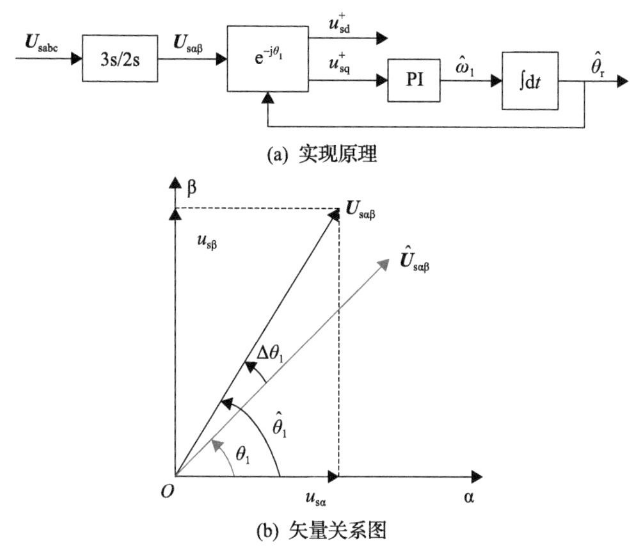

(a) 实现原理

(b) 矢量关系图

图 4-11　三相软件 PLL

当 PLL 准确锁定电网电压矢量时$\Delta\theta_1=0$，其输出角度$\hat{\theta}_1$即为正序电压空间矢量的相位θ_1。实际上只要相角跳变小到一定程度式(4-128)即可成立，故软件 PLL 可以被视作一个线性控制环节。

4.7.2　电网不对称条件下的锁相环技术

图 4-11 所示的软件 PLL 只适用于电网电压中仅含基波正序分量的理想情况。当电网不对称时，u_{sq}^{+}除含有直流性质的正序基波分量u_{sq+}^{+}外，还含有以二倍频波动的负序交流成分$u_{sq-}^{-}e^{-j2\omega_1 t}$，使得图 4-11 所示的 PLL 中的 PI 调节器无法对其实现无静差调节，从而无法准确跟踪电网电压基波正序分量的频率及相位。图 4-12 即为电网不对称条件下采用如图 4-11 所示软件 PLL 的检测响应，其运行条件为：t=0.05s 时单相电压骤降至 0.4p.u.，t=0.15s 时恢复正常。由图 4-12 可见，电网不

对称会对常规 PLL 产生严重的干扰，导致测出的频率和电压幅值中出现较大的二倍频波动，且相位波形扭曲而不再是正常的三角波。

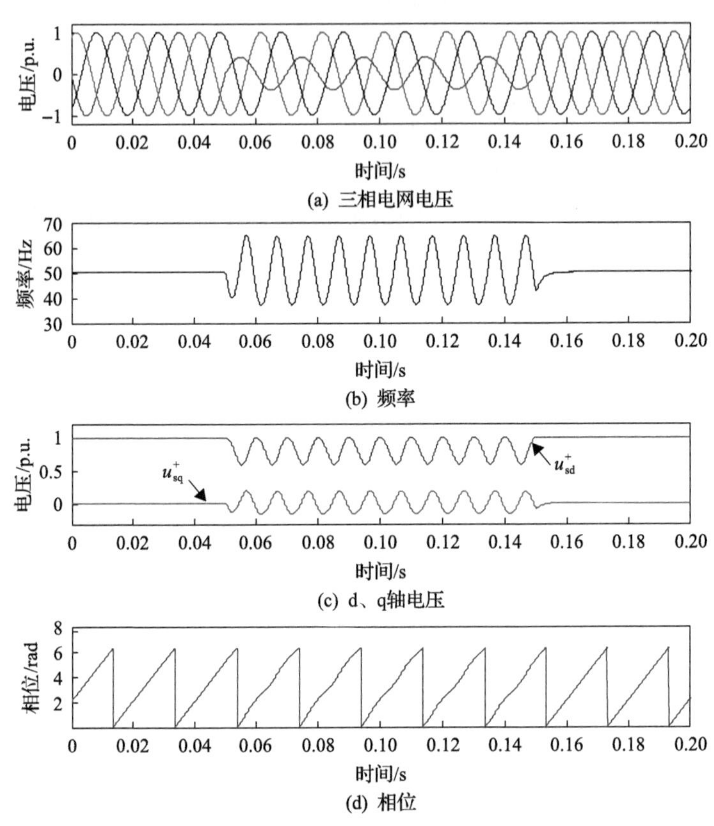

图 4-12　常规 PLL 的检测结果

为了排除基波负序甚至谐波分量对基波正序电压分量频率和相位检测的影响，通常采用改进的 PLL 方案，三种典型方案如图 4-13(a)～图 4-13(c)所示。其中图 4-13(a)所示的方案采用低通滤波器或者带阻滤波器(陷波器)以滤除交流分量 $u_{sq-}^{-}e^{-j2\omega_1 t}$ 、保留直流形态的基波正序成分 u_{sq+}^{+} ，以此确保 PI 调节器的有效工作条件并维持输出电网电压角速度 ω_1 的稳定。这种方法可以有效滤除负序甚至谐波分量的干扰，但在控制闭环中引入滤波器会严重影响 PLL 的动态响应，导致对基波电压正序分量频率、相位和幅值的检测滞后。图 4-13(b)中的改进方式是首先在静止两相 αβ 坐标系中分离出基波电压正序分量，然后再使用图 4-11 中的常规 PLL 来检测其频率、相位和幅值。这种方法虽然也会引入正、负序分离的时延，但由于分离模块处于 PLL 控制环之外，对 PLL 动态性能基本无影响。除了采取滤波和相序分离措施外，另外一种常用的方法是通过改进控制器来排除负序和谐波分量的干扰，如图 4-13(c)所示。有采用超前/滞后控制器(lead/lag controller)取代

PI 调节器对 u_{sq}^{+} 进行调节，也有的采用超前补偿器(lead compensator)配合 PI 调节器来调节 u_{sq}^{+} [27]。改进的调节器多采取增大闭环带宽以提高动态响应速度，同时还具有滤除 u_{sq}^{+} 中的二倍频(负序)和谐波分量等指定谐波的功能。

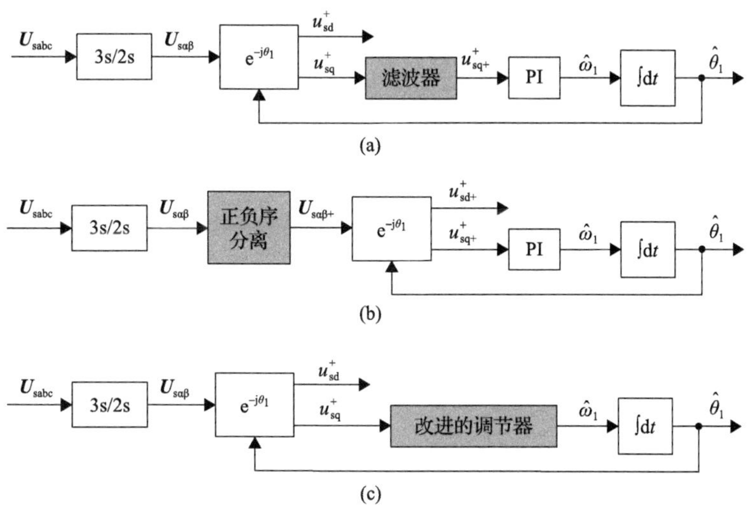

图 4-13　几种适合电网不对称条件下的锁相环技术

4.7.3　正、负序双 dq 型锁相环技术

在电网不对称条件下，电压空间矢量可在两相静止 αβ 坐标系中表示为

$$\boldsymbol{U}_{s\alpha\beta}=\begin{bmatrix}u_{s\alpha}\\u_{s\beta}\end{bmatrix}=\boldsymbol{U}_{s\alpha\beta+}+\boldsymbol{U}_{s\alpha\beta-}=\begin{bmatrix}\cos\theta_1\\\sin\theta_1\end{bmatrix}\left|\boldsymbol{U}_{s\alpha\beta+}\right|+\begin{bmatrix}\cos\theta_1\\-\sin\theta_1\end{bmatrix}\left|\boldsymbol{U}_{s\alpha\beta-}\right| \tag{4-131}$$

则一种基于陷波器的正、负序双锁相[28-30]结构如图 4-14 所示。这一锁相结构在正序锁相坐标系中利用两倍工频的陷波器滤除负序电压，并在负序锁相坐标系中利

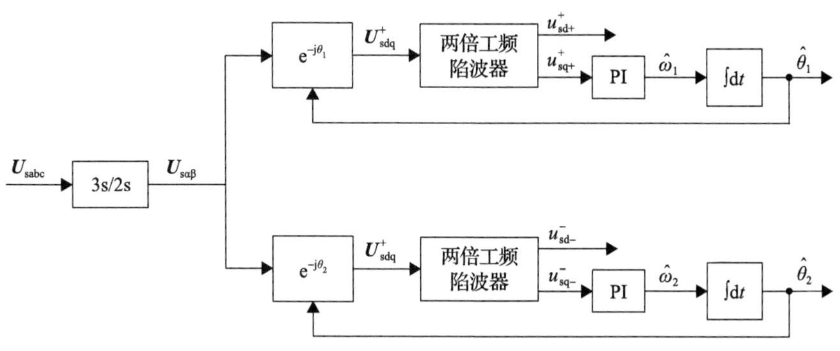

图 4-14　一种基于陷波器的正、负序双锁相结构

用两倍工频的陷波器滤除正序电压，再依靠普通锁相环的二阶结构分别完成正、负序电压分量的锁相[28-30]。

此外，由于负序电压矢量与正序电压矢量的转速一致、方向相反，可用正序锁相环转速的相反数表示负序电压矢量的转速，即可将图 4-14 中的锁相结构简化。

根据图 4-15 所示的双 dq 型 PLL 电压矢量图，可将式(4-131)所示的电压矢量转化到正转同步速旋转 $\hat{\mathrm{d}}\hat{\mathrm{q}}^+$ 坐标系中，有

$$\hat{\boldsymbol{U}}_{\mathrm{sdq}}^{+}=\begin{bmatrix}\hat{u}_{\mathrm{sd}}^{+}\\ \hat{u}_{\mathrm{sq}}^{+}\end{bmatrix}=\begin{bmatrix}\cos(\theta_1-\hat{\theta}_1)\\ \sin(\theta_1-\hat{\theta}_1)\end{bmatrix}\left|\boldsymbol{U}_{\mathrm{s\alpha\beta+}}\right|+\begin{bmatrix}\cos(-\theta_1-\hat{\theta}_1)\\ \sin(-\theta_1-\hat{\theta}_1)\end{bmatrix}\left|\boldsymbol{U}_{\mathrm{s\alpha\beta-}}\right| \tag{4-132}$$

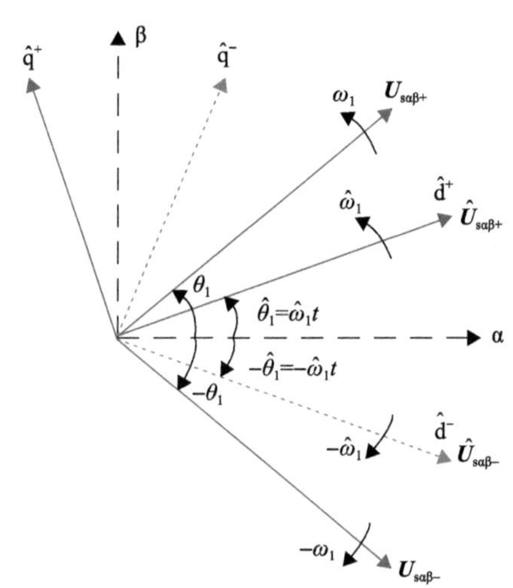

图 4-15　双 dq 型 PLL 电压矢量图

当 $\theta_1\approx\hat{\theta}_1$ 时，式(4-132)可简化为

$$\begin{bmatrix}\hat{u}_{\mathrm{sd}}^{+}\\ \hat{u}_{\mathrm{sq}}^{+}\end{bmatrix}\approx\begin{bmatrix}1\\ \theta_1-\hat{\theta}_1\end{bmatrix}\left|\boldsymbol{U}_{\mathrm{s\alpha\beta+}}\right|+\begin{bmatrix}\cos(-2\theta)\\ \sin(-2\theta_1)\end{bmatrix}\left|\boldsymbol{U}_{\mathrm{s\alpha\beta-}}\right| \tag{4-133}$$

同样，将式(4-131)所示的电压矢量转化到反转同步速旋转 $\hat{\mathrm{d}}\hat{\mathrm{q}}^-$ 坐标系中，又有

$$\hat{\boldsymbol{U}}_{\mathrm{sdq}}^{-}=\begin{bmatrix}\cos(\theta_1+\hat{\theta}_1)\\ \sin(\theta_1+\hat{\theta}_1)\end{bmatrix}\left|\boldsymbol{U}_{\mathrm{s\alpha\beta+}}\right|+\begin{bmatrix}\cos(\theta_1-\hat{\theta}_1)\\ -\sin(\theta_1-\hat{\theta}_1)\end{bmatrix}\left|\boldsymbol{U}_{\mathrm{s\alpha\beta-}}\right| \tag{4-134}$$

当 $\theta_1\approx\hat{\theta}_1$ 时，式(4-134)可简化为

$$\begin{bmatrix}\hat{u}_{\mathrm{sd}}^{-}\\ \hat{u}_{\mathrm{sq}}^{-}\end{bmatrix}=\begin{bmatrix}\cos(2\theta_1)\\ \sin(2\theta_1)\end{bmatrix}\left|\boldsymbol{U}_{\mathrm{s\alpha\beta+}}\right|+\begin{bmatrix}1\\ -\theta_1+\hat{\theta}_1\end{bmatrix}\left|\boldsymbol{U}_{\mathrm{s\alpha\beta-}}\right| \tag{4-135}$$

根据式(4-133)和式(4-135)，可绘出正、负序双 dq 型 PLL 原理框图，如图 4-16 所示，图中 LPF 表示低通滤波器。

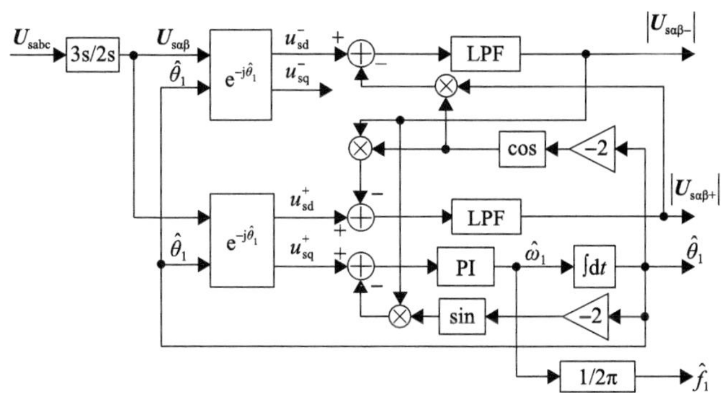

图 4-16　正、负序双 dq 型 PLL 原理框图

在与图 4-12 相同的运行条件下，图 4-17 给出了电网不对称时采用正、负序

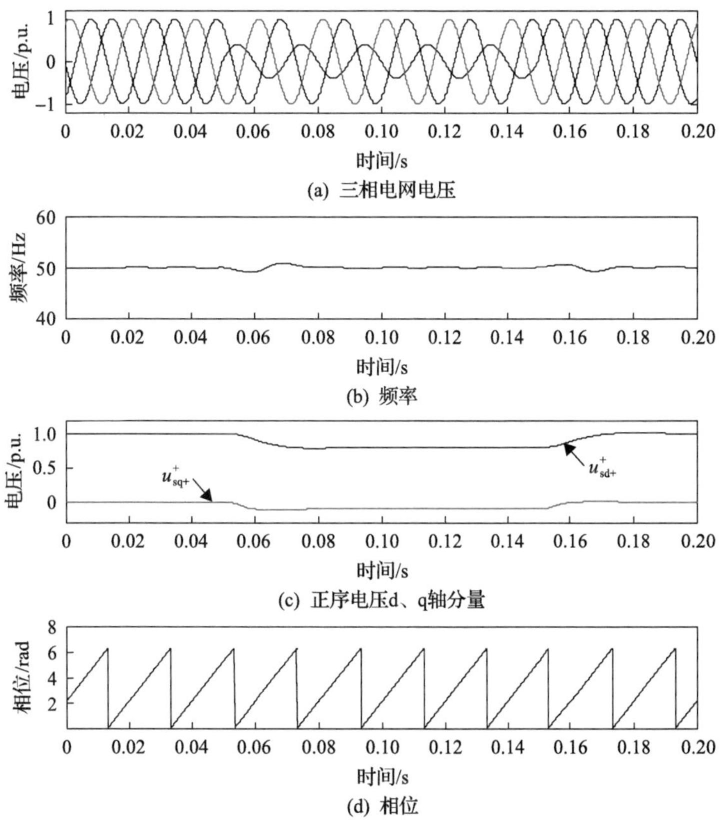

图 4-17　正、负序双 dq 型 PLL 响应结果

双 dq 型 PLL 的响应结果。由图 4-17 可见，采用正、负序双 dq 型 PLL 之后电压负序分量对正序基波成分频率和相位检测的干扰基本被排除，正、负序分量的幅值能被准确检测出。因此，该方法可为不对称电网电压条件下的双馈发电机提供较准确的控制基准，从而提升机组在此条件下的运行能力。

4.7.4　基于正、负序分解原理的锁相环技术

实际上，图 4-13(b)所示的改进方法可归为基于正、负序分解原理的锁相环技术，其基本思想是首先在两相静止 αβ 坐标系中分离出基波电压正、负序分量，然后再使用图 4-11 所示的常规 PLL 以检测出基波正序电压的频率、相位和幅值。由此可见，该方法的性能优劣主要取决于所用正、负序分解方法获取正序基波电压的准确性和快速性。为实现不对称电网电压条件下电磁量正、负序分解的快速性，电压型变换器的分析和控制中采用了一种 $T_1/4$ 延时(其中 T_1 为电网基波电压周期)方法力图将分解延时限制在 $T_1/4$，但实用中需要一定的缓存空间来存储 $T_1/4$ 内的电压采样用于计算；此外还一种基于微分方程组的分离方法[31,32]，仅需对采样所得的三相电压信号进行简单的数学运算即可分离出不对称甚至畸变电压中的各类电压分量，具有实时性好、精度高的优点。但该方法必须预知电网电压中的谐波次数以选择合适的系数矩阵来进行运算，而实际电网中的谐波成分较难预测，因此这种方法需要配合一定电力滤波器滤除未知谐波成分后才能有效使用；此外，该方法需要对采样电压信号直接进行多次微分运算，对电网电压存在的闪变(notch)等情况非常敏感，还需深入研究。

图 4-18 为一种基于正交电压信号分离正、负序基波电网电压成分的锁相环技术，其基本原理及典型实现方法如下。

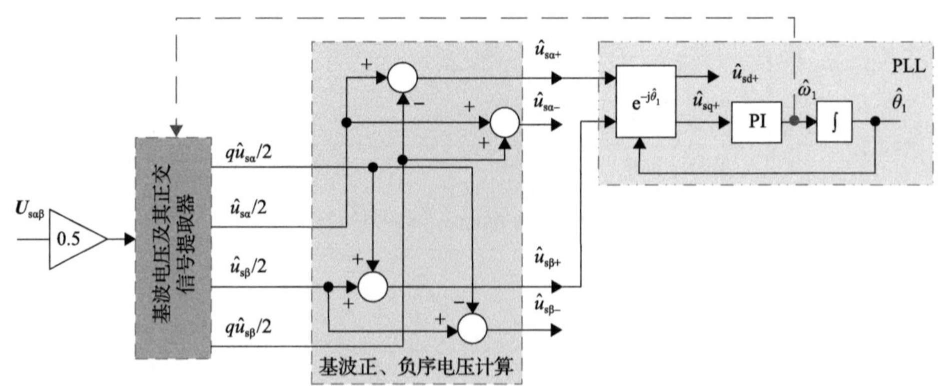

图 4-18　基于正交电压信号分离正、负序基波电网电压成分的锁相环技术

在两相静止 αβ 坐标系中，瞬时电网电压的正、负序成分估算值可分别表示为

$$\begin{bmatrix} \hat{u}_{s\alpha+} \\ \hat{u}_{s\beta+} \end{bmatrix} = \frac{1}{2}\begin{bmatrix} 1 & -q \\ q & 1 \end{bmatrix}\begin{bmatrix} \hat{u}_{s\alpha} \\ \hat{u}_{s\beta} \end{bmatrix} \tag{4-136}$$

$$\begin{bmatrix} \hat{u}_{s\alpha-} \\ \hat{u}_{s\beta-} \end{bmatrix} = \frac{1}{2}\begin{bmatrix} 1 & q \\ -q & 1 \end{bmatrix}\begin{bmatrix} \hat{u}_{s\alpha} \\ \hat{u}_{s\beta} \end{bmatrix} \tag{4-137}$$

式中，$q = \mathrm{e}^{-\mathrm{j}\pi/2}$ 为时域相移算子，其作用是获取 α、β 轴电网电压估算值 $\hat{u}_{s\alpha}$ 、$\hat{u}_{s\beta}$ 的正交分量 $q\hat{u}_{s\alpha}$ 、$q\hat{u}_{s\beta}$ 。令

$$\begin{cases} \hat{u}'_{s\alpha} = q\hat{u}_{s\alpha} \\ \hat{u}'_{s\beta} = q\hat{u}_{s\beta} \end{cases} \tag{4-138}$$

为了获取两个正交电压信号 $\hat{u}'_{s\alpha}$ 、$\hat{u}'_{s\beta}$ ，可以采用一种两阶广义积分器(second-order generalized integrator，SOGI)[33]，如图 4-19 所示。以 α 轴分量电压为例，其特征传递函数可分别表示为

$$D(s) = \frac{\hat{u}_{s\alpha}}{u_{s\alpha}} = \frac{k\omega s}{s^2 + k\omega s + \omega^2},\quad Q(s) = \frac{\hat{u}'_{s\alpha}}{u_{s\alpha}} = \frac{k\omega^2}{s^2 + k\omega s + \omega^2} \tag{4-139}$$

式中，k 为衰减系数，通常取 1.414；ω为谐振角频率，取电网电压的角频率。

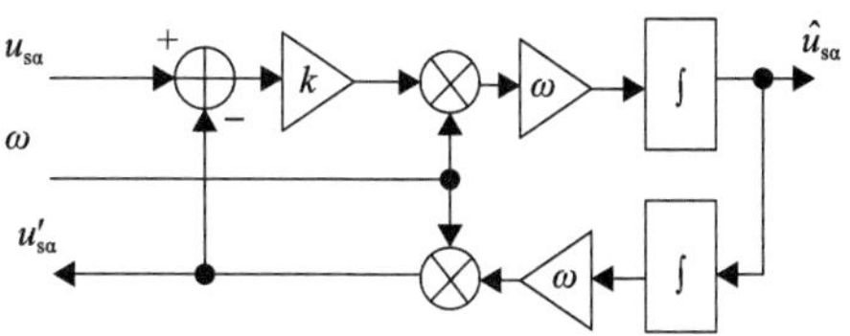

图 4-19　两阶广义积分器原理框图

若电网电压角频率为ω_1，则根据式(4-139)可得两阶广义积分器的输出分别为

$$\begin{aligned} \hat{u}_{s\alpha} &= D(s)u_{s\alpha} \\ \hat{u}_{s\beta} &= D(s)u_{s\beta} \end{aligned} \quad \begin{cases} \left| D(s)\big|_{s=\mathrm{j}\omega_1} \right| = \dfrac{k\omega_1\omega}{\sqrt{(k\omega_1\omega)^2 + \left(\omega_1^2 - \omega^2\right)^2}} \\ \angle D(s)\big|_{s=\mathrm{j}\omega_1} = \arctan\left(\dfrac{\omega_1^2 - \omega^2}{k\omega_1\omega}\right) \end{cases} \tag{4-140}$$

$$\begin{aligned} \hat{u}'_{s\alpha} &= Q(s)u_{s\alpha} \\ \hat{u}'_{s\beta} &= Q(s)u_{s\beta} \end{aligned} \quad \begin{cases} \left| Q(s)\big|_{s=\mathrm{j}\omega_1} \right| = \dfrac{\omega}{\omega_1}\left| D(s)\big|_{s=\mathrm{j}\omega_1} \right| \\ \angle Q(s)\big|_{s=\mathrm{j}\omega_1} = \angle D(s)\big|_{s=\mathrm{j}\omega_1} - \dfrac{\pi}{2} \end{cases} \tag{4-141}$$

由式(4-141)可见，信号$\hat{u}'_{s\alpha}$、$\hat{u}'_{s\beta}$总是滞后于$\hat{u}_{s\alpha}$、$\hat{u}_{s\beta}$ 90°电角度，且与参数k、ω无关，说明如图 4-19 所示的两阶广义积分器可视为有效的时域相移算子q。

一旦基波电压信号$\hat{u}_{s\alpha}$、$\hat{u}_{s\beta}$及其相应的正交信号$\hat{u}'_{s\alpha}$、$\hat{u}'_{s\beta}$可估测获得，正、负序基波电压即可由式(4-136)、式(4-137)、式(4-139)计算得到，即

$$\begin{bmatrix}\hat{u}_{s\alpha+}\\ \hat{u}_{s\beta+}\end{bmatrix}=\frac{1}{2}\begin{bmatrix}\hat{u}_{s\alpha}-\hat{u}'_{s\beta}\\ \hat{u}'_{s\alpha}+\hat{u}_{s\beta}\end{bmatrix}=\frac{1}{2}\begin{bmatrix}\dfrac{k\omega s}{s^2+k\omega s+\omega^2} & -\dfrac{k\omega^2}{s^2+k\omega s+\omega^2}\\ \dfrac{k\omega^2}{s^2+k\omega s+\omega^2} & \dfrac{k\omega s}{s^2+k\omega s+\omega^2}\end{bmatrix}\begin{bmatrix}u_{s\alpha}\\ u_{s\beta}\end{bmatrix} \tag{4-142}$$

$$\begin{bmatrix}\hat{u}_{s\alpha-}\\ \hat{u}_{s\beta-}\end{bmatrix}=\frac{1}{2}\begin{bmatrix}\hat{u}_{s\alpha}+\hat{u}'_{s\beta}\\ -\hat{u}'_{s\alpha}+\hat{u}_{s\beta}\end{bmatrix}=\frac{1}{2}\begin{bmatrix}\dfrac{k\omega s}{s^2+k\omega s+\omega^2} & \dfrac{k\omega^2}{s^2+k\omega s+\omega^2}\\ -\dfrac{k\omega^2}{s^2+k\omega s+\omega^2} & \dfrac{k\omega s}{s^2+k\omega s+\omega^2}\end{bmatrix}\begin{bmatrix}u_{s\alpha}\\ u_{s\beta}\end{bmatrix} \tag{4-143}$$

图 4-19 所示的两阶广义积分器分离方法可被拓展为多 SOGI(multiple SOGI)方法，以适应电网不对称和谐波共存复杂情况下各次相序分量的提取。值得强调的是，基于$T_1/4$延时和微分方程组方法都可归类于基于正交电压信号分离的方法之中，其中对采样电压进行的$T_1/4$延时或求取微分运算均是为了获得相应的电压正交信号。

4.7.5 基于广义积分器原理的锁相环技术

图 4-13(c)所示 PLL 的控制环中采用了改进控制器取代 PI 调节器，既能提高控制带宽以加快动态响应速度，又能起到一定的滤波作用。一种基于广义积分器[33]的改进控制器 PLL 如图 4-20 所示，图中 PLL 采用了一个二倍频谐振控制器来调节u_{sq}^{+}，实现基波正序电压相位θ_1与不对称三相电压真实相位θ_0之间误差的补偿，以此消除u_{sq}^{+}中的二倍频负序分量。

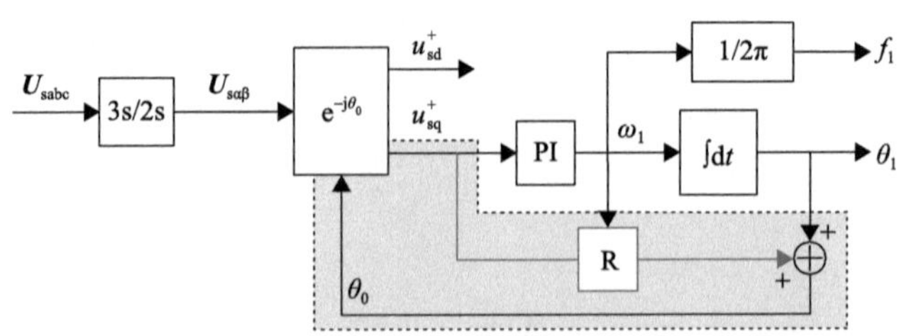

图 4-20　基于广义积分器的改进控制器 PLL 原理框图

二倍频谐振控制器传递函数为

$$C_{\mathrm{R}}(s)=\frac{k_{\mathrm{r}}s}{s^2+2\omega_{\mathrm{c}}s+(2\omega_1)^2} \tag{4-144}$$

式中，比例系数 k_{r} 用于调节谐振控制器的幅度增益；ω_{c} 用于调节频带的截止频率，ω_{c} 越大，谐振控制器的频带越宽，稳定性越强；$2\omega_1$ 为谐振控制器的谐振角频率。

谐振式 PLL 采取双闭环控制结构，其内环采用谐振控制器来消除被控对象 u_{sq}^+ 中的谐振频率交流信号，如图 4-20 中虚框部分所示。外环使用常规 PI 控制器以调节 u_{sq}^+。由于 u_{sq}^+ 已是直流信号，PI 控制器能够对其实施有效的控制，确保 PI 控制器检测出的正序基波电压频率稳定，进而保证所测基波正序电压相位 θ_1 准确。同时，将检测到的基波电压正序分量角频率 ω_1 实时回馈至谐振控制器，确保了电网频率的变化不会影响谐振控制器的调节效果。

谐振式 PLL 的显著优点首先是实现简单，只需要在常规 PLL 中增加一个二倍频谐振控制器即可；其次是谐振控制器在三相电压对称时输出为 0，它的加入对 PLL 的原有动态性能无影响。

但是应当指出，当电网电压中含有谐波时，为了减小谐波分量对基波电压正序分量频率、相位检测的影响，需增加相应频率的各次谐波谐振控制器，此时应着重考虑所加入的谐波控制器对整个锁相环稳定性的影响。

4.8 小　结

在电网电压不对称的条件下，风电机组输出至电网的正序电流与电网的负序电压、风电机组输出至电网的负序电流与电网的正序电压将产生二倍频的功率波动，这是引起双馈型风机、全功率型风机应力问题的根源。以双馈型风机为例，当风电机组仍沿用基于理想电网电压条件设计的矢量控制策略时，较小的不对称(负序)电压将造成定、转子电流高度的不对称，使得定、转子绕组产生不对称发热，直流母线电压波动，发电机转矩产生脉动等。为抑制二倍频功率波动引起的机械/电磁应力问题，需要分别对机侧、网侧变换器输出电流的正、负序有功、无功分量实施解耦调节达成特定的指令配合。

本章首先建立了电网不对称条件下双馈发电机及其机侧、网侧变换器的数学模型，推导了瞬时有功功率、无功功率和电磁转矩的准确表达式。为抑制其中特定电气量的二倍频波动，依据表达式确定了网侧、机侧变换器不对称电流的优化控制目标。其中，双馈型风机的机侧变换器的控制目标可选以下四种之一：消除定子有功功率的二倍频分量、消除转子电流中的负序分量、消除定子电流中的负序分量、消除电磁转矩中的二倍频波动。对应地，双馈型风机网侧变换器的控制目标亦可选以下四种之一：消除总输出电流中的负序分量、消除输出有功功率的二倍频波动、消除直流母线电压的二倍频波动、消除无功功率的二倍频分量。全功率型风机网侧变换器也可选以下四种控制目标之一：消除总输出电流中的负序分量、消除总输出有功功率的二倍频分量、抑制直流母线电压的二倍频波动、消除无功功率的二倍频分量。在实际应用中，需对双馈型风机机侧、网侧变换器的控制目标进行协同控制以改善并提高电网不对称条件下整机的运行性能。此外，由于风电机组 PWM 变换器的交流电压输出能力受限于直流母线电压，故在实际工程中仍需要考虑变换器的输出电压电流能力对计算得到的控制目标指令进行进一步的协调优化。

第 3 章针对电网理想对称条件设计的基本矢量控制无法在电网不对称条件下对电力电子变换器正负序、有无功电流进行解耦控制，为此，需要改进基本矢量控制策略以拓展 PWM 变换器的控制自由度，实现上述设定的正、负序和有、无功电流优化目标。与此同时，锁相环是矢量控制策略实施的基准，在电网不对称条件下，基本锁相环输出的相位信息不准确，无法对正、负序电压分量的相位信息进行准确的分离提取。针对该问题，本章介绍了适用于电网不对称条件下的典型锁相控制的原理与功能。

针对电网不对称的运行条件，目前已形成了双馈型风机、全功率型风机 PWM 变换器的典型控制策略。为进一步优化双馈型、全功率型风机在电网不对称短路、断路故障时的不间断运行能力，目前仍有相关研究致力于：增强电网电压严重不对称条件下 PWM 变换器的可控能力[34]、优化锁相环及正负序分量检测的动态性能[35,36]、增强不对称故障穿越期间对电力系统的动态支撑能力[37]。需要强调的是，短路/断路不对称故障期间，为满足新一代并网标准的正、负序和无功电流需求，同时降低风电机组的应力，如何协调多个电流控制自由度是下一步值得深入探索的工作。

参 考 文 献

[1] Codd I. Wind farm power quality monitoring and output comparison with EN50160[C]. Proceeding of the 4th International Workshop on Large-scale Integration of Wind Power and Transmission Networks for Offshore Wind Farm, Sweden, 2003: 20-21.

[2] Idsoe Nass B, Undeland T, Gjengedal T. Methods for reduction of voltage unbalance in weak grids connected to wind plants[C]. IEEE Workshop on Wind Power and the Impacts on Power Systems, Norway, 2002: 14-18.

[3] Petersson A, Lundberg S, Thiringer T. A DFIG wind turbine ride-through system. influence on the energy production[J]. Wind Energy, 2005, 8 (3) : 251-263.

[4] Lopez J, Sanchis P, Roboam X, et al. Dynamic behavior of the doubly fed induction generator during three-phase voltage dips[J]. IEEE Transactions on Energy Conversion, 2007, 22 (3) : 709-717.

[5] Morren J, de Haan S W H. Ride through of wind turbines with doubly-fed induction generator during a voltage dip[J]. IEEE Transactions on Energy Conversion, 2005, 20 (2) : 435-441.

[6] Sun T, Chen Z, Blaabjerg F. Transient stability of DFIG wind turbines at an external short-circuit fault[J]. Wind Energy, 2005, 8(3): 345-360.

[7] Xiang D, Ran L, Tavner P J, et al. Control of a doubly fed induction generator in a wind turbine during grid fault ride-through[J]. IEEE Transactions on Energy Conversion, 2006, 21(3): 652-662.

[8] 向大为, 杨顺昌, 冉立. 电网对称故障时双馈感应发电机不脱网运行的励磁控制策略[J]. 中国电机工程学报, 2006, 26(3): 164-170.

[9] 向大为, 杨顺昌, 冉立. 电网对称故障时双馈感应发电机不脱网运行的系统仿真研究[J]. 中国电机工程学报, 2006, 26(10): 130-135.

[10] Paap G C. Symmetrical components in the time domain and their application to power network calculations[J]. IEEE Transactions on Power Systems, 2000, 15(2): 522-528.

[11] Hochgraf C, Lasseter R H. STATCOM controls for operation with unbalanced voltage[J]. IEEE Transactions on Power Delivery, 1998, 13(2): 534-544.

[12] Song H S, Nam K. Dual current control scheme for PWM converter under unbalanced input voltage conditions[J]. IEEE Transactions on Industrial Electronics, 1999, 46(5): 954-959.

[13] Suh Y. Analysis and control of three-phase AC/DC PWM converter under unbalanced operating conditions[D]. Madison: University of Wisconsin, 2004.

[14] Svensson J, Sannino A. Active filtering of supply voltage with series-connected voltage source converter[J]. EPE Journal, 2002, 12(1): 19-25.

[15] Xu L, Andersen B R, Cartwright P. VSC transmission system operating under unbalanced network conditions-analysis and control design[J]. IEEE Transactions on Power Delivery, 2005, 20(1): 424-434.

[16] Hu J B, He Y K. Modeling and control of grid-connected voltage sourced converters under generalized unbalanced operation conditions[J]. IEEE Transactions on Energy Conversion, 2008, 23(3): 904-913.

[17] 胡家兵, 贺益康, 郭晓明. 不对称电压下双馈异步风力发电系统的建模与控制[J]. 电力系统自动化, 2007, 31(14): 21-26.

[18] Hu J B, He Y K, Nian H. Enhanced control of DFIG used back-to-back PWM voltage-source converter under unbalanced grid voltage conditions[J]. Journal of Zhejiang University SCIENCE A, 2007, 8(8): 1330-1339.

[19] Hu J B, He Y K. Modeling and enhanced control of DFIG under unbalanced grid voltage conditions[J]. Electric Power Systems Research (EPSR), 2009, 79(2): 274-281.

[20] Hu J B, He Y K. Reinforced control and operation of DFIG-based wind generation system under unbalanced grid voltage conditions[J]. IEEE Transactions on Energy Conversion, 2009, 24(4): 905-915.

[21] Hu J B, He Y K, Xu L, et al. Improved control of DFIG systems during network unbalance using PI-R current regulators [J]. IEEE Transactions on Industrial Electronics, 2009, 56(2): 439-451.

[22] Appleton E V. The automatic synchronization of triode oscillators[J]. Proceedings of the Cambridge Philosophical Society, 1922-1923, 21(3): 231.

[23] Hsieh G C, Hung J C. Phase-locked loop techniques-a survey[J]. IEEE Transactions on Industrial Electronics, 1996, 43(6): 609-615.

[24] Bose B K, Jentzen K J. Digital speed control of a DC motor with PLL regulation[J]. IEEE Transactions on Industrial Electronics and Control Instrumentation, 1978, 25(1): 10-13.

[25] Jung G H, Cho G C, Cho G H. Improved control for high power static VAR compensator using novel vector product phase locked loop (VP-PLL) [J]. International Journal of Electronics, 1999, 86(7): 834-855.

[26] Zhan C, Fitaer C, Ramachandaramurthy V K, et al. Software phase-locked loop applied to dynamic voltage restorer (DVR) [C]. IEEE Power Engineering Society Winter Meeting, Columbus, 2001: 1034-1038.

[27] Freijedo F D, Yepes A G, López O, et al. Three-phase PLLs with fast post-fault retracking and steady-state rejection of voltage unbalance and harmonics by means of lead compensation[J]. IEEE Transactions on Power Electronics, 2011, 26(1): 85-97.

[28] Rodriguez P, Pou J, Bergas J, et al. Decoupled double synchronous reference frame PLL for power converters control[J]. IEEE Transactions on Power Electronics, 2007, 22(2): 584-592.

[29] 周鹏, 贺益康, 胡家兵. 电网不对称状态下风电机组运行控制中电压同步信号的检测[J]. 电工技术学报, 2008, 23(5): 104-113.

[30] Naidu S R, Mascarenhas A W, Fernandes D A. A software phase-locked loop for unbalanced and distorted utility conditions[C]. Proceeding of International Conference on Power System Technology, Singapore, 2004: 999-1004.

[31] Yuan X, Tan Z, Delmerico R W, et al. Phase-locked-loop circuit: EP2306649A2[P]. 2010-03-31.

[32] 胡家兵, 王波. 一种基于正负序快速识别的动态锁相同步方法: CN104184464A[P]. 2014-12-03.

[33] Rodriguez P, Luna A, Candela I, et al. Grid synchronization of power converters using multiple second order generalized integrators[C]. 34th Annual Conference of IEEE Industrial Electronics, (IECON 2008), San Jose, 2008: 755-760.

[34] Teodorescu R, Blaabjerg F, Liserre M, et al. Proportional-resonant controllers and filters for grid-connected voltage-source converters[J]. IEE Proceedings-Electric Power Applications, 2006, 153(5): 750-762.

[35] Zhou P, He Y, Sun D. Improved direct power control of a DFIG-based wind turbine during network unbalance[J]. IEEE Transactions on Power Electronics, 2009, 24(11): 2465-2474.

[36] Abad G, Lopez J, Rodriguez M A, et al. Doubly Fed Induction Machine: Modeling and Control for Wind Energy Generation Applications[M]. New York: Wiley-IEEE Press, 2011.

[37] VDE. Technical requirements for the connection and operation of customer installations to the high-voltage network: VDE-AR-N 4120[S]. Offenbach: VDE Verlag, 2017.

第 5 章　电网对称/不对称短路故障下风电机组穿越运行

5.1　引　　言

电力网络相间、相与地间短路导致的电网对称、不对称故障将使电力系统进入非正常运行状态。一方面，故障将导致对电力用户的供电中断；另一方面，由于电压的大幅变化，将在电力装备中形成电磁、热、机械等多种形式的应力累积，严重时将导致装备损毁脱网等危害[1,2]。对于风电机组，短路故障导致的电压幅值/相位突变等将使机组输出的电磁功率骤降，产生的不平衡功率将驱动风电机组内的旋转转子、直流电容、交流电感等能量存储元件的应力累积。在此类电网短路故障条件下，若风电机组仍采用第 3 章基于正常(非故障)电网条件设计的基本控制策略，机组内能量存储元件的应力极易出现过载，导致风电机组的脱网保护，并进而导致含高比例并网风电的电力系统失去大量电源，甚至导致电网解列[3,4]。对此，各电网运营商均在并网导则中规定了风电机组必须具备的故障穿越能力。风电机组为实现故障穿越运行目标，一方面利用辅助泄能电路或机械结构确保储能元件的应力安全；另一方面，在 PWM 变换器中设置了由电网故障条件使能的故障穿越控制策略。从电力系统暂态问题的视角出发，为实现风电机组故障穿越而附加的硬件方案与软件策略直接决定了电网对称/不对称短路故障期间风电机组在电力系统中的行为特征。

本章总结了风电机组并网导则中的故障穿越要求，讨论电网短路故障条件下风电机组暂态应力累积形成的原因，最后系统性地介绍风电机组实现故障穿越所采取的典型硬件、软件解决方案及其配合逻辑，为下篇中不对称故障穿越期间风电并网系统电磁时间尺度的小信号动态分析(第 7 章)与风电机组机电暂态特性及其并网电力系统暂态稳定性分析(第 8 章)奠定基础。

5.2　并网导则中的故障穿越要求

随着风力发电在现代电网发电侧占比的不断增加，许多国家、地区或输配电企业通过发布并网导则确立了风力发电并网的技术导则。这些并网导则具有相同的目的，即通过对风电场并网行为的系列要求，保障电力系统输供电的安全性与可靠性。

2006 年，德国 E.ON 公司制定了针对(超)高压的输电网技术规范[5]，对接入电力系统的风电场做出了具体规定，该导则显著地影响了后续各国并网导则的制定与发展。2007 年，为了更为有效地整合北欧的电力市场，提高供电质量和系统可靠性，北欧电力调度系统供应商共同形成了北欧输电网技术规范[6]，对接入 110kV 以上、420kV 以下输电线路的风电制定了具体要求，该规范应用于挪威、瑞典、芬兰和丹麦四个北欧国家。我国于 2022 年初实施了《风电场接入电力系统技术规定 第 1 部分：陆上风电》(GB/T 19963.1—2021)。

虽然不同国家和地区制定的并网技术标准不完全相同，且随着风电机组、风电场装机容量的增大其具体要求仍在不断地修改和完善，但世界范围内发布的并网导则均对风电机组或风电场的故障穿越能力进行了明确的要求，具体可概括为以下能力。

(1)故障持续并网能力：当电网因短路故障导致风电场并网点电压幅值跌落/相位跳变后，风电机组及风电场应保证不脱网连续运行一段时间。各并网导则中关于并网点电压幅值与持续并网时间之间的要求如图 5-1 所示。以我国《风电场接入电力系统技术规定 第 1 部分：陆上风电》(GB/T 19963.1—2021)的并网导则为例，当并网点电压幅值跌落最低至 20%额定电压时要求风电机组/风电场应保证不脱网连续运行 625ms；当并网点电压幅值跌落至 90%额定电压以上时要求风电机组/风电场应保证不脱网连续运行[7]。

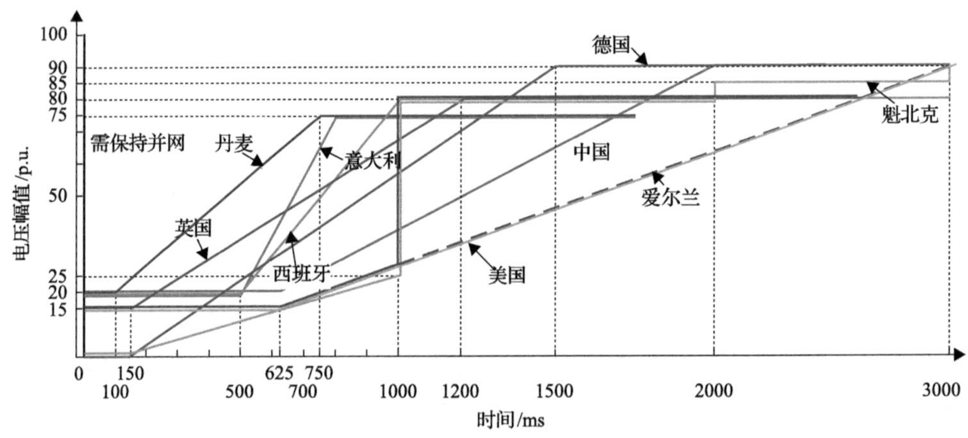

图 5-1　部分并网导则中关于故障持续并网能力的要求

(2)动态无功支撑能力：在风电场并网点电压幅值跌期间，风电机组或风电场应在限定的响应时间内向电力系统注入满足定量要求的动态无功电流。首先，并网导则要求动态无功电流响应的时间应小于一定值，普遍采用的响应时间计算方法如图 5-2 所示；其次，一般要求风电机组或风电场向电力系统注入的动态无功电流大小与并网点电压幅值跌落的程度相关。以我国《风电场接入电力系统技术规定 第 1 部分：陆上风电》(GB/T 19963.1—2021)的并网导则为例，其要求自并网点电压跌落出现的时刻起，动态无功电流控制的响应时间不大于 75ms，持续时间不小于 550ms，且风电场注入电力系统的动态无功电流应满足[7]：

$$I_T \geqslant 1.5 \times (0.9 - U_T) I_N, \quad 0.2 \leqslant U_T \leqslant 0.9 \tag{5-1}$$

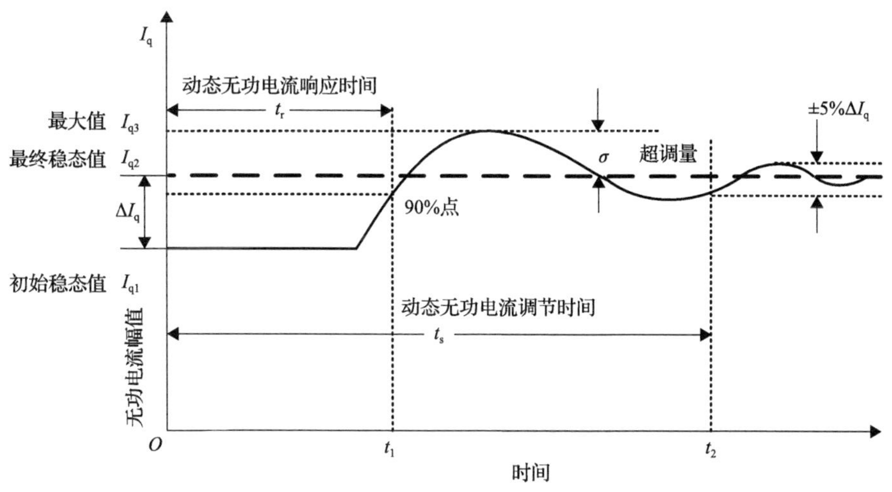

图 5-2　动态无功电流响应时间的典型计算方法

(3)有功恢复能力：自电网短路故障被切除、风电场并网点电压幅值恢复到正常运行范围(90%～110%)时开始，风电场的有功功率恢复速率应高于一定限值。以我国并网导则 GB/T 19963.1—2021 为例，要求自故障清除时刻开始，风电场注入电力系统的有功功率应至少以每秒 10%额定功率的功率变化率恢复至故障前的值。

除上述基本要求外，近年来随着风力发电容量、占比的提高，风电接入电网标准中的故障穿越要求也趋于严格。目前北欧、德国和澳大利亚的输电网技术规范或标准中，已在很多方面要求风电场具备与常规发电机组相同的性能[8-10]。在故障穿越要求方面，除了上述低电压穿越要求外，近年来上述国际新发布的并网导则中加强了对不对称故障穿越能力、高电压穿越能力、零电压穿越能力的要求。

(1)不对称故障穿越能力：目前绝大多数并网导则中的故障穿越要求仅规定了对称电压跌落下的情况，然而电力系统中的不对称故障发生概率更高，且可能造成非故障相(健全相)电压的升高，因而 2017 年德国并网导则 VDE-AR-N 4110/4120 将不对称故障穿越能力及过电压穿越能力纳入了考核指标。例如，VDE-AR-N 4120 规定当并网点电压因两相相间短路故障跌落时，风电场应持续并网至少 220ms 并向电力系统提供一定的负序电流，且当非故障相电压升高至 1.3p.u.时风电场应能保持 0.1s 不脱网连续运行，如图 1-5、图 1-6 所示[11-13]。

(2)高电压穿越能力：当短路故障被切除后，可能导致并网电压的快速上升，甚至超过规定的电压范围，即形成高电压。高电压穿越能力要求风电机组及风电场在并网点电压超过额定电压范围时保持并网运行一段时间，如加拿大马尼托巴水电局要求并网点电压增加至额定值的130%时风电场仍保持并网运行12个工频周期。

(3)零电压穿越能力：要求风电场近端发生金属性三相短路故障时风电机组及风电场保持并网运行一段时间。例如，图 5-1 中德国及加拿大魁北克水电局要求并网点电压跌落至零时风电场仍保持并网运行 150ms。

随着我国并网风电比例的不断提高，我国风电接入电网的并网导则，尤其是关于故障穿越能力方面的要求，也将趋于严格。因此，风电机组、风电场必须针对电网故障这种特定运行条件采取措施，提升上述故障穿越能力。

5.3　电网电压跌落下双馈发电机的特性分析

5.3.1　正常工况下双馈发电机转子感应电动势特性

理想电网条件下的双馈发电机电气量关系已在 3.2 节中进行了详细介绍。依据 3.2.2 节同步速旋转坐标系中双馈发电机的稳态模型可判断正常工况下转子感应电动势的特性[14-16]。

依据式(3-20)，并忽略定子电阻 R_s 上所产生的压降，可得正常工况下的定子磁链表达式，即

$$\boldsymbol{\psi}_s = \frac{\boldsymbol{U}_s}{j\omega_1} \tag{5-2}$$

式(5-2)意味着在正常电压的激励下，双馈发电机进入稳态后仅含有一个相对于定子绕组以同步速旋转(相对于同步速旋转坐标系静止)的定子磁链分量。

依据式(3-22)及式(3-36)，可得定、转子磁链之间的转换关系为

$$\boldsymbol{\psi}_r = \frac{L_m}{L_s}\boldsymbol{\psi}_s + \sigma L_r \boldsymbol{I}_r \tag{5-3}$$

将式(5-3)代入式(3-21)中，可用定子磁链与转子电流表示转子电压，即

$$\boldsymbol{U}_r = R_r \boldsymbol{I}_r + \frac{L_m}{L_s}\frac{d\boldsymbol{\psi}_s}{dt} + \sigma L_r \frac{d\boldsymbol{I}_r}{dt} + j\omega_{slip}\left(\frac{L_m}{L_s}\boldsymbol{\psi}_s + \sigma L_r \boldsymbol{I}_r\right) \tag{5-4}$$

则对应的转子感应电动势即为转子开路(转子电流为零)时的转子电压：

$$\boldsymbol{E}_{\mathrm{r}}=\frac{L_{\mathrm{m}}}{L_{\mathrm{s}}}\left(\frac{\mathrm{d}\boldsymbol{\psi}_{\mathrm{s}}}{\mathrm{d}t}+\mathrm{j}\omega_{\mathrm{slip}}\boldsymbol{\psi}_{\mathrm{s}}\right) \tag{5-5}$$

在正常运行工况下，$\mathrm{d}\boldsymbol{\psi}_{\mathrm{s}}/\mathrm{d}t$ 为零，则转子感应电动势进一步简化为

$$\left|\boldsymbol{E}_{\mathrm{r}}\right|=\left|\mathrm{j}\omega_{\mathrm{slip}}\frac{L_{\mathrm{m}}}{L_{\mathrm{s}}}\boldsymbol{\psi}_{\mathrm{s}}\right|=\left|\frac{\omega_{\mathrm{slip}}}{\omega_1}\frac{L_{\mathrm{m}}}{L_{\mathrm{s}}}\boldsymbol{U}_{\mathrm{s}}\right| \tag{5-6}$$

对应的转子侧等效电路如图 5-3 所示[14-16]。

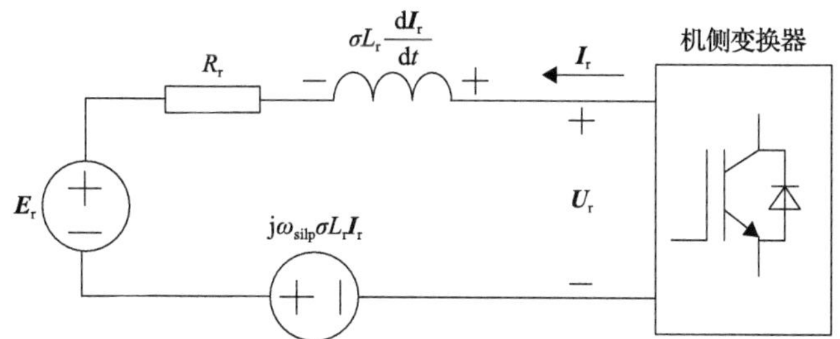

图 5-3　双馈发电机转子侧等效电路

由于 $L_{\mathrm{m}}/L_{\mathrm{s}}\approx 1$，可由式(5-6)知在正常工况下，双馈发电机转子感应电动势的幅值约为定子电压幅值乘以滑差。由于正常运行时双馈发电机的转差率一般不会超过 25%，该感应电动势幅值相对较低。需注意的是上述电压值都是折算到定子侧的标幺值。实际转子感应电动势的幅值还应该乘以转子与定子的匝比。

以一台定、转子额定电压分别为 690V、1975V 的双馈发电机为例，其 $L_{\mathrm{m}}/L_{\mathrm{s}}$=0.954，当转速运行于 1.2p.u.(滑差率为–0.2)时，转子绕组中的感应电动势实际值为

$$\left|\boldsymbol{E}_{\mathrm{r}}\right|=\left|-0.2\times 0.954\times 690\times\frac{1975}{690}\right|=376.83(\mathrm{V}) \tag{5-7}$$

5.3.2　三相电压对称跌落下双馈发电机转子感应电动势特性

令电网电压在 $t=t_0$ 时刻发生三相电压对称跌落，且跌落前后的电压分别为 $\boldsymbol{U}_{\mathrm{s0}}$、$\boldsymbol{U}_{\mathrm{s1}}$，即有

$$\boldsymbol{U}_{\mathrm{s\alpha\beta}}(t)=\begin{cases}U_{\mathrm{sm0}}\mathrm{e}^{\mathrm{j}(\omega_1 t+\phi_0)}=\boldsymbol{U}_{\mathrm{s0}}\mathrm{e}^{\mathrm{j}\omega_1 t}, & t<t_0\\ U_{\mathrm{sm1}}\mathrm{e}^{\mathrm{j}(\omega_1 t+\phi_1)}=\boldsymbol{U}_{\mathrm{s1}}\mathrm{e}^{\mathrm{j}\omega_1 t}, & t\geqslant t_0\end{cases} \tag{5-8}$$

式中，U_{sm0} 为跌落前定子电压幅值；U_{sm1} 为跌落后定子电压幅值；ϕ_0 为跌落前定子电压初相位；ϕ_1 为跌落后定子电压初相位。

在同步速旋转坐标系中，定子电压矢量可表示为

$$\boldsymbol{U}_{\rm s}(t)=\begin{cases}\boldsymbol{U}_{\rm s0}, & t<t_0\\ \boldsymbol{U}_{\rm s1}, & t\geqslant t_0\end{cases} \tag{5-9}$$

再根据式(5-9)和式(3-21)可得电压跌落前、后稳态时的双馈发电机定子磁链空间矢量分别为

$$\boldsymbol{\psi}_{\rm s}(t)=\begin{cases}\dfrac{\boldsymbol{U}_{\rm s0}}{{\rm j}\omega_1}=\boldsymbol{\psi}_{\rm s0}, & t<t_0\\ \dfrac{\boldsymbol{U}_{\rm s1}}{{\rm j}\omega_1}=\boldsymbol{\psi}_{\rm s1}, & t\geqslant t_0\end{cases} \tag{5-10}$$

虽然定子电压幅值从$\boldsymbol{U}_{\rm s0}$瞬间跌落至$\boldsymbol{U}_{\rm s1}$，但根据磁链守恒原则，定子磁链幅值并不会从$\boldsymbol{\psi}_{\rm s0}$突变为$\boldsymbol{\psi}_{\rm s1}$。与同步发电机短路分析一致(双馈发电机的定子绕组可等价于同步发电机的电枢绕组)，为保持定子磁链守恒，在电压跌落后除稳态磁链$\boldsymbol{\psi}_{\rm s1}$外，还将感应出一个相对于定子绕组静止的自由磁链分量$\boldsymbol{\psi}_{\rm sn}$，该自由磁链分量的幅值将随时间单调衰减，即

$$\boldsymbol{\psi}_{\rm sn}=(\boldsymbol{\psi}_{\rm s0}-\boldsymbol{\psi}_{\rm s1}){\rm e}^{-\frac{t}{\tau}}=\frac{\boldsymbol{U}_{\rm s0}-\boldsymbol{U}_{\rm s1}}{{\rm j}\omega_1}{\rm e}^{-\frac{t}{\tau}}=\frac{\Delta\boldsymbol{U}_{\rm s}}{{\rm j}\omega_1}{\rm e}^{-\frac{t}{\tau}} \tag{5-11}$$

式中，$\Delta\boldsymbol{U}_{\rm s}=\boldsymbol{U}_{\rm s0}-\boldsymbol{U}_{\rm s1}$；$\tau$为时间常数。

需注意式(5-11)中的自由磁链是在两相静止αβ坐标系中的表达，故可将跌落后的稳态定子磁链$\boldsymbol{\psi}_{\rm s1}$变换至两相静止αβ坐标系，则定子磁链的瞬时值为

$$\boldsymbol{\psi}_{\rm s\alpha\beta}(t)=\boldsymbol{\psi}_{\rm s1}{\rm e}^{{\rm j}\omega_1 t}+\boldsymbol{\psi}_{\rm sn}=\frac{\boldsymbol{U}_{\rm s1}}{{\rm j}\omega_1}{\rm e}^{{\rm j}\omega_1 t}+\frac{\Delta\boldsymbol{U}_{\rm s}}{{\rm j}\omega_1}{\rm e}^{-\frac{t}{\tau}},\quad t\geqslant t_0 \tag{5-12}$$

图5-4展示了定子电压跌落50%后，两相静止αβ坐标系中的定子磁链瞬时值的过渡过程。可见，在两相静止αβ坐标系中，稳态定子磁链的轨迹是一个半径由故障后电压幅值决定的圆，而自由磁链则对应一个直流分量(对应于圆心的位置)，随着时间指数衰减为零。

同样地，可将式(5-12)中的定子磁链变换至同步速旋转坐标系下，即

$$\boldsymbol{\psi}_{\rm s}(t)=\boldsymbol{\psi}_{\rm s1}+\boldsymbol{\psi}_{\rm sn}{\rm e}^{-\frac{t}{\tau}-{\rm j}\omega_1 t}=\frac{\boldsymbol{U}_{\rm s1}}{{\rm j}\omega_1}+\frac{\Delta\boldsymbol{U}_{\rm s}}{{\rm j}\omega_1}{\rm e}^{-\frac{t}{\tau}-{\rm j}\omega_1 t},\quad t\geqslant t_0 \tag{5-13}$$

将式(5-13)代入式(5-5)可得转子感应电动势为

$$\boldsymbol{E}_{\rm r}(t)=\frac{\omega_{\rm slip}}{\omega_1}\frac{L_{\rm m}}{L_{\rm s}}\boldsymbol{U}_{\rm s1}+\frac{L_{\rm m}}{L_{\rm s}}\frac{{\rm d}\boldsymbol{\psi}_{\rm sn}}{{\rm d}t}{\rm e}^{-{\rm j}\omega_1 t}-\frac{\omega_{\rm r}}{\omega_1}\frac{L_{\rm m}}{L_{\rm s}}\Delta\boldsymbol{U}_{\rm s}{\rm e}^{-\frac{t}{\tau}-{\rm j}\omega_1 t} \tag{5-14}$$

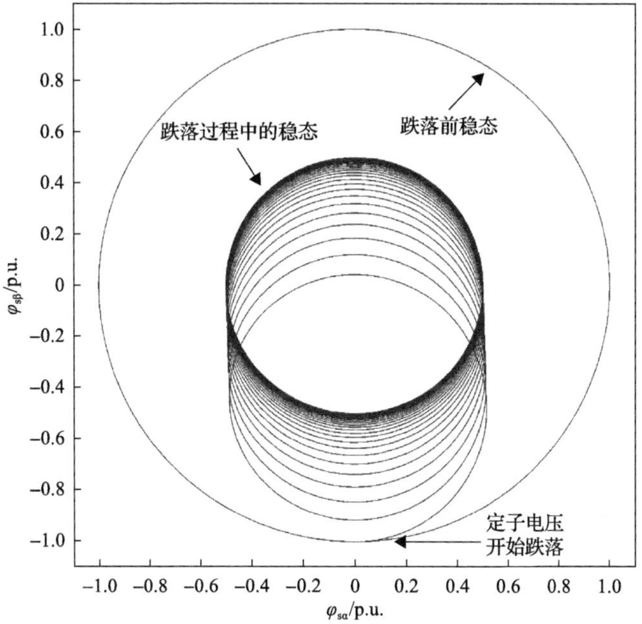

图 5-4　双馈发电机定子电压跌落 50%时定子磁链的变化过程[15]

式(5-14)中的第二项为自由定子磁链产生的变压器电动势，第三项为旋转电动势。由于自由定子磁链的幅值以指数衰减，且其相对转子绕组以转速频率旋转，其产生的变压器电动势幅值远小于旋转电动势，故可忽略转子感应电动势中的变压器电动势[15]，即

$$\boldsymbol{E}_{\mathrm{r}}(t)=\frac{\omega_{\mathrm{slip}}}{\omega_1}\frac{L_{\mathrm{m}}}{L_{\mathrm{s}}}\boldsymbol{U}_{\mathrm{s}1}-\frac{\omega_{\mathrm{r}}}{\omega_1}\frac{L_{\mathrm{m}}}{L_{\mathrm{s}}}\Delta\boldsymbol{U}_{\mathrm{s}}\mathrm{e}^{-\frac{t}{\tau}-\mathrm{j}\omega_1 t} \tag{5-15}$$

可知，转子感应电动势的最大值约为

$$\left|\boldsymbol{E}_{\mathrm{r}\alpha\beta}(t)\right|_{\substack{\max\\ t=t_0}}=\frac{L_{\mathrm{m}}}{L_{\mathrm{s}}}\left(\frac{\omega_{\mathrm{slip}}}{\omega_1}\boldsymbol{U}_{\mathrm{s}1}+\frac{\omega_{\mathrm{r}}}{\omega_1}\Delta\boldsymbol{U}_{\mathrm{s}}\right)=\frac{L_{\mathrm{m}}}{L_{\mathrm{s}}}[s\boldsymbol{U}_{\mathrm{s}1}+(1-s)\Delta\boldsymbol{U}_{\mathrm{s}}] \tag{5-16}$$

仍以 5.3.1 节中的双馈发电机为例，在其定子电压对称跌落至额定值的 50%后，转子感应电动势的幅值为

$$\begin{aligned}\left|\boldsymbol{E}_{\mathrm{r}\alpha\beta}(t)\right|_{\substack{\max\\ t=t_0}}&=0.954\times\big[\left|-0.2\times0.5\times690\right|+\left|(1+0.2)\times(1-0.5)\times690\right|\big]\times\frac{1975}{690}\\&=1318.91(\mathrm{V})\end{aligned} \tag{5-17}$$

比较式(5-6)与式(5-16)，或式(5-7)与式(5-17)可以看出，由于双馈发电机运行滑差 s 一般在−0.25～0.25，电压跌落后，因自由磁链产生的转子感应电动势幅

值可接近甚至大于定子额定电压。图 5-5 为某双馈发电机定子电压跌落至零时(零电压)三相转子开路电压变化过程。

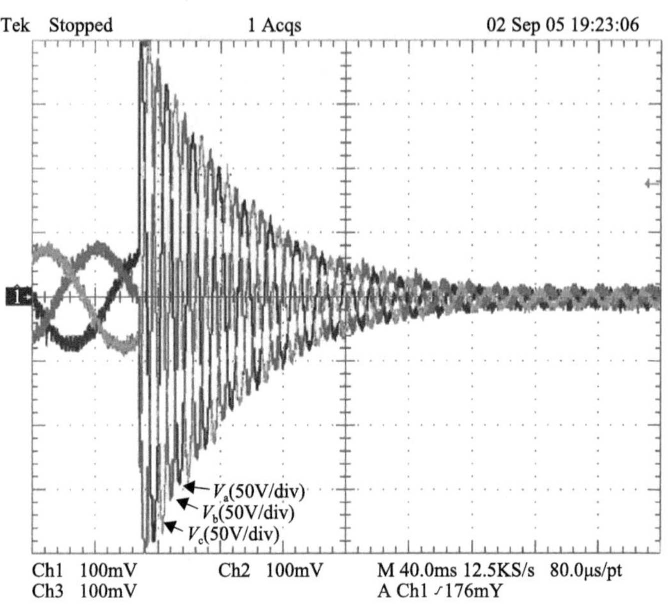

图 5-5 双馈发电机定子电压跌落至零时三相转子开路电压[15]

5.3.3 三相电压不对称跌落下双馈发电机转子感应电动势特性

相似地，令 $t=t_0$ 时刻电网发生不对称跌落，跌落前后的定子电压为

$$\boldsymbol{U}_{\mathrm{s}\alpha\beta}(t)=\begin{cases}U_{\mathrm{sm}0}\mathrm{e}^{\mathrm{j}(\omega_1 t+\phi_0)}=\boldsymbol{U}_{\mathrm{s}0}\mathrm{e}^{\mathrm{j}\omega_1 t}, & t<t_0\\ U_{\mathrm{sm}1+}\mathrm{e}^{\mathrm{j}(\omega_1 t+\phi_{1+})}+U_{\mathrm{sm}1-}\mathrm{e}^{\mathrm{j}(-\omega_1 t+\phi_{1-})}=\boldsymbol{U}_{\mathrm{s}1+}\mathrm{e}^{\mathrm{j}\omega_1 t}+\boldsymbol{U}_{\mathrm{s}1-}\mathrm{e}^{-\mathrm{j}\omega_1 t}, & t\geqslant t_0\end{cases} \tag{5-18}$$

式中，正、负序电压分量的幅值分别为 $U_{\mathrm{sm}1+}$、$U_{\mathrm{sm}1-}$。

在正转同步速旋转坐标系中的电压矢量为

$$\boldsymbol{U}_{\mathrm{s}}(t)=\begin{cases}\boldsymbol{U}_{\mathrm{s}0}, & t<t_0\\ \boldsymbol{U}_{\mathrm{s}1+}+\boldsymbol{U}_{\mathrm{s}1-}\mathrm{e}^{-\mathrm{j}2\omega_1 t}, & t\geqslant t_0\end{cases} \tag{5-19}$$

首先，将正序电压分量代入式(3-21)，可得正序电压对应的稳态定子磁链为

$$\boldsymbol{\psi}_{\mathrm{s}+}(t)=\begin{cases}\dfrac{\boldsymbol{U}_{\mathrm{s}0}}{\mathrm{j}\omega_1}=\boldsymbol{\psi}_{\mathrm{s}0}, & t<t_0\\ \dfrac{\boldsymbol{U}_{\mathrm{s}1+}}{\mathrm{j}\omega_1}=\boldsymbol{\psi}_{\mathrm{s}1+}, & t\geqslant t_0\end{cases} \tag{5-20}$$

负序定子电压产生的稳态定子磁链矢量也以负序同步速旋转，将式(3-20)变换至负序同步速旋转坐标系，可得

$$\begin{aligned}\boldsymbol{U}_{s1-}\mathrm{e}^{-\mathrm{j}2\omega_1 t} &= R_s\boldsymbol{I}_{s-}\mathrm{e}^{-\mathrm{j}2\omega_1 t} + \frac{\mathrm{d}\boldsymbol{\psi}_{s-}\mathrm{e}^{-\mathrm{j}2\omega_1 t}}{\mathrm{d}t} + \mathrm{j}\omega_1\boldsymbol{\psi}_{s-}\mathrm{e}^{-\mathrm{j}2\omega_1 t}\\ &= R_s\boldsymbol{I}_{s-}\mathrm{e}^{-\mathrm{j}2\omega_1 t} + \frac{\mathrm{d}\boldsymbol{\psi}_{s-}}{\mathrm{d}t}\mathrm{e}^{-\mathrm{j}2\omega_1 t} - \mathrm{j}\omega_1\boldsymbol{\psi}_{s-}\mathrm{e}^{-\mathrm{j}2\omega_1 t}\end{aligned} \tag{5-21}$$

因负序稳态定子磁链在负序同步速旋转坐标系下为静止矢量，故可忽略式(5-21)中负序磁链分量的微分项，继续忽略极小的定子电阻压降，即可得到负序定子磁链的表达式：

$$\boldsymbol{\psi}_{s-} = \frac{\boldsymbol{U}_{s1-}}{-\mathrm{j}\omega_1} \tag{5-22}$$

同样地，定子磁链除上述两个稳态分量外，仍将产生一个与定子绕组相对静止的自由定子磁链以维持故障发生时刻定子磁链的守恒。不对称电压跌落发生后，该定子自由磁链仍以指数衰减，在两相静止αβ坐标系中可表示为

$$\boldsymbol{\psi}_{sn} = (\boldsymbol{\psi}_{s0} - \boldsymbol{\psi}_{s1+} - \boldsymbol{\psi}_{s1-})\mathrm{e}^{-\frac{t}{\tau}} = \left(\frac{\boldsymbol{U}_{s0} - \boldsymbol{U}_{s1+} + \boldsymbol{U}_{s1-}}{j\omega_1}\right)\mathrm{e}^{-\frac{t}{\tau}} \tag{5-23}$$

综合上述定子磁链的正序、负序稳态分量及自由分量，完整的定子磁链可在两相静止αβ坐标系中表示为

$$\begin{aligned}\boldsymbol{\psi}_{s\alpha\beta}(t) &= \boldsymbol{\psi}_{s1+}\mathrm{e}^{\mathrm{j}\omega_1 t} + \boldsymbol{\psi}_{s1-}\mathrm{e}^{-\mathrm{j}\omega_1 t} + \boldsymbol{\psi}_{sn}\\ &= \frac{\boldsymbol{U}_{s1+}}{\mathrm{j}\omega_1}\mathrm{e}^{\mathrm{j}\omega_1 t} - \frac{\boldsymbol{U}_{s1-}}{\mathrm{j}\omega_1}\mathrm{e}^{-\mathrm{j}\omega_1 t} + \left(\frac{\boldsymbol{U}_{s0} - \boldsymbol{U}_{s1+} + \boldsymbol{U}_{s1-}}{\mathrm{j}\omega_1}\right)\mathrm{e}^{-\frac{t}{\tau}}, \quad t \geqslant t_0\end{aligned} \tag{5-24}$$

可见，在两相静止αβ坐标系中，当不对称电压跌落发生后，定子磁链由三个转速不同的矢量叠加而成，式(5-24)中的前两项分别为正序、负序同步速旋转矢量，其叠加的效果对应于图 5-6 中的椭圆轨迹。而式(5-24)中的第三项对应于定子自由磁链，其在图 5-6 中的效果仍然是使磁链的椭圆轨迹保持连续并使圆心逐渐过渡至零。

可将式(5-24)转换至正序同步速旋转坐标系中，则对应的磁链为

$$\begin{aligned}\boldsymbol{\psi}_s(t) &= \boldsymbol{\psi}_{s1+} + \boldsymbol{\psi}_{s1-}\mathrm{e}^{-\mathrm{j}2\omega_1 t} + \boldsymbol{\psi}_{sn}\mathrm{e}^{-\mathrm{j}\omega_1 t}\\ &= \frac{\boldsymbol{U}_{s1+}}{\mathrm{j}\omega_1} - \frac{\boldsymbol{U}_{s1-}}{\mathrm{j}\omega_1}\mathrm{e}^{-\mathrm{j}2\omega_1 t} + \left(\frac{\boldsymbol{U}_{s0} - \boldsymbol{U}_{s1+} + \boldsymbol{U}_{s1-}}{\mathrm{j}\omega_1}\right)\mathrm{e}^{-\frac{t}{\tau}}\mathrm{e}^{-\mathrm{j}\omega_1 t}, \quad t \geqslant t_0\end{aligned} \tag{5-25}$$

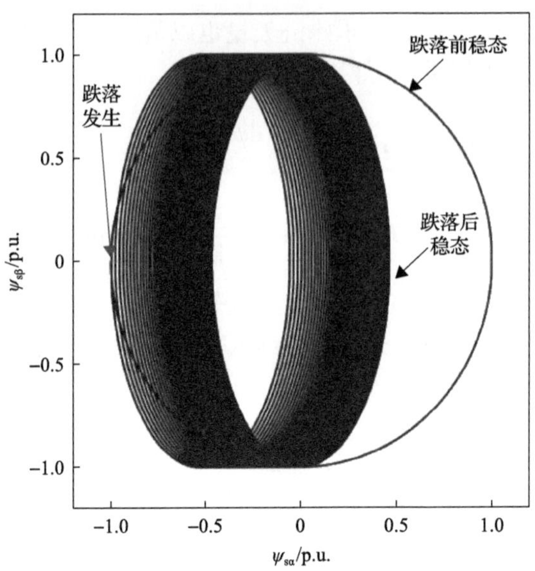

图 5-6　A 相电压跌落 80%时定子磁链变化趋势($t_0=T_1/4$)[15]

将式(5-25)代入式(5-5)中，依然忽略定子自由磁链产生的变压器电动势，可得电压不对称跌落后的转子感应电动势为

$$\boldsymbol{E}_{\mathrm{r}}(t)=\frac{L_{\mathrm{m}}}{L_{\mathrm{s}}}[\mathrm{j}\omega_{\mathrm{slip}}\boldsymbol{\psi}_{\mathrm{s1+}}+\mathrm{j}(\omega_{\mathrm{slip}}-2\omega_1)\boldsymbol{\psi}_{\mathrm{s1-}}\mathrm{e}^{-\mathrm{j}2\omega_1 t}-\mathrm{j}\omega_{\mathrm{r}}\boldsymbol{\psi}_{\mathrm{sn}}\mathrm{e}^{-\mathrm{j}\omega_1 t}] \tag{5-26}$$

将式(5-20)与式(5-22)代入式(5-26)中，可得

$$\boldsymbol{E}_{\mathrm{r}}(t)=\frac{L_{\mathrm{m}}}{L_{\mathrm{s}}}[s\boldsymbol{U}_{\mathrm{s1+}}+(2-s)\boldsymbol{U}_{\mathrm{s1-}}\mathrm{e}^{-\mathrm{j}2\omega_1 t}-(1-s)(\boldsymbol{U}_{\mathrm{s0}}-\boldsymbol{U}_{\mathrm{s1+}}+\boldsymbol{U}_{\mathrm{s1-}})\mathrm{e}^{-\frac{t}{\tau}}\mathrm{e}^{-\mathrm{j}\omega_1 t}] \tag{5-27}$$

可知，对应的转子感应电动势的最大值约为

$$\left|\boldsymbol{E}_{\mathrm{r}}(t)\right|_{\substack{\max\\ t=t_0}}=\frac{L_{\mathrm{m}}}{L_{\mathrm{s}}}\left[s\left|\boldsymbol{U}_{\mathrm{s1+}}\right|+\left|(2-s)\boldsymbol{U}_{\mathrm{s1-}}\right|+\left|(1-s)(\boldsymbol{U}_{\mathrm{s0}}-\boldsymbol{U}_{\mathrm{s1+}}+\boldsymbol{U}_{\mathrm{s1-}})\right|\right] \tag{5-28}$$

仍以 5.3.1 节中的双馈发电机为例，在其定子正序电压跌落至 50%额定值且负序电压阶跃至 20%额定值(正负序电压分量的初始相位与故障前电压矢量相位一致)后，转子感应电动势的幅值为

$$\left|\boldsymbol{E}_{\mathrm{r}}(t)\right|_{\substack{\max\\ t=t_0}}=0.954\times[0.2\times0.5+(2+0.2)\times0.2+(1+0.2)\times0.3]\times1975=1695.74(\mathrm{V}) \tag{5-29}$$

可知，由于定子电压的负序电压分量，转子感应电动势中出现了与负序电压幅值呈 3–s 倍关系的负序转子感应电动势。由于双馈发电机运行滑差一般在–0.25～0.25，电压跌落后，很小的负序定子电压将在转子侧产生接近两倍幅值(折算至定子侧)的转子电压，这是相对于三相电压跌落情况更为严重的应力冲击。计及实际双馈发电机定、转子绕组的匝比，则负序电压将产生近五倍于负序电压幅值的转子感应电动势。图 5-7 为 A 相定子电压跌落至 80%额定值时转子的开路电压变化过程。

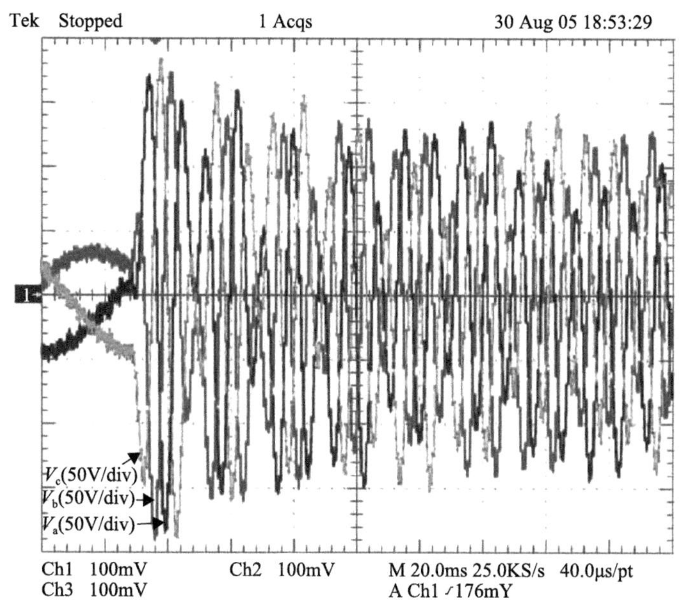

图 5-7　A 相定子电压跌落至 80%额定值时转子开路电压变化($t_0 = T_1/4$)[15]

5.4　故障穿越软件控制算法

本节及 5.5 节将先以双馈型风机为对象讨论故障穿越软件控制算法与硬件电路，全功率型风机实现故障穿越的软件算法与硬件电路与双馈型风机具有相似性，将在 5.6 节中进行论述。

基于 5.3 节的讨论不难发现，在电网电压发生对称或不对称跌落时，双馈发电机转子绕组中将产生显著区别于正常运行时的感应电动势分量。

当故障程度(电压跌落深度、不对称度)较轻时，这些转子感应电动势将作为扰动项直接影响机侧、网侧变换器的矢量控制，引起较大的暂态调节过程。当故障程度(电压跌落深度、不对称度)较深时，这些转子感应电动势将直接超出转子侧变换器的控制能力(交流输出能力)，直接引发转子侧过电流、直流母线过电压等应力问题，导致风电机组的过流脱网保护与故障穿越失败。因此，第 3 章中基于理想电网电压条件设计的网侧、转子侧变换器矢量控制策略无法确保双馈型风机满足 5.2 节中的故障穿越要求(故障后风机的连续并网、动态无功注入响应等要求)。为满足并网导则中的故障穿越要求，在实际工程中需针对不同电网电压跌落情况切换所采用的 PWM 变换器控制策略(故障穿越软件控制算法)并添加针对储能元件状态的保护电路等硬件措施。

其中，故障穿越软件控制算法的目标是仅当转子感应电动势在 PWM 变换器控制能力之内时，增强矢量控制的抗扰性能，确保故障过程中励磁变换器不过流、直流母线不过压，并在规定的响应时间要求内实现所需的动态无功电流注入。针对这些目标，本节将分别介绍双馈型风机的两种典型故障穿越软件控制算法。

5.4.1 动态定子磁链全前馈策略

根据式(5-4)，可得同步速旋转坐标系中转子侧电压与转子电流、定子磁链之间的关系式为

$$\boldsymbol{U}_{\mathrm{r}}=R_{\mathrm{r}}\boldsymbol{I}_{\mathrm{r}}+\frac{L_{\mathrm{m}}}{L_{\mathrm{s}}}\frac{\mathrm{d}\boldsymbol{\psi}_{\mathrm{s}}}{\mathrm{d}t}+\mathrm{j}\omega_{\mathrm{slip}}\frac{L_{\mathrm{m}}}{L_{\mathrm{s}}}\boldsymbol{\psi}_{\mathrm{s}}+\mathrm{j}\omega_{\mathrm{slip}}\sigma L_{\mathrm{r}}\boldsymbol{I}_{\mathrm{r}}+\sigma L_{\mathrm{r}}\frac{\mathrm{d}\boldsymbol{I}_{\mathrm{r}}}{\mathrm{d}t} \tag{5-30}$$

回顾 3.3.1 节可知，基于理想电网电压条件设计的转子侧变换器输出的电压为

$$\boldsymbol{U}_{\mathrm{r}}^{*}=R_{\mathrm{r}}\boldsymbol{I}_{\mathrm{r}}+\mathrm{j}\omega_{\mathrm{slip}}\left(\frac{L_{\mathrm{m}}}{L_{\mathrm{s}}}\frac{\boldsymbol{U}_{\mathrm{s}}}{j\omega_{1}}+\sigma L_{\mathrm{r}}\boldsymbol{I}_{\mathrm{r}}\right)+k_{\mathrm{irp}}\left(\boldsymbol{I}_{\mathrm{r}}^{*}-\boldsymbol{I}_{\mathrm{r}}\right)+k_{\mathrm{iri}}\int\left(\boldsymbol{I}_{\mathrm{r}}^{*}-\boldsymbol{I}_{\mathrm{r}}\right)\mathrm{d}t \tag{5-31}$$

考虑到 $\boldsymbol{\psi}_{\mathrm{r}}=\frac{L_{\mathrm{m}}}{L_{\mathrm{s}}}\boldsymbol{\psi}_{\mathrm{s}}+\sigma L_{\mathrm{r}}\boldsymbol{I}_{\mathrm{r}}$ 及 $\boldsymbol{U}_{\mathrm{s}}=R_{\mathrm{s}}\boldsymbol{I}_{\mathrm{s}}+\mathrm{d}\boldsymbol{\psi}_{\mathrm{s}}/\mathrm{d}t+\mathrm{j}\omega_{1}\boldsymbol{\psi}_{\mathrm{s}}$，可见第 3 章基于理想电网条件下的矢量控制是基于假设：

$$\mathrm{d}\boldsymbol{\psi}_{\mathrm{s}}/\mathrm{d}t=R_{\mathrm{s}}\boldsymbol{I}_{\mathrm{s}}=0 \tag{5-32}$$

虽然在电网电压恒定的理想条件下，上述基本矢量控制方案都被证明能使变速恒频运行的双馈发电机风电系统获得良好的动态和稳态性能，但在电网电压故障情况下，定子磁链的自由分量、负序分量在同步速旋转坐标系下的微分项不可忽略，第 3 章的基本矢量控制方案中将出现由上述微分项构成的复杂扰动项，直接影响了控制系统的抗扰性能，导致暂态电流、直流电压应力增加，必须予以修正。

对基本矢量控制进行修正的原理是通过在转子侧变换器输出电压中附加与扰动一致的前馈项，从而抵消这些因电压突变而引入的扰动，实现转子电流的无静差调节和电压跌落条件下较好的抗扰性[16,17]。基于式(5-30)可知，具备动态定子磁链全前馈的控制策略输出的转子电压为

$$\boldsymbol{U}_{\mathrm{r}}^{*}=R_{\mathrm{r}}\boldsymbol{I}_{\mathrm{r}}+\frac{L_{\mathrm{m}}}{L_{\mathrm{s}}}\frac{\mathrm{d}\boldsymbol{\psi}_{\mathrm{s}}}{\mathrm{d}t}+\mathrm{j}\omega_{\mathrm{slip}}\frac{L_{\mathrm{m}}}{L_{\mathrm{s}}}\boldsymbol{\psi}_{\mathrm{s}}+\mathrm{j}\omega_{\mathrm{slip}}\sigma L_{\mathrm{r}}\boldsymbol{I}_{\mathrm{r}}+k_{\mathrm{irp}}\left(\boldsymbol{I}_{\mathrm{r}}^{*}-\boldsymbol{I}_{\mathrm{r}}\right)+k_{\mathrm{iri}}\int\left(\boldsymbol{I}_{\mathrm{r}}^{*}-\boldsymbol{I}_{\mathrm{r}}\right)\mathrm{d}t \tag{5-33}$$

式中，$\boldsymbol{I}_{\mathrm{r}}^{*}$ 为转子电流指令矢量，且有 $\boldsymbol{I}_{\mathrm{r}}^{*}=i_{\mathrm{rd}}^{*}+\mathrm{j}i_{\mathrm{rq}}^{*}$。

基于 $\boldsymbol{U}_{\mathrm{s}}=R_{\mathrm{s}}\boldsymbol{I}_{\mathrm{s}}+\mathrm{d}\boldsymbol{\psi}_{\mathrm{s}}/\mathrm{d}t+\mathrm{j}\omega_{1}\boldsymbol{\psi}_{\mathrm{s}}$ 对式(5-33)中定子磁链的微分项进行替代，可得

$$\begin{aligned}\boldsymbol{U}_{\mathrm{r}}^{*}=&R_{\mathrm{r}}\boldsymbol{I}_{\mathrm{r}}+\frac{L_{\mathrm{m}}}{L_{\mathrm{s}}}(\boldsymbol{U}_{\mathrm{s}}-R_{\mathrm{s}}\boldsymbol{I}_{\mathrm{s}}-\mathrm{j}\omega_{1}\boldsymbol{\psi}_{\mathrm{s}})+\mathrm{j}\omega_{\mathrm{slip}}\frac{L_{\mathrm{m}}}{L_{\mathrm{s}}}\boldsymbol{\psi}_{\mathrm{s}}+\mathrm{j}\omega_{\mathrm{slip}}\sigma L_{\mathrm{r}}\boldsymbol{I}_{\mathrm{r}}+k_{\mathrm{irp}}\left(\boldsymbol{I}_{\mathrm{r}}^{*}-\boldsymbol{I}_{\mathrm{r}}\right)\\&+k_{\mathrm{iri}}\int\left(\boldsymbol{I}_{\mathrm{r}}^{*}-\boldsymbol{I}_{\mathrm{r}}\right)\mathrm{d}t\end{aligned} \tag{5-34}$$

分 dq 分量列写，可表示为

$$\begin{cases}u_{\mathrm{rd}}^{*}=u_{\mathrm{rd}}'+\left(R_{\mathrm{r}}i_{\mathrm{rd}}-\omega_{\mathrm{slip}}\sigma L_{\mathrm{r}}i_{\mathrm{rq}}-\omega_{\mathrm{slip}}\dfrac{L_{\mathrm{m}}}{L_{\mathrm{s}}}\psi_{\mathrm{sq}}\right)+v_{\mathrm{rd1}}\\u_{\mathrm{rq}}^{*}=u_{\mathrm{rq}}'+\left(R_{\mathrm{r}}i_{\mathrm{rq}}+\omega_{\mathrm{slip}}\sigma L_{\mathrm{r}}i_{\mathrm{rd}}+\omega_{\mathrm{slip}}\dfrac{L_{\mathrm{m}}}{L_{\mathrm{s}}}\psi_{\mathrm{sd}}\right)+v_{\mathrm{rq1}}\end{cases} \tag{5-35}$$

式中

$$\begin{cases}u_{\mathrm{rd}}'=k_{\mathrm{irp}}\left(i_{\mathrm{rd}}^{*}-i_{\mathrm{rd}}\right)+k_{\mathrm{iri}}\int\left(i_{\mathrm{rd}}^{*}-i_{\mathrm{rd}}\right)\mathrm{d}t\\u_{\mathrm{rq}}'=k_{\mathrm{irp}}\left(i_{\mathrm{rq}}^{*}-i_{\mathrm{rq}}\right)+k_{\mathrm{iri}}\int\left(i_{\mathrm{rq}}^{*}-i_{\mathrm{rq}}\right)\mathrm{d}t\end{cases} \tag{5-36}$$

$$\begin{cases}v_{\mathrm{rd1}}=\dfrac{L_{\mathrm{m}}}{L_{\mathrm{s}}}\left(u_{\mathrm{sd}}-R_{\mathrm{s}}i_{\mathrm{sd}}+\omega_{1}\psi_{\mathrm{sq}}\right)\\v_{\mathrm{rq1}}=\dfrac{L_{\mathrm{m}}}{L_{\mathrm{s}}}\left(u_{\mathrm{sq}}-R_{\mathrm{s}}i_{\mathrm{sq}}-\omega_{1}\psi_{\mathrm{sd}}\right)\end{cases} \tag{5-37}$$

根据式(5-34)～式(5-37)可得计及定子励磁电流动态过程的定子电压定向改进矢量控制框图，如图 5-8 所示。图中，$V_{\mathrm{rdq1}}=v_{\mathrm{rd1}}+\mathrm{j}v_{\mathrm{rq1}}$，则基于定子电压定向的基本矢量控制可视为补偿项为零，即 $v_{\mathrm{rd1}}=0, v_{\mathrm{rq1}}=0$。

电网电压幅值骤降下，双馈型风机转子侧变换器采用动态定子磁链全前馈策略与基本矢量控制时的控制性能如图 5-9 所示。由图 5-9(b)和图 5-8(c)可见，采用动态定子磁链全前馈控制方案下转子电流波动的幅值比基本矢量控制小得多，

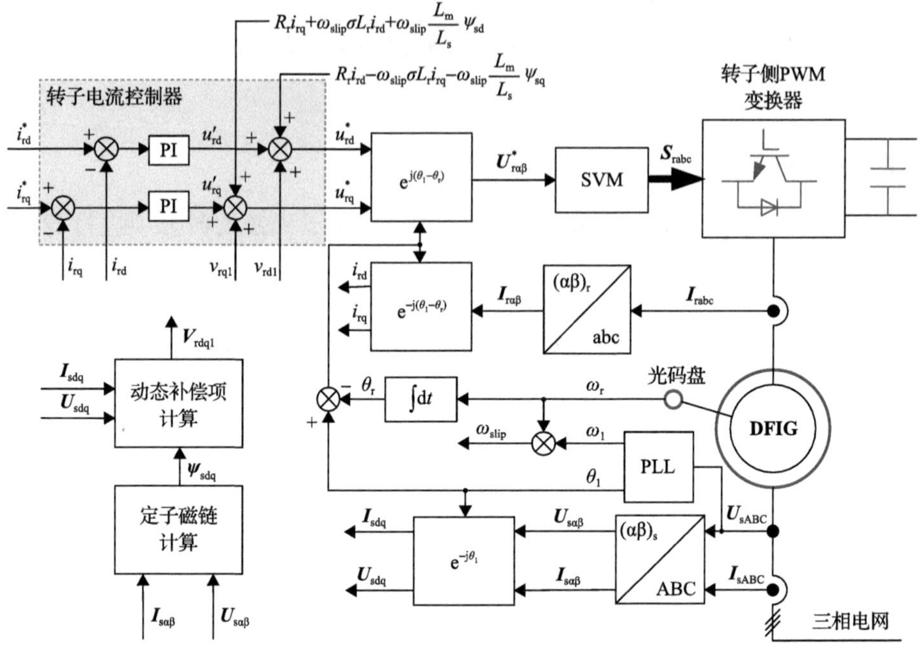

图 5-8　计及定子励磁电流动态过程的定子电压定向改进矢量控制框图

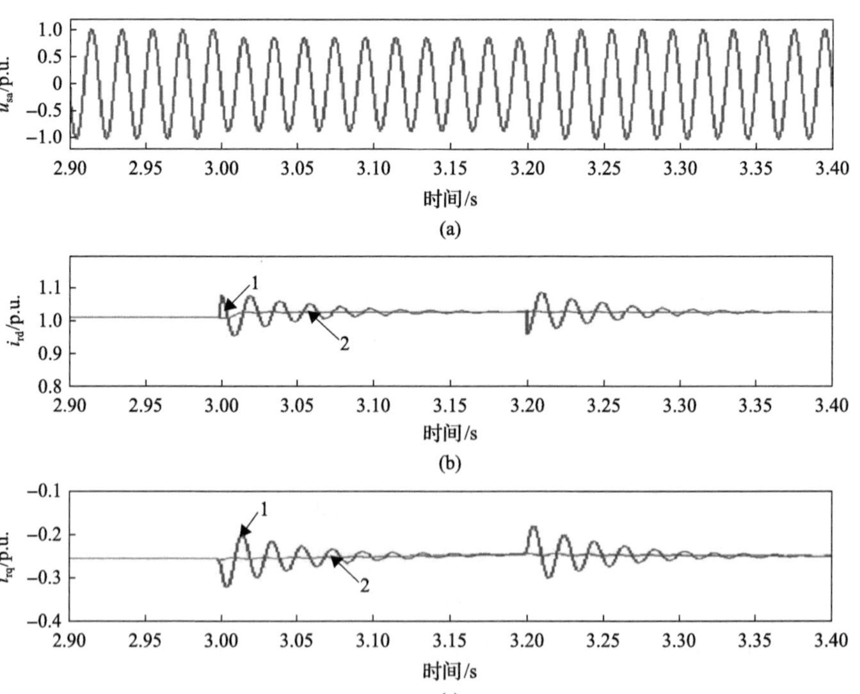

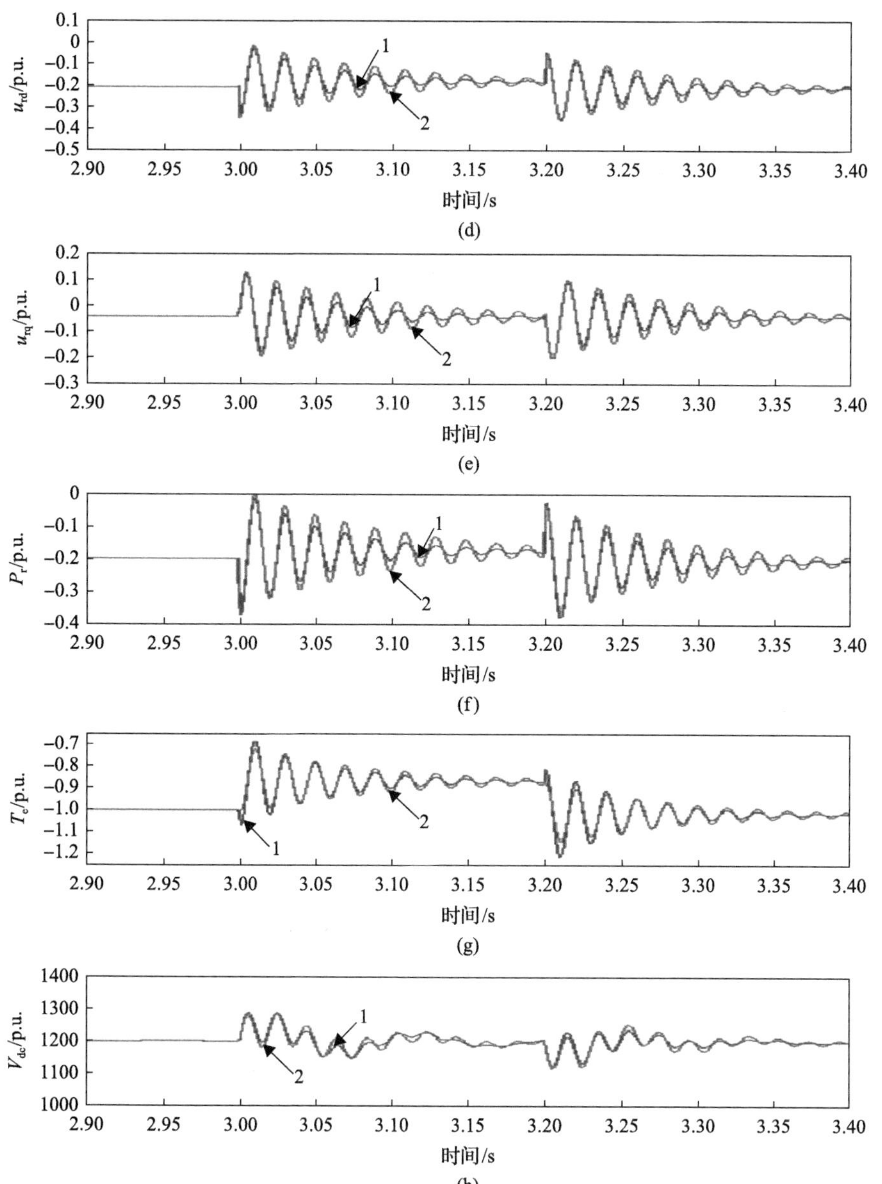

图 5-9　电网电压幅值骤降下基本矢量控制和采用动态定子磁链全前馈策略的仿真结果[13]

1：基本矢量控制；2：采用动态定子磁链全前馈控制方案

表明动态定子磁链全前馈策略能够有效抑制电网短路故障后双馈型风机转子暂态电流，能够实现电网短路故障下转子电流的有效控制，防止故障后双馈型风机转子侧变换器的过电流。

5.4.2 去磁电流优化控制

由式(5-14)及式(5-26)可知，电网电压跌落后产生的定子自由磁链和定子负序磁链是使转子感应电动势明显增大的根源。电网短路故障发生后，定子自由磁链将随时间逐渐衰减，而定子负序磁链为与负序定子电压成正比的强制分量。因此，在电压跌落后，随着定子自由磁链的衰减，转子感应电动势幅值也逐渐衰减，若转子感应电动势进入转子侧变换器的输出电压范围，则该自由磁链的衰减速率将决定电压跌落直至无功电流注入的响应时间。据此，去磁电流优化控制策略的目的就是通过更改转子侧变换器的电流控制指令，向转子绕组中注入去磁电流，加快定子自由磁链的衰减速率，以缩短注入动态无功电流的响应时间。

依据叠加原理，首先仅关注与定子自由磁链相关的电气量。依据式(3-20)可列写在两相静止αβ坐标系下的定子电压-磁链方程为

$$\boldsymbol{U}_{\mathrm{s}\alpha\beta}=R_{\mathrm{s}}\boldsymbol{I}_{\mathrm{s}\alpha\beta}+\frac{\mathrm{d}\boldsymbol{\psi}_{\mathrm{sn}}}{\mathrm{d}t} \tag{5-38}$$

由于电网对称或不对称跌落后定子电压中不含相对于定子绕组静止的直流电压激励，故式(5-38)可变为

$$\frac{\mathrm{d}\boldsymbol{\psi}_{\mathrm{sn}}}{\mathrm{d}t}=-R_{\mathrm{s}}\boldsymbol{I}_{\mathrm{s}\alpha\beta} \tag{5-39}$$

依据 $\boldsymbol{I}_{\mathrm{s}\alpha\beta}=\frac{\boldsymbol{\psi}_{\mathrm{sn}}}{L_{\mathrm{s}}}-\frac{L_{\mathrm{m}}}{L_{\mathrm{s}}}\boldsymbol{I}_{\mathrm{r}\alpha\beta}$，用定子磁链、转子电流替换定子电流，可得

$$\frac{\mathrm{d}\boldsymbol{\psi}_{\mathrm{sn}}}{\mathrm{d}t}=\frac{-R_{\mathrm{s}}}{L_{\mathrm{s}}}\boldsymbol{\psi}_{\mathrm{sn}}+\frac{L_{\mathrm{m}}}{L_{\mathrm{s}}}R_{\mathrm{s}}\boldsymbol{I}_{\mathrm{r}\alpha\beta} \tag{5-40}$$

由式(5-40)可见，定子自由磁链的衰减速率，不仅取决于定子绕组的电气参数 R_{s}、L_{s}，还与转子电流密切相关。

若转子绕组保持开路，则式(5-40)变为

$$\frac{\mathrm{d}\boldsymbol{\psi}_{\mathrm{sn}}}{\mathrm{d}t}=-\frac{R_{\mathrm{s}}}{L_{\mathrm{s}}}\boldsymbol{\psi}_{\mathrm{sn}} \tag{5-41}$$

该微分方程的解为

$$\boldsymbol{\psi}_{\mathrm{sn}}(t)=\boldsymbol{\psi}_{\mathrm{sn0}}\mathrm{e}^{-\frac{R_{\mathrm{s}}}{L_{\mathrm{s}}}t} \tag{5-42}$$

式中，ψ_{sn0} 为初始值。

可见，定子自由磁链将按照时间常数 $\tau = \dfrac{L_s}{R_s}$ 指数衰减。

若想加快定子自由磁链的衰减，则可令转子电流与定子自由磁链方向相反，大小呈比例，即

$$\boldsymbol{I}_{\mathrm{r\alpha\beta}} = -K_{\mathrm{D}}\boldsymbol{\psi}_{\mathrm{sn}} \tag{5-43}$$

式中，K_{D} 为去磁系数(值为正)。则将式(5-43)代入式(5-40)，可得

$$\frac{\mathrm{d}\boldsymbol{\psi}_{\mathrm{sn}}}{\mathrm{d}t} = -\frac{R_{\mathrm{s}}}{L_{\mathrm{s}}}(1 + L_{\mathrm{m}}K_{\mathrm{D}})\boldsymbol{\psi}_{\mathrm{sn}} \tag{5-44}$$

对应地，注入转子去磁电流后的定子自由磁链为

$$\boldsymbol{\psi}_{\mathrm{sn}}(t) = \boldsymbol{\psi}_{\mathrm{sn0}}\mathrm{e}^{-\frac{R_{\mathrm{s}}}{L_{\mathrm{s}}}(1+L_{\mathrm{m}}K_{\mathrm{D}})t} \tag{5-45}$$

指数衰减的时间常数缩短为 $\dfrac{L_{\mathrm{s}}}{R_{\mathrm{s}}(1 + L_{\mathrm{m}}K_{\mathrm{D}})}$。此外，由于指数衰减意味着定子自由磁链的衰减速率随着时间逐渐变慢，线性去磁控制策略能够保持初始衰减速率并减少控制能力恢复的时间[18]。

这就是“灭磁”控制的基本设计思想[19,20]，其控制实现框图如图 5-10 所示。

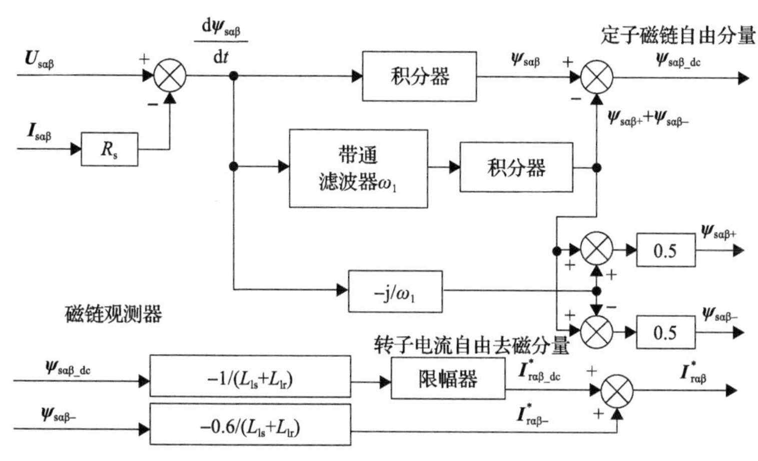

图 5-10　“灭磁”控制模式下转子电流指令参考值计算

在电网电压不对称跌落的条件下，还将在转子电流指令中加入与负序定子磁链分量方向相反的转子电流指令，其作用在于利用负序转子电流在转子漏电感中形成压降降低转子侧变换器输出电压的需求。

去磁电流优化控制能够适用于各种类型的对称、不对称电网电压跌落故障，

但要求转子侧变换器的全部容量都用来执行转子去磁电流及转子负序电流指令，因而控制效果受到变频器电流容量的限制。去磁电流优化控制的缺点是故障期间无法对双馈发电机定子输出的有功、无功功率进行有效控制，也就无法满足并网规范中要求的风电机组在低电压穿越运行中还需输出无功功率以协助故障电网电压恢复，因此在实际工程中仅执行数十毫秒，待转子感应电动势(或定子自由磁链)衰减至转子侧变换器电压输出能力之内时即退出去磁控制。

5.5　故障穿越硬件解决方案

在更为严重的电网电压骤降情况下，如电网电压跌落至零或电压跌落后电压高度不对称时，定子自由磁链或定子负序磁链产生的转子感应电动势将超过转子侧变换器的电压电流控制能力[15]。即便实施 5.4 节所述的软件控制算法仍可能导致 PWM 变换器过电流、直流母线过电压等储能元件应力过载问题，最终导致风电机组的故障穿越失败。为保障风电机组的安全并满足并网导则中持续并网能力的需求，风电机组需配置 Crowbar、Chopper 等硬件电路及机械制动与紧急变桨，将电压跌落导致的暂态能量耗散，保障能量存储元件的应力安全。在双馈型风电机组中以上三种硬件解决方案均被普遍采用，在全功率型风机中 Chopper 及变桨制动措施也被普遍采用。

5.5.1　Crowbar 技术

如 5.3 节所述，当双馈发电机定子电压发生大幅跌落或高度不对称时，转子绕组中将产生非常大的感应电动势，由图 5-5 可知，当转子侧变换器输出电压能力不足时，转子感应电动势与 PWM 变换器输出电压之差将施加在转子漏电抗与转子电阻上，由于上述电抗、电阻均非常小，转子电流快速剧烈增加，超出 PWM 变换器的输出电流能力，直接危害转子侧变换器的安全。

显然，最直接的解决方案是提升转子侧变换器的电压电流控制能力，使变换器在暂态过程中保持可控，然而更大的直流母线电压以及更大容量的绝缘栅双极晶体管(IGBT)器件将显著增加风电机组变换器的成本并可能导致电能质量及变换器效率的降低。因此，为保障严重故障条件下风电机组的故障并网能力，目前商品化的双馈型风机一般采用如图 5-11 所示的 Crowbar 电路。这种 Crowbar 电路的运行原理及方式基本相似，即当电网发生电压跌落故障使转子侧电流或直流母线电压增大到预定阈值时，导通 Crowbar 装置中的开关器件，接入限流电阻，同时关断转子侧变换器中的所有开关器件，使转子故障电流经 Crowbar 旁路，以此避免转子侧变换器遭受损坏。

如图 5-11 所示，Crowbar 电路的基本结构由三个电阻和三个开关组成，由于转子中为交流电流，该开关必须是双向交流的。早期的 Crowbar 电路采用双向晶闸管开关，如图 5-12(a)所示。但由于晶闸管的关断不受控制，一旦 Crowbar 触发动作了，在发电机的断路器动作消除短路电流前，它会一直连接到转子，这种类型的 Crowbar 电路也被称作"被动型 Crowbar"，该电路虽能保护转子侧变换器的安全保障定子持续并网，但无法满足动态无功支撑等故障穿越要求，因此现在已不被采用。

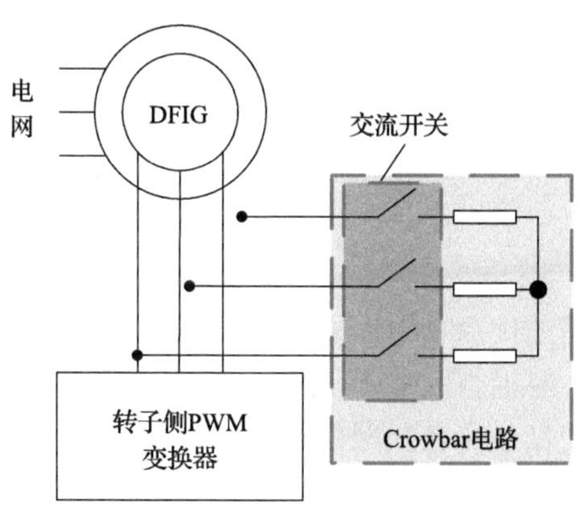

图 5-11　双馈型风机中的 Crowbar 电路基本结构

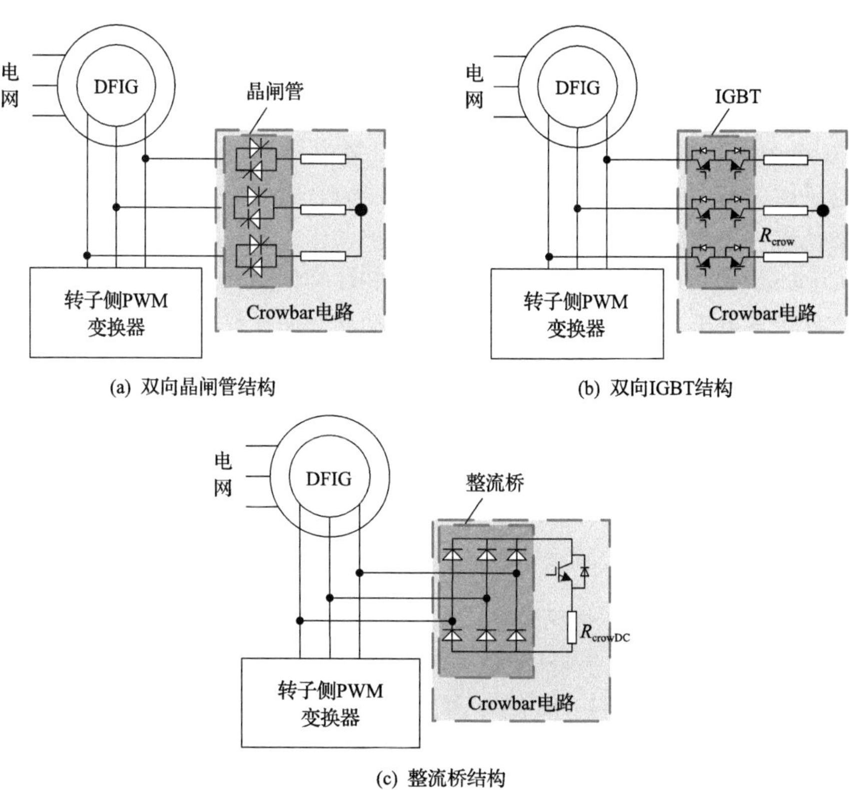

图 5-12　三种常见 Crowbar 电路结构

为使双馈型风机具备现代并网导则中要求的低电压穿越能力，Crowbar 电路必须具有主动切除的能力，在转子感应电动势降低至转子侧变换器可控能力后迅速退出。因此需使用 IGBT、门极关断晶闸管(GTO)等可关断型器件构成交流开关，即“主动型 Crowbar”，如图 5-12(b)所示。此外，为了减小 Crowbar 电路的复杂度，许多方案采用了如图 5-12(c)所示的整流桥结构，仅使用一个单向全控器件及电阻器，在忽略谐波的影响下，图 5-12(c)与图 5-12(b)两种方案中的电阻满足以下等效关系：

$$R_{\text{crowDC}} = \frac{\pi^2}{6} R_{\text{crow}} \tag{5-46}$$

使用 Crowbar 电路的优点是可以确保转子侧变换器的安全，加快故障电流和定子暂态磁链的衰减，但仍有以下两个明显缺点：首先，Crowbar 动作期间将短接 DFIG 转子绕组，使其运行在并网鼠笼式异步发电机模式，需从电网中吸取大量无功功率，不利于电网电压水平的恢复；其次，Crowbar 电路引起的大幅暂态电流将产生剧烈的电磁转矩冲击，危害风力机、变速齿轮箱等机械结构的安全。

采用 Crowbar 技术实现 DFIG 风电机组低电压穿越的机理虽然比较简单明了，但有不少关键技术值得深入研究，包括如何优化 Crowbar 装置中串联电阻的大小，Crowbar 的使用如何影响并确定励磁变频器的电压、电流定额，特别是如何优化控制 Crowbar 装置的投入和切除时刻以保证风电机组的安全和协助故障电网恢复。这是因为若在电网故障清除前切除 Crowbar，则可能会在电网恢复时造成转子侧变换器再次过流而引发又一次的短接保护动作；若在电网故障完全清除之后切除 Crowbar，则因转子被长时间短接而使 DFIG 类似于一台运行滑差很大的并网鼠笼式异步发电机，将从电网中吸收大量无功功率而导致交流电网难以迅速恢复正常。因此 Crowbar 的投入与切除时刻的正确选择是一项值得研究的关键技术。与此同时，如何在 Crowbar 动作期间利用网侧变换器仍与电网相连接的状态，甚至采取将阻断的转子侧变换器并入电网的操作使它们能持续向电网提供无功功率、协助故障电网恢复也是一项需要探讨的技术。

5.5.2 制动斩波器

制动斩波器(Chopper)是双馈型、全功率型商用风机普遍采用的保护策略，其功能是消耗流入直流母线的额外能量，一般用于避免暂态过程中直流母线的过电压问题[21-23]，Woodword SEG、Nordex 等公司也将其用于解决双馈型风机转子侧变换器过电流问题，工程中也将其作为耗能电阻用于缓解直驱风机机组转子过速问题。图 5-13(a)所示为制动斩波器在双馈型风机中的典型结构，在全功率型风机中制动斩波器也同样安装于直流母线两侧。制动斩波器由电阻和开关串联构成，其中开关的接通和关断决定电阻是否并入主电路，为了在开关断开过程中避免过电压尖峰，一般还需要配置一个续流二极管。开关的控制通常由如图 5-13(b)所示的迟滞控制器实现：当实际的直流母线电压超过某一特定值(如 1.2p.u.)时投入电阻消耗多余的能量；电阻器一直保持连接，直到电压降低到设定值(如 1.1p.u.)才断开电阻。

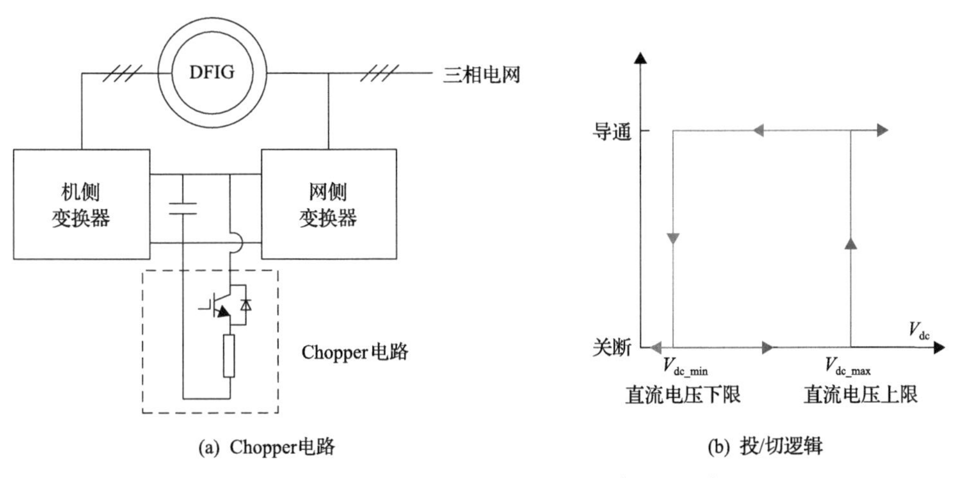

(a) Chopper电路　　(b) 投/切逻辑

图 5-13　制动斩波器 Chopper 电路及其投/切逻辑

暂态过程中，当直流母线电压存在过压风险时，制动斩波器投入以消耗多余的能量，实现保护直流母线电容的功能。一方面，制动斩波器与双馈型风机转子侧变换器配合，可实现暂态过程中转子侧变换器过电流的吸收和抑制。当直流母线电压抬高但变换器电流未超过其过流能力时，可投入制动斩波器消耗不平衡功率，加快过电流衰减。发生更深度故障变流器闭锁时，可投入制动斩波器使得过电流通过反向并联二极管流入制动斩波器，快速消耗过电流的能量。另一方面，制动斩波器与直驱风机机侧变换器配合，可抑制暂态过程中的转子过速问题。暂态过程中输出功率受限，不平衡功率会驱动机械转子加速导致转子过速问题，可通过机侧控制使不平衡功率流入直流母线并投入制动斩波器消耗，缓解风电机组转子过速问题。

5.5.3　机械制动与紧急变桨

现代兆瓦级大功率风电机组中的风力机均采用 2.4.2 节中的变桨距调节结构，而风电机组的转速取决于风力机输入机械功率和输出电磁功率之差。电网电压骤降时，并网导则中对动态无功支撑的要求往往导致风电机组无功电流输出优先，有功电流及功率输出受限，从而导致故障期间风电机组输出的电磁转矩大幅度减小。由于常规桨距角控制动作速度较慢(5～10°/s)，输入风力机的机械转矩变化较慢，功率的失衡将导致风电机组转速的快速升高，若故障持续时间较长将引发过速脱网保护。因此，需根据过速脱网风险投入相应的紧急措施以保证风力机的应力安全，一般措施包括紧急变桨控制及机械制动等。

正常情况下桨距角指令由常规变桨控制给出，当使能信号动作后，桨距角指令由紧急变桨控制给出[24-27]。实际工程中，使能信号判断和紧急变桨控制实现方式较为复杂。使能信号一般综合考虑电压跌落程度、机械电磁功率不平衡程度或转子转速等条件。紧急变桨控制结构一般包括根据实际运行情况给出变桨指令、桨距角变化率及对常规桨距角指令的修正等类型。

当紧急变桨控制故障或投入后无法有效抑制风电机组转速升高时，将投入机械制动系统以实现刹车停机。

5.6 全功率型风机的故障穿越方案

5.5 节主要以双馈型风机为对象论述风电机组的故障穿越软件、硬件方案。而由于全功率型风机中的发电机不与电网直接相连，因此短路故障不会直接导致发电机暂态感应电动势的迅速增大，全功率型风机的故障穿越主要围绕网侧变换器的电流控制、直流母线电压控制及转子转速控制。首先，在电网电压因故障突变后，为了增强网侧变换器对并网电流的控制并抑制暂态过电流，全功率型风机会在故障后的数十毫秒内启动类似于 5.4.1 节的动态前馈策略；此外，由于电网电压骤降，网侧变换器输出至电网的有功功率随之骤降，输入输出直流母线电容、风力机的不平衡功率将导致直流母线电压、转子转速的快速增加。为抑制可能出现的直流母线过电压，全功率型风机将启动机侧变换器的紧急励磁控制，主动减少发电机的电磁转矩，降低输入直流母线的功率，减小输入输出直流母线电容的不平衡功率。然而，由于风力机产生的机械转矩不能快速减小，机侧变换器的紧急制将使转子中的不平衡转矩增加，在电网严重短路故障条件下易导致转子超速保护。为解决直流母线电容、旋转转子的应力问题，全功率型风机还分别配置了 Chopper 电路、机械制动与紧急变桨控制策略[28]，其工作原理与 5.5.2 节、5.5.3 节所述一致。

5.7 故障穿越软件硬件解决方案的序贯配合

如图 5-14 所示，电网短路故障前后可按照时序划分为多个阶段，其中，以故障发生、切除为分界，可将整个过程划分为故障前、故障期间与故障后三个阶段。风电机组的故障穿越方案主要集中作用于故障期间。

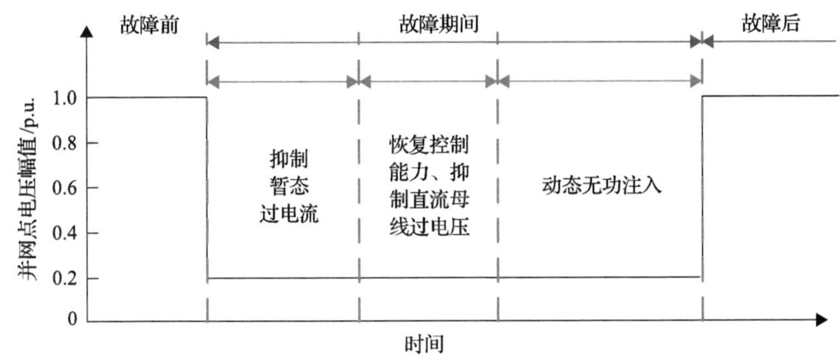

图 5-14　电网短路故障前后风电机组的控制目标与对应阶段[29]

如 5.4 节与 5.5 节所述，特定的故障穿越软件、硬件解决方案仅针对某一特定的功能与目标，而最终实现风电机组的故障穿越必须综合上述多种方案，形成有效、有序的协同配合机制。按照风电机组内交流电感、直流电容、旋转转子的能量存储能力差异，故障发生后首先出现 PWM 变换器的过电流应力，之后再出现直流母线过电压应力，最后才会出现转子过转速应力。因此，故障期间风电机组故障穿越的目标依照上述应力形成的先后顺序逐个工作：故障发生后的数十毫秒内，风电机组将会启动变换器的动态前馈、解耦策略，其目标在于抑制暂态过电流，而当故障严重且过电流达到一定危险值时则启动 Crowbar 等硬件电路保障变换器的安全；此后数十毫秒内，风电机组将会启动去磁控制、紧急励磁等策略，其目标在于恢复 PWM 变换器的控制能力并抑制直流母线过电压，而当故障严重且过电压达到一定危险值时则启动 Chopper 等硬件电路保障直流母线的安全；此后直至故障切除，风电机组将会按照电网对称、不对称条件分别恢复至第 3 章、第 4 章所示的矢量控制，其目标在于执行并网导则要求的动态无功注入，而当故障严重且转子转速达到一定危险值时则启动机械制动、紧急变桨等硬件电路保障风力机传动链的安全。

以双馈型风机为例，图 5-15 展示了其在低电压穿越期间内部控制及保护电路的序贯切换关系。在故障发生前，双馈型风机中的多种储能元件，即交流电感、直流电容、旋转转子，在第 3 章所述的常规交流电流、直流电压、转子转速控制下，将风能有序地转换为电能。一旦电网发生了短路故障，正常的电能变换通路被阻滞或截断，在电压跌落和控制器响应的综合作用下，上述储能元件开始依次充电或加速，即首先交流电感中的电流增大，之后直流电容上的直流电压增大，最后转子开始加速。按照故障的严重程度，5.4 节和 5.5 节的故障穿越软件、硬件解决方案将依次工作，电网故障程度与序贯动作时间尺度的关系如图 5-16 所示。

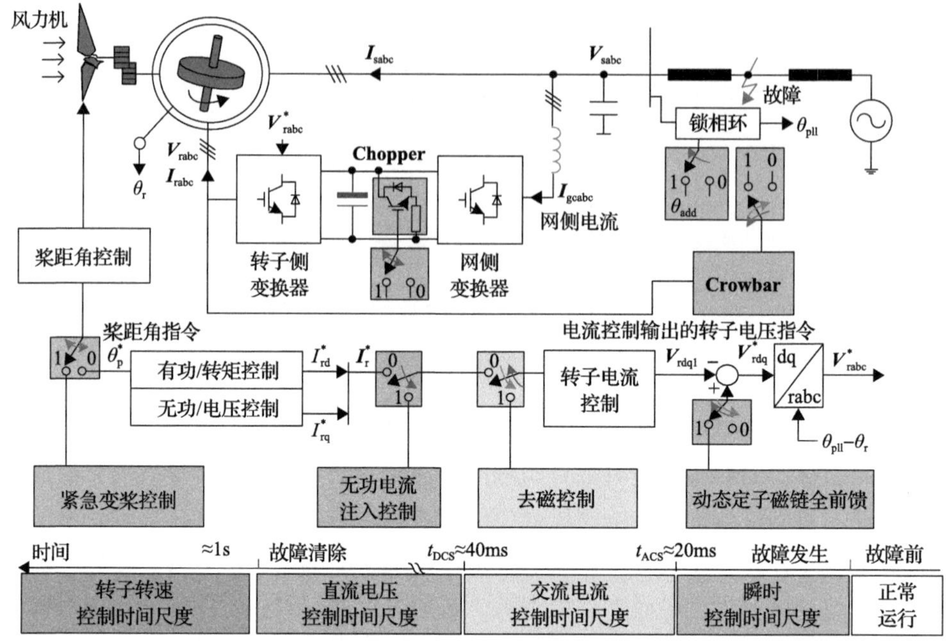

图 5-15　双馈型风机在低电压穿越期间内部控制及保护电路的序贯切换关系

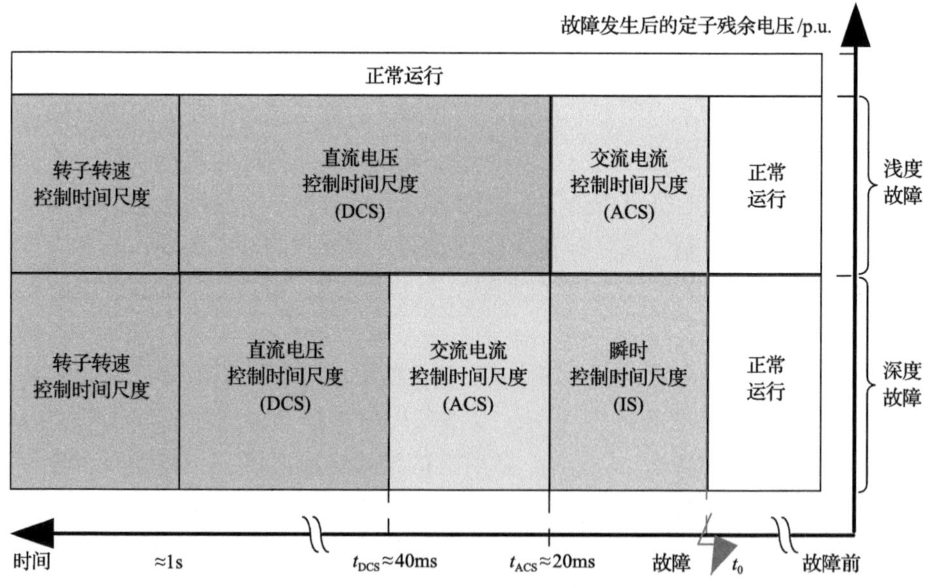

图 5-16　电网故障程度与双馈型风机内部序贯动作时间尺度的关系

在检测到电网故障发生后，动态定子磁链全前馈策略首先被启动以增强转子侧变换器的动态响应能力，降低储能元件应力上升的速度。在严重的故障情况下，即便采用上述动态校正，受限于转子侧变换器的容量和输出能力，转子电流仍将进一步增大，此时，Crowbar 电路被激活并旁路转子侧变换器。为满足并网导则中关于动态无功支撑能力的需求，上述动态磁链全前馈策略及 Crowbar 电路的动作持续时间仅为数十毫秒，称为瞬时控制时间尺度。

在转子暂态电流及转子感应电动势衰减至转子侧变换器控制能力内时，动态校正项和 Crowbar 电路被关闭，转子侧变换器被重新连接至转子绕组并开始执行去磁电流优化控制。该控制策略能够进一步缩短无功电流注入的响应时间。去磁电流优化控制的动作时间也仅为数十毫秒，该过程称为交流电流控制时间尺度。

一旦定子自由磁链衰减至可执行无功电流注入的阈值，去磁电流优化控制策略将退出运行，风电机组将会按照电网对称、不对称条件分别恢复至第 3 章、第 4 章所示的矢量控制，以实现并网导则要求注入的无功电流，直至故障被继电保护清除。在此期间，制动斩波器也可能动作以维持直流母线电压的安全。该过程称为直流电压控制时间尺度。

随着时间的进一步推移，故障期间因机械转矩与电磁转矩的不平衡所积累的能量促使转子转速进一步增加。为了防止风机过速，紧急变桨及机械制动可能启动以快速增加风力机桨距角来减少输入的机械转矩。该过程称为转子转速控制时间尺度。

综上所述，在电网故障引起的储能元件序贯充电、加速的过程中，双馈型风机需依赖内部的控制策略和保护电路的切换完成电网导则的既定要求。这一行为的规律可总结为多时间尺度序贯切换特性。

5.8　小　　结

本章介绍了电网对称/不对称短路故障条件下风电机组、风电场接入电力系统的故障穿越要求，阐述了实施故障穿越控制的挑战以及现代风电机组所采取的典型软件、硬件解决方案。

基于对电力系统输供电安全性、可靠性的需求，各国针对风电机组、风电场制定的并网导则中明确提出了故障穿越要求，基本包含以下三个方面：故障持续并网能力、动态无功支撑能力及有功恢复能力。同时，一些新发布的并网导则中还将不对称故障穿越能力、高电压穿越能力与零电压穿越能力作为考核指标。并网导则中的这些故障穿越要求是电网短路故障条件下风电机组控制保护功能的实现目标。

在电网短路故障条件下，双馈型风机和全功率型风机实现 5.2 节中故障穿越要求目标面临的挑战不同。在双馈型风机中，当电网电压发生对称或不对称跌落后，由于双馈发电机中定子自由磁链及负序定子磁链分量的作用，转子绕组中将感应出数倍于正常运行大小的转子感应电动势，这是转子绕组过电压、过电流与故障穿越失败的直接原因。因此，双馈型风机实现故障穿越的主要目标在于应对电机暂态电气量导致的应力问题。在全功率型风机中，当电网电压发生对称或不对称跌落后，由于电机与电网完全隔离，输出功率骤降导致的直流母线过载、转子过速问题成为风电机组故障穿越失败的直接原因。

针对电网短路故障条件下双馈型风机的特性，现代商用风机中普遍采用的软件解决方案包括动态磁链全前馈策略、去磁电流优化控制策略；普遍采用的硬件解决方案包括 Crowbar 电路、制动斩波器、紧急变桨与机械制动。上述软件、硬件解决方案均仅针对某一特定目标，为实现风电机组的成功穿越需要上述方案的有序配合协同，最终使双馈型风机在电网短路故障条件下具有多时间尺度序贯切换特性。

针对电网短路故障条件下全功率型风机能量流的特性，现代商用风机中普遍采用的措施是动态前馈策略、紧急励磁策略、制动斩波器电路并配合机械制动与紧急变桨。同样，为实现风电机组的成功穿越也需要上述策略的前后配合协同。

在电网短路故障期间，风电机组将借助上述软件硬件解决方案达成电网导则给定的故障穿越要求，但这些故障穿越方案也直接影响了风电机组、风电场在电力系统中的暂态特性，相关并网电力系统动态、暂态问题的分析将在第 7、8 章中进行专题讨论。

参 考 文 献

[1] 刘万顺. 电力系统故障分析[M]. 北京: 中国电力出版社, 2010.

[2] 李光琦. 电力系统暂态分析[M]. 3 版. 北京: 中国电力出版社, 2006.

[3] 向异, 孙骁强, 张小奇, 等. 2·24 甘肃酒泉大规模风电脱网事故暴露的问题及解决措施[J]. 华北电力技术, 2011(9): 1-7.

[4] 汪宁渤, 马彦宏, 丁坤, 等. 酒泉风电基地脱网事故频发的原因分析[J]. 电力系统自动化, 2012, 36(19): 42-46.

[5] 张丽英, 叶廷路, 辛耀中, 等. 大规模风电接入电网的相关问题及措施[J]. 中国电机工程学报, 2010, 30(25): 1-9.

[6] Nordel. Nordic grid code 2007 (Nordic collection of rules) [EB/OL]. (2007-01-15) [2009-08-29]. http://www.entsoe.eu/_library/publications/nordic/planning/070115_entsoe_nordic_NordicGridCode.pdf.

[7] 国家市场监督管理总局, 国家标准化管理委员会. 风电场接入电力系统技术规定 第 1 部分：陆上风电：GB/T 19963.1—2021[S]. 北京: 中国标准出版社, 2021.

[8] Kirby B. NERC standards process and wind power [EB/OL]. (2009-08-29) [2009-08-29]. http://www.awea.org/policy/regulatory_policy/pdf/Kirby_Summary_NERC_Standards_Process_and_Wind_Power.pdf.

[9] Iov F, Hansen A D, Sørensen P, et al. Mapping of grid faults and grid codes[EB/OL]. (2009-08-29) [2009-08-29]. http://www.risoe.dk/rispubl/reports/ris-r-1617.pdf.

[10] E. ON Netz GmbH. Grid connection regulations for high and extra high voltage[EB/OL]. (2006-04-01) [2022-04-21]. https://www.doc88.com/p-518461313250.html.

[11] VDE. Technical requirements for the connection and operation of customer installations to the high-voltage network: VDE-AR-N 4120 [S]. Offenbach: VDE Verlag, 2017.

[12] VDE. Summary of the draft VDE-AR-N 4120:2017-05, page 28[EB/OL]. [2019-08-29]. https://www.vde.com/resource/blob/1667900/836e3781b72b3b726f509c90e35e339d/tar-hs-summaryen-data.pdf.

[13] 贺益康, 胡家兵, 徐烈. 并网双馈异步风力发电机运行控制[M]. 北京: 中国电力出版社, 2011.

[14] López J, Sanchis P, Roboam X, et al. Dynamic behavior of the doubly fed induction generator during three-phase voltage dips[J]. IEEE Transactions on Energy Conversion, 2007, 22(3): 709-717.

[15] Abad G, Lopez J, Rodriguez M A, et al. Doubly Fed Induction Machine: Modeling and Control for Wind Energy Generation Applications[M]. New York: Wiley-IEEE Press, 2011.

[16] 胡家兵, 孙丹, 贺益康, 等. 电网电压骤降故障下双馈风力发电机建模与控制[J]. 电力系统自动化, 2006(8): 21-26.

[17] Liang J, Qiao W, Harley R G. Feed-forward transient current control for low-voltage ride-through enhancement of DFIG wind turbines[J]. IEEE Transactions on Energy Conversion 2010, 25(3): 836-843.

[18] Chang Y, Kong X. Linear demagnetizing strategy of DFIG-based WTs for improving LVRT responses[J]. The Journal of Engineering, 2017(13): 2287-2291.

[19] Xiang D, Ran L, Tavner P J, et al. Control of a doubly fed induction generator in a wind turbine during grid fault ride-through[J]. IEEE Transactions on Energy Conversion, 2006 (21): 652-662.

[20] López J, Sanchis P, Gubía E, et al. Control of doubly fed induction generator under symmetrical voltage dips[C]. 2008 IEEE International Symposium on Industrial Electronics, Cambridge, 2008.

[21] Christian W, Malte L, Uwe B, et al. Flexible fault ride through of DFIG wind turbines with DC-Chopper solution[C]. 11th International Workshop on Large-Scale Integration of Wind Power into Power Systems as well as on Transmission Networks for Offshore Wind Farms, Lisbon, 2012.

[22] Stephan E, Andrzej. Measurements of doubly fed induction generator with optimised fault ride through performance [C]. The European Wind Energy Conference (EWEC), Marseile, 2009.

[23] Mohan N, Undeland T M, Robbins W P. Power electronics, converters, applications and design[J]. Microelectronics Journal, 1995, 28(1).

[24] Sun T, Chen Z, Blaabjerg F. Transient stability of DFIG wind turbines at an external short-circuit fault[J]. Wind Energy, 2005, 8(3): 345-360.

[25] Holdsworth L, Charalambous I, Ekanayake J B, et al. Power system fault ride through capabilities of induction generator based wind turbines[J]. Wind Engineering, 2004, 28(4): 399-409.

[26] Per E, Ole K. Control of the rotational speed of a wind turbine which is impeded to export electrical power to an electricity network: 20100140941[P]. 2012-02-22.

[27] Anders N. Methods for controlling a wind turbine connected to the utility grid, wind turbine and wind park: 8487462 [P]. 2010-12-14.

[28] Wu B, Lang Y Q, Zargari N, et al. Power Conversion and Control of Wind Energy Systems[M]. New York: Wiley-IEEE Press, 2011.

[29] Chang Y, Hu J, Tang W, et al. Fault current analysis of type-3 WTs considering sequential switching of internal control and protection circuits in multi time scales during LVRT[J]. IEEE Transactions on Power Systems, 2018, 33(6): 6894-6903.

下篇　含高比例风电电力系统动态分析

第6章　含高比例风电电力系统的电磁尺度小信号频域建模及分析

6.1　引　　言

近年来，风光等可再生能源发电迅速发展，大多数可再生能源机组通过电力电子变换器并网。变换器和电网之间的相互作用会导致新型振荡问题，例如，华北沽源和新疆哈密地区发生的次同步振荡(subsynchronous oscillation，SSO)事故等。它们危及装备安全和系统稳定，甚至造成严重的电力系统停电事故。传统的由汽轮机组轴系振荡主导的 SSO 仅限于系统的局部地区，而电力电子变换器参与新型振荡涉及多种装备的相互作用，会在较大的空间范围产生影响。因此，需深入分析此类振荡稳定性问题的机理、各组成部分的参与程度以及关键装备的影响规律。

目前，已有大量文献对此类振荡问题展开研究。其中阻抗法因具有较强的可扩展性和可操作性被广泛采用。然而，现有的阻抗分析方法大多将系统划分为源子系统和电网/负荷子系统，由于系统拓扑信息的丢失，很难分析振荡的传播路径和各装备的参与程度。特别地，当系统存在局部模式时，由于各子系统分别由简化的等效阻抗表示，这些振荡模式的信息可能会遗漏。

针对上述问题，本章提出了频域模态分析方法。首先，建立系统的阻抗网络模型，并将其用回路阻抗矩阵和节点导纳矩阵表示。阻抗网络保留了完整的系统拓扑信息，因此能够研究振荡电流的分布以及不同装备对振荡的影响。其次，通过计算节点导纳矩阵和回路阻抗矩阵的行列式零点，得到系统的振荡模式，从而进行振荡稳定性分析。再次，针对系统的主导振荡模式，计算回路/节点对振荡模式的参与因子，定位振荡的影响区域。最后，计算系统中各装备的灵敏度，定位引起振荡的关键装备。

6.2　含高比例风电电力系统的电磁尺度小信号频域建模

6.2.1　装备的频域阻抗模型

1. 频域阻抗建模方法

频域中，电力装备在稳态运行点附近遭受小扰动时表现出的外特性可以用阻抗或者导纳来表征。因此，阻抗模型本质上是一种小信号模型。

目前，电力装备的频域阻抗建模主要基于两种坐标系统，即静止 abc 坐标系和同步速旋转 dq 坐标系。下面，简单探讨静止 abc 坐标系和同步速旋转 dq 坐标系阻抗建模方法，阐明阻抗模型在两种坐标系之间的转换关系，并探讨基于外特性辨识的“黑/灰箱”电力装备的阻抗建模方法。

在静止 abc 坐标系中，电力装备的三相电压和三相电流随时间呈正弦规律变化，属于时变信号，无法提供稳态运行点。为应对该问题，伦斯勒理工学院的孙建教授团队将谐波线性化技术引入电力装备的阻抗建模中，该技术需要在装备端口的工频输入电压上附加小幅值的谐波电压扰动，通过理论推导得到装备输出电流中的谐波电流分量，进而得到电力装备的谐波等效阻抗[1,2]。

电力装备的正序阻抗定义为正序谐波电压矢量与正序谐波电流矢量之比，负序阻抗定义为负序谐波电压矢量与负序谐波电流矢量之比：

$$\boldsymbol{Z}_{\mathrm{p}}=\frac{\boldsymbol{U}_{\mathrm{p}}}{\boldsymbol{I}_{\mathrm{p}}} \tag{6-1}$$

$$\boldsymbol{Z}_{\mathrm{n}}=\frac{\boldsymbol{U}_{\mathrm{n}}}{\boldsymbol{I}_{\mathrm{n}}} \tag{6-2}$$

式中，$\boldsymbol{Z}_{\mathrm{p}}$ 和 $\boldsymbol{Z}_{\mathrm{n}}$ 分别为电力装备的正序阻抗和负序阻抗；$\boldsymbol{U}_{\mathrm{p}}$ 和 $\boldsymbol{I}_{\mathrm{p}}$ 分别为正序谐波电压和电流矢量；$\boldsymbol{U}_{\mathrm{n}}$ 和 $\boldsymbol{I}_{\mathrm{n}}$ 分别为负序谐波电压和电流矢量。

一般而言，电力装备的正序与负序阻抗是解耦的。上述阻抗建模过程中也忽略了两者之间的耦合，分别建立电力装备的正序和负序阻抗模型，即正、负序解耦的阻抗模型。然而，后续研究表明，当考虑锁相环动态时，包含电力电子控制器的电力装备的正、负序阻抗模型之间的耦合作用增强，不能再简单忽略[3,4]。例如，文献[4]研究表明当在电力电子变换器工频输入电压中附加一个小扰动的正序谐波电压信号时(假设频率为 f_{p})，变换器的输出电流中不仅包含频率为 f_{p} 的正序谐波电流信号，还包含一个频率为 $f_{\mathrm{p}}-2f_1$ (f_1 为基波频率)的负序谐波电流信号。分析表明这种现象是由 PLL 动态引起的，也就是说，变换器的正序和负序谐波信号之间存在强耦合，在建模分析中不能忽略。

当考虑互补频率分量之间的耦合时，需要用二维矩阵来表征装备的阻抗特性。同样，采用谐波线性化方法推导其在静止 abc 坐标系中的频率耦合阻抗矩阵模型：

$$\begin{bmatrix}\boldsymbol{U}_f(s)\\ \boldsymbol{U}_{2f_1-f}^*(s)\end{bmatrix}=\left\{\boldsymbol{Z}_{\mathrm{pn}}(s)\overset{\Delta}{=}\begin{bmatrix}Z_{\mathrm{pp}}(s) & Z_{\mathrm{pn}}(s)\\ Z_{\mathrm{np}}(s) & Z_{\mathrm{nn}}(s)\end{bmatrix}\right\}\begin{bmatrix}\boldsymbol{I}_f(s)\\ \boldsymbol{I}_{2f_1-f}^*(s)\end{bmatrix} \tag{6-3}$$

式中，$\boldsymbol{U}_f(s)$ 、$\boldsymbol{U}_{2f_1-f}^*(s)$ 分别为频率为 f 和 $2f_1-f$ 的电压矢量，上标 * 表示共轭；

$\boldsymbol{I}_f(s)$、$\boldsymbol{I}^*_{2f_1-f}(s)$ 分别为频率为 f 和 $2f_1-f$ 的电流矢量；$Z_{\mathrm{pp}}(s)$、$Z_{\mathrm{pn}}(s)$、$Z_{\mathrm{np}}(s)$、$Z_{\mathrm{nn}}(s)$ 为阻抗矩阵 $\boldsymbol{Z}_{\mathrm{pn}}(s)$ 中的元素；s 表示 Laplace(拉普拉斯)变量。

如前所述，对于三相交流系统而言，系统变量在静止 abc 坐标系中不存在稳态运行点。通过派克变换将系统变量由静止 abc 坐标系转换到同步速旋转 dq 坐标系中，一个三相交流系统可以变为两个耦合的直流系统。此时，可采用传统的线性化方法建立装备在同步速旋转 dq 坐标系中的阻抗矩阵模型。

首先，建立电力装备在同步速旋转 dq 坐标系中的非线性动态方程模型，并在稳态运行点将其线性化为小信号状态空间模型。假设小信号状态空间模型的控制矢量是机端电压，表示成列向量为 $\boldsymbol{u}_{\mathrm{dq}}=\begin{bmatrix}u_{\mathrm{d}} & u_{\mathrm{q}}\end{bmatrix}^{\mathrm{T}}$，而输出矢量是机端电流，表示成列向量为 $\boldsymbol{i}_{\mathrm{dq}}=\begin{bmatrix}i_{\mathrm{d}} & i_{\mathrm{q}}\end{bmatrix}^{\mathrm{T}}$，则该装备的小信号状态空间模型可表示为

$$\begin{cases}\Delta\dot{\boldsymbol{X}}_{\mathrm{dq}}=\boldsymbol{A}_{\mathrm{dq}}\Delta\boldsymbol{X}_{\mathrm{dq}}+\boldsymbol{B}_{\mathrm{dq}}\Delta\boldsymbol{u}_{\mathrm{dq}}\\ \Delta\boldsymbol{i}_{\mathrm{dq}}=\boldsymbol{C}_{\mathrm{dq}}\Delta\boldsymbol{X}_{\mathrm{dq}}+\boldsymbol{D}_{\mathrm{dq}}\Delta\boldsymbol{u}_{\mathrm{dq}}\end{cases} \tag{6-4}$$

式中，$\Delta\boldsymbol{X}_{\mathrm{dq}}$、$\Delta\boldsymbol{u}_{\mathrm{dq}}$、$\Delta\boldsymbol{i}_{\mathrm{dq}}$ 分别为状态、控制、输出变量的增量矩阵表示；$\boldsymbol{A}_{\mathrm{dq}}$、$\boldsymbol{B}_{\mathrm{dq}}$、$\boldsymbol{C}_{\mathrm{dq}}$ 和 $\boldsymbol{D}_{\mathrm{dq}}$ 分别为系数矩阵。

然后，对式(6-4)进行 Laplace 变换，进而在 s 域内推导该装备机端电压与电流的关系：

$$\begin{cases}\Delta\boldsymbol{i}_{\mathrm{dq}}(s)=\boldsymbol{Z}^{-1}_{\mathrm{dq}}(s)\Delta\boldsymbol{u}_{\mathrm{dq}}(s)\\ \boldsymbol{Z}_{\mathrm{dq}}(s)=\boldsymbol{C}_{\mathrm{dq}}(s\boldsymbol{I}-\boldsymbol{A}_{\mathrm{dq}})^{-1}\boldsymbol{B}_{\mathrm{dq}}+\boldsymbol{D}_{\mathrm{dq}}\end{cases} \tag{6-5}$$

式中，$\boldsymbol{Z}_{\mathrm{dq}}(s)=\begin{bmatrix}Z_{\mathrm{dd}}(s) & Z_{\mathrm{dq}}(s)\\ Z_{\mathrm{qd}}(s) & Z_{\mathrm{qq}}(s)\end{bmatrix}$ 为电力装备在同步速旋转 dq 坐标系中的阻抗矩阵模型。

上述两种阻抗模型描述的是同一个物理系统的阻抗特性，不同点仅仅是采用的坐标系不同，因此，理论上两种阻抗模型可以相互转化。

将式(6-5)中同步速旋转 dq 坐标系中的阻抗矩阵模型 $\boldsymbol{Z}_{\mathrm{dq}}(s)$ 表示为复矢量的形式[5]：

$$\boldsymbol{U}_{\mathrm{dq}}(s)=\boldsymbol{Z}_{+,\mathrm{dq}}(s)\boldsymbol{I}_{\mathrm{dq}}(s)+\boldsymbol{Z}_{-,\mathrm{dq}}(s)\boldsymbol{I}^*_{\mathrm{dq}}(s)$$

$$\begin{cases}\boldsymbol{Z}_{+,\mathrm{dq}}(s)=\dfrac{Z_{\mathrm{dd}}(s)+Z_{\mathrm{qq}}(s)}{2}+\mathrm{j}\dfrac{Z_{\mathrm{qd}}(s)-Z_{\mathrm{dq}}(s)}{2}\\ \boldsymbol{Z}_{-,\mathrm{dq}}(s)=\dfrac{Z_{\mathrm{dd}}(s)-Z_{\mathrm{qq}}(s)}{2}+\mathrm{j}\dfrac{Z_{\mathrm{qd}}(s)+Z_{\mathrm{dq}}(s)}{2}\end{cases} \tag{6-6}$$

式中，$\boldsymbol{U}_{\mathrm{dq}}(s)=\Delta u_{\mathrm{d}}(s)+\mathrm{j}\Delta u_{\mathrm{q}}(s)$；$\boldsymbol{I}_{\mathrm{dq}}(s)=\Delta i_{\mathrm{d}}(s)+\mathrm{j}\Delta i_{\mathrm{q}}(s)$；$\boldsymbol{I}_{\mathrm{dq}}^{*}(s)$ 为 $\boldsymbol{I}_{\mathrm{dq}}(s)$ 的共轭矢量；$\boldsymbol{Z}_{+,\mathrm{dq}}(s)$ 和 $\boldsymbol{Z}_{-,\mathrm{dq}}(s)$ 为等效的复传递函数。

根据静止 abc 坐标系与同步速旋转 dq 坐标系之间的转换关系，文献[3]推导了同步速旋转 dq 坐标系中的频率耦合阻抗矩阵 $\boldsymbol{Z}_{\mathrm{dq}}(s)$ 与静止 abc 坐标中的频率耦合阻抗矩阵 $\boldsymbol{Z}_{\mathrm{pn}}(s)$ 之间的转换关系式：

$$\boldsymbol{Z}_{\mathrm{pn}}(s)=\begin{bmatrix}\boldsymbol{Z}_{+,\mathrm{dq}}(s-\mathrm{j}\omega_1) & \boldsymbol{Z}_{-,\mathrm{dq}}(s-\mathrm{j}\omega_1)\\ \boldsymbol{Z}_{-,\mathrm{dq}}^{*}(s-\mathrm{j}\omega_1) & \boldsymbol{Z}_{+,\mathrm{dq}}^{*}(s-\mathrm{j}\omega_1)\end{bmatrix} \tag{6-7}$$

式中，ω_1 为基波角频率。

上述讨论中，均假设电力装备的电路结构、控制系统结构及参数已知，该电力装备系统称为“白箱”系统，可通过前述机理推导得到其频域阻抗模型的解析表达式。而当电力装备的结构及参数全部未知或者部分未知时，电力装备称为“黑/灰箱”电力装备。对于“黑/灰箱”电力装备，可通过基于外特性辨识的频域阻抗建模方法建立其阻抗模型。基本思路是，通过阻抗辨识得到装备的阻抗频率特性曲线，进而采用曲线拟合得到其阻抗模型的解析表达式[6]。比较常用的曲线拟合技术包括 MATLAB 软件中的 regress 函数，该函数的核心算法是最小二乘法[7,8]。得到电力装备在同步速旋转 dq 坐标系中的阻抗矩阵模型后，可采用式(6-7)的转换关系推导该装备在静止 abc 坐标系中的频率耦合阻抗矩阵模型。

2. 风电机组电磁尺度阻抗模型

在风电场并网系统的建模过程中，风电机组阻抗模型的推导是关键的环节。考虑到目前大多数风电场采用变速恒频风电机组，如双馈型或全功率型风机，它们通过电力电子变换器并网，因此，电力电子变换器的建模精度将对稳定性的评估产生重要影响。风电机组中常采用的变换器类型是电压源型变换器(voltage source converter，VSC)，其控制结构如图 6-1 所示。VSC 中传递函数表达式及变量符号如表 6-1 所示。

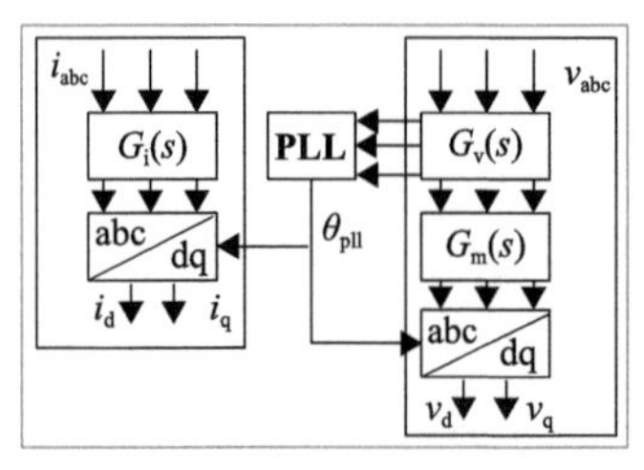

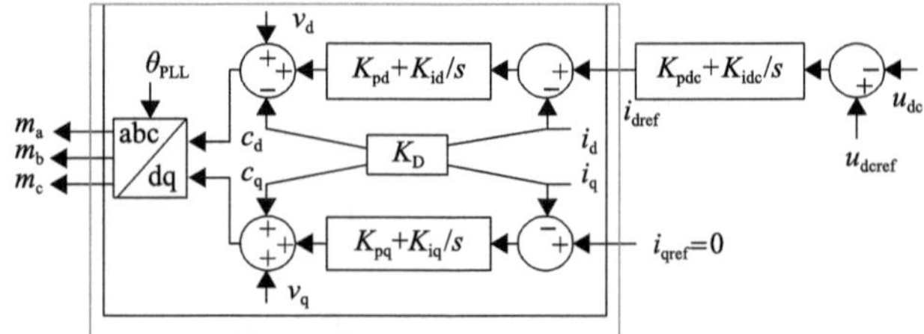

图 6-1　VSC 的控制结构

表 6-1　VSC 中传递函数表达式及变量符号

传递函数及变量	含义
$G_{\mathrm{i}}(s)=\dfrac{G_{\mathrm{i}}}{1+sT_{\mathrm{i}}}$	G_{i} 表示增益；T_{i} 表示时间常数
$G_{\mathrm{v}}(s)=\dfrac{G_{\mathrm{v}}}{1+sT_{\mathrm{v}}}$	G_{v} 表示增益；T_{v} 表示时间常数
$G_{\mathrm{m}}(s)=\dfrac{G_{\mathrm{m}}}{1+sT_{\mathrm{m}}}$	G_{m} 表示增益；T_{m} 表示时间常数
u_{dc}、u_{dcref}	直流侧电压及其参考值
i_{dref}、i_{qref}	VSC 输出电流 i_{d}、i_{q} 的参考信号
i_{d}、i_{q}	VSC 输出电流的 d 轴和 q 轴分量
v_{d}、v_{q}	VSC 输出电压的 d 轴和 q 轴分量
c_{d}、c_{q}	同步速旋转 dq 坐标系下 VSC 输出电压参考值
m_{a}、m_{b}、m_{c}	静止 abc 坐标系下 VSC 输出电压参考值
θ_{PLL}	PLL 输出角度
K_{pdc}、K_{pd}、K_{pq}	比例增益
K_{idc}、K_{id}、K_{iq}	积分增益
K_{D}	解耦增益

在推导 VSC 的阻抗模型时，若忽略正、负序分量之间的耦合，忽略控制外环和 PLL 动态，并假设直流侧电压为恒定值 U_{dc}，仅考虑控制内环、解耦增益、前馈电压、RL 滤波器、$G_{\mathrm{i}}(s)$、$G_{\mathrm{v}}(s)$ 和 $G_{\mathrm{m}}(s)$，如图 6-1 的黑框所示，则得到正、负序阻抗表达式为

$$Z_{\text{p-IM1}}(s)=\frac{sL+K_{\mathrm{m}}U_{\mathrm{dc}}\left[K_{\mathrm{p}}+K_{\mathrm{i}}/(s-\mathrm{j}\omega_1)-\mathrm{j}K_{\mathrm{D}}\right]G_{\mathrm{i}}(s)}{1-K_{\mathrm{m}}U_{\mathrm{dc}}G_{\mathrm{v}}(s)G_{\mathrm{m}}(s)} \tag{6-8}$$

$$Z_{\text{n-IM1}}(s)=\frac{sL+K_{\mathrm{m}}U_{\mathrm{dc}}\left[K_{\mathrm{p}}+K_{\mathrm{i}}/(s+\mathrm{j}\omega_1)+\mathrm{j}K_{\mathrm{D}}\right]G_{\mathrm{i}}(s)}{1-K_{\mathrm{m}}U_{\mathrm{dc}}G_{\mathrm{v}}(s)G_{\mathrm{m}}(s)} \tag{6-9}$$

式中，L 为滤波器电感值；K_{m} 为调制环节增益；$K_{\mathrm{p}}=K_{\mathrm{pd}}=K_{\mathrm{pq}}$；$K_{\mathrm{i}}=K_{\mathrm{id}}=K_{\mathrm{iq}}$；$\omega_1=2\pi f_1$，$f_1=50\mathrm{Hz}$。

若增加控制内环和 PLL 动态对 VSC 的影响，如图 6-1 的灰框所示，则得到的正、负序阻抗表达式为

$$Z_{\text{p-IM2}}(s)=\frac{sL+K_{\text{m}}U_{\text{dc}}G_2(s)}{1-K_{\text{m}}U_{\text{dc}}[G_{\text{v}}(s)G_{\text{m}}(s)+G_1(s)]}$$

$$\begin{cases}G_1(s)=\dfrac{T_{\text{PLL-sp}}(s)G_{\text{v}}(s)}{2V_{\text{d}}}[(I_{\text{d}}+\text{j}I_{\text{q}})H_{\text{sp}}(s)+C_{\text{d}}+\text{j}C_{\text{q}}-V_{\text{d}}]\\ G_2(s)=H_{\text{sp}}(s)G_{\text{i}}(s)\\ H_{\text{sp}}(s)=K_{\text{p}}+K_{\text{i}}/(s-\text{j}\omega_1)-\text{j}K_{\text{D}}\\ T_{\text{PLL-sp}}(s)=V_{\text{d}}H_{\text{PLL-sp}}(s)/[1+V_{\text{d}}H_{\text{PLL-sp}}(s)]\\ H_{\text{PLL-sp}}(s)=[K_{\text{ppll}}+K_{\text{ipll}}/(s-\text{j}\omega_1)][1/(s-\text{j}\omega_1)]\end{cases} \tag{6-10}$$

$$Z_{\text{n-IM2}}(s)=\frac{sL+K_{\text{m}}U_{\text{dc}}G_4(s)}{1-K_{\text{m}}U_{\text{dc}}[G_{\text{v}}(s)G_{\text{m}}(s)+G_3(s)]}$$

$$\begin{cases}G_3(s)=\dfrac{T_{\text{PLL-sn}}(s)G_{\text{v}}(s)}{2V_{\text{d}}}[(I_{\text{d}}-\text{j}I_{\text{q}})H_{\text{sn}}(s)+C_{\text{d}}-\text{j}C_{\text{q}}-V_{\text{d}}]\\ G_4(s)=H_{\text{sn}}(s)G_{\text{i}}(s)\\ H_{\text{sn}}(s)=K_{\text{p}}+K_{\text{i}}/(s+\text{j}\omega_1)+\text{j}K_{\text{D}}\\ T_{\text{PLL-sn}}(s)=V_{\text{d}}H_{\text{PLL-sn}}(s)/[1+V_{\text{d}}H_{\text{PLL-sn}}(s)]\\ H_{\text{PLL-sn}}(s)=[K_{\text{ppll}}+K_{\text{ipll}}/(s+\text{j}\omega_1)][1/(s+\text{j}\omega_1)]\end{cases} \tag{6-11}$$

式中，K_{ppll}和K_{ipll}分别为 PLL 的比例增益和积分增益；I_{d}、I_{q}为 VSC 输出电流i_{d}、i_{q}的稳态值；C_{d}、C_{q}为控制输出量c_{d}、c_{q}的稳态值；V_{d}为电压v_{d}的稳态值。

当考虑 VSC 全阶控制系统(即控制内外环和 PLL)和频率耦合时，采用谐波线性化方法推导其阻抗模型将非常烦琐。因此，使用基于同步速旋转 dq 坐标系的建模方法。但需要注意的是，VSC 一般通过 PLL 跟踪机端 PCC 电压相位实现同步并网。因此，VSC 通常有两个 dq 坐标系：一个是 xy 公共坐标系，另一个是基于锁相坐标系。一般而言，xy 公共坐标系由电网电压确定，全网统一；而基于锁相坐标系通过变流器 PLL 跟踪机端电压的频率和相位确定，每台变换器均有自己的基于锁相坐标系。在稳态情况下，两个 dq 坐标系重合。然而，当电网电压遭受小扰动时，xy 公共坐标系发生变化，此时，由于 PLL 的动态，两个 dq 坐标系不再重合。因此，所提方法的基本思路是，先建立变换器在自身的基于锁相坐标系中的小信号状态空间模型，考虑 PLL 动态后，将该模型转换到 xy 公共坐标系中，进而推导得到其在 xy 公共坐标系中的阻抗矩阵模型。

首先，在 VSC 的基于锁相坐标系中，建立 VSC 系统的非线性动态方程模型，包括控制内外环、PLL 等。在稳态运行点将其线性化为小信号状态空间模型，然后将 VSC 在基于锁相坐标系中的小信号状态空间模型、坐标变换关系式以及锁相环模型结合起来，推导得到 VSC 在 xy 公共坐标系的小信号模型：

$$\begin{cases} \Delta\dot{\boldsymbol{X}}_{\text{udq}} = \boldsymbol{A}_{\text{udq}}\Delta\boldsymbol{X}_{\text{udq}} + \boldsymbol{B}_{\text{udq}}\Delta\boldsymbol{u}_{\text{udq}} \\ \Delta\boldsymbol{i}_{\text{udq}} = \boldsymbol{C}_{\text{udq}}\Delta\boldsymbol{X}_{\text{udq}} + \boldsymbol{D}_{\text{udq}}\Delta\boldsymbol{u}_{\text{udq}} \end{cases} \tag{6-12}$$

式中，$\Delta\boldsymbol{X}_{\text{udq}}$、$\Delta\boldsymbol{u}_{\text{udq}}$、$\Delta\boldsymbol{i}_{\text{udq}}$ 分别为状态、控制、输出变量的增量的矩阵表示形式，$\Delta\boldsymbol{u}_{\text{udq}}=\begin{bmatrix}\Delta u_{\text{ud}} & \Delta u_{\text{uq}}\end{bmatrix}^{\text{T}}$，$\Delta\boldsymbol{i}_{\text{udq}}=\begin{bmatrix}\Delta i_{\text{ud}} & \Delta i_{\text{uq}}\end{bmatrix}^{\text{T}}$；$\boldsymbol{A}_{\text{udq}}$、$\boldsymbol{B}_{\text{udq}}$、$\boldsymbol{C}_{\text{udq}}$ 和 $\boldsymbol{D}_{\text{udq}}$ 分别为相应的系数矩阵。

对式(6-12)进行 Laplace 变换，进而在 s 域内推导 VSC 机端电压与电流之间的关系：

$$\begin{cases} \Delta\boldsymbol{i}_{\text{udq}}(s) = \boldsymbol{Z}_{\text{VSC}}^{-1}(s)\Delta\boldsymbol{u}_{\text{udq}}(s) \\ \boldsymbol{Z}_{\text{VSC}}(s) = \boldsymbol{C}_{\text{udq}}(s\boldsymbol{I} - \boldsymbol{A}_{\text{udq}})^{-1}\boldsymbol{B}_{\text{udq}} + \boldsymbol{D}_{\text{udq}} \end{cases} \tag{6-13}$$

式中，$\boldsymbol{Z}_{\text{VSC}}(s)=\begin{bmatrix} Z_{\text{udd-VSC}}(s) & Z_{\text{udq-VSC}}(s) \\ Z_{\text{uqd-VSC}}(s) & Z_{\text{uqq-VSC}}(s) \end{bmatrix}$为变换器在 xy 公共坐标系中的阻抗矩阵模型。

对于双馈型风机而言，可采用相似的方法建立其在 xy 公共坐标系中的阻抗矩阵模型。分别建立双馈型风机中风力机、机械轴系系统、双馈发电机、PWM 变换器等环节的小信号状态方程，并将其整理成整体系统的小信号状态方程。其中，PWM 变换器考虑了全阶控制系统和频率耦合特性。以双馈型风机的机端电压为控制变量，而以其机端电流为输出变量，经 Laplace 变换并整理后，可推导得双馈型风机在 xy 公共坐标系中的阻抗矩阵模型：

$$\boldsymbol{Z}_{\text{DFIG}}(s) = \begin{bmatrix} Z_{\text{dd-DFIG}}(s) & Z_{\text{dq-DFIG}}(s) \\ Z_{\text{qd-DFIG}}(s) & Z_{\text{qq-DFIG}}(s) \end{bmatrix} \tag{6-14}$$

式中，$Z_{\text{dd-DFIG}}(s)$、$Z_{\text{dq-DFIG}}(s)$、$Z_{\text{qd-DFIG}}(s)$、$Z_{\text{qq-DFIG}}(s)$ 为阻抗矩阵模型的四个元素。

对于全功率型风机，由于机侧变换器与网侧变换器之间直流电容的缓冲隔离作用，同步发电机及机侧变换器对全功率型风机的并网运行特性影响很小，而网侧变换器对机组的并网运行特性具有显著影响。所以建立全功率型风机的阻抗模型时，可用网侧变换器的阻抗模型代替，如式(6-13)所示。

6.2.2　系统的频域阻抗网络模型

对于一个风电并网电力系统而言，可以在不同的坐标系中建立其阻抗网络模型。在同步速旋转 dq 坐标系(xy 公共坐标系)中，电力装备的阻抗模型是一个 2×2 的阻抗矩阵，其非对角元素不为零，阻抗矩阵的 d 轴与 q 轴是紧密耦合的。因此，在同步速旋转 dq 坐标系中，所建立的系统阻抗网络模型是耦合阻抗网络模型。在静止 abc 坐标系中，电力装备阻抗模型也可以表示为一个 2×2 的阻抗矩阵，即频率耦合阻抗矩阵，同理，可建立目标系统的频率耦合阻抗网络模型。

阻抗网络建模方法通常包括以下五个步骤[9]。

步骤 1：整理目标系统的机网参数。待收集的参数具体包括：各风电场的风速、风电机组类型、风电机组数目和机组变换器控制策略及参数；汽轮机组中同步发电机、轴系机械系统和励磁系统的结构和相关参数；串/并联型控制器的系统结构、控制方式及参数；直流输电系统的一次结构和二次控制模式/参数；系统中各条交流线路的阻抗参数；等效交流系统的阻抗参数等。

步骤 2：针对关注的系统运行工况，开展潮流计算，得到系统中各母线电压和各线路功率潮流，为电力装备的阻抗建模提供稳态运行点。

步骤 3：建立所有输电线路和变压器的阻抗矩阵模型。输电线路和变压器的阻抗参数与频率密切相关，因此，可将它们表示为与频率具有函数关系的电阻和电抗的组合，即 $R(s)$ 和 $L(s)$。因此，相应的阻抗矩阵模型为

$$\boldsymbol{Z}_{\text{Line/Trans.}}(s)=\begin{bmatrix} R(s)+sL(s) & -\omega_1 L(s) \\ \omega_1 L(s) & R(s)+sL(s) \end{bmatrix} \tag{6-15}$$

如果仅考虑系统在次同步频率范围内的动态，输电线路的并联电容和变压器的励磁支路可以忽略，输电线路和变压器的模型可简化为聚合电阻和电感的串联支路。

步骤 4：建立系统中其他各类型电力装备的阻抗矩阵模型，具体包括风电场、汽轮机组和直流输电系统等。

步骤 5：根据目标系统网络拓扑，将系统中所有电力装备的阻抗矩阵模型拼接为阻抗网络模型。图 6-2 所示为典型风电系统的阻抗网络模型，图中 $\left[\boldsymbol{Z}_{2\times 2}\right]$ 表示 2×2 的阻抗矩阵。

当系统运行工况改变时，可通过重复上述步骤 2～步骤 5 得到相应工况下的阻抗网络模型。

将系统中的各个电力装备建模为能反映内在动态与外在互动特性的阻抗(矩阵)模型，并根据实际系统拓扑将其互联起来构成整体系统的频域阻抗网络模型，可以灵活应对高维度复杂系统的建模难题。同时，通过控制风电机组阻抗模型的

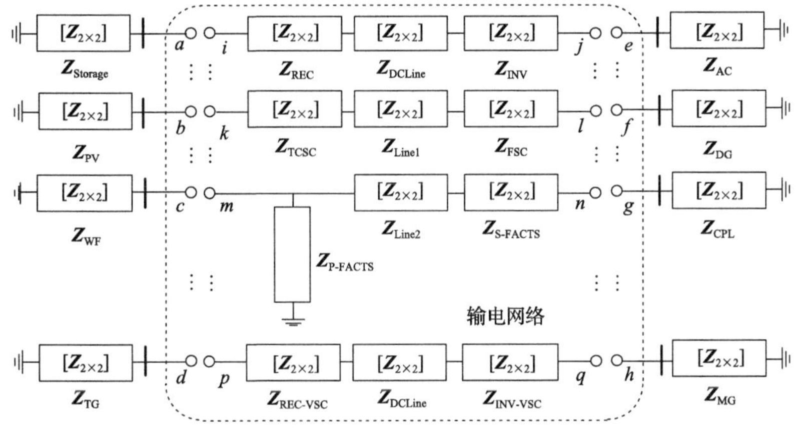

图 6-2　典型风电并网电力系统的阻抗网络模型

投入与退出可以方便地模拟实际风电系统的“运行方式多变性”，实现运行方式变化后系统小信号阻抗网络模型的灵活重构。

6.2.3　阻抗网络的传递函数矩阵

假设网络共有 n 个独立节点、l 条支路。建立网络的节点-支路关联矩阵和回路-支路关联矩阵，分别记为 $\boldsymbol{A}$ 和 $\boldsymbol{B}$。$\boldsymbol{A}$ 矩阵用来描述支路与节点的关联性质，矩阵的每一行代表一个节点，每一列代表一条支路。$\boldsymbol{B}$ 矩阵用来描述支路与回路的关联性质，矩阵的每一行对应一个独立回路，每一列对应一条支路。由基尔霍夫电流定律和基尔霍夫电压定律，对任一节点，所有流出节点的支路电流的代数和恒等于零；沿任一回路，所有支路电压的代数和恒等于零[10]。所以有

$$\boldsymbol{A}\boldsymbol{I}(s)=0 \tag{6-16}$$

$$\boldsymbol{B}\boldsymbol{U}(s)=0 \tag{6-17}$$

式中，$\boldsymbol{I}(s)$ 和 $\boldsymbol{U}(s)$ 分别为支路电流和支路电压列向量。

$\boldsymbol{A}$ 矩阵的每一列表示对应支路与节点的关联情况，将 $\boldsymbol{A}$ 矩阵的转置矩阵左乘节点电压列向量，会得到一个 l 阶列向量，向量的每一个元素为对应支路的支路电压。$\boldsymbol{B}$ 矩阵的每一列表示对应支路与回路的关联情况，将 $\boldsymbol{B}$ 矩阵的转置矩阵左乘回路电流列向量，会得到一个 l 阶列向量，向量的每一个元素为对应支路的支路电流，所以有

$$\boldsymbol{U}(s)=\boldsymbol{A}^{\mathrm{T}}\boldsymbol{U}^{n}(s) \tag{6-18}$$

$$\boldsymbol{I}(s)=\boldsymbol{B}^{\mathrm{T}}\boldsymbol{I}^{l}(s) \tag{6-19}$$

式中，$\boldsymbol{U}^n(s)$ 为节点电压列向量；$\boldsymbol{I}^l(s)$ 为回路电流列向量。

对于支路 $k(k=1,2,\cdots,l)$，如图 6-3 所示，若支路存在独立电流源，则支路的电压电流关系可表达成：

$$I_k(s)=y_k(s)U_k(s)-I_k^{\mathrm{s}}(s) \tag{6-20}$$

式中，$y_k(s)$ 为支路 k 的支路导纳；$I_k^{\mathrm{s}}(s)$ 为支路 k 的独立电流源。

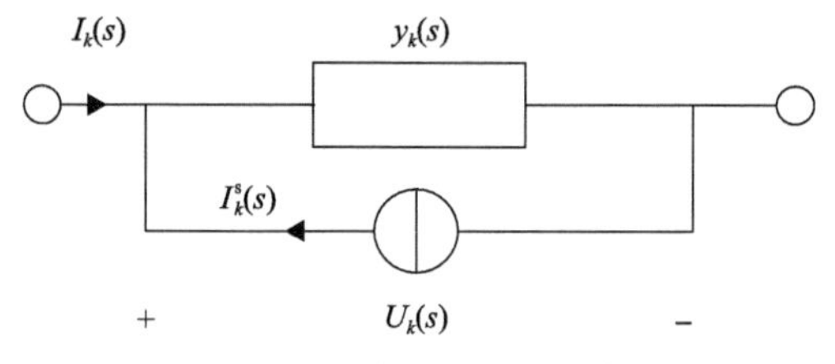

图 6-3 独立电流源支路

进一步，网络中各支路电压与支路电流间的关系可表示成

$$\boldsymbol{I}(s)=\boldsymbol{y}(s)\boldsymbol{U}(s)-\boldsymbol{I}^{\mathrm{s}}(s) \tag{6-21}$$

式中，$\boldsymbol{I}^{\mathrm{s}}(s)$ 为支路电流源的电流列向量；$\boldsymbol{y}(s)$ 为支路导纳矩阵，其为对角阵，对角元素为对应支路的导纳。

将式(6-16)和式(6-18)代入式(6-21)，得到网络的节点电压方程，其表达式为

$$\boldsymbol{A}\boldsymbol{y}(s)\boldsymbol{A}^{\mathrm{T}}\boldsymbol{U}^n(s)=\boldsymbol{A}\boldsymbol{I}^{\mathrm{s}}(s) \tag{6-22}$$

令 $\boldsymbol{Y}(s)=\boldsymbol{A}\boldsymbol{y}(s)\boldsymbol{A}^{\mathrm{T}}$，称为节点导纳矩阵；$\boldsymbol{I}^n(s)=\boldsymbol{A}\boldsymbol{I}^{\mathrm{s}}(s)$，为节点注入电流源的电流列向量(以下简称为节点电流列向量)。则节点电压方程进一步写成

$$\boldsymbol{I}^n(s)=\boldsymbol{Y}(s)\boldsymbol{U}^n(s) \tag{6-23}$$

根据式(6-23)，可以看出 s 域节点导纳矩阵为系统的传递函数矩阵。

节点导纳矩阵极易形成，网络结构变化时也易于修改[11]。$\boldsymbol{Y}(s)$ 为对称矩阵，其对角元素称为自导纳，等于与节点相连的支路导纳之和；非对角元素称为互导纳，等于两节点间支路导纳的负值。由于网络中任一节点一般只和相邻的节点有连接支路，所以节点导纳矩阵有很多元素为零，是稀疏矩阵。

对于支路 $k(k=1,2,\cdots,l)$，如图 6-4 所示，若支路存在独立电压源，且电压源的参考方向与支路的方向相反，则支路的电压电流关系可表达成

$$U_k(s)=z_k(s)I_k(s)-U_k^{\mathrm{s}}(s) \tag{6-24}$$

式中，$z_k(s)$ 为支路 k 的支路阻抗；$U_k^{\mathrm{s}}(s)$ 为支路 k 的独立电压源。

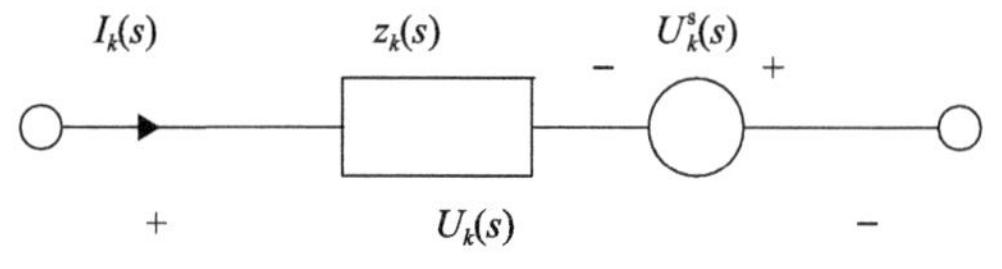

图 6-4　独立电压源支路

进一步，网络的中各支路电压与支路电流之间的关系可表示成

$$\boldsymbol{U}(s)=\boldsymbol{z}(s)\boldsymbol{I}(s)-\boldsymbol{U}^{\mathrm{s}}(s) \tag{6-25}$$

式中，$\boldsymbol{U}^{\mathrm{s}}(s)$ 为支路电压源的电压列向量；$\boldsymbol{z}(s)$ 为支路阻抗矩阵，其为对角阵，对角元素为对应支路的阻抗。

将式(6-17)和式(6-19)代入式(6-25)，得到网络的回路电流方程，其表达式为

$$\boldsymbol{B}\boldsymbol{z}(s)\boldsymbol{B}^{\mathrm{T}}\boldsymbol{I}^{l}(s)=\boldsymbol{B}\boldsymbol{U}^{\mathrm{s}}(s) \tag{6-26}$$

令 $\boldsymbol{Z}(s)=\boldsymbol{B}\boldsymbol{z}(s)\boldsymbol{B}^{\mathrm{T}}$，为回路阻抗矩阵；令 $\boldsymbol{U}^{l}(s)=\boldsymbol{B}\boldsymbol{U}^{\mathrm{s}}(s)$，为回路添加电压源的电压列向量(以下简称回路电压列向量)。则回路电流方程可以进一步写成

$$\boldsymbol{Z}(s)\boldsymbol{I}^{l}(s)=\boldsymbol{U}^{l}(s) \tag{6-27}$$

根据式(6-27)可以看出，s 域回路阻抗矩阵为系统的传递函数矩阵。

6.3　基于频域模式法的系统动态稳定性分析方法

本节首先根据节点导纳矩阵和回路阻抗矩阵的性质，推导出其行列式的零点为系统的特征根的结论。从而通过求解行列式的零点，获得系统的全部振荡模式。然后根据模式分析理论，对主导振荡模式展开分析，判断各振荡模式的稳定性，计算节点与回路参与因子，求取各装备对振荡模式的灵敏度。

6.3.1　系统振荡模式的求取

振荡模式表示网络可能出现的振荡形态，包括振荡阻尼和频率。当系统存在负阻尼或弱阻尼的振荡模式时，在扰动下系统可能会产生不稳定的振荡现象。

1) 振荡模式的计算原理

根据网络的基尔霍夫方程和电气装备特性方程，可以列写该系统的状态空间方程。当系统的输入为第 j 个节点的注入电流源，输出为第 k 个节点的电压时，其状态空间方程如下：

$$\begin{aligned}\dot{\boldsymbol{x}} &= \boldsymbol{A}\boldsymbol{x} + \boldsymbol{b}_1\boldsymbol{u}_1 \\ \boldsymbol{y}_1 &= \boldsymbol{c}_1\boldsymbol{x}\end{aligned} \tag{6-28}$$

当系统的输入为第 j 个回路的添加电压源，输出为第 k 个回路的电流时，其状态空间方程如下：

$$\begin{aligned}\dot{\boldsymbol{x}} &= \boldsymbol{A}\boldsymbol{x} + \boldsymbol{b}_2\boldsymbol{u}_2 \\ \boldsymbol{y}_2 &= \boldsymbol{c}_2\boldsymbol{x}\end{aligned} \tag{6-29}$$

式(6-28)和式(6-29)中，$\boldsymbol{A}$ 为状态空间的系数矩阵；$\boldsymbol{x}$ 为状态变量向量；$\dot{\boldsymbol{x}}$ 为 $\boldsymbol{x}$ 的微分；$\boldsymbol{b}_1$ 和 $\boldsymbol{b}_2$ 为一维列向量；$\boldsymbol{c}_1$ 和 $\boldsymbol{c}_2$ 为一维行向量；$\boldsymbol{u}_1$ 和 $\boldsymbol{u}_2$ 为输入变量；$\boldsymbol{y}_1$ 和 $\boldsymbol{y}_2$ 为输出变量。

对式(6-28)和式(6-29)进行 Laplace 变换，可以求出 s 域下系统的传递函数，分别为 k 节点到 i 节点的转移阻抗和 l 回路到 j 回路的转移导纳，记为 $z_{ki}(s)$ 和 $y_{lj}(s)$，其表达式如下：

$$z_{ki}(s) = \frac{y_1(s)}{u_1(s)} = \boldsymbol{c}_1(s\boldsymbol{I} - \boldsymbol{A})^{-1}\boldsymbol{b}_1 = \boldsymbol{c}_1\frac{(s\boldsymbol{I} - \boldsymbol{A})^*}{\det(s\boldsymbol{I} - \boldsymbol{A})}\boldsymbol{b}_1 \tag{6-30}$$

$$y_{lj}(s) = \frac{y_2(s)}{u_2(s)} = \boldsymbol{c}_2(s\boldsymbol{I} - \boldsymbol{A})^{-1}\boldsymbol{b}_2 = \boldsymbol{c}_2\frac{(s\boldsymbol{I} - \boldsymbol{A})^*}{\det(s\boldsymbol{I} - \boldsymbol{A})}\boldsymbol{b}_2 \tag{6-31}$$

式中，$\det(\cdot)$ 为矩阵的行列式；$(\cdot)^*$ 为矩阵的伴随矩阵。根据传递函数的特征，$\det(s\boldsymbol{I} - \boldsymbol{A})$ 为系统的特征多项式，特征多项式的根为系统的特征值。

考虑同样的电力网络，设在节点 j 上注入电流源的电流为 $I_j^{\mathrm{n}}(s)$，在节点 k 上的输出电压为 $U_k^{\mathrm{n}}(s)$，则由节点电压方程式(6-22)可以计算 s 域下转移阻抗 $z_{kj}(s)$ 的表达式：

$$z_{kj}(s) = \frac{U_k^{\mathrm{n}}(s)}{I_j^{\mathrm{n}}(s)} = \boldsymbol{c}_1'\boldsymbol{Y}(s)^{-1}\boldsymbol{b}_1' = \boldsymbol{c}_1'\frac{\boldsymbol{Y}(s)^*}{\det[\boldsymbol{Y}(s)]}\boldsymbol{b}_1' \tag{6-32}$$

设在回路 j 上添加电压源的电压为 $U_j^{\mathrm{l}}(s)$，在回路 k 上的输出电流为 $I_k^{\mathrm{l}}(s)$，则由回路电流方程式(6-26)可以计算 s 域下转移导纳 $y_{kj}(s)$ 的表达式：

$$y_{kj}(s) = \frac{I_k^{\mathrm{l}}(s)}{U_j^{\mathrm{l}}(s)} = \boldsymbol{c}_2'\boldsymbol{Z}(s)^{-1}\boldsymbol{b}_2' = \boldsymbol{c}_2'\frac{\boldsymbol{Z}(s)^*}{\det[\boldsymbol{Z}(s)]}\boldsymbol{b}_2' \tag{6-33}$$

式(6-32)和式(6-33)中，$\boldsymbol{c}_1'$ 和 $\boldsymbol{c}_2'$；一维行向量，其第 k 个元素为 1，其余元素

为 0；$\boldsymbol{b}_1'$ 和 $\boldsymbol{b}_2'$；一维列向量，其第 j 个元素为 1，其余元素为 0。

分别对比式(6-30)和式(6-32)、式(6-31)和式(6-33)，可以看出，$\boldsymbol{Y}(s)$ 和 $\boldsymbol{Z}(s)$ 的行列式均可以作为系统的特征多项式。因此，求解 s 域节点导纳矩阵或回路阻抗矩阵的行列式的零点可以得到系统的特征值[12,13]，即求解式(6-34)和式(6-35)：

$$\det[\boldsymbol{Y}(s)]=0 \tag{6-34}$$

$$\det[\boldsymbol{Z}(s)]=0 \tag{6-35}$$

对于新能源接入的系统，由于风电机组、光伏等组件的建模较复杂，阻抗阶数较高[14]，得到的节点导纳矩阵和回路阻抗矩阵的行列式一般为高阶多项式，记为 $P_n(s)$，其表达式如下：

$$P_n(s)=a_0s^n-a_1s^{n-1}-a_2s^{n-2}-\cdots-a_{n-1}s-a_n \tag{6-36}$$

式中，n 为多项式阶数；$a_h(h=0,1,2,\cdots,n)$ 为多项式系数。

有许多方法可以用来计算高阶多项式的零点，如牛顿-拉弗森方法、选择性模态分析和正交三角(QR)分解法。值得注意的是，每种方法都有其优缺点。其中 QR 分解法被认为是较有效的方法之一。首先，得到多项式 $P_n(s)$ 的友矩阵 $\boldsymbol{C}$，其表达式如下：

$$\boldsymbol{C}=\begin{pmatrix} a_1/a_0 & a_2/a_0 & a_3/a_0 & \dots & a_{n-1}/a_0 & a_n/a_0 \\ 1 & 0 & 0 & \dots & 0 & 0 \\ 0 & 1 & 0 & \dots & 0 & 0 \\ \vdots & \vdots & \vdots & & \vdots & \vdots \\ 0 & 0 & 0 & \dots & 1 & 0 \end{pmatrix} \tag{6-37}$$

根据友矩阵的性质，多项式友矩阵的特征值就是该多项式的零点。再利用 QR 分解法得到矩阵 $\boldsymbol{C}$ 的特征值[15]。

对于更高阶的系统，可以使用频率分段技术，将相关的频率范围划分为多个频段。对于每个频段，仍然可以用 QR 分解法精确地获得该范围内的模式，因为忽略了远离该频段的动态过程，它的阶数大大降低。然后，结合所有频带的结果，得到系统的全部模式。

2) 振荡模式的稳定性分析

每一对复数零点对应一个振荡模式，其实部和虚部分别包含模式振荡阻尼和频率的信息。以其中一个复数零点 $s_i=\sigma_i+\mathrm{j}\omega_i$ 为例，它们的对应关系如下：

$$\xi_i=-\frac{\sigma_i}{\sqrt{\sigma_i^{\ 2}+\omega_i^{\ 2}}},\ f_i=\frac{\omega_i}{2\pi} \tag{6-38}$$

式中，ξ_i 和 f_i 分别为 s_i 对应模式的振荡阻尼比和振荡频率。

根据振荡阻尼的大小评估振荡的稳定性，阻尼值越大，系统的稳定性越高；如果振荡阻尼小于零，则该频率的振荡会持续发散，导致系统失稳。

6.3.2 节点和回路对振荡模式的参与因子计算

对所关注的主导振荡模式，引入参与因子，分析各节点及各回路对振荡模式的参与程度。

1) 参与因子的定义

利用参与因子的概念来衡量系统各组成部分对振荡模式的参与程度。本节引入节点和回路参与因子，分别描述节点和回路对振荡模式的激励和观测作用。换言之，参与因子是可控性和可观测性的组合度量。

对于一个有 n 个节点和 l 个独立回路的系统，假设扰动电压或电流注入节点 m 或回路 k 中，在给定振荡模式下，各节点电压和回路电流表示为 $U_{qm}^{\mathrm{n}}(q,m=1,2,\cdots,n)$ 和 $I_{pk}^{\mathrm{l}}(p,k=1,2,\cdots,l)$。节点、回路的可观性和可控性定义如下：

$$\mathrm{Obs}_q^{\mathrm{n}}=\left|U_{qq}^{\mathrm{n}}\right|\Big/\sum_{m=1}^{n}\left|U_{mq}^{\mathrm{n}}\right|,\quad \mathrm{Con}_q^{\mathrm{n}}=\left|U_{qq}^{\mathrm{n}}\right|\Big/\sum_{m=1}^{n}\left|U_{qm}^{\mathrm{n}}\right| \tag{6-39}$$

$$\mathrm{Obs}_p^{\mathrm{l}}=\left|I_{pp}^{\mathrm{l}}\right|\Big/\sum_{k=1}^{l}\left|I_{kp}^{\mathrm{l}}\right|,\quad \mathrm{Con}_p^{\mathrm{l}}=\left|I_{pp}^{\mathrm{l}}\right|\Big/\sum_{k=1}^{l}\left|I_{pk}^{\mathrm{l}}\right| \tag{6-40}$$

节点和回路的参与因子定义为可观性和可控性的乘积，并将其归一化：

$$\overline{\mathrm{PF}_q^{\mathrm{n}}}=\mathrm{Obs}_q^{\mathrm{n}}\cdot\mathrm{Con}_q^{\mathrm{n}},\quad \overline{\mathrm{PF}_p^{\mathrm{l}}}=\mathrm{Obs}_p^{\mathrm{l}}\cdot\mathrm{Con}_p^{\mathrm{l}} \tag{6-41}$$

$$\mathrm{PF}_q^{\mathrm{n}}=\overline{\mathrm{PF}_q^{\mathrm{n}}}\Big/\sum_{m=1}^{n}\overline{\mathrm{PF}_m^{\mathrm{n}}},\quad \mathrm{PF}_p^{\mathrm{l}}=\overline{\mathrm{PF}_p^{\mathrm{l}}}\Big/\sum_{k=1}^{l}\overline{\mathrm{PF}_k^{\mathrm{l}}} \tag{6-42}$$

显然，上述定义是基于目标系统的输入-输出特性的，如果将目标系统建模为阻抗网络，则可以通过其节点导纳矩阵和回路阻抗矩阵分析计算各节点和回路的参与因子。

2) 节点的参与因子

对求出的任一振荡模式 s_i，网络的节点导纳矩阵 $\boldsymbol{Y}(s_i)$ 为对称矩阵。根据矩阵理论[16]，可以对其进行对角化，分别得到：

$$\boldsymbol{Y}(s_i)=\begin{bmatrix}\boldsymbol{F}_1 & \boldsymbol{F}_2 & \cdots & \boldsymbol{F}_n\end{bmatrix}^{\mathrm{T}}\begin{bmatrix}\lambda_1 & & & \\ & \lambda_2 & & \\ & & \ddots & \\ & & & \lambda_n\end{bmatrix}\begin{bmatrix}\boldsymbol{T}_1 & \boldsymbol{T}_2 & \cdots & \boldsymbol{T}_n\end{bmatrix} \tag{6-43}$$

式中，$\lambda_h(h=1,2,\cdots,n)$ 为矩阵 $\boldsymbol{Y}(s_i)$ 的特征值，称为振荡模式 s_i 的并联模态，n 为网络的独立节点个数；$\boldsymbol{T}_h$ 和 $\boldsymbol{F}_h^{\mathrm{T}}$ 为对应特征值 λ_h 的右特征向量和左特征向量。$\boldsymbol{T}=\begin{bmatrix}\boldsymbol{T}_1 & \boldsymbol{T}_2 & \cdots & \boldsymbol{T}_n\end{bmatrix}$ 为矩阵 $\boldsymbol{Y}(s_i)$ 的右特征向量矩阵，$\boldsymbol{F}=\begin{bmatrix}\boldsymbol{F}_1 & \boldsymbol{F}_2 & \cdots & \boldsymbol{F}_n\end{bmatrix}^{\mathrm{T}}$ 为矩阵 $\boldsymbol{Y}(s_i)$ 的左特征向量矩阵。

由于矩阵的行列式等于矩阵所有特征值的乘积[16]，而振荡模式 s_i 为节点导纳矩阵的行列式的零点。因此，$\lambda_h(h=1,2,\cdots,n)$ 中至少存在一个零特征根，不妨设为 λ_p，如式(6-44)所示：

$$\det[\boldsymbol{Y}(s_i)]=\lambda_1(s)\cdot\lambda_2(s)\cdot\cdots\cdot\lambda_p(s)\cdot\cdots\cdot\lambda_n(s)=0 \tag{6-44}$$

接下来在模态域中进行分析[17]。定义并联模态电压列向量和电流列向量，分别记为 $\boldsymbol{V}^{\mathrm{P}}$ 和 $\boldsymbol{J}^{\mathrm{P}}$，向量中的元素分别为实际的节点电压和节点电流在特征向量方向上的线性映射，其表达式为

$$\begin{aligned}\boldsymbol{V}^{\mathrm{P}}&=\boldsymbol{T}\boldsymbol{U}^{\mathrm{n}}\\ \boldsymbol{J}^{\mathrm{P}}&=\boldsymbol{F}^{-1}\boldsymbol{I}^{\mathrm{n}}\end{aligned} \tag{6-45}$$

将式(6-45)代入节点电压方程式(6-22)，得到并联模态方程，其表达式为

$$\begin{bmatrix}V_1^{\mathrm{P}}\\ \vdots \\ V_p^{\mathrm{P}}\\ \vdots \\ V_n^{\mathrm{P}}\end{bmatrix}=\begin{bmatrix}\lambda_1^{-1} & & & & \\ & \ddots & & & \\ & & \lambda_p^{-1} & & \\ & & & \ddots & \\ & & & & \lambda_n^{-1}\end{bmatrix}\begin{bmatrix}J_1^{\mathrm{P}}\\ \vdots \\ J_p^{\mathrm{P}}\\ \vdots \\ J_n^{\mathrm{P}}\end{bmatrix} \tag{6-46}$$

可以看出，n 个并联模态之间均互相解耦。某一模态电流的注入只影响该模态的电压，对其他模态电压无影响。在并联模态中，由于 λ_p 为零，很小的模态电流 $J_p^{\mathrm{P}}(s)$ 的注入将引起很大的模态电压 $V_p^{\mathrm{P}}(s)$。因此，该模态称为振荡模式 s_i 的并联关键模态，对应的右特征向量 $\boldsymbol{T}_p$ 和左特征向量 $\boldsymbol{F}_p^{\mathrm{T}}$ 为并联关键特征向量。

研究并联关键模态。该模态电流为激励量，模态电压为响应量。为分析各节点电流对激励量的贡献，将关键模态的模态电流用实际的各节点电流表示，如式

(6-47)所示：

$$J_p^{\mathrm{P}}(s)=T_{p1}I_1^{\mathrm{n}}(s)+T_{p2}I_2^{\mathrm{n}}(s)+\cdots+T_{pn}I_n^{\mathrm{n}}(s) \tag{6-47}$$

将实际的各节点电压用模态电压表示，由于关键模态电压远远大于其他模态电压，因此各节点电压由关键模态电压主导，表示为

$$\begin{bmatrix} U_1^{\mathrm{n}} \\ U_2^{\mathrm{n}} \\ \vdots \\ U_n^{\mathrm{n}} \end{bmatrix}=\begin{bmatrix} F_{11} \\ F_{21} \\ \vdots \\ F_{n1} \end{bmatrix}V_1^{\mathrm{P}}+\begin{bmatrix} F_{12} \\ F_{22} \\ \vdots \\ F_{n2} \end{bmatrix}V_2^{\mathrm{P}}+\cdots+\begin{bmatrix} F_{1n} \\ F_{2n} \\ \vdots \\ F_{nn} \end{bmatrix}V_n^{\mathrm{P}}\approx\begin{bmatrix} F_{1p} \\ F_{2p} \\ \vdots \\ F_{np} \end{bmatrix}V_p^{\mathrm{P}} \tag{6-48}$$

式(6-47)表明，实际各节点电流对关键模态的模态电流的贡献可以用关键右特征向量$\boldsymbol{T}_p=[T_{p1}\ T_{p2}\ \cdots\ T_{pn}]$表示。关键模态的模态电压对实际各节点电压的贡献可以用关键左特征向量$\boldsymbol{F}_p^{\mathrm{T}}=[F_{1p}\ F_{2p}\cdots F_{np}]^{\mathrm{T}}$表示。

因此，关键左特征向量和关键右特征向量分别具有反映该振荡模式可观测性和可激励性的特点。根据选择性模态分析理论[18]，将可控性和可观测性结合为一个指标，称为参与因子，则各节点对该振荡模式s_i的参与因子为

$$\mathrm{PF}_k^{\mathrm{n}}=F_{pk}T_{kp} \tag{6-49}$$

式中，$\mathrm{PF}_k^{\mathrm{n}}$为节点$k(k=1,2,\cdots,n)$的参与因子；$F_{pk}$和$T_{kp}$分别为关键特征向量$\boldsymbol{F}_p^{\mathrm{T}}$和$\boldsymbol{T}_p$的第$k$个元素，因为矩阵$\boldsymbol{F}$和$\boldsymbol{T}$均为正交矩阵，且互为逆矩阵，所以$\boldsymbol{F}$=$\boldsymbol{T}^{-1}$；参与因子的计算公式可以简化为

$$\mathrm{PF}_k^{\mathrm{n}}=T_{kp}^2 \tag{6-50}$$

3)回路的参与因子

对求出的任一振荡模式s_i，网络的回路阻抗矩阵$\boldsymbol{Z}(s_i)$均为对称矩阵，可以对其进行对角化：

$$\boldsymbol{Z}(s_i)=\begin{bmatrix}\boldsymbol{L}_1 & \boldsymbol{L}_2 & \dots & \boldsymbol{L}_l\end{bmatrix}^{\mathrm{T}}\begin{bmatrix}\mu_1 & & & \\ & \mu_2 & & \\ & & \ddots & \\ & & & \mu_l\end{bmatrix}\begin{bmatrix}\boldsymbol{R}_1 & \boldsymbol{R}_2 & \dots & \boldsymbol{R}_l\end{bmatrix} \tag{6-51}$$

式中，$\mu_j(j=1,2,\cdots,l)$为矩阵$\boldsymbol{Z}(s_i)$的特征值，称为振荡模式s_i的串联模态；l为

网络的独立回路个数；$\boldsymbol{R}_j$ 和 $\boldsymbol{L}_j^{\mathrm{T}}$ 为对应特征值 μ_j 的右特征向量和左特征向量。$\boldsymbol{R}=\begin{bmatrix}\boldsymbol{R}_1 & \boldsymbol{R}_2 & \cdots & \boldsymbol{R}_l\end{bmatrix}$ 为矩阵 $\boldsymbol{Z}(s_i)$ 的右特征向量矩阵，$\boldsymbol{L}=\begin{bmatrix}\boldsymbol{L}_1 & \boldsymbol{L}_2 & \cdots & \boldsymbol{L}_l\end{bmatrix}^{\mathrm{T}}$ 为矩阵 $\boldsymbol{Z}(s_i)$ 的左特征向量矩阵。

振荡模式 s_i 为回路阻抗矩阵的行列式的零点。因此 $\mu_j\,(j=1,2,\cdots,l)$ 中至少存在一个零特征根，不妨设为 μ_q，如式(6-52)所示：

$$\det[\boldsymbol{Z}(s_i)]=\mu_1(s)\cdot\mu_2(s)\cdot\cdots\cdot\mu_q(s)\cdot\cdots\cdot\mu_l(s)=0 \tag{6-52}$$

定义串联模态电压列向量和电流列向量[19]分别为 $\boldsymbol{V}^{\mathrm{S}}$ 和 $\boldsymbol{J}^{\mathrm{S}}$。向量中的元素分别为实际的回路电压和回路电流在特征向量方向上的线性映射，其表达式为

$$\begin{aligned}\boldsymbol{V}^{\mathrm{S}}&=\boldsymbol{L}^{-1}\boldsymbol{U}^{1}\\ \boldsymbol{J}^{\mathrm{S}}&=\boldsymbol{R}\boldsymbol{I}^{1}\end{aligned} \tag{6-53}$$

将式(6-53)代入回路电流方程式(6-26)，得到串联模态方程，其表达式为

$$\begin{bmatrix}J_1^{\mathrm{S}}\\ \vdots\\ J_q^{\mathrm{S}}\\ \vdots\\ J_l^{\mathrm{S}}\end{bmatrix}=\begin{bmatrix}\mu_1^{-1} & & & & \\ & \ddots & & & \\ & & \mu_q^{-1} & & \\ & & & \ddots & \\ & & & & \mu_l^{-1}\end{bmatrix}\begin{bmatrix}V_1^{\mathrm{S}}\\ \vdots\\ V_q^{\mathrm{S}}\\ \vdots\\ V_l^{\mathrm{S}}\end{bmatrix} \tag{6-54}$$

可以看出，l 个串联模态之间均互相解耦。某一模态电压的添加只引起该模态电流变化。在串联模态中，由于 μ_q 为零，很小的模态电压 V_q^{S} 的添加将引起很大的模态电流 J_q^{S}。因此，称该模态为振荡模式 s_i 的串联关键模态，对应的右特征向量 $\boldsymbol{R}_q$ 和左特征向量 $\boldsymbol{L}_q^{\mathrm{T}}$ 为串联关键特征向量。

研究串联关键模态。该模态电压为激励量，模态电流为响应量。为分析各回路电压对激励量的贡献，将关键模态的模态电压用实际的各回路电压表示，如式(6-55)所示：

$$V_q(s)=R_{q1}U_1^1(s)+R_{q2}U_2^1(s)+\cdots+R_{ql}U_l^1(s) \tag{6-55}$$

将实际的各回路电流用模态电流表示，由于关键模态电流远远大于其他模态电流，因此各回路电流由关键模态电流主导，表示为

$$\begin{bmatrix} I_1^1 \\ I_1^1 \\ \vdots \\ I_l^1 \end{bmatrix} = \begin{bmatrix} L_{11} \\ L_{21} \\ \vdots \\ L_{l1} \end{bmatrix} J_1^{\mathrm{S}} + \begin{bmatrix} L_{12} \\ L_{22} \\ \vdots \\ L_{l2} \end{bmatrix} J_2^{\mathrm{S}} + \ldots + \begin{bmatrix} L_{1l} \\ L_{2l} \\ \vdots \\ L_{ll} \end{bmatrix} J_l^{\mathrm{S}} \approx \begin{bmatrix} L_{1q} \\ L_{2q} \\ \vdots \\ L_{lq} \end{bmatrix} J_q^{\mathrm{S}} \tag{6-56}$$

式(6-56)表明，实际各回路电压对关键模态的模态电压的贡献可以用关键右特征向量 $\boldsymbol{R}_q = [R_{q1}\ R_{q2}\ \cdots\ R_{ql}]$ 表示。关键模态的模态电流对实际各回路电流的贡献可以用关键左特征向量 $\boldsymbol{L}_q^{\mathrm{T}} = [L_{1q}\ L_{2q}\ \cdots\ L_{lq}]^{\mathrm{T}}$ 表示。

因此，与节点参与因子的定义类似，定义各回路对该振荡模式 s_i 的参与因子为

$$\mathrm{PF}_m^{\mathrm{l}} = L_{qm} R_{mq} \tag{6-57}$$

式中，$\mathrm{PF}_m^{\mathrm{l}}$ 分别为回路 $m(m=1,2,\cdots,l)$ 的参与因子；L_{qm} 和 R_{mq} 分别为关键特征向量 $\boldsymbol{L}_q^{\mathrm{T}}$ 和 $\boldsymbol{R}_q$ 的第 m 个元素。矩阵 $\boldsymbol{L}$ 和 $\boldsymbol{R}$ 均为正交矩阵，且互为逆矩阵，则 $\boldsymbol{L}=\boldsymbol{R}^{\mathrm{T}}$ 。所以参与因子的计算公式可以简化为

$$\mathrm{PF}_m^{\mathrm{l}} = R_{mq}^2 \tag{6-58}$$

6.3.3 参与振荡的装备定位及其灵敏度分析

为研究装备对振荡模式的影响，定义装备灵敏度为关键模态对装备导纳的一阶导数：

$$\mathrm{Sen} = \partial \lambda_p / \partial y \tag{6-59}$$

由特征向量的定义以及左右特征向量的正交性，可以将灵敏度表示成

$$\frac{\partial \lambda_p}{\partial y} = \boldsymbol{F}_p^{\mathrm{T}} \frac{\partial \boldsymbol{Y}(s_i)}{\partial y} \boldsymbol{T}_p \tag{6-60}$$

由式(6-60)可知，装备的灵敏度与装备在节点导纳矩阵的位置有关。将装备分为并联装备与串联装备。并联装备接于参考节点与某一节点之间，该节点设为节点 a，其只出现在节点导纳矩阵的对角元素中。串联装备接于两个节点之间，两节点设为 i 与 j ，其出现在节点导纳矩阵的对角和非对角元素中。它们的灵敏度计算公式如下：

$$\mathrm{Sen} = \begin{cases} S_{aa}, & \text{并联设备} \\ S_{jj} - S_{jk} - S_{kj} + S_{kk}, & \text{串联设备} \end{cases} \tag{6-61}$$

$$S = T_p F_p^{\mathrm{T}} \tag{6-62}$$

6.4　案例：沽源风电场稳定性分析

沽源地区分布有多个风电场，大部分安装的是双馈型风机。各风电场发出的电能，首先经辐射状的网络输送到 220kV 变电站，然后经沽源枢纽变电站升压至 500kV，最终通过 500kV 串补线路输送到主网。自其风电外送线路串补电容投运后，发生了多次次同步谐振事故，风电机组和汇集线路上出现大幅次同步频率的功率振荡，引起大量风电机组脱网，造成装备损害，威胁电网的运行安全[20]。

为了对沽源风电场展开进一步研究，文献[9]和文献[21]分别对实际系统建立了等值模型。将整个风电机群视作一个大容量风电机组。考虑到各风电场的地理位置不同，由于风速的分布特性，该简化模型会产生较大误差。因此，文献[9]提出了包含多个风电场及其输电网络的模型，由于一些风电场位置比较接近，风电机组类型也相似，将这些风电场合并成聚合风电场，进一步将大容量的单机等值模型表示成 n 台控制参数及运行状态相同的小容量的风电机组。

6.4.1　沽源风电场电磁尺度小信号频域模型

根据阻抗建模方法，推导出系统中各装备的阻抗表达式。双馈型风机的阻抗取决于装备参数、控制模式以及运行条件。研究算例中，各聚合风电场的运行条件如表 6-2 所示。为了提高模型的准确性，在建立风电机组的小信号模型时，对风电机组的轴系、感应发电机、滤波器、PWM 变换器及其控制系统、锁相环等模块都进行了建模，因此得到风电机组阻抗的多项式阶数为 27 阶。

表 6-2　各聚合风电场运行条件

风电场名称	风速/(m/s)	台数/台
JLQ	5	167
HT	5	132
LHT	5	100
YY	5	669
BLS	5	256
BT	5	298

得到各装备的小信号阻抗模型后，根据系统的拓扑结构将它们进行连接，构成系统的阻抗网络模型，如图 6-5 所示。图中共有 6 个聚合风电场，Z_{JLQ}、Z_{HT}、Z_{YY}、Z_{LHT}、Z_{BLS}、Z_{BT} 分别为对应聚合风电场的阻抗，$Z_{\text{xx-xx}}$ 为两地之间的线路阻抗，Z_{S1}、Z_{S2} 为外部系统等效阻抗，Z_{Tran} 为变压器阻抗。

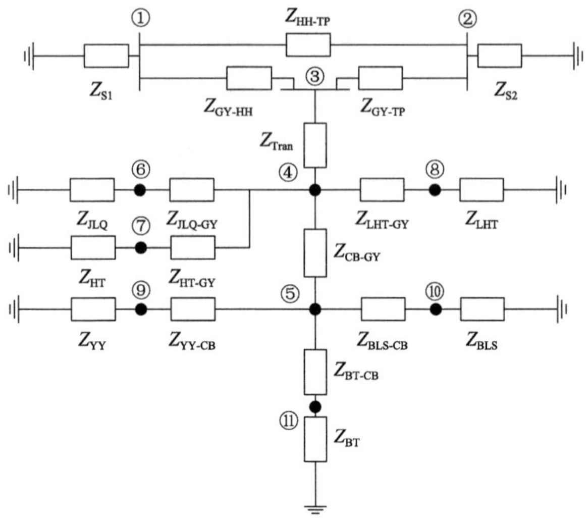

图 6-5　沽源地区阻抗网络模型

分析图 6-5 所示的阻抗网络，共有 12 个节点(包括大地节点)和 19 条支路，由电路理论，共有 8 个独立回路。对各节点和各支路进行编号。形成节点-支路关联矩阵和回路-支路关联矩阵，从而得到网络的节点导纳矩阵和回路阻抗矩阵。

6.4.2　沽源风电场动态稳定性分析

1) 系统的振荡模式

求出网络矩阵的行列式，其为 172 阶多项式，利用友矩阵结合 QR 分解法计算行列式的零点。其中的复数零点对应网络的振荡模式，将其画在散点图中，如图 6-6 所示。从散点图的局部放大部分，可以观察到系统中存在一个不稳定振荡

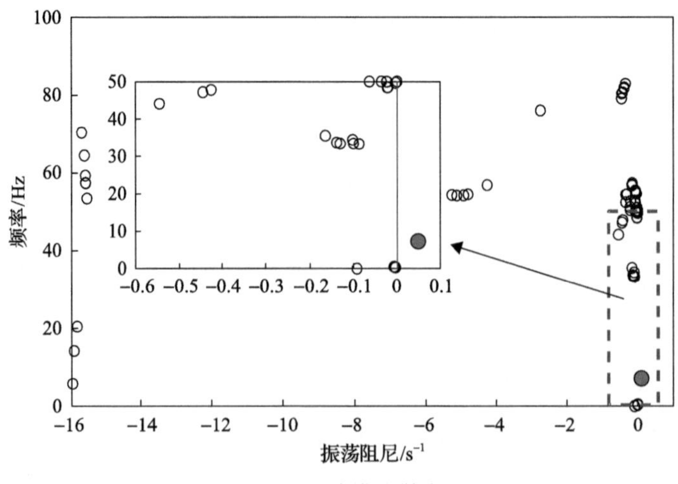

图 6-6　振荡模式散点图

模式(图中用实心圆表示)，该振荡模式的振荡阻尼为$-0.0452s^{-1}$，振荡频率为 7.45Hz，即对应系统发生次同步振荡的模式。

2)各节点/回路的参与因子

针对不稳定的次同步振荡模式，为分析该模式的可激励性与可观测性，计算各节点和各回路的参与因子，如表 6-3 所示。

表 6-3　节点和回路的参与因子

节点和回路	编号	参与因子
节点	1	0.0000
	2	0.0000
	3	0.1253
	4	0.1177
	5	0.1088
	6	0.1158
	7	0.1174
	8	0.1174
	9	0.0961
	10	0.1075
	11	0.1058
回路	1	0.2565
	2	0.4223
	3	0.0157
	4	0.0099
	5	0.0054
	6	0.2195
	7	0.0483
	8	0.0358

由表 6-3 可以看出，该振荡模式的主要参与节点为节点 3 和节点 4，节点 3 为串补接入节点，节点 4 为沽源风电场的并网节点。主要参与回路为回路 1 和回路 2，均为风电经串补输出回路。由此可以判断，沽源风电场发生次同步振荡是风电场经串补输出功率造成的。

3)装备的灵敏度分析

为了衡量系统中各装备对次同步振荡的影响，本节计算了各装备对模式的灵敏度，结果如表 6-4 所示，其中各装备用对其应的阻抗表示。

表 6-4　装备的灵敏度

装备	灵敏度	装备	灵敏度	装备	灵敏度
$Z_{HH\text{-}TP}$	0.0000	$\boldsymbol{Z_{JLQ}}$	**0.1158**	$\boldsymbol{Z_{YY}}$	**0.0961**
Z_{S1}	0.0000	$Z_{HT\text{-}GY}$	0.0000	$Z_{BLS\text{-}CB}$	0.0000
$\boldsymbol{Z_{GY\text{-}HH}}$	**0.1263**	$\boldsymbol{Z_{HT}}$	**0.1174**	$\boldsymbol{Z_{BLS}}$	**0.1075**
Z_{S2}	0.0000	$Z_{LHT\text{-}GY}$	0.0000	$Z_{BT\text{-}CB}$	0.0001
$\boldsymbol{Z_{GY\text{-}TP}}$	**0.1257**	$\boldsymbol{Z_{LHT}}$	**0.1174**	$\boldsymbol{Z_{BT}}$	**0.1058**
Z_{Tran}	0.0002	$Z_{CB\text{-}GY}$	0.0013		
$Z_{JLQ\text{-}GY}$	0.0000	$Z_{YY\text{-}CB}$	0.0021		

由表 6-4 可以看出，双馈风电场和串补线路的灵敏度较高，由此可以判断双馈风电机组和串补线路为振荡的主要参与装备。

6.4.3　基于电磁暂态仿真的分析结果验证

在电磁暂态仿真软件 PSCAD/EMTDC 上，搭建目标系统的非线性仿真模型，仿真场景与表 6-2 一致。

总仿真时长为 6s。初始串联电容没有投入，在 0.5s，串联电容投入，触发了次同步振荡。仿真结果见图 6-7。其中图 6-7(a)为沽源变电站上送电流的波形图，通过离散傅里叶变换(DFT)对其进行频谱分析，结果见图 6-7(b)，进一步提取电流中的次同步分量，见图 6-7(c)。显然，当串联电容没有投入时，系统是稳定的，

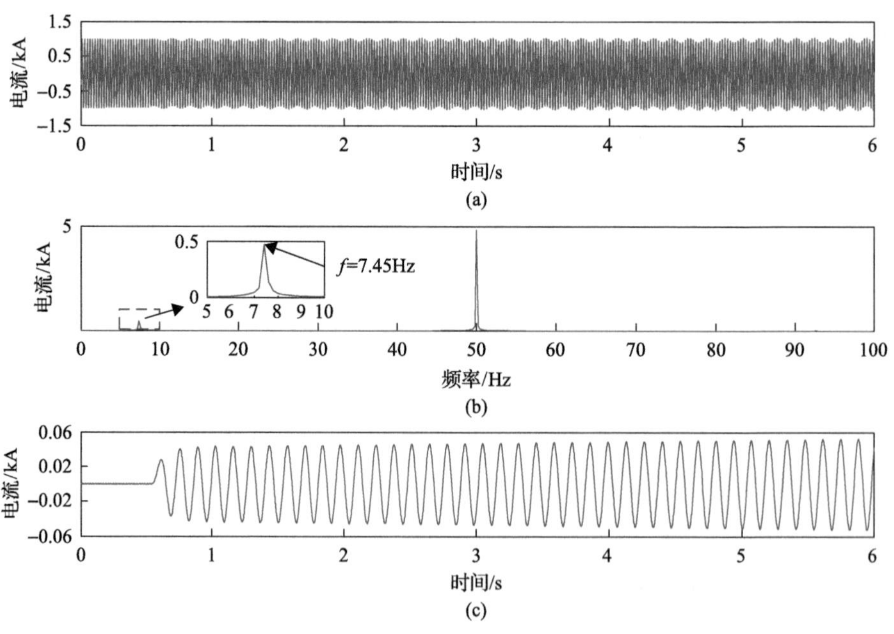

图 6-7　数值仿真结果

电流中没有次同步分量。一旦串联电容接入，系统会发生次同步振荡，次同步电流发散。经过 DFT 计算，次同步模式的振荡频率和振荡阻尼分别为 7.45Hz 和 -0.0535s^{-1}，与图 6-6 分析结果基本一致。

根据仿真结果，可以得到各支路的次同步电流和各节点的次同步电压，如图 6-8 所示。各节点电压的振荡幅值用数字标示，单位为 kV，各支路电流的振荡幅值用数字标示，单位为 kA，方向如箭头所示。

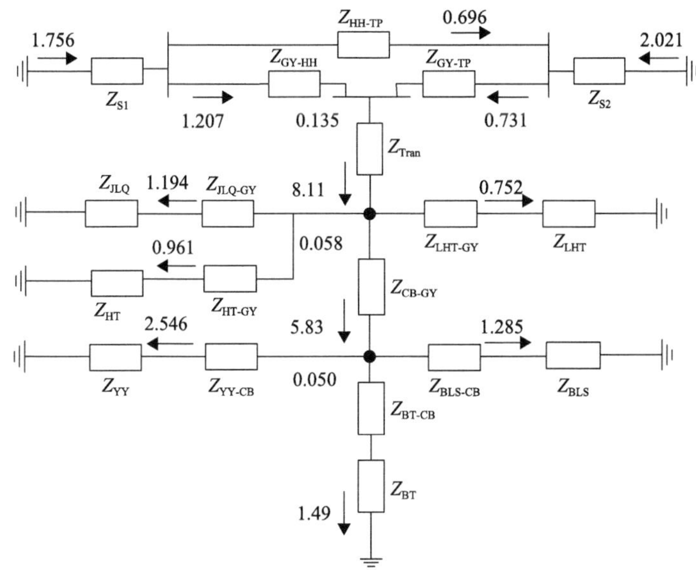

图 6-8　次同步电流、电压分布

从参与因子中提取支路可观性指标和节点可观性指标，求出各支路电流的振荡幅值占比和各节点电压的振荡幅值占比。为便于验证模式分析方法，对仿真得到的所有支路的次同步电流进行加总，计算各支路电流的占比；对仿真得到的所有节点次同步电压进行加总，计算各节点电压的振荡幅值占比。计算结果如表 6-5 所示。

表 6-5　各支路电流和各节点电压的振荡幅值占比

节点和支路	编号	仿真计算	模式分析
节点	1	0	0.0007
	2	0	0.0002
	3	0.1254	0.1173
	4	0.1228	0.1137
	5	0.1047	0.1093
	6	0.1216	0.1127
	7	0.1222	0.1135

续表

节点和支路	编号	仿真计算	模式分析
节点	8	0.1203	0.1135
	9	0.0851	0.1027
	10	0.0978	0.1086
	11	0.1000	0.1078
支路	1	0.0437	0.0287
	2	0.1103	0.0882
	3	0.1269	0.1175
	4	0.0758	0.1131
	5	0.0459	0.091
	6	0.224	0.2041
	7	0.146	0.1528
	8	0.033	0.0218
	9	0.0265	0.0173
	10	0.0208	0.0128
	11	0.0703	0.0816
	12	0.0413	0.0383
	13	0.0355	0.0329

注：占比加和不为 1 是数据有效位数引入的误差。

根据表 6-5 和图 6-8，模式分析得到的各支路电流的振荡幅值占比与仿真中各支路的次同步电流幅值近似成正比，模式分析得到的各节点电压的振荡幅值占比与仿真中各节点的次同步电压幅值近似成正比。因此，可以验证模式分析方法在振荡路径辨识上的有效性。

6.5　小　　结

随着新能源发电占比越来越高，大量电力电子装置接入电力系统，导致系统中出现了多种新型振荡现象。为研究大规模复杂系统的振荡稳定性问题，本章提出了基于频域模式分析的研究方法。

在建立目标系统的等值阻抗网络后，引入网络的 s 域节点导纳矩阵和回路阻抗矩阵。通过求取上述矩阵的行列式的零点，可以得到系统的特征根，每一对复数解对应网络的一个振荡模式，选取主导振荡模式展开分析。首先，根据振荡阻尼的大小衡量振荡模式的稳定性。然后，引入模态理论中的参与因子概念，研究网络的各节点与各回路对振荡模式的可激励性与可观测性。最后，建立灵敏度矩阵，计算各装备对模式的灵敏度。本章所提方法计算结果与实际风电系统仿真结果基本保持一致，验证了所提方法的有效性。

目前，该方法建立的系统模型为一维阻抗网络，当考虑到次超同步耦合时，需要建立二维阻抗网络来表征耦合效应。在分析系统振荡模式的特征时，主要考虑了参与因子指标，为了对振荡的动态监测与实时控制提供更直观的信息，需要进一步研究模式的可观性和可控性。

参 考 文 献

[1] Sun J. Small-signal methods for ac distributed power systems-a review[J]. IEEE Transactions on Power Electronics, 2009, 24 (11) : 2545-2554.

[2] Sun J. Impedance-based stability criterion for grid-connected inverters[J]. IEEE Transactions on Power Electronics, 2011, 26 (11) : 3075-3078.

[3] Wang X, Harnefors L, Blaabjerg F. Unified impedance model of grid-connected voltage-source converters[J]. IEEE Transactions on Power Electronics, 2018, 33 (2) : 1775-1787.

[4] Bakhshizadeh M K, Wang X, Blaabjerg F, et al. Couplings in phase domain impedance modeling of grid-connected converters[J]. IEEE Transactions on Power Electronics, 2016, 31 (10) : 6792-6796.

[5] Rygg A, Molinas M, Zhang C, et al. A modified sequence-domain impedance definition and its equivalence to the dq-domain impedance definition for the stability analysis of AC power electronic systems[J]. IEEE Journal of Emerging and Selected Topics in Power Electronics, 2016, 4 (4) : 1383-1396.

[6] Harnefors L. Modeling of three-phase dynamic systems using complex transfer functions and transfer matrices[J]. IEEE Transactions on Industrial Electronics, 2017, 54 (4) : 2239-2248.

[7] Belega D, Fontanelli D, Petri D. Dynamic phasor and frequency measurements by an improved Taylor weighted least squares algorithm[J]. IEEE Transactions on Instrumentation and Measurement, 2015, 64 (8) : 2165-2178.

[8] Han Y, Li Z, Zheng H, et al. A decomposition method for the total leakage current of MOA based on multiple linear regressions[J]. IEEE Transactions on Power Delivery, 2016, 31 (4) : 1422-1428.

[9] Liu H, Xie X, Gao X, et al. Stability analysis of SSR in multiple wind farms connected to series-compensated systems using impedance network model[J]. IEEE Transactions on Power Systems, 2018, 33 (3) : 3118-3128.

[10] Boylestad L. Introductory Circuit Analysis[M]. New York: Pearson Education Limited, 2015.

[11] 张伯明, 陈寿孙, 严正. 高等电力网络分析[M]. 北京: 清华大学出版社, 2007.

[12] Gomes S, Martins N, Portela C. Modal analysis applied to s-domain models of AC networks[C]. 2001 IEEE Power Engineering Society Winter Meeting, Columbus, 2011: 1305-1310.

[13] Semlyen A I. S-domain methodology for assessing the small signal stability of complex systems in nonsinusoidal steady state[J]. IEEE Transactions on Power Systems, 1999, 14 (1) : 132-137.

[14] Fan L, Kavasseri R, Miao Z, et al. Modeling of DFIG-based wind farms for SSR analysis[J]. IEEE Transactions on Power Delivery, 2010, 25: 2073-2082.

[15] Zhang J, Kavcic A, Wong K. Equal-diagonal QR decomposition and its application to precoder design for successive-cancellation detection[J]. IEEE Transactions on Information Theory, 2005, 51 (1) : 154-172.

[16] Strang G. Introduction to Linear Algebra[M]. New York: McGraw-Hill Education, 2008.

[17] Xu W, Huang Z, Cui Y, et al. Harmonic resonance mode analysis[J]. IEEE Transactions on Power Delivery, 2005, 20 (2) : 1182-1190.

[18] Perez-Arriaga I, Verghese G, Schweppe F. Selective modal analysis with applications to electric power systems– Ⅰ. heuristic introduction[J]. IEEE Transactions on PAS, 1982, 101(9): 3117-3125.

[19] 仰彩霞，刘开培，王东旭. 基于回路模态分析法的串联谐波谐振评估[J]. 高电压技术，2008，34(11): 2459-2462.

[20] Wang L, Xie X, Jiang Q, et al. Investigation of SSR in practical DFIG-based wind farms connected to a series compensated power system[J]. IEEE Transactions on Power Systems, 2015, 30(5): 2772-2779.

[21] Liu H, Xie X, Zhang C, et al. Quantitative SSR analysis of series-compensated DFIG-based wind farms using aggregated RLC circuit model[J]. IEEE Transactions on Power Systems, 2017, 32(1): 474-483.

第 7 章　不对称故障穿越期间风电机组及网络的电磁时间尺度小信号动态建模与分析

7.1　引　　言

并网导则规定风电机组在故障穿越期间所需具备的基本功能是响应无功电流支撑电网电压以协助电网恢复[1-4]。因此，确保风电机组并网系统在故障持续期间的动态稳定非常重要[5,6]，这既是可靠响应无功电流的内在要求，也是故障穿越后续阶段逐步恢复有功出力的基础。尤其是风电机组在此阶段响应无功电流时间较短，若此时发生电磁时间尺度(以下简称电磁尺度)失稳将不能满足并网导则的要求。因此，急需关注风电机组在故障穿越期间的电磁尺度动态稳定性问题。相比于在正常工况下的电磁尺度稳定性问题，在不对称故障穿越期间的稳定性研究具有以下难点：一是风电机组在不对称故障穿越期间的控制策略与正常工况相比差异较大，基于正常发电运行工况研究得到的小信号稳定性结论不足以揭示其在不对称故障穿越期间的关键动态特性；二是从小信号分析直流量稳态工作点的角度看，基于动态序量针对不对称故障网络进行计及电流动态的精确建模较为困难。针对上述问题，本章首先定义风电机组计及电流动态的内电势/内电抗，建立对称故障穿越期间风电机组的频域小信号模型；然后针对简单但有代表性的故障网络拓扑，推导不对称故障网络外端口的正、负序分量间的动态耦合关系，建立不对称故障网络含电流动态的频域模型；接着剖析不对称故障穿越期间风电机组并网系统的电磁尺度稳定性问题的类型和研究思路；最后基于深度不对称故障场景，分析不对称故障网络的序间耦合阻抗引起风电机组并网系统在不对称故障穿越期间的电磁尺度振荡失稳的机理，重点探索关键控制和运行等参数对该系统电磁尺度小信号稳定性的影响，为工程实践中不对称故障穿越期间的控制设计和进一步研究提供了基础。

7.2　不对称故障穿越期间风电机组频域小信号建模

风电机组类型多样，其中机侧、网侧变换器控制系统的设计更是具有极大的灵活性，实际不对称故障网络也极为复杂。为使模型具有良好的可扩展性，有必要采用一般化建模思路，对故障穿越期间的风电机组和故障网络基于统一接口进行独立建模，借鉴传统电力系统分析中常用的内电势方法是可行的思路。同时，为使本章的论述不失一般性，鉴于电磁尺度下的风电机组动态建模中，双馈型风机建模需要同时考虑机侧变换器和风力发电机，更具有代表性，故本节将以此为具体对象介绍风电机组的建模过程。首先明确双馈型风机建模所基于的假设条件，然后借鉴同步机的内电势和内电抗概念，阐述处于不对称故障穿越期间的双馈型风机的一般化建模思路，定义计及电流动态的双馈型风机内电势和内电抗，并据此实现不对称故障持续阶段双馈型风机的数学描述，最终得到可反映风电机组在不对称故障持续阶段小信号稳定性的线性化模型。

7.2.1 风电机组建模考虑的简化条件

在本章所关注的风电机组并网系统在不对称故障穿越期间的电磁尺度小信号问题中，风电机组的动态特性主要与快尺度控制器有关。图 7-1 展示了目前的两类主流风电机组——双馈型风机和全功率型风机在不对称故障穿越期间的典型拓扑结构及研究电磁尺度小信号问题所关注的无功电流响应典型控制策略。在不对称故障持续期间，暂态量已经衰减完毕，Crowbar、Chopper 等硬件保护措施或暂态控制策略退出运行，图中用虚线框标出。对于全功率型风机，其网侧变换器在无功电流响应中扮演着重要角色，在电磁尺度下可认为直流母线电压基本保持不变，全功率型风机的动态特性主要体现在网侧变换器上。对于双馈型风机，其机侧变换器通过给发电机转子绕组励磁从而控制机组输出无功电流，在无功电流响应中起主导作用，而网侧变换器的主要作用是维持直流母线电压稳定，不直接参与无功电流支撑，可忽略其影响。如图 7-1 所示，全功率型风机和双馈型风机在不对称故障穿越期间的无功电流响应控制策略类似，主要包括锁相环、正/负序电流解耦控制等。在深度不对称故障下，由于无功电流指令需求较大，会达到限幅，所以无功电流指令在这一工况下需要直接给定。除按并网导则规定优先大幅响应无功电流外，还需要输出少量有功电流维持系统有功平衡，也需要根据风机容量及无功电流指令给定情况分配少量有功电流指令。考虑到在不对称故障穿越期间对双馈型风机进行电磁尺度动态特性建模时涉及机侧变换器和风力发电机，更具一般性；同时考虑到全功率型风机和双馈型风机的无功电流响应控制策略具有相似性，为避免重复，本节以双馈型风机为主介绍建模过程，其间穿插介绍全功率型风机建模时存在的独特性。

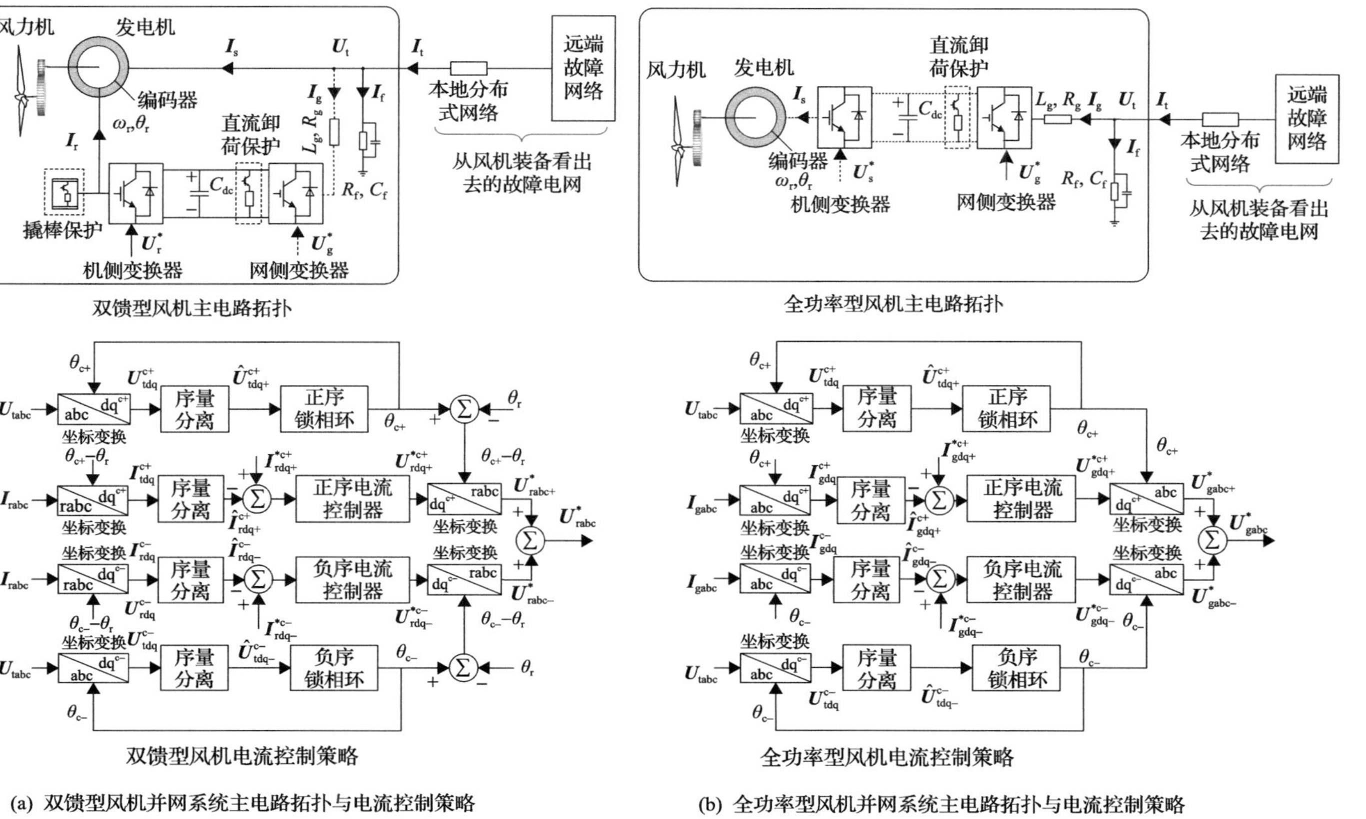

图7-1　不对称故障穿越期间典型风机并网系统主电路拓扑与电流控制策略

图 7-1 中：上标“c+”为正转锁相速旋转 dq^{c+}坐标系，上标“c–”为反转锁相速旋转 dq^{c-}坐标系；上标“*”表示指令值；下标“t”表示与风机并网点有关，下标“f”表示与风机滤波器有关，下标“c+”为与正转锁相速旋转坐标系有关，下标“c–”表示与反转锁相速旋转坐标系有关；顶标“ˆ”为经过陷波器的观测值；图中各变量含义为 $\boldsymbol{I}_{r}$ 为任意坐标系下的转子电流矢量，$\boldsymbol{I}_{s}$ 为任意坐标系下的定子电流矢量，$\boldsymbol{I}_{g}$ 为任意坐标系下的风机网侧电流矢量，$\boldsymbol{I}_{t}$ 为任意坐标系下的风机端口电流矢量，$\boldsymbol{I}_{f}$ 为任意坐标系下的滤波支路电流矢量，$\boldsymbol{I}_{rabc}$ 为三相静止坐标系下的转子电流矢量，$\boldsymbol{I}_{gabc}$ 为三相静止坐标系下的网侧电流矢量，$\boldsymbol{I}_{rdq}^{c+}$ 为正转锁相速旋转坐标系下的转子电流矢量，$\boldsymbol{I}_{rdq}^{c-}$ 为反转锁相速旋转坐标系下的转子电流矢量，$\hat{\boldsymbol{I}}_{rdq+}^{c+}$ 为正转锁相速旋转坐标系下的转子电流矢量正序分量观测值，$\hat{\boldsymbol{I}}_{rdq-}^{c-}$ 为反转锁相速旋转坐标系下的转子电流矢量负序分量观测值，$\boldsymbol{I}_{rdq+}^{*c+}$ 为正转锁相速旋转坐标系下的转子电流矢量正序分量指令值，$\boldsymbol{I}_{rdq-}^{*c-}$ 为反转锁相速旋转坐标系下的转子电流矢量负序分量指令值，$\boldsymbol{I}_{gdq}^{c+}$ 为正转锁相速旋转坐标系下的网侧电流矢量，$\boldsymbol{I}_{gdq}^{c-}$ 为反转锁相速旋转坐标系下的网侧电流矢量，$\hat{\boldsymbol{I}}_{gdq+}^{c+}$ 为正转锁相速旋转坐标系下的网侧电流矢量正序分量观测值，$\hat{\boldsymbol{I}}_{gdq-}^{c-}$ 为反转锁相速旋转坐标系下的网侧电流矢量负序分量观测值，$\boldsymbol{I}_{gdq+}^{*c+}$ 为正转锁相速旋转坐标系下的网侧电流矢量正序分量指令值，$\boldsymbol{I}_{gdq-}^{*c-}$ 为反转锁相速旋转坐标系下的网侧电流矢量负序分量指令值，$\boldsymbol{U}_{t}$ 为任意坐标系下的风机端电压矢量，$\boldsymbol{U}_{r}^{*}$ 为任意坐标系下的转子侧电压矢量指令值，$\boldsymbol{U}_{s}^{*}$ 为任意坐标系下的机侧电压矢量指令值，$\boldsymbol{U}_{g}^{*}$ 为任意坐标系下的网侧电压矢量指令值，$\boldsymbol{U}_{tabc}$ 为三相静止坐标系下的端电压矢量，$\boldsymbol{U}_{tdq}^{c+}$ 为正转锁相速旋转坐标系下的端电压矢量，$\boldsymbol{U}_{tdq}^{c-}$ 为反转锁相速旋转坐标系下的端电压矢量，$\hat{\boldsymbol{U}}_{tdq+}^{c+}$ 为正转锁相速旋转坐标系下的端电压矢量正序分量观测值，$\hat{\boldsymbol{U}}_{tdq-}^{c-}$ 为反转锁相速旋转坐标系下的端电压矢量负序分量观测值，$\boldsymbol{U}_{rdq+}^{*c+}$ 为正转锁相速旋转坐标系下的转子电压矢量正序分量指令值，$\boldsymbol{U}_{rdq-}^{*c-}$ 为反转锁相速旋转坐标系下的转子电压矢量负序分量指令值，$\boldsymbol{U}_{gdq+}^{*c+}$ 为正转锁相速旋转坐标系下的网侧电压矢量正序分量指令值，$\boldsymbol{U}_{gdq-}^{*c-}$ 为反转锁相速旋转坐标系下的网侧电压矢量负序分量指令值，$\boldsymbol{U}_{rabc+}^{*}$ 为转子三相静止坐标系下的转子电压矢量正序分量指令值，$\boldsymbol{U}_{rabc-}^{*}$ 为转子三相静止坐标系下的转子电压矢量负序分量指令值，$\boldsymbol{U}_{gabc+}^{*}$ 为三相静止坐标系下的网侧电压矢量正序分量指令值，$\boldsymbol{U}_{gabc-}^{*}$ 为三相静止坐标系下的网侧电压矢量负序分量指令值，$\boldsymbol{U}_{rabc}^{*}$ 为转子三相静止坐标系下的网侧电压矢量指令值，$\boldsymbol{U}_{gabc}^{*}$ 为三相静止坐标系下的网侧电压矢量指令值；ω_{r} 为转子转速，θ_{r} 为转子位置，θ_{c+} 和 θ_{c-} 为正转锁相速旋转坐标系和反转锁相速旋转坐标系与两相静止 αβ 坐标系之间的夹角，后面将详细介绍；C_{dc} 为直流母线电容，L_{g} 和 R_{g}

为网侧滤波电感和与电感串联的滤波电阻，C_f 和 R_f 为滤波电容和与电容并联的滤波电阻。

作为研究风电机组并网系统在不对称故障穿越期间小信号稳定性的探索性工作，本章仅关注电磁尺度的小信号稳定问题，为简化分析，给出如下简化条件。

(1) 现代风机多具有紧急桨距角控制，且轴系的机电时间常数较大，在电磁暂态过程结束后发电机转速持续上升幅度较小。因此认为电网不对称故障持续期间双馈型风机转子转速近似不变。

(2) 主流商用双馈型风机 PWM 变换器一般采用离散控制，考虑其控制周期可达几十微秒，因而忽略离散控制的影响，将双馈型风机 PWM 变换器的控制器建模为连续控制。

(3) 主流商用 PWM 变换器采用的高频开关器件开关频率一般在 2kHz 以上，通常远高于电流控制器的设计带宽，因此忽略机侧变换器 PWM 环节所引起的高频开关动态和平均延时，假定转子电压等于转子控制电压。

(4) 各交流电压和电流的交流采样电路中用来滤除噪声和开关谐波的低通滤波器的截止频率一般远高于基波频率，忽略该三相交流滤波电路的影响。

(5) 在电网不对称故障穿越阶段，暂态量已经得到充分衰减。因此不计电机磁路和其他主电路的饱和，认为所有主电路是线性的，满足线性叠加定律。

(6) 忽略双馈型风机等主电路的三相参数差异，认为各相参数完全对称。因此正序和负序的序阻抗独立，结合电路线性的假设，可以分别列写正序和负序的序阻抗方程。

7.2.2　风电机组输入输出原始关系

1. 锁相环及参考坐标系

在电网发生深度不对称故障时，正序和负序电压的相位相互独立，为了准确地响应正、负序有功、无功电流，需要获取故障电网正、负序端电压的准确相位，所以本章为正、负序端电压分别设置锁相环，其结构如图 7-2 所示。

图 7-2 中，ξ_{u+}、ξ_{u-} 分别为正、负序端电压二阶陷波器衰减系数，ω_B 是无穷大母线电压矢量旋转角速度，Im 表示对矢量进行取虚部运算，$\boldsymbol{X}_{nt\_u1+}$、$\boldsymbol{X}_{nt\_u2+}$ 为正序端电压二阶陷波器内部的两个状态量，$\boldsymbol{X}_{nt\_u1-}$、$\boldsymbol{X}_{nt\_u2-}$ 为负序端电压二阶陷波器内部的两个状态量，$\hat{u}_{tq+}^{c+}$ 为正转锁相速旋转坐标系下的端电压 q 轴正序分量观测值，$\hat{u}_{tq-}^{c-}$ 为反转锁相速旋转坐标系下的端电压 q 轴负序分量观测值，U_{t+}^{c+} 为

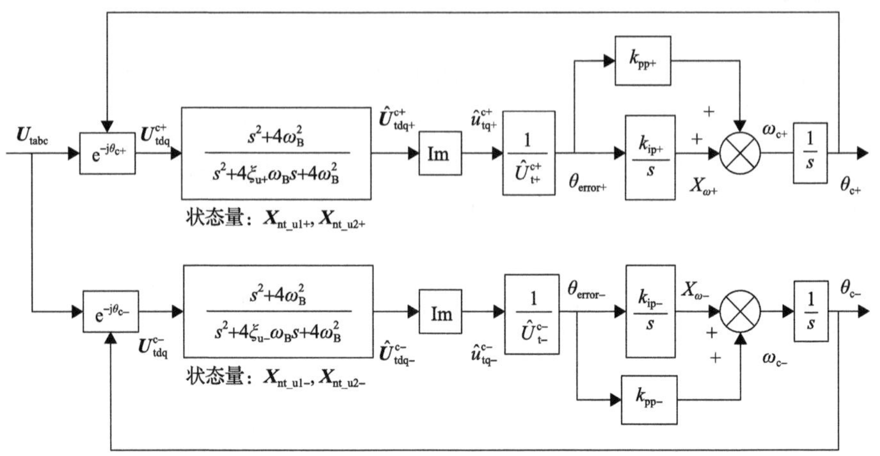

图 7-2　不对称故障穿越期间双馈型风机机侧变换器的正、负序双锁相环结构

正转锁相速旋转坐标系下的端电压正序分量幅值，U_{t-}^{c-} 为反转锁相速旋转坐标系下的端电压负序分量幅值，θ_{error+} 为正序锁相误差角度反馈，由端电压正序分量在正转锁相速旋转坐标系中的 q 轴分量观测值对正序分量的幅值做归一化而得到，θ_{error-} 为负序锁相误差角度反馈值，由端电压负序分量在反转锁相速旋转坐标系中的 q 轴分量观测值对负序分量的幅值做归一化而得到，k_{pp+} 为正序锁相环 PI 控制器比例参数，k_{ip+} 为正序锁相环 PI 控制器积分参数，k_{pp-} 为负序锁相环 PI 控制器比例参数，k_{ip-} 为负序锁相环 PI 控制器积分参数，$X_{\omega+}$ 为正序锁相环 PI 控制器积分输出状态，$X_{\omega-}$ 为负序锁相环 PI 控制器积分输出状态。

图 7-2 所示的正、负序双锁相环分别确定了以正序锁相角速度 ω_{c+} 逆时针旋转的正转锁相速 dq^{c+} 旋转坐标系和以负序锁相角速度 ω_{c-} 顺时针旋转的反转锁相速 dq^{c-} 旋转坐标系，如图 7-3 所示。正转锁相速 dq^{c+} 旋转坐标系和反转锁相速 dq^{c-} 旋转坐标系分别是双馈型风机装备内部由正、负序锁相环输出的锁相角速度确定的坐标系。为清晰地刻画正、反转锁相速坐标系的动态，定义与无穷大母线正、负序电压始终同步的以角速度 ω_{b+} 逆时针旋转的正转同步速 dq^{b+} 旋转坐标系和以角速度 ω_{b-} 顺时针旋转的反转同步速 dq^{b-} 旋转坐标系，其中 $\omega_{b+}=\omega_B$，$\omega_{b-}=-\omega_B$。后面以上标“b+”“b－”分别表示正、反转同步速旋转坐标系。

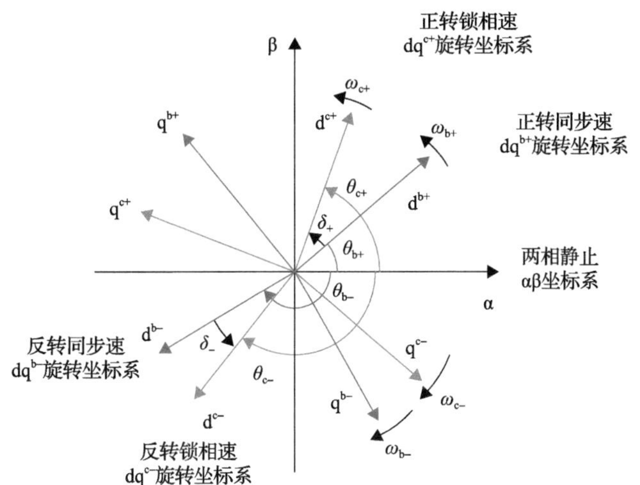

图 7-3　双馈型风机建模涉及的主要参考坐标系
角度的箭头指示始边和终边关系，正方向均为逆时针方向

根据空间矢量的坐标变换理论，几个坐标系之间的矢量转换关系为

$$\boldsymbol{F}_{\mathrm{dq}}^{\mathrm{b+}}=\boldsymbol{F}_{\alpha\beta}\mathrm{e}^{-\mathrm{j}\theta_{\mathrm{b+}}},\quad \boldsymbol{F}_{\mathrm{dq}}^{\mathrm{b-}}=\boldsymbol{F}_{\alpha\beta}\mathrm{e}^{-\mathrm{j}\theta_{\mathrm{b-}}} \tag{7-1}$$

$$\boldsymbol{F}_{\mathrm{dq}}^{\mathrm{c+}}=\boldsymbol{F}_{\alpha\beta}\mathrm{e}^{-\mathrm{j}\theta_{\mathrm{c+}}},\quad \boldsymbol{F}_{\mathrm{dq}}^{\mathrm{c-}}=\boldsymbol{F}_{\alpha\beta}\mathrm{e}^{-\mathrm{j}\theta_{\mathrm{c-}}} \tag{7-2}$$

$$\boldsymbol{F}_{\mathrm{dq}}^{\mathrm{c+}}=\boldsymbol{F}_{\mathrm{dq}}^{\mathrm{b+}}\mathrm{e}^{-\mathrm{j}\delta_{+}},\quad \boldsymbol{F}_{\mathrm{dq}}^{\mathrm{c-}}=\boldsymbol{F}_{\mathrm{dq}}^{\mathrm{b-}}\mathrm{e}^{-\mathrm{j}\delta_{-}} \tag{7-3}$$

式中，$\boldsymbol{F}$ 为任意空间矢量，如电压量 $\boldsymbol{U}$ 、电流量 $\boldsymbol{I}$ 、磁链量 $\boldsymbol{\Psi}$ ； $\theta_{\mathrm{b+}}(t)=\int\omega_{\mathrm{b+}}\mathrm{d}t+\theta_{\mathrm{b0+}}$ 和 $\theta_{\mathrm{b-}}(t)=\int\omega_{\mathrm{b-}}\mathrm{d}t+\theta_{\mathrm{b0-}}$ 分别为正转同步速 $\mathrm{dq^{b+}}$ 旋转坐标系和反转同步速 $\mathrm{dq^{b-}}$ 旋转坐标系与两相静止 αβ 坐标系之间的夹角，$\theta_{\mathrm{b0+}}$ 和 $\theta_{\mathrm{b0-}}$ 分别表示正转同步速 $\mathrm{dq^{b+}}$ 旋转坐标系和反转同步速 $\mathrm{dq^{b-}}$ 旋转坐标系的初始相位； $\theta_{\mathrm{c+}}(t)=\int\omega_{\mathrm{c+}}\mathrm{d}t+\theta_{\mathrm{c0+}}$ 和 $\theta_{\mathrm{c-}}(t)=\int\omega_{\mathrm{c-}}\mathrm{d}t+\theta_{\mathrm{c0-}}$ 分别为正转锁相速 $\mathrm{dq^{c+}}$ 旋转坐标系和反转锁相速 $\mathrm{dq^{c-}}$ 旋转坐标系与两相静止 αβ 坐标系之间的夹角，$\theta_{\mathrm{c0+}}$ 和 $\theta_{\mathrm{c0-}}$ 分别为正转锁相速 $\mathrm{dq^{c+}}$ 旋转坐标系和反转锁相速 $\mathrm{dq^{c-}}$ 旋转坐标系的初始相位；若 $\theta_{\mathrm{b0\pm}}=\theta_{\mathrm{c0\pm}}$ ，可以使得正、反转锁相速坐标系与正、反转同步速坐标系初始位置重合；δ_{+} 和 δ_{-} 分别为正转锁相速 $\mathrm{dq^{c+}}$ 旋转坐标系与正转同步速 $\mathrm{dq^{b+}}$ 旋转坐标系以及反转锁相速 $\mathrm{dq^{c-}}$ 旋转坐标系与反转同步速 $\mathrm{dq^{b-}}$ 旋转坐标系之间的夹角，即 $\delta_{\pm}=\theta_{\mathrm{c\pm}}-\theta_{\mathrm{b\pm}}$ ；为分析方便，假定正转同步速 $\mathrm{dq^{b+}}$ 旋转坐标系和反转同步速 $\mathrm{dq^{b-}}$ 旋转坐标系的

角速度大小相同而方向相反，因此两坐标系的相位之和始终不变，即$\theta_{b+}+\theta_{b-}=\theta_{b0+}+\theta_{b0-}$。

根据图 7-2 可以直接列写正、负序锁相环的原始关系。坐标变换环节如式(7-1)～式(7-3)所示，仅需将任意空间矢量$\boldsymbol{F}$替换为相应的电气量即可，这里不再赘述。下面给出序量分离环节、锁相 PI 控制环节的原始关系。

1) 序量分离环节

采用第 4 章介绍的二阶陷波器，端电压序量分离的表达式为

$$\begin{cases}\widehat{\boldsymbol{U}}_{\mathrm{tdq+}}^{\mathrm{c+}}=\underbrace{\dfrac{s^2+4\omega_{\mathrm{B}}^2}{s^2+4\xi_{\mathrm{u+}}\omega_{\mathrm{B}}s+4\omega_{\mathrm{B}}^2}}_{\boldsymbol{G}_{\mathrm{uob+}}(s)}\boldsymbol{U}_{\mathrm{tdq}}^{\mathrm{c+}}\\ \widehat{\boldsymbol{U}}_{\mathrm{tdq-}}^{\mathrm{c-}}=\underbrace{\dfrac{s^2+4\omega_{\mathrm{B}}^2}{s^2+4\xi_{\mathrm{u-}}\omega_{\mathrm{B}}s+4\omega_{\mathrm{B}}^2}}_{\boldsymbol{G}_{\mathrm{uob-}}(s)}\boldsymbol{U}_{\mathrm{tdq}}^{\mathrm{c-}}\end{cases}\tag{7-4}$$

式中，大括号“⏟”表示符号定义，如将正序二阶陷波器的传递函数定义为$\boldsymbol{G}_{\mathrm{uob+}}(s)$，后续也将采用此方法对复杂的传递函数进行类似的符号定义。

2) 锁相 PI 控制环节

图 7-2 所示的二阶正序锁相环方程和负序锁相环方程为

$$\begin{cases}\theta_{\mathrm{error+}}=\hat{u}_{\mathrm{tq+}}^{\mathrm{c+}}/\widehat{U}_{\mathrm{t+}}^{\mathrm{c+}}\\ \theta_{\mathrm{error-}}=\hat{u}_{\mathrm{tq-}}^{\mathrm{c-}}/\widehat{U}_{\mathrm{t-}}^{\mathrm{c-}}\end{cases}\tag{7-5}$$

$$\begin{cases}\omega_{\mathrm{c+}}(t)=k_{\mathrm{pp+}}\theta_{\mathrm{error+}}+\int k_{\mathrm{ip+}}\theta_{\mathrm{error+}}\mathrm{d}t\\ \theta_{\mathrm{c+}}(t)=\int\omega_{\mathrm{c+}}\mathrm{d}t+\theta_{\mathrm{c0+}}\\ \omega_{\mathrm{c-}}(t)=k_{\mathrm{pp-}}\theta_{\mathrm{error-}}+\int k_{\mathrm{ip-}}\theta_{\mathrm{error-}}\mathrm{d}t\\ \theta_{\mathrm{c-}}(t)=\int\omega_{\mathrm{c-}}\mathrm{d}t+\theta_{\mathrm{c0-}}\end{cases}\tag{7-6}$$

2. 机侧电流控制器

这里采用设置在正、反转锁相速坐标系中的 PI 型电流控制器进行研究[7-10]，如图 7-4 所示。

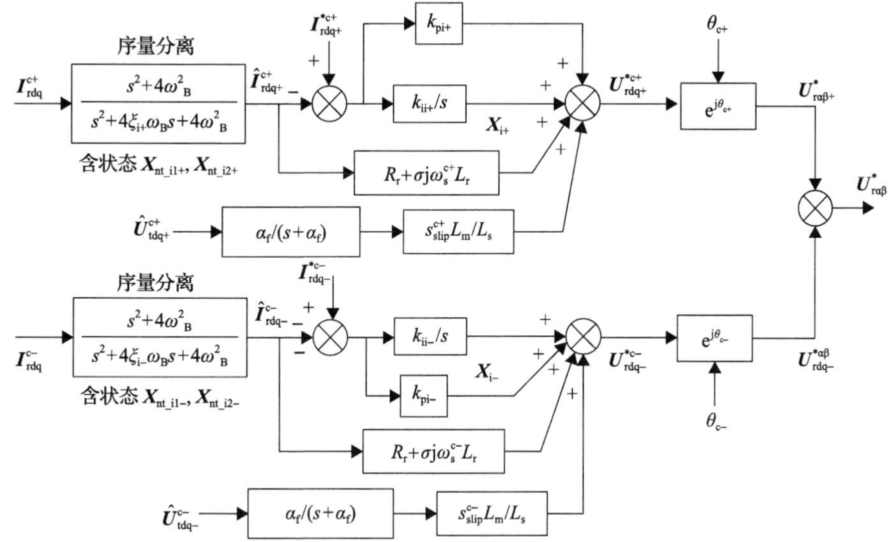

图 7-4　不对称故障穿越期间双馈型风机机侧变换器正、负序双 dq 电流控制结构

图 7-4 中，ξ_{i+}、ξ_{i-} 分别为正、负序电流二阶陷波器衰减系数，$X_{\text{nt\_i1+}}$、$X_{\text{nt\_i2+}}$ 为正序电流二阶陷波器内部的两个状态量，$X_{\text{nt\_i1-}}$、$X_{\text{nt\_i2-}}$ 为负序电流二阶陷波器内部的两个状态量，$k_{\text{pi+}}$ 为正序电流环 PI 控制器比例参数，$k_{\text{ii+}}$ 为正序电流环 PI 控制器积分参数，$k_{\text{pi-}}$ 为负序电流环 PI 控制器比例参数，$k_{\text{ii-}}$ 为负序锁相环 PI 控制器积分参数，X_{i+} 为正序电流环 PI 控制器积分输出状态，X_{i-} 为负序锁相环 PI 控制器积分输出状态，L_s、L_r、L_m 分别为发电机定子电感、转子电感和励磁电感，R_r 为转子电阻，ω_s^{c+}、ω_s^{c-} 为正序和负序转差角频率，s_{slip}^{c+}、s_{slip}^{c-} 为正序和负序滑差，σ 为发电机漏磁系数，$\alpha_{f\pm}$ 为低通滤波器截止频率，$U_{r\alpha\beta+}^{*}$ 为两相静止 αβ 坐标系下的转子电压矢量正序分量指令值，$U_{r\alpha\beta-}^{*}$ 为两相静止 αβ 坐标系下的转子电压矢量负序分量指令值，$U_{r\alpha\beta}^{*}$ 为两相静止 αβ 坐标系下的转子电压矢量指令值。

前馈项的表达式为

$$\begin{cases} G_{\text{feed\_dq+}}^{c+} = \left(R_r + j\omega_s^{c+}\sigma L_r\right)\hat{I}_{\text{rdq+}}^{c+} + \dfrac{\alpha_f}{s+\alpha_f} s_{\text{slip}}^{c+} \dfrac{L_m}{L_s} \hat{U}_{\text{tdq+}}^{c+} \\ G_{\text{feed\_dq-}}^{c-} = \left(R_r + j\omega_s^{c-}\sigma L_r\right)\hat{I}_{\text{rdq-}}^{c-} + \dfrac{\alpha_f}{s+\alpha_f} s_{\text{slip}}^{c-} \dfrac{L_m}{L_s} \hat{U}_{\text{tdq-}}^{c-} \end{cases} \tag{7-7}$$

式中，$\boldsymbol{G}_{\text{feed\_dq+}}^{\text{c+}}$、$\boldsymbol{G}_{\text{feed_dq-}}^{\text{c-}}$分别为正序和负序电流环前馈。

在正、反转锁相速旋转坐标系中看到的转差角频率和滑差如式(7-8)所示：

$$\begin{cases}\omega_{\text{s}}^{\text{c}\pm}=\omega_{\text{c}\pm}-\omega_{\text{r}}\\ s_{\text{slip}}^{\text{c}\pm}=\omega_{\text{s}}^{\text{c}\pm}/\omega_{\text{b}\pm}\end{cases}\tag{7-8}$$

机侧电流控制器表达式为

$$\begin{cases}\boldsymbol{U}_{\text{rdq+}}^{*\text{c+}}=\underbrace{\left(k_{\text{pi+}}+k_{\text{ii+}}/s\right)}_{\boldsymbol{G}_{\text{RCC+}}^{\text{c+}}(s)}\underbrace{\left(\boldsymbol{I}_{\text{rdq+}}^{*\text{c+}}-\hat{\boldsymbol{I}}_{\text{rdq+}}^{\text{c+}}\right)}_{\boldsymbol{e}_{\text{irdq+}}^{\text{c+}}}+\boldsymbol{G}_{\text{feed\_dq+}}^{\text{c+}}(s)\\ \boldsymbol{U}_{\text{rdq-}}^{*\text{c-}}=\underbrace{\left(k_{\text{pi-}}+k_{\text{ii-}}/s\right)}_{\boldsymbol{G}_{\text{RCC-}}^{\text{c-}}(s)}\underbrace{\left(\boldsymbol{I}_{\text{rdq-}}^{*\text{c-}}-\hat{\boldsymbol{I}}_{\text{rdq-}}^{\text{c-}}\right)}_{\boldsymbol{e}_{\text{irdq-}}^{\text{c-}}}+\boldsymbol{G}_{\text{feed\_dq-}}^{\text{c-}}(s)\end{cases}\tag{7-9}$$

对于其他电流控制器方案，相应改写式(7-9)即可。

转子电流序量分离的二阶陷波器表达式为

$$\begin{cases}\hat{\boldsymbol{I}}_{\text{rdq+}}^{\text{c+}}=\underbrace{\dfrac{s^2+4\omega_{\text{B}}^2}{s^2+4\xi_{\text{i+}}\omega_{\text{B}}s+4\omega_{\text{B}}^2}}_{\boldsymbol{G}_{\text{iob+}}(s)}\boldsymbol{I}_{\text{rdq}}^{\text{c+}}\\ \hat{\boldsymbol{I}}_{\text{rdq-}}^{\text{c-}}=\underbrace{\dfrac{s^2+4\omega_{\text{b}}^2}{s^2+4\xi_{\text{i-}}\omega_{\text{B}}s+4\omega_{\text{B}}^2}}_{\boldsymbol{G}_{\text{iob-}}(s)}\boldsymbol{I}_{\text{rdq}}^{\text{c-}}\end{cases}\tag{7-10}$$

由 7.2.1 节简化条件(3)可得

$$\begin{cases}\boldsymbol{U}_{\text{rdq+}}^{\text{c+}}=\boldsymbol{U}_{\text{rdq+}}^{*\text{c+}}\\ \boldsymbol{U}_{\text{rdq-}}^{\text{c-}}=\boldsymbol{U}_{\text{rdq-}}^{*\text{c-}}\end{cases}\tag{7-11}$$

3. 双馈发电机的一般化描述

本章所研究的故障穿越工况下的双馈型风机并网系统电磁尺度小信号稳定性问题实际是如何在电网故障条件下从电网侧来整体认识双馈型风机的动态特性。借鉴同步发电机中基于内电势和内电抗表示外特性的基本思路[11]，用统一的内电势/内电抗接口对双馈发电机进行含电流动态建模是一种可行的一般化描述方法。

同步发电机中的内电势是发电机气隙磁场在定子绕组中感应的电动势，发电机定子空载时，端电压即为感应电动势。按照这个理解，可根据定、转子绕组合成的气隙磁场来定义双馈发电机的内电势。

式(3-17)和式(3-18)给出了双馈发电机在任意角速度 ω_1 旋转坐标系中的磁链方程和电压方程，在复频域中可以表示为

$$\begin{cases}\boldsymbol{U}_{\mathrm{tdq}}=R_{\mathrm{s}}\boldsymbol{I}_{\mathrm{sdq}}+\left(s+\mathrm{j}\omega_1\right)\boldsymbol{\psi}_{\mathrm{sdq}}\\ \boldsymbol{U}_{\mathrm{rdq}}=R_{\mathrm{r}}\boldsymbol{I}_{\mathrm{rdq}}+\left(s+\mathrm{j}\omega_{\mathrm{s}}\right)\boldsymbol{\psi}_{\mathrm{rdq}}\end{cases} \tag{7-12}$$

$$\begin{cases}\boldsymbol{\psi}_{\mathrm{sdq}}=L_{\mathrm{s}}\boldsymbol{I}_{\mathrm{sdq}}+L_{\mathrm{m}}\boldsymbol{I}_{\mathrm{rdq}}\\ \boldsymbol{\psi}_{\mathrm{rdq}}=L_{\mathrm{m}}\boldsymbol{I}_{\mathrm{sdq}}+L_{\mathrm{r}}\boldsymbol{I}_{\mathrm{rdq}}\end{cases} \tag{7-13}$$

式中，滑差角速度 $\omega_{\mathrm{s}}=\omega_1-\omega_{\mathrm{r}}$。

将式(7-13)代入式(7-12)得到

$$\begin{cases}\boldsymbol{U}_{\mathrm{tdq}}=R_{\mathrm{s}}\boldsymbol{I}_{\mathrm{sdq}}+\left(s+\mathrm{j}\omega_1\right)\boldsymbol{\psi}_{\mathrm{sdq}}=\underbrace{\left[R_{\mathrm{s}}+\left(s+\mathrm{j}\omega_1\right)L_{\mathrm{s}}\right]}_{z_{\mathrm{s}}(s)}\boldsymbol{I}_{\mathrm{sdq}}+\underbrace{\left(s+\mathrm{j}\omega_1\right)L_{\mathrm{m}}}_{z_{\mathrm{ms}}(s)}\boldsymbol{I}_{\mathrm{rdq}}\\ \boldsymbol{U}_{\mathrm{rdq}}=R_{\mathrm{r}}\boldsymbol{I}_{\mathrm{rdq}}+\left(s+\mathrm{j}\omega_{\mathrm{s}}\right)\boldsymbol{\psi}_{\mathrm{rdq}}=\underbrace{\left[R_{\mathrm{r}}+\left(s+\mathrm{j}\omega_{\mathrm{s}}\right)L_{\mathrm{r}}\right]}_{z_{\mathrm{r}}(s)}\boldsymbol{I}_{\mathrm{rdq}}+\underbrace{\left(s+\mathrm{j}\omega_{\mathrm{s}}\right)L_{\mathrm{m}}}_{z_{\mathrm{mr}}(s)}\boldsymbol{I}_{\mathrm{sdq}}\end{cases} \tag{7-14}$$

不计电机磁路饱和，气隙磁链矢量可以表示为

$$\boldsymbol{\psi}_{\mathrm{mdq}}=L_{\mathrm{m}}\left(\boldsymbol{I}_{\mathrm{sdq}}+\boldsymbol{I}_{\mathrm{rdq}}\right) \tag{7-15}$$

风机端阻容滤波支路的电流为

$$\boldsymbol{I}_{\mathrm{fdq}}=\underbrace{\left[\frac{1}{R_{\mathrm{f}}}+\left(s+\mathrm{j}\omega_1\right)C_{\mathrm{f}}\right]}_{\boldsymbol{Y}_{\mathrm{f}}(s)}\boldsymbol{U}_{\mathrm{tdq}} \tag{7-16}$$

在忽略网侧变换器的条件下，对机端节点应用基尔霍夫电流定律，从故障电网流入发电机装备的电流是定子电流和阻容滤波支路电流之和：

$$\boldsymbol{I}_{\mathrm{tdq}}=\boldsymbol{I}_{\mathrm{sdq}}+\boldsymbol{I}_{\mathrm{fdq}} \tag{7-17}$$

联立式(7-14)～式(7-17)，稍加整理可得

$$\boldsymbol{U}_{\mathrm{tdq}}=\frac{s+\mathrm{j}\omega_1}{1+z_{\mathrm{ls}}(s)\boldsymbol{Y}_{\mathrm{f}}(s)}\boldsymbol{\psi}_{\mathrm{mdq}}+\frac{z_{\mathrm{ls}}(s)}{1+z_{\mathrm{ls}}(s)\boldsymbol{Y}_{\mathrm{f}}(s)}\boldsymbol{I}_{\mathrm{tdq}} \tag{7-18}$$

式中，$z_{\mathrm{ls}}(s)=R_{\mathrm{s}}+(s+\mathrm{j}\omega_1)(L_{\mathrm{s}}-L_{\mathrm{m}})$。

式(7-18)给出了从电网看双馈发电机的外端口特性。从中可见，双馈发电机端电压与气隙磁场以及机端电流有关，这与同步发电机的端电压受同步机的内电势和定子负载电流的影响类似。于是，基于气隙磁场定义双馈发电机的内电势和内电抗为

$$\begin{cases}\boldsymbol{E}_{\mathrm{dq}}=\dfrac{s+\mathrm{j}\omega_1}{1+z_{\mathrm{ls}}(s)\boldsymbol{Y}_{\mathrm{f}}(s)}\boldsymbol{\psi}_{\mathrm{mdq}}\\ \boldsymbol{X}(s)=\dfrac{z_{\mathrm{ls}}(s)}{1+z_{\mathrm{ls}}(s)\boldsymbol{Y}_{\mathrm{f}}(s)}\end{cases} \tag{7-19}$$

根据式(7-19)，保持内电势和机端电流等物理量为矢量表达形式，从电网看双馈发电机的外端口特性即为

$$\boldsymbol{U}_{\mathrm{tdq}}=\boldsymbol{E}_{\mathrm{dq}}+\boldsymbol{X}(s)\boldsymbol{I}_{\mathrm{tdq}} \tag{7-20}$$

从式(7-19)可看出所定义的双馈发电机内电势包含气隙磁链的微分项，因此反映了双馈发电机内部的电流动态。这和同步发电机暂态分析中定义的内电势一般仅考虑旋转电动势而忽略变压器电动势有所不同。

结合式(7-14)～式(7-20)，将$\boldsymbol{\psi}_{\mathrm{mdq}}$和$\boldsymbol{I}_{\mathrm{rdq}}$作为内部量消去，整理后可得双馈发电机内电势与机侧变换器输出的转子电压及机端电流的关系：

$$\boldsymbol{E}_{\mathrm{dq}}=\boldsymbol{G}_{\mathrm{iv\_u}}(s)\boldsymbol{U}_{\mathrm{rdq}}+\boldsymbol{G}_{\mathrm{iv\_i}}(s)\boldsymbol{I}_{\mathrm{tdq}} \tag{7-21}$$

式中

$$\begin{cases}\boldsymbol{G}_{\mathrm{iv\_u}}(s)=\dfrac{z_{\mathrm{ms}}(s)z_{\mathrm{ls}}(s)\left[1+z_{\mathrm{ls}}(s)\boldsymbol{Y}_{\mathrm{f}}(s)\right]}{\left[1+z_{\mathrm{ls}}(s)\boldsymbol{Y}_{\mathrm{f}}(s)\right]^2\left[z_{\mathrm{ms}}(s)z_{\mathrm{mr}}(s)-z_{\mathrm{s}}(s)z_{\mathrm{r}}(s)\right]+\left[1+z_{\mathrm{ls}}(s)\boldsymbol{Y}_{\mathrm{f}}(s)\right]z_{\mathrm{ms}}(s)z_{\mathrm{lr}}(s)}\\ \boldsymbol{G}_{\mathrm{iv\_i}}(s)=\dfrac{-z_{\mathrm{lr}}(s)z_{\mathrm{ls}}(s)z_{\mathrm{ms}}(s)}{\left[1+z_{\mathrm{ls}}(s)\boldsymbol{Y}_{\mathrm{f}}(s)\right]^2\left[z_{\mathrm{ms}}(s)z_{\mathrm{mr}}(s)-z_{\mathrm{s}}(s)z_{\mathrm{r}}(s)\right]+\left[1+z_{\mathrm{ls}}(s)\boldsymbol{Y}_{\mathrm{f}}(s)\right]z_{\mathrm{ms}}(s)z_{\mathrm{lr}}(s)}\end{cases} \tag{7-22}$$

$$z_{\mathrm{lr}}(s)=R_{\mathrm{r}}+\left(s+\mathrm{j}\omega_{\mathrm{s}}\right)\left(L_{\mathrm{r}}-L_{\mathrm{m}}\right) \tag{7-23}$$

鉴于上述一般化描述方法，下面给出不对称故障穿越期间双馈发电机的原始数学关系。

式(7-19)定义了在任意速旋转坐标系中双馈发电机的内电势和内电抗，根据序量合成的观点，在正转同步速旋转坐标系中的正序内电势与内电抗可定义为

$$\begin{cases}\boldsymbol{E}_{\mathrm{dq+}}^{\mathrm{b+}}=\boldsymbol{G}_{\mathrm{iv\_u}}^{\mathrm{b+}}(s)\boldsymbol{U}_{\mathrm{rdq+}}^{\mathrm{b+}}+\boldsymbol{G}_{\mathrm{iv\_i}}^{\mathrm{b+}}(s)\boldsymbol{I}_{\mathrm{tdq+}}^{\mathrm{b+}}\\ \boldsymbol{X}^{\mathrm{b+}}(s)=\dfrac{z_{\mathrm{ls}}^{\mathrm{b+}}(s)}{1+z_{\mathrm{ls}}^{\mathrm{b+}}(s)\boldsymbol{Y}_{\mathrm{f}}^{\mathrm{b+}}(s)}\end{cases} \tag{7-24}$$

同理可得负序内电势和内电抗在反转同步速旋转坐标系中的表达式为

$$\begin{cases}\boldsymbol{E}_{\mathrm{dq-}}^{\mathrm{b-}}=\boldsymbol{G}_{\mathrm{iv\_u}}^{\mathrm{b-}}(s)\boldsymbol{U}_{\mathrm{rdq-}}^{\mathrm{b-}}+\boldsymbol{G}_{\mathrm{iv\_i}}^{\mathrm{b-}}(s)\boldsymbol{I}_{\mathrm{tdq-}}^{\mathrm{b-}}\\ \boldsymbol{X}^{\mathrm{b-}}(s)=\dfrac{z_{\mathrm{ls}}^{\mathrm{b-}}(s)}{1+z_{\mathrm{ls}}^{\mathrm{b-}}(s)\boldsymbol{Y}_{\mathrm{f}}^{\mathrm{b-}}(s)}\end{cases} \tag{7-25}$$

在式(7-24)和式(7-25)中需要指出的是，传递函数的表达式与坐标系有关，因此必须和物理量一样明确所在的坐标系。以式(7-12)中的滑差角速度表达式为例，在正、反转同步速旋转坐标系中看到的滑差角速度不同，其值分别为

$$\begin{cases}\omega_{\mathrm{s}}^{\mathrm{b+}}=\omega_{\mathrm{b+}}-\omega_{\mathrm{r}}\\ \omega_{\mathrm{s}}^{\mathrm{b-}}=\omega_{\mathrm{b-}}-\omega_{\mathrm{r}}\end{cases} \tag{7-26}$$

因此，凡涉及坐标系旋转角频率的方程，在正、反转同步速旋转旋转坐标系中的表达结果是不同的。应用附录 1 阐述的复传递函数的坐标变换关系，变换时只需将任意速方程中的旋转角频率 ω_1 替换为目标坐标系的旋转角频率即可。以任意速坐标系中的 $\boldsymbol{G}_{\mathrm{iv\_u}}(s)$ 和 $\boldsymbol{G}_{\mathrm{iv\_i}}(s)$ 转换到正转同步速坐标系的情况为例，变换方式为

$$\begin{cases}\boldsymbol{G}_{\mathrm{iv\_u}}^{\mathrm{b+}}(s)=\boldsymbol{G}_{\mathrm{iv\_u}}(s)\Big|_{\omega_1=\omega_{\mathrm{b+}}}\\ \boldsymbol{G}_{\mathrm{iv\_i}}^{\mathrm{b+}}(s)=\boldsymbol{G}_{\mathrm{iv\_i}}(s)\Big|_{\omega_1=\omega_{\mathrm{b+}}}\end{cases} \tag{7-27}$$

其余传递函数在不同坐标系间的转换关系类似，这里不再赘述。

根据式(7-20)可写出在正、反转同步速旋转坐标系中双馈发电机的外端口原始关系为

$$\begin{cases}\boldsymbol{U}_{\text{tdq+}}^{\text{b+}}=\boldsymbol{E}_{\text{dq+}}^{\text{b+}}+\boldsymbol{X}^{\text{b+}}(s)\boldsymbol{I}_{\text{tdq+}}^{\text{b+}}\\ \boldsymbol{U}_{\text{tdq-}}^{\text{b-}}=\boldsymbol{E}_{\text{dq-}}^{\text{b-}}+\boldsymbol{X}^{\text{b-}}(s)\boldsymbol{I}_{\text{tdq-}}^{\text{b-}}\end{cases} \tag{7-28}$$

由式(7-28)可知，双馈发电机内电势模型的标准接口是内电势和机端电流，而机侧变换器电流控制所需的输入量是转子电流指令和转子电流反馈。因此需要得到转子电流与标准接口量之间的转换关系。联立式(7-12)、式(7-13)、式(7-17)和式(7-20)，整理可得任意速旋转坐标系中的关系为

$$\boldsymbol{I}_{\text{rdq}}=\underbrace{\frac{\boldsymbol{X}(s)\left[1+z_{\text{s}}(s)\boldsymbol{Y}_{\text{f}}(s)\right]-z_{\text{s}}(s)}{z_{\text{ms}}(s)}}_{\boldsymbol{G}_{\text{it\_ir}}(s)}\boldsymbol{I}_{\text{tdq}}+\underbrace{\frac{1+z_{\text{s}}(s)\boldsymbol{Y}_{\text{f}}(s)}{z_{\text{ms}}(s)}}_{\boldsymbol{G}_{\text{e\_ir}}(s)}\boldsymbol{E}_{\text{dq}} \tag{7-29}$$

那么在正、反转同步速旋转坐标系中的原始关系为

$$\boldsymbol{I}_{\text{rdq}\pm}^{\text{b}\pm}=\underbrace{\frac{\boldsymbol{X}^{\text{b}\pm}(s)\left[1+z_{\text{s}}^{\text{b}\pm}(s)\boldsymbol{Y}_{\text{f}}^{\text{b}\pm}(s)\right]-z_{\text{s}}^{\text{b}\pm}(s)}{z_{\text{ms}}^{\text{b}\pm}(s)}}_{\boldsymbol{G}_{\text{it\_ir}}^{\text{b}\pm}(s)}\boldsymbol{I}_{\text{tdq}\pm}^{\text{b}\pm}+\underbrace{\frac{1+z_{\text{s}}^{\text{b}\pm}(s)\boldsymbol{Y}_{\text{f}}^{\text{b}\pm}(s)}{z_{\text{ms}}^{\text{b}\pm}(s)}}_{\boldsymbol{G}_{\text{e\_ir}}^{\text{b}\pm}(s)}\boldsymbol{E}_{\text{dq}\pm}^{\text{b}\pm} \tag{7-30}$$

式(7-1)～式(7-11)、式(7-24)、式(7-25)、式(7-28)和式(7-30)构成了不对称故障穿越期间双馈型风机的原始数学关系，如图 7-5 所示。

类似地，全功率型风机也可通过一般化建模方法建立其在不对称故障穿越期间的原始数学关系。由于全功率型风机通过网侧变换器直接与电网相连，其内电势直接定义为网侧变换器输出端口处的电压，若忽略开关过程，可由电流控制输出的电压指令值直接得到。内电抗的定义仅和网侧变换器输出端口的滤波器有关系，同样也可用内电势、内电抗和端电流表示反馈电流。整体上全功率型风机和双馈型风机的建模过程一致，具体细节不再赘述。

7.2.3 风电机组频域小信号模型

对图 7-5 所示的不对称故障穿越期间双馈型风机原始数学关系进行线性化，得到输入-输出小信号数学关系，如图 7-6 所示。

值得指出的是在线性化过程中对序量分离环节做了如下近似处理：正序端电压观测器对所要滤除的端电压负序稳态分量及其附近的负序低频扰动量提供的幅频增益均足够小，同样对负序端电压观测器做类似假设。此时图 7-5 中以虚线示出的端电压序间交流耦合支路较弱，于是式(7-4)简化为

$$\begin{cases}\widehat{\boldsymbol{U}}_{\text{tdq+}}^{\text{c+}}=\boldsymbol{G}_{\text{uob+}}(s)\left(\boldsymbol{U}_{\text{tdq+}}^{\text{c+}}+\boldsymbol{U}_{\text{tdq-}}^{\text{c+}}\right)\approx\boldsymbol{G}_{\text{uob+}}(s)\boldsymbol{U}_{\text{tdq+}}^{\text{c+}}\\ \widehat{\boldsymbol{U}}_{\text{tdq-}}^{\text{c-}}=\boldsymbol{G}_{\text{uob-}}(s)\left(\boldsymbol{U}_{\text{tdq+}}^{\text{c-}}+\boldsymbol{U}_{\text{tdq-}}^{\text{c-}}\right)\approx\boldsymbol{G}_{\text{uob-}}(s)\boldsymbol{U}_{\text{tdq-}}^{\text{c-}}\end{cases} \tag{7-31}$$

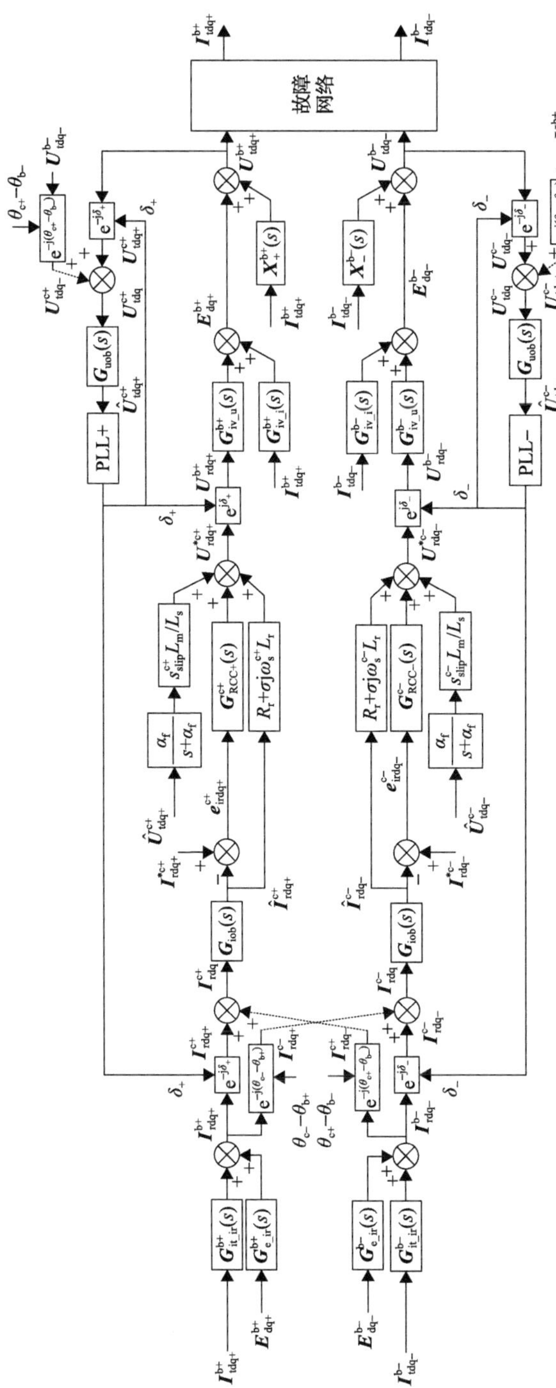

图7-5　不对称故障穿越期间基于内电势概念的双馈型风机详细模型及其信号流图

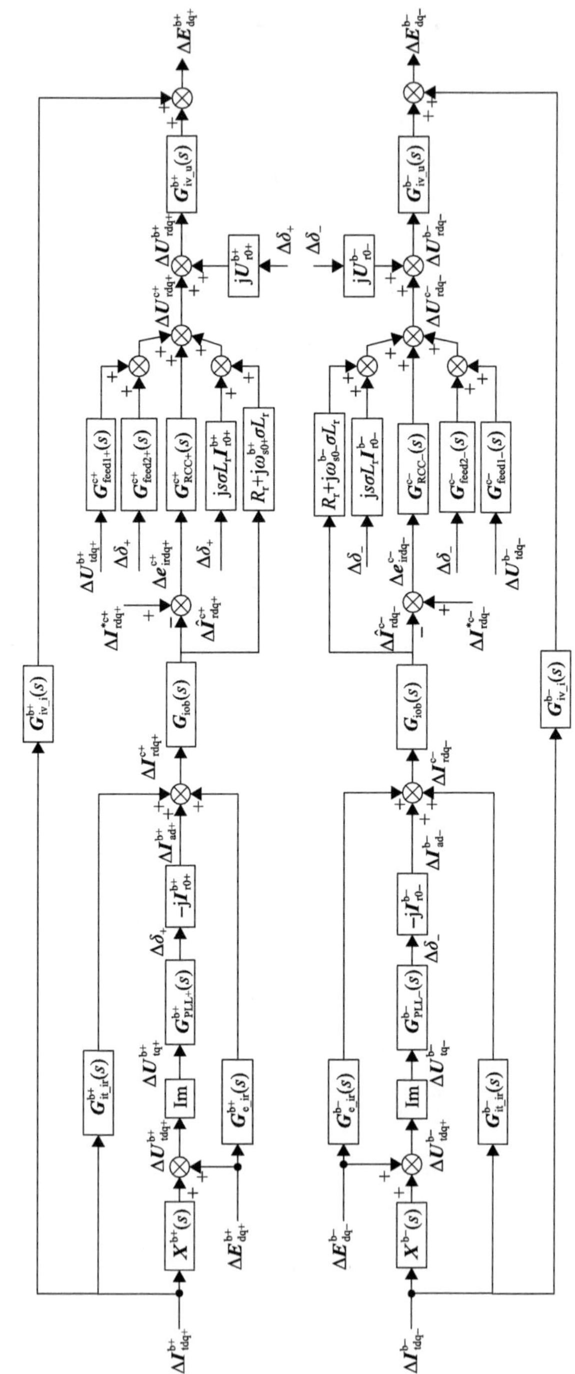

图7-6　不对称故障穿越期间双馈型风机小信号详细模型

对式(7-31)进行线性化可得

$$\begin{cases}\Delta\widehat{\boldsymbol{U}}_{\mathrm{tdq+}}^{\mathrm{c+}}=\boldsymbol{G}_{\mathrm{uob+}}(s)\Delta\boldsymbol{U}_{\mathrm{tdq+}}^{\mathrm{c+}}\\\Delta\widehat{\boldsymbol{U}}_{\mathrm{tdq-}}^{\mathrm{c-}}=\boldsymbol{G}_{\mathrm{uob-}}(s)\Delta\boldsymbol{U}_{\mathrm{tdq-}}^{\mathrm{c-}}\end{cases}\tag{7-32}$$

同理，忽略图 7-5 中以虚线示出的转子电流序间交流耦合支路，式(7-10)简化为

$$\begin{cases}\widehat{\boldsymbol{I}}_{\mathrm{rdq+}}^{\mathrm{c+}}=\boldsymbol{G}_{\mathrm{iob+}}(s)\left(\boldsymbol{I}_{\mathrm{rdq+}}^{\mathrm{c+}}+\boldsymbol{I}_{\mathrm{rdq-}}^{\mathrm{c+}}\right)\approx\boldsymbol{G}_{\mathrm{iob+}}(s)\boldsymbol{I}_{\mathrm{rdq+}}^{\mathrm{c+}}\\\widehat{\boldsymbol{I}}_{\mathrm{rdq-}}^{\mathrm{c-}}=\boldsymbol{G}_{\mathrm{iob-}}(s)\left(\boldsymbol{I}_{\mathrm{rdq+}}^{\mathrm{c-}}+\boldsymbol{I}_{\mathrm{rdq-}}^{\mathrm{c-}}\right)\approx\boldsymbol{G}_{\mathrm{iob-}}(s)\boldsymbol{I}_{\mathrm{rdq-}}^{\mathrm{c-}}\end{cases}\tag{7-33}$$

对式(7-33)进行线性化可得

$$\begin{cases}\Delta\widehat{\boldsymbol{I}}_{\mathrm{rdq+}}^{\mathrm{c+}}=\boldsymbol{G}_{\mathrm{iob+}}(s)\Delta\boldsymbol{I}_{\mathrm{rdq+}}^{\mathrm{c+}}\\\Delta\widehat{\boldsymbol{I}}_{\mathrm{rdq-}}^{\mathrm{c-}}=\boldsymbol{G}_{\mathrm{iob-}}(s)\Delta\boldsymbol{I}_{\mathrm{rdq-}}^{\mathrm{c-}}\end{cases}\tag{7-34}$$

图 7-6 中 $\boldsymbol{G}_{\mathrm{PLL\pm}}^{\mathrm{b\pm}}(s)$ 为锁相环传递函数：

$$\boldsymbol{G}_{\mathrm{PLL\pm}}^{\mathrm{b\pm}}(s)=\frac{\boldsymbol{G}_{\mathrm{uob\pm}}(s)\left(k_{\mathrm{pp\pm}}s+k_{\mathrm{ip\pm}}\right)}{\left[s^2+\boldsymbol{G}_{\mathrm{uob\pm}}(s)\left(k_{\mathrm{pp\pm}}s+k_{\mathrm{ip\pm}}\right)\right]u_{\mathrm{td0\pm}}^{\mathrm{b\pm}}}$$

式中，$u_{\mathrm{td0\pm}}^{\mathrm{b\pm}}$ 为正转或反转同步速旋转坐标系下端电压正序或负序 d 轴分量稳态值。

图 7-6 中，$\boldsymbol{I}_{\mathrm{r0\pm}}^{\mathrm{b\pm}}$ 为在正转或反转同步速旋转坐标系下的转子电流正序或负序矢量稳态值；$\omega_{\mathrm{s0\pm}}^{\mathrm{b\pm}}$ 为在正转或反转同步速旋转坐标系中看到的正序或负序转差角频率稳态值；$\boldsymbol{U}_{\mathrm{r0\pm}}^{\mathrm{b\pm}}$ 为在正转或反转同步速旋转坐标系下的转子电压正序或负序矢量稳态值；$\boldsymbol{G}_{\mathrm{feed1\pm}}^{\mathrm{c\pm}}(s)$ 、$\boldsymbol{G}_{\mathrm{feed2\pm}}^{\mathrm{c\pm}}(s)$ 分别为前馈中端电压输入路径和锁相输出误差角度输入路径传递函数：

$$\begin{cases}\boldsymbol{G}_{\mathrm{feed1\pm}}^{\mathrm{c\pm}}(s)=\boldsymbol{G}_{\mathrm{uob\pm}}(s)\dfrac{\alpha_{\mathrm{f\pm}}}{s+\alpha_{\mathrm{f\pm}}}s_{\mathrm{slip0\pm}}^{\mathrm{b\pm}}\dfrac{L_{\mathrm{m}}}{L_{\mathrm{s}}}\\\boldsymbol{G}_{\mathrm{feed2\pm}}^{\mathrm{c\pm}}(s)=\left[\dfrac{\omega_{\mathrm{r}}}{\omega_{\mathrm{b\pm}}^2}s-\mathrm{j}\boldsymbol{G}_{\mathrm{uob\pm}}(s)\dfrac{\alpha_{\mathrm{f\pm}}}{s+\alpha_{\mathrm{f\pm}}}s_{\mathrm{slip0\pm}}^{\mathrm{b\pm}}\right]\dfrac{L_{\mathrm{m}}}{L_{\mathrm{s}}}\boldsymbol{U}_{\mathrm{t0\pm}}^{\mathrm{b\pm}}\end{cases}$$

式中，$s_{\mathrm{slip0\pm}}^{\mathrm{b\pm}}$ 为在正转或反转同步速旋转坐标系中看到的正序或负序滑差稳态值；$\boldsymbol{U}_{\mathrm{t0\pm}}^{\mathrm{b\pm}}$ 为在正转或反转同步速旋转坐标系下的端电压正序或负序矢量稳态值。

由于本书关心的是从电网看双馈型风机的外端口特性，使用图 7-6 所示的详细小信号模型研究不对称故障穿越期间双馈型风机并网系统的小信号稳定性问题时有所不便，因此接下来将其整理为可直接反映外端口特性的传递函数矩阵形式。先以风机的正序部分为例进行说明。

由图 7-6 整理可得正序端口电流激励与正序内电势响应之间的关系为

$$\begin{aligned}&\underbrace{\left[1+\boldsymbol{G}_{\text{iv\_u}}^{\text{b+}}(s)\boldsymbol{G}_{\text{RCC+}}^{\text{c+}}(s)G_{\text{iob+}}(s)\boldsymbol{G}_{\text{e\_ir}}^{\text{b+}}(s)\right]}_{\boldsymbol{G}_{\text{a}}^{\text{b+}}(s)}\Delta\boldsymbol{E}_{\text{dq+}}^{\text{b+}}\\&=\underbrace{\left[\boldsymbol{G}_{\text{iv\_i}}^{\text{b+}}(s)-\boldsymbol{G}_{\text{iv\_u}}^{\text{b+}}(s)\boldsymbol{G}_{\text{RCC+}}^{\text{c+}}(s)G_{\text{iob+}}(s)\boldsymbol{G}_{\text{it\_ir}}^{\text{b+}}(s)\right]}_{\boldsymbol{G}_{\text{b}}^{\text{b+}}(s)}\Delta\boldsymbol{I}_{\text{tdq+}}^{\text{b+}}\\&\quad+\underbrace{\text{j}\boldsymbol{G}_{\text{iv\_u}}^{\text{b+}}(s)\left[\boldsymbol{G}_{\text{RCC+}}^{\text{c+}}(s)G_{\text{iob+}}(s)\boldsymbol{I}_{\text{r0+}}^{\text{b+}}+\boldsymbol{U}_{\text{r0+}}^{\text{b+}}\right]}_{\boldsymbol{G}_{\text{c}}^{\text{b+}}(s)}\text{Im}\left[\Delta\boldsymbol{E}_{\text{dq+}}^{\text{b+}}+\boldsymbol{X}^{\text{b+}}(s)\Delta\boldsymbol{I}_{\text{tdq+}}^{\text{b+}}\right]\end{aligned}\tag{7-35}$$

设内电抗 $\boldsymbol{X}^{\text{b}\pm}(s)$、复传递函数 $\boldsymbol{G}_{\text{a}}^{\text{b}\pm}(s)$、$\boldsymbol{G}_{\text{b}}^{\text{b}\pm}(s)$ 和 $\boldsymbol{G}_{\text{c}}^{\text{b}\pm}(s)$ 的实部和虚部分离以后的形式分别为

$$\begin{cases}\boldsymbol{X}^{\text{b}\pm}(s)=X_{\text{d}}^{\text{b}\pm}(s)+\text{j}X_{\text{q}}^{\text{b}\pm}(s)\\\boldsymbol{G}_{\text{a}}^{\text{b}\pm}(s)=G_{\text{a\_d}}^{\text{b}\pm}(s)+\text{j}G_{\text{a\_q}}^{\text{b}\pm}(s)\\\boldsymbol{G}_{\text{b}}^{\text{b}\pm}(s)=G_{\text{b\_d}}^{\text{b}\pm}(s)+\text{j}G_{\text{b\_q}}^{\text{b}\pm}(s)\\\boldsymbol{G}_{\text{c}}^{\text{b}\pm}(s)=G_{\text{c\_d}}^{\text{b}\pm}(s)+\text{j}G_{\text{c\_q}}^{\text{b}\pm}(s)\end{cases}\tag{7-36}$$

则在 $\text{dq}^{\text{b+}}$ 坐标系中展开式(7-35)并整理为矩阵形式可得

$$\begin{aligned}&\begin{bmatrix}G_{\text{a\_d}}^{\text{b+}}(s)&-G_{\text{a\_q}}^{\text{b+}}(s)\\G_{\text{a\_q}}^{\text{b+}}(s)&G_{\text{a\_d}}^{\text{b+}}(s)\end{bmatrix}\cdot\begin{bmatrix}\Delta E_{\text{d+}}^{\text{b+}}\\\Delta E_{\text{q+}}^{\text{b+}}\end{bmatrix}\\&=\begin{bmatrix}G_{\text{b\_d}}^{\text{b+}}(s)&-G_{\text{b\_q}}^{\text{b+}}(s)\\G_{\text{b\_q}}^{\text{b+}}(s)&G_{\text{b\_d}}^{\text{b+}}(s)\end{bmatrix}\cdot\begin{bmatrix}\Delta I_{\text{td+}}^{\text{b+}}\\\Delta I_{\text{tq+}}^{\text{b+}}\end{bmatrix}+\begin{bmatrix}0&G_{\text{c\_d}}^{\text{b+}}(s)G_{\text{PLL+}}(s)\\0&G_{\text{c\_q}}^{\text{b+}}(s)G_{\text{PLL+}}(s)\end{bmatrix}\cdot\begin{bmatrix}\Delta E_{\text{d+}}^{\text{b+}}\\\Delta E_{\text{q+}}^{\text{b+}}\end{bmatrix}\\&\quad+\begin{bmatrix}G_{\text{c\_d}}^{\text{b+}}(s)G_{\text{PLL+}}(s)X_{\text{q}}^{\text{b+}}&G_{\text{c\_d}}^{\text{b+}}(s)G_{\text{PLL+}}(s)X_{\text{d}}^{\text{b+}}\\G_{\text{c\_q}}^{\text{b+}}(s)G_{\text{PLL+}}(s)X_{\text{q}}^{\text{b+}}&G_{\text{c\_q}}^{\text{b+}}(s)G_{\text{PLL+}}(s)X_{\text{d}}^{\text{b+}}\end{bmatrix}\cdot\begin{bmatrix}\Delta I_{\text{td+}}^{\text{b+}}\\\Delta I_{\text{tq+}}^{\text{b+}}\end{bmatrix}\end{aligned}\tag{7-37}$$

进一步整理可得到从双馈型风机的正序机端电流 dq 分量输入到风机正序内电势 dq 分量输出的传递函数矩阵为

$$
\begin{aligned}
\begin{bmatrix} \Delta E_{\mathrm{d+}}^{\mathrm{b+}} \\ \Delta E_{\mathrm{q+}}^{\mathrm{b+}} \end{bmatrix} &= \begin{bmatrix} G_{\mathrm{a\_d}}^{\mathrm{b+}}(s) & -G_{\mathrm{a\_q}}^{\mathrm{b+}}(s) - G_{\mathrm{c\_d}}^{\mathrm{b+}}(s)G_{\mathrm{PLL+}}(s) \\ G_{\mathrm{a\_q}}^{\mathrm{b+}}(s) & G_{\mathrm{a\_d}}^{\mathrm{b+}}(s) - G_{\mathrm{c\_q}}^{\mathrm{b+}}(s)G_{\mathrm{PLL+}}(s) \end{bmatrix}^{-1} \\
&\cdot \begin{bmatrix} G_{\mathrm{b\_d}}^{\mathrm{b+}}(s) + G_{\mathrm{c\_d}}^{\mathrm{b+}}(s)G_{\mathrm{PLL+}}(s)X_{\mathrm{q}}^{\mathrm{b+}} & -G_{\mathrm{b\_q}}^{\mathrm{b+}}(s) + G_{\mathrm{c\_d}}^{\mathrm{b+}}(s)G_{\mathrm{PLL+}}(s)X_{\mathrm{d}}^{\mathrm{b+}} \\ G_{\mathrm{b\_q}}^{\mathrm{b+}}(s) + G_{\mathrm{c\_q}}^{\mathrm{b+}}(s)G_{\mathrm{PLL+}}(s)X_{\mathrm{q}}^{\mathrm{b+}} & G_{\mathrm{b\_d}}^{\mathrm{b+}}(s)G_{\mathrm{c\_q}}^{\mathrm{b+}}(s)G_{\mathrm{PLL+}}(s)X_{\mathrm{d}}^{\mathrm{b+}} \end{bmatrix} \cdot \begin{bmatrix} \Delta I_{\mathrm{td+}}^{\mathrm{b+}} \\ \Delta I_{\mathrm{tq+}}^{\mathrm{b+}} \end{bmatrix}
\end{aligned} \tag{7-38}
$$

式(7-37)和式(7-38)中省略了内电抗dq轴分量的(s)符号。

同理，在$\mathrm{dq}^{\mathrm{b-}}$坐标系中整理可求得从双馈型风机的负序机端电流dq分量输入到风机负序内电势dq分量输出的传递函数矩阵为

$$
\begin{aligned}
\begin{bmatrix} \Delta E_{\mathrm{d-}}^{\mathrm{b-}} \\ \Delta E_{\mathrm{q-}}^{\mathrm{b-}} \end{bmatrix} &= \begin{bmatrix} G_{\mathrm{a\_d}}^{\mathrm{b-}}(s) & -G_{\mathrm{a\_q}}^{\mathrm{b-}}(s) - G_{\mathrm{c\_d}}^{\mathrm{b-}}(s)G_{\mathrm{PLL-}}(s) \\ G_{\mathrm{a\_q}}^{\mathrm{b-}}(s) & G_{\mathrm{a\_d}}^{\mathrm{b-}}(s) - G_{\mathrm{c\_q}}^{\mathrm{b-}}(s)G_{\mathrm{PLL-}}(s) \end{bmatrix}^{-1} \\
&\cdot \begin{bmatrix} G_{\mathrm{b\_d}}^{\mathrm{b-}}(s) + G_{\mathrm{c\_d}}^{\mathrm{b-}}(s)G_{\mathrm{PLL-}}(s)X_{\mathrm{q}}^{\mathrm{b-}} & -G_{\mathrm{b\_q}}^{\mathrm{b-}}(s) + G_{\mathrm{c\_d}}^{\mathrm{b-}}(s)G_{\mathrm{PLL-}}(s)X_{\mathrm{d}}^{\mathrm{b-}} \\ G_{\mathrm{b\_q}}^{\mathrm{b-}}(s) + G_{\mathrm{c\_q}}^{\mathrm{b-}}(s)G_{\mathrm{PLL-}}(s)X_{\mathrm{q}}^{\mathrm{b-}} & G_{\mathrm{b\_d}}^{\mathrm{b-}}(s)G_{\mathrm{c\_q}}^{\mathrm{b-}}(s)G_{\mathrm{PLL-}}(s)X_{\mathrm{d}}^{\mathrm{b-}} \end{bmatrix} \cdot \begin{bmatrix} \Delta I_{\mathrm{td-}}^{\mathrm{b-}} \\ \Delta I_{\mathrm{tq-}}^{\mathrm{b-}} \end{bmatrix}
\end{aligned} \tag{7-39}
$$

将内电势方程式(7-38)和式(7-39)代入内电抗压降方程可得到双馈型风机整体输入输出方程为

$$
\begin{bmatrix} \Delta \boldsymbol{U}_{\mathrm{tdq+}}^{\mathrm{b+}} \\ \Delta \boldsymbol{U}_{\mathrm{tdq-}}^{\mathrm{b-}} \end{bmatrix} = \begin{bmatrix} \underbrace{\left[\boldsymbol{G}_{\mathrm{ep}}^{\mathrm{b+}}(s) + \boldsymbol{X}^{\mathrm{b+}}(s)\right]}_{\boldsymbol{G}_{+}^{\mathrm{b+}}(s)} & \boldsymbol{O}_2 \\ \boldsymbol{O}_2 & \underbrace{\left[\boldsymbol{G}_{\mathrm{en}}^{\mathrm{b-}}(s) + \boldsymbol{X}^{\mathrm{b-}}(s)\right]}_{\boldsymbol{G}_{-}^{\mathrm{b-}}(s)} \end{bmatrix} \begin{bmatrix} \Delta \boldsymbol{I}_{\mathrm{tdq+}}^{\mathrm{b+}} \\ \Delta \boldsymbol{I}_{\mathrm{tdq-}}^{\mathrm{b-}} \end{bmatrix} \tag{7-40}
$$

式中，$\boldsymbol{G}_{\mathrm{ep}}^{\mathrm{b+}}(s)$和$\boldsymbol{G}_{\mathrm{en}}^{\mathrm{b-}}(s)$分别表示式(7-38)和式(7-39)中的传递函数矩阵；$\boldsymbol{O}_2$为二阶零矩阵。

基于内电势和内电抗的概念，式(7-40)以实传递函数矩阵的形式完备地描述了双馈型风机计及电流动态的输入输出特性。根据对全功率型风机和双馈型风机建模过程的描述可知，式(7-40)同样能够描述全功率型风机在不对称故障穿越期间计及电流动态的输入输出特性，唯一的区别在于式(7-40)中表示正负序机端电流和端电压间的传递函数矩阵$\boldsymbol{G}_{+}^{\mathrm{b+}}(s)$和$\boldsymbol{G}_{-}^{\mathrm{b-}}(s)$由于风电机组拓扑和控制不同而有所差异。

式(7-40)是本章对风电机组含电流动态建模的目标。从风机输入-输出整体来看，所得风电机组内电势模型含有 4 个输入量和 4 个输出量，是如图 7-7 所示的多输入-多输出系统。至此，对风电机组进行含电流动态的频域小信号建模工作完成，待故障网络建模工作完成后，即可与之联立得到并网电力系统模型。

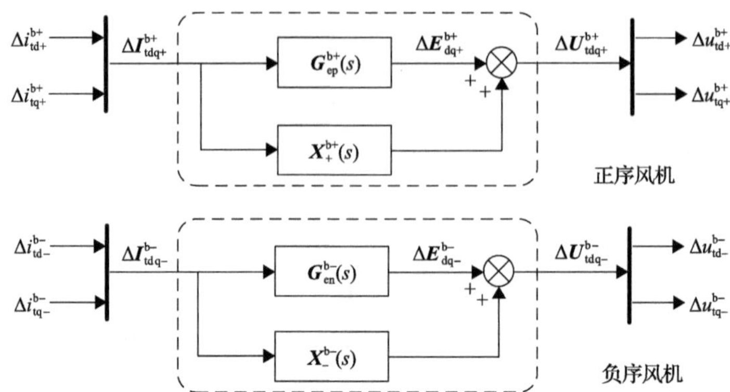

图 7-7　不对称故障穿越期间用于表征风电机组外特性的 4 输入 4 输出小信号模型

7.3　计及电流动态的不对称故障网络频域小信号模型

传统电力系统中涉及网络的不对称故障问题时多应用对称分量法进行分析。该方法根据故障边界条件，建立相应等效的耦合序网并求解稳态电流，结果表明不对称故障工况下正序、负序、零序网络之间是耦合的[12]。然而，由于对称分量法基于稳态相量概念，因此该耦合序网等效电路仅能分析基波分量特性，不可用来分析网络的动态特性。为准确刻画不对称故障网络的动态，必须对故障网络进行计及电流动态的建模。

为探索不对称故障网络的动态特性，以如图 7-8 所示的单回长输电线路发生故障这一简单拓扑为例进行研究。长输电线路是三相互感线，短路故障发生后，以故障点为界长输电线路被分为近风机段和远风机段。远风机段连接至远方无穷大母线，近风机段从故障点始至聚合风机的低压端止。图 7-8 中标示出了几种常见的不对

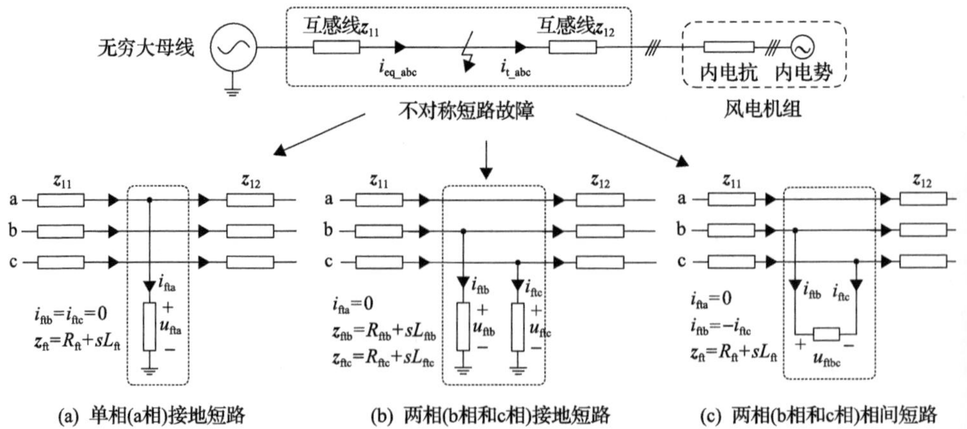

图 7-8　电力系统常见不对称短路故障类型

称短路故障类型，并标注了故障支路电流和故障点电压的正方向。

图 7-8 中，z_{11} 为无穷大母线与故障点间的线路阻抗，z_{12} 为风电机组与故障点间的线路阻抗，$z_{\rm ft}$ 为单相接地短路的故障支路阻抗，其中 $R_{\rm ft}$、$L_{\rm ft}$ 分别为故障支路电阻和电感，$z_{\rm ftb}$、$z_{\rm ftc}$ 分别为 b、c 两相接地短路时的接地阻抗，其中 $R_{\rm ftb}$、$R_{\rm ftc}$ 分别为故障支路 b 相和 c 相电阻，$L_{\rm ftb}$、$L_{\rm ftc}$ 为故障支路 b 相和 c 相电感，$i_{\rm fta}$、$i_{\rm ftb}$ 和 $i_{\rm ftc}$ 分别为故障支路 a 相、b 相和 c 相电流瞬时值，$u_{\rm fta}$、$u_{\rm ftb}$ 和 $u_{\rm ftc}$ 分别为故障支路 a 相、b 相和 c 相电压瞬时值，$u_{\rm ftbc}$ 为两相(b 相和 c 相)相间短路时的相间电压瞬时值，$i_{\rm eq\_abc}$ 为无穷大母线与故障点间的线路上的电流瞬时值，$i_{\rm t\_abc}$ 为风电机组与故障点间的线路上的电流瞬时值。

7.3.1　静止坐标系中不对称故障网络的外端口输入-输出关系

1) 故障支路的外端口输入-输出关系

首先求解故障支路电流与故障点电压之间的导纳矩阵。

对于单相接地短路故障，如图 7-8(a)所示，设 a 相为故障相，接地短路阻抗为 $z_{\rm ft}=R_{\rm ft}+{\rm j}\omega_1 L_{\rm ft}$，则边界条件为

$$\begin{cases} u_{\rm fta}=\left(sL_{\rm ft}+R_{\rm ft}\right)i_{\rm fta} \\ i_{\rm ftb}=i_{\rm ftc}=0 \end{cases} \tag{7-41}$$

实际短路工况中，接地阻抗总是存在的，即接地阻抗为 0 只是理想的短路工况。为得到统一形式，不单独考虑完全接地短路的情况，而将其近似为导纳足够大的情况。于是式(7-41)可用导纳矩阵形式表示为

$$\begin{bmatrix} i_{\rm fta} \\ i_{\rm ftb} \\ i_{\rm ftc} \end{bmatrix}=\frac{1}{R_{\rm ft}+sL_{\rm ft}}\begin{bmatrix} 1 & 0 & 0 \\ 0 & 0 & 0 \\ 0 & 0 & 0 \end{bmatrix}\begin{bmatrix} u_{\rm fta} \\ u_{\rm ftb} \\ u_{\rm ftc} \end{bmatrix} \tag{7-42}$$

在静止 abc 坐标系中列写的方程可施以恒幅值 Clark 变换以变换到静止 αβ0 坐标系下。所采用的恒幅值 Clark 变换矩阵为

$$\boldsymbol{C}_{\rm clark}=\frac{2}{3}\begin{bmatrix} 1 & -\dfrac{1}{2} & -\dfrac{1}{2} \\ 0 & \dfrac{\sqrt{3}}{2} & -\dfrac{\sqrt{3}}{2} \\ \dfrac{1}{2} & \dfrac{1}{2} & \dfrac{1}{2} \end{bmatrix} \tag{7-43}$$

将式(7-42)左乘该变换矩阵，经过整理可得到在静止 αβ0 坐标系中由导纳矩阵表示的故障支路电流和故障点电压之间的关系：

$$\begin{bmatrix} i_{\text{ft}\alpha} \\ i_{\text{ft}\beta} \\ i_{\text{ft}0} \end{bmatrix} = \frac{1}{R_{\text{ft}}+sL_{\text{ft}}}\boldsymbol{C}_{\text{clark}}\begin{bmatrix} 1 & 0 & 0 \\ 0 & 0 & 0 \\ 0 & 0 & 0 \end{bmatrix}\boldsymbol{C}_{\text{clark}}^{-1}\begin{bmatrix} u_{\text{ft}\alpha} \\ u_{\text{ft}\beta} \\ u_{\text{ft}0} \end{bmatrix} = \underbrace{\frac{1}{R_{\text{ft}}+sL_{\text{ft}}}\begin{bmatrix} 2/3 & 0 & 2/3 \\ 0 & 0 & 0 \\ 1/3 & 0 & 1/3 \end{bmatrix}}_{\boldsymbol{A}_1(s)}\begin{bmatrix} u_{\text{ft}\alpha} \\ u_{\text{ft}\beta} \\ u_{\text{ft}0} \end{bmatrix} \tag{7-44}$$

式中，传递函数矩阵 $\boldsymbol{A}_1(s)$ 为在静止 αβ0 坐标系中故障支路电流与电压之间的导纳矩阵；下标 0 的意义是 0 轴分量。

同理可求得其他短路故障工况下故障支路电流与电压之间的导纳矩阵。将各种故障工况下的相应结果整理如下。

(1)对于如图 7-8(a)所示的单相接地故障，设故障支路阻抗为 $z_{\text{ft}}=R_{\text{ft}}+\text{j}\omega_1 L_{\text{ft}}$，则有

$$\boldsymbol{A}_1(s)=\frac{1}{z_{\text{ft}}(s)}\begin{bmatrix} 2/3 & 0 & 2/3 \\ 0 & 0 & 0 \\ 1/3 & 0 & 1/3 \end{bmatrix} \tag{7-45a}$$

式中，$z_{\text{ft}}(s)=R_{\text{ft}}+sL_{\text{ft}}$。

(2)对于如图 7-8(b)所示的两相接地短路故障，设故障相 b 相的接地阻抗为 $z_{\text{ftb}}=R_{\text{ftb}}+\text{j}\omega_1 L_{\text{ftb}}$，另一故障相 c 相的接地阻抗为 $z_{\text{ftc}}=R_{\text{ftc}}+\text{j}\omega_1 L_{\text{ftc}}$，有

$$\boldsymbol{A}_1(s)=\begin{bmatrix} \dfrac{1}{6z_{\text{ftb}}(s)}+\dfrac{1}{6z_{\text{ftc}}(s)} & \dfrac{\sqrt{3}}{6z_{\text{ftc}}(s)}-\dfrac{\sqrt{3}}{6z_{\text{ftb}}(s)} & -\dfrac{1}{3z_{\text{ftb}}(s)}-\dfrac{1}{3z_{\text{ftc}}(s)} \\ \dfrac{\sqrt{3}}{6z_{\text{ftc}}(s)}-\dfrac{\sqrt{3}}{6z_{\text{ftb}}(s)} & \dfrac{1}{2z_{\text{ftb}}(s)}+\dfrac{1}{2z_{\text{ftc}}(s)} & \dfrac{\sqrt{3}}{6z_{\text{ftb}}(s)}-\dfrac{\sqrt{3}}{6z_{\text{ftc}}(s)} \\ -\dfrac{1}{6z_{\text{ftb}}(s)}-\dfrac{1}{6z_{\text{ftc}}(s)} & \dfrac{\sqrt{3}}{6z_{\text{ftb}}(s)}-\dfrac{\sqrt{3}}{6z_{\text{ftc}}(s)} & \dfrac{1}{3z_{\text{ftb}}(s)}+\dfrac{1}{3z_{\text{ftc}}(s)} \end{bmatrix} \tag{7-45b}$$

式中，$z_{\text{ftb}}(s)=R_{\text{ftb}}+sL_{\text{ftb}}$；$z_{\text{ftc}}(s)=R_{\text{ftc}}+sL_{\text{ftc}}$。

若两相接地阻抗相等且均为 $z_{\text{ft}}=R_{\text{ft}}+\text{j}\omega_1 L_{\text{ft}}$，则有

$$\boldsymbol{A}_1(s)=\frac{1}{z_{\text{ft}}(s)}\begin{bmatrix} 1/3 & 0 & -2/3 \\ 0 & 1 & 0 \\ -1/3 & 0 & 2/3 \end{bmatrix} \tag{7-45c}$$

(3) 对于如图 7-8(c) 所示的相间短路故障，设故障支路阻抗为 $z_{\mathrm{ft}}=R_{\mathrm{ft}}+\mathrm{j}\omega_1 L_{\mathrm{ft}}$，有

$$\boldsymbol{A}_1(s)=\frac{1}{z_{\mathrm{ft}}(s)}\begin{bmatrix}0&0&0\\0&2&0\\0&0&0\end{bmatrix}\tag{7-45d}$$

(4) 特别地，对于三相对称接地短路故障，设故障支路阻抗为 $z_{\mathrm{ft}}=R_{\mathrm{ft}}+\mathrm{j}\omega_1 L_{\mathrm{ft}}$，有

$$\boldsymbol{A}_1(s)=\frac{1}{z_{\mathrm{ft}}(s)}\begin{bmatrix}1&0&0\\0&1&0\\0&0&1\end{bmatrix}\tag{7-45e}$$

从以上各种故障类型推导的故障支路导纳矩阵可得以下结论。

(1) 当且仅当发生三相对称故障时，所得的导纳矩阵才与单位矩阵相似。

(2) 以上几种故障工况除两相接地短路故障时接地阻抗不等的情形外，$\boldsymbol{A}_1(s)$ 矩阵的左上角 2×2 子矩阵的非对角元素为 0。这是在各故障条件下总是选择 a 相为特殊相的结果。特殊相指单相接地短路时的故障相、相间短路时的非故障相、两相等阻抗接地短路时的非故障相。

2) 非故障支路的外端口输入-输出关系

在图 7-8 中由于故障点以远的线路，即故障点至远端无穷大母线之间的线路 z_{11} 是经充分交换的三相对称输电线路，依据电力系统理论可知各序阻抗独立，并且正序阻抗和负序阻抗相等，设值为 $R_{11}+\mathrm{j}\omega_1 L_{11}$，$R_{11}$ 为线路电阻，L_{11} 为线路电感。零序网络阻抗的组成较为复杂，为简化分析，假设零序阻抗为正序阻抗的 3 倍。因此线路 z_{11} 的动态在静止 αβ0 坐标系中可直接列写为

$$\begin{bmatrix}u_{\mathrm{eq}\alpha}\\u_{\mathrm{eq}\beta}\\u_{\mathrm{eq}0}\end{bmatrix}=\underbrace{\left(R_{11}+sL_{11}\right)\begin{bmatrix}1&0&0\\0&1&0\\0&0&3\end{bmatrix}}_{z_{11}(s)}\begin{bmatrix}i_{\mathrm{eq}\alpha}\\i_{\mathrm{eq}\beta}\\i_{\mathrm{eq}0}\end{bmatrix}+\begin{bmatrix}u_{\mathrm{ft}\alpha}\\u_{\mathrm{ft}\beta}\\u_{\mathrm{ft}0}\end{bmatrix}\tag{7-46}$$

式中，$u_{\mathrm{eq}\alpha}$、$u_{\mathrm{eq}\beta}$ 和 $u_{\mathrm{eq}0}$ 为无穷大母线电压在静止 αβ0 坐标系的坐标轴上的投影；$i_{\mathrm{eq}\alpha}$、$i_{\mathrm{eq}\beta}$ 和 $i_{\mathrm{eq}0}$ 为线路 z_{11} 上的电流在静止 αβ0 坐标系的坐标轴上的投影；$u_{\mathrm{ft}\alpha}$、$u_{\mathrm{ft}\beta}$ 和 $u_{\mathrm{ft}0}$ 为故障点电压在静止 αβ0 坐标系的坐标轴上的投影。

同样地，故障点到风电机组的近风机段线路 z_{12} 也是三相对称电路。由于风电机组箱式变压器低压侧主电路多采用无中性点接线方式，零序电流只在故障点以远的线路中流通，风电机组零序电流 $i_{\mathrm{t}0}=0$。因此在静止 αβ0 坐标系中有

$$\begin{bmatrix} i_{\mathrm{t}\alpha} \\ i_{\mathrm{t}\beta} \\ i_{\mathrm{t}0} \end{bmatrix} = \underbrace{\left(R_{12} + sL_{12}\right)^{-1} \begin{bmatrix} 1 & 0 & 0 \\ 0 & 1 & 0 \\ 0 & 0 & 0 \end{bmatrix}}_{\boldsymbol{Y}_{12}(s)} \left(\begin{bmatrix} u_{\mathrm{ft}\alpha} \\ u_{\mathrm{ft}\beta} \\ u_{\mathrm{ft}0} \end{bmatrix} - \begin{bmatrix} u_{\mathrm{t}\alpha} \\ u_{\mathrm{t}\beta} \\ u_{\mathrm{t}0} \end{bmatrix} \right) \tag{7-47}$$

式中，$i_{\mathrm{t}\alpha}$、$i_{\mathrm{t}\beta}$ 和 $i_{\mathrm{t}0}$ 为线路 z_{12} 上的电流在静止 αβ0 坐标系的坐标轴上的投影；$u_{\mathrm{t}\alpha}$、$u_{\mathrm{t}\beta}$ 和 $u_{\mathrm{t}0}$ 为风电机组电压在静止 αβ0 坐标系的坐标轴上的投影；$\boldsymbol{Y}_{12}(s)$ 为导纳矩阵，第 3 行的元素全部为 0。

3) 故障网络的外端口输入-输出关系

根据基尔霍夫电流定律，故障节点处的电流满足

$$\begin{bmatrix} i_{11\alpha} \\ i_{11\beta} \\ i_{110} \end{bmatrix} = \begin{bmatrix} i_{\mathrm{ft}\alpha} \\ i_{\mathrm{ft}\beta} \\ i_{\mathrm{ft}0} \end{bmatrix} + \begin{bmatrix} i_{\mathrm{t}\alpha} \\ i_{\mathrm{t}\beta} \\ i_{\mathrm{t}0} \end{bmatrix} \tag{7-48}$$

联立式(7-44)～式(7-48)并整理可得风电机组的端电压和机端电流之间以导纳矩阵表示的关系，即从风机端看故障电网的外端口特性方程为

$$\begin{aligned} \begin{bmatrix} i_{\mathrm{t}\alpha} \\ i_{\mathrm{t}\beta} \\ i_{\mathrm{t}0} \end{bmatrix} = & \underbrace{\left(\begin{array}{l} \left\{ \boldsymbol{E}_3 + \boldsymbol{Y}_{12}(s)\left[\boldsymbol{E}_3 + z_{11}(s)\boldsymbol{A}_1(s)\right]^{-1} z_{11}(s) \right\}^{-1} \\ \cdot \boldsymbol{Y}_{12}(s)\left[\boldsymbol{E}_3 + z_{11}(s)\boldsymbol{A}_1(s)\right]^{-1} \end{array} \right)}_{\boldsymbol{G}'_{\mathrm{eq}}(s)} \begin{bmatrix} u_{\mathrm{eq}\alpha} \\ u_{\mathrm{eq}\beta} \\ u_{\mathrm{eq}0} \end{bmatrix} \\ & \underbrace{-\left\{ \boldsymbol{E}_3 + \boldsymbol{Y}_{12}(s)\left[\boldsymbol{E}_3 + z_{11}(s)\boldsymbol{A}_1(s)\right]^{-1} z_{11}(s) \right\}^{-1} \boldsymbol{Y}_{12}(s)}_{\boldsymbol{A}'(s)} \begin{bmatrix} u_{\mathrm{t}\alpha} \\ u_{\mathrm{t}\beta} \\ u_{\mathrm{t}0} \end{bmatrix} \end{aligned} \tag{7-49}$$

式中，$\boldsymbol{E}_3$ 为三维单位矩阵。

由于风机的箱式变压器低压侧主电路采用无中性点接线方式，零序电流只在故障点以远的电网中流通，从(7-49)中可见各系数矩阵第 3 行全为 0，因此从风机端看故障网络的外端口特性仅需要考察正序和负序分量即可。再考虑到风机端的 0 轴电压也为 0，于是可将(7-49)中 0 轴方程删去，得到风机端其余 αβ 两轴的外端口方程为

$$\underbrace{\begin{bmatrix} i_{\mathrm{t}\alpha} \\ i_{\mathrm{t}\beta} \end{bmatrix}}_{\boldsymbol{I}_{\mathrm{t}\alpha\beta}} = \boldsymbol{A}(s) \underbrace{\begin{bmatrix} u_{\mathrm{t}\alpha} \\ u_{\mathrm{t}\beta} \end{bmatrix}}_{\boldsymbol{U}_{\mathrm{t}\alpha\beta}} + \boldsymbol{G}_{\mathrm{eq}}(s) \underbrace{\begin{bmatrix} u_{\mathrm{eq}\alpha} \\ u_{\mathrm{eq}\beta} \end{bmatrix}}_{\boldsymbol{U}_{\mathrm{eq}\alpha\beta}} \tag{7-50}$$

式中，传递函数矩阵 $\boldsymbol{G}_{\mathrm{eq}}(s)$ 由 $\boldsymbol{G}'_{\mathrm{eq}}(s)$ 取左上角的 2×2 子矩阵得到；传递函数矩阵

$\boldsymbol{A}(s)$ 由 $\boldsymbol{A}'(s)$ 取左上角的 2×2 子矩阵得到。由于 $\boldsymbol{G}_{\text{eq}}(s)$ 和 $\boldsymbol{A}(s)$ 的计算过程包含了故障网络零序阻抗，因此该方程并未忽略故障网络内部α轴、β轴、0轴分量的相互影响，描述仍是完备的。

7.3.2　正、反转同步速旋转坐标系中不对称故障网络的频域小信号模型

式(7-50)在两相静止αβ坐标系中基于矩阵形式从总体上描述了不对称故障网络外端口电流和电压之间的动态关系。然而本章采用的风电机组故障穿越期间策略基于正、负序电流独立的矢量控制，本质上是输出正、负序电压矢量分别控制注入网络的正、负序电流矢量，因此还需要基于序量关系刻画故障网络的外端口动态特性，即找出从风机端看故障电网时，故障电网外端口电压的正序和负序分量与其外端口电流的正序和负序分量之间的关系。这个工作本质上是将式(7-50)的总体形式分解为序量形式，具体处理方式如下。

由于无穷大母线在不对称故障穿越期间所贡献的电流为常量，因此小扰动建模只需单独考虑与风机动态有关的部分即可。此时将故障电网视作动态无源网络，在式(7-50)中令无穷大母线贡献的电流为 0 可得到

$$\boldsymbol{I}_{\text{t}\alpha\beta} = \boldsymbol{A}^{\alpha\beta}(s)\boldsymbol{U}_{\text{t}\alpha\beta} \tag{7-51}$$

式中，$\boldsymbol{A}^{\alpha\beta}(s)$ 为式(7-50)中的传递函数矩阵 $\boldsymbol{A}(s)$，从式(7-51)开始添加上标αβ以强调是在两相静止αβ坐标系中获得的传递函数矩阵。

先考虑α轴分量。根据式(7-51)，电流响应的α轴分量为

$$\begin{aligned}
i_{\text{t}\alpha}(s) &= A_{11}(s)u_{\text{t}\alpha}(s) + A_{12}(s)u_{\text{t}\beta}(s) \\
&= \left[\frac{A_{11}(s)+A_{22}(s)}{2} + \frac{A_{11}(s)-A_{22}(s)}{2}\right]u_{\text{t}\alpha}(s) \\
&\quad + \left[-\frac{A_{21}(s)-A_{12}(s)}{2} + \frac{A_{21}(s)+A_{12}(s)}{2}\right]u_{\text{t}\beta}(s) \\
&= \operatorname{Re}\left\{\begin{aligned}&\left[\frac{A_{11}(s)+A_{22}(s)}{2} + \mathrm{j}\frac{A_{21}(s)-A_{12}(s)}{2}\right]\left[u_{\text{t}\alpha}(s)+\mathrm{j}u_{\text{t}\beta}(s)\right] \\ &+\left[\frac{A_{11}(s)-A_{22}(s)}{2} + \mathrm{j}\frac{A_{21}(s)+A_{12}(s)}{2}\right]\left[u_{\text{t}\alpha}(s)-\mathrm{j}u_{\text{t}\beta}(s)\right]\end{aligned}\right\}
\end{aligned} \tag{7-52}$$

式中，$A_{11}(s)$、$A_{12}(s)$、$A_{21}(s)$ 和 $A_{22}(s)$ 分别为 2×2 的传递函数矩阵 $\boldsymbol{A}^{\alpha\beta}(s)$ 中第一行第一列、第一行第二列、第二行第一列和第二行第二列元素，余同。

同理可得电流响应的β轴分量为

$$i_{t\beta}(s) = A_{21}(s)u_{t\alpha}(s) + A_{22}(s)u_{t\beta}(s) \\ = \mathrm{Im}\left\{\begin{aligned}&\left[\frac{A_{11}(s)+A_{22}(s)}{2} + \mathrm{j}\frac{A_{21}(s)-A_{12}(s)}{2}\right]\left[u_{t\alpha}(s)+\mathrm{j}u_{t\beta}(s)\right] \\ &+\left[\frac{A_{11}(s)-A_{22}(s)}{2} + \mathrm{j}\frac{A_{21}(s)+A_{12}(s)}{2}\right]\left[u_{t\alpha}(s)-\mathrm{j}u_{t\beta}(s)\right]\end{aligned}\right\} \tag{7-53}$$

综合式(7-52)和式(7-53)并写为矢量关系式可得到：

$$\begin{aligned}\boldsymbol{I}_{t\alpha\beta}(s) &= i_{t\alpha}(s) + \mathrm{j}i_{t\beta}(s) \\ &= \underbrace{\left[\frac{A_{11}(s)+A_{22}(s)}{2} + \mathrm{j}\frac{A_{21}(s)-A_{12}(s)}{2}\right]}_{\boldsymbol{G}_{\mathrm{net\_s}}^{\alpha\beta}(s)}\boldsymbol{U}_{t\alpha\beta}(s) \\ &\quad + \underbrace{\left[\frac{A_{11}(s)-A_{22}(s)}{2} + \mathrm{j}\frac{A_{21}(s)+A_{12}(s)}{2}\right]}_{\boldsymbol{G}_{\mathrm{net\_d}}^{\alpha\beta}(s)}\overline{\boldsymbol{U}_{t\alpha\beta}}(s)\end{aligned} \tag{7-54}$$

式中，顶标“—”表示共轭，下同。

本质上式(7-51)和式(7-54)是对同一系统的不同形式的描述，前者基于实传递函数矩阵和轴分量形式，后者基于复传递函数和矢量形式，两种描述方式是等价的。因此，可将实传递函数矩阵形式描述和复传递函数形式描述之间的转换关系总结为数学原理，列于附录 2 中。根据式(7-54)所揭示的实传递函数矩阵形式和复传递函数形式之间的关系，下面给出在正、反转同步速坐标系中不对称故障网络用复传递函数表示的输入输出数学关系。

由于电路是线性的，根据叠加原理，端口处正、负序电压之和激励故障电网产生的总电流响应等于正、负序端电压单独激励的电流响应之和。因此，可分别求出正、负序端电压单独激励的电流响应。

将在静止坐标系中的正序端电压 $\boldsymbol{U}_{t+}^{\alpha\beta}(s)$ 代入式(7-54)中，可求得其单独激励时的电流响应为

$$\boldsymbol{I}_{t\alpha\beta1} = \underbrace{\boldsymbol{G}_{\mathrm{net\_s}}^{\alpha\beta}(s)\boldsymbol{U}_{t\alpha\beta+}}_{\boldsymbol{I}_{t\alpha\beta11}} + \underbrace{\boldsymbol{G}_{\mathrm{net\_d}}^{\alpha\beta}(s)\overline{\boldsymbol{U}_{t\alpha\beta+}}}_{\boldsymbol{I}_{t\alpha\beta12}} \tag{7-55}$$

从式(7-55)可见，正序端电压激励故障电网产生的电流响应由两部分组成。第一部分电流响应与正序电压激励源的复频率相同，同为正序，即属同序分量；第二部分电流响应与正序电压激励源的复频率共轭，性质是负序，属异序分量。将第一部分与正序电压激励源同序的电流响应转换到正转同步速 $\mathrm{dq}^{\mathrm{b+}}$ 坐标系中为

$$\boldsymbol{I}_{\text{tdq11}}^{\text{b+}} = \boldsymbol{I}_{\text{t}\alpha\beta 11}\text{e}^{-\text{j}\theta_{\text{b+}}} = \left[\boldsymbol{G}_{\text{net\_s}}^{\alpha\beta}(s)\boldsymbol{U}_{\text{t}\alpha\beta+}\right]\text{e}^{-\text{j}\theta_{\text{b+}}} \tag{7-56}$$

根据复传递函数在各旋转坐标系间的变换规律式(附 1-2)和式(附 1-3)[13]，式(7-56)可变换为

$$\boldsymbol{I}_{\text{tdq11}}^{\text{b+}} = \boldsymbol{G}_{\text{net\_s}}^{\alpha\beta}(s)\Big|_{s=s+\text{j}\omega_{\text{B}}}\left(\boldsymbol{U}_{\text{t}\alpha\beta+}\text{e}^{-\text{j}\theta_{\text{b+}}}\right) = \underbrace{\boldsymbol{G}_{\text{net\_s}}^{\text{b+}}(s)}_{\boldsymbol{H}_{++}^{\text{b+}}(s)}\boldsymbol{U}_{\text{tdq+}}^{\text{b+}} \tag{7-57}$$

类似地，式(7-55)中第二部分与正序端电压激励异序的电流响应转换到反转同步速 $\text{dq}^{\text{b}-}$ 坐标系中为

$$\boldsymbol{I}_{\text{tdq12}}^{\text{b}-} = \boldsymbol{I}_{\text{t}\alpha\beta 12}\text{e}^{-\text{j}\theta_{\text{b}-}} = \left[\boldsymbol{G}_{\text{net\_d}}^{\alpha\beta}(s)\overline{\boldsymbol{U}_{\text{t}\alpha\beta+}}\right]\text{e}^{-\text{j}\theta_{\text{b}-}} \tag{7-58}$$

式(7-58)的右边含有在静止 αβ 坐标系中表达的物理量和复传递函数，需要变换到正转同步速 $\text{dq}^{\text{b+}}$ 坐标系中。根据式(附 1-2)和式(附 1-3)表示的变换关系，式(7-58)可变换为

$$\begin{aligned}\boldsymbol{I}_{\text{tdq12}}^{\text{b}-} &= \boldsymbol{G}_{\text{net\_d}}^{\alpha\beta}(s)\Big|_{s=s-\text{j}\omega_{\text{b}}}\left(\overline{\boldsymbol{U}_{\text{t}\alpha\beta+}}\text{e}^{-\text{j}\theta_{\text{b}-}}\right)\\ &= \boldsymbol{G}_{\text{net\_d}}^{\text{b}-}(s)\left(\overline{\boldsymbol{U}_{\text{tdq+}}^{\text{b+}}\text{e}^{\text{j}\theta_{\text{b+}}}}\text{e}^{-\text{j}\theta_{\text{b}-}}\right) = \boldsymbol{G}_{\text{net\_d}}^{\text{b}-}(s)\left[\overline{\boldsymbol{U}_{\text{tdq+}}^{\text{b+}}}\text{e}^{-\text{j}\left(\theta_{\text{b+}}+\theta_{\text{b}-}\right)}\right]\end{aligned} \tag{7-59}$$

将正、反转同步速坐标系的瞬时相位之和恒定的条件应用于式(7-59)得

$$\boldsymbol{I}_{\text{tdq12}}^{\text{b}-} = \boldsymbol{G}_{\text{net\_d}}^{\text{b}-}(s)\left[\overline{\boldsymbol{U}_{\text{tdq+}}^{\text{b+}}}\text{e}^{-\text{j}\left(\theta_{\text{b0+}}+\theta_{\text{b0}-}\right)}\right] = \underbrace{\text{e}^{-\text{j}\left(\theta_{\text{b0+}}+\theta_{\text{b0}-}\right)}\boldsymbol{G}_{\text{net\_d}}^{\text{b}-}(s)}_{\boldsymbol{H}_{+-}^{\text{b}-}(s)}\overline{\boldsymbol{U}_{\text{tdq+}}^{\text{b+}}} \tag{7-60}$$

由于故障稳态下正序端电压在正转同步速 $\text{dq}^{\text{b+}}$ 坐标系中将表现为直流，从式(7-57)可知与该激励同序的电流响应在正转同步速 $\text{dq}^{\text{b+}}$ 坐标系中将表现为直流。同时，从式(7-60)可知，与正序端电压激励异序的电流响应在 $\text{dq}^{\text{b}-}$ 坐标系中也将表现为直流值。

同理可求得由负序端电压单独贡献的电流响应为

$$\boldsymbol{I}_{\text{t}\alpha\beta 2} = \underbrace{\boldsymbol{G}_{\text{net\_s}}^{\alpha\beta}(s)\boldsymbol{U}_{\text{t}\alpha\beta-}}_{\boldsymbol{I}_{\text{t}\alpha\beta 21}} + \underbrace{\boldsymbol{G}_{\text{net\_d}}^{\alpha\beta}(s)\overline{\boldsymbol{U}_{\text{t}\alpha\beta-}}}_{\boldsymbol{I}_{\text{t}\alpha\beta 22}} \tag{7-61}$$

从式(7-61)可见，和正序端电压激励的情况一样，由负序端电压激励的电流响应也由与之同序的第一部分和与之异序的第二部分组成。将这两部分分别变换

到反转同步速 dq^{b-} 坐标系和正转同步速 dq^{b+} 坐标系中得到：

$$\boldsymbol{I}_{tdq21}^{b-}=\boldsymbol{I}_{t\alpha\beta21}\mathrm{e}^{-\mathrm{j}\theta_{b-}}=\underbrace{\boldsymbol{G}_{net\_s}^{b-}(s)}_{\boldsymbol{H}_{--}^{b-}(s)}\boldsymbol{U}_{tdq-}^{b-} \tag{7-62}$$

$$\boldsymbol{I}_{tdq22}^{b+}=\boldsymbol{I}_{t\alpha\beta22}\mathrm{e}^{-\mathrm{j}\theta_{b+}}=\boldsymbol{G}_{net\_d}^{b+}(s)\overline{\boldsymbol{U}_{tdq-}^{b-}}\mathrm{e}^{-\mathrm{j}\left(\theta_{b+}+\theta_{b-}\right)}=\underbrace{\boldsymbol{G}_{net\_d}^{b+}(s)\mathrm{e}^{-\mathrm{j}\left(\theta_{b0+}+\theta_{b0-}\right)}}_{\boldsymbol{H}_{-+}^{b+}(s)}\overline{\boldsymbol{U}_{tdq-}^{b-}} \tag{7-63}$$

式(7-57)、式(7-60)、式(7-62)和式(7-63)一起揭示了由式(7-51)描述的一般化故障网络的重要性质，即由正序端电压和负序端电压激励的电流响应一共有 4 种成分。其中，由正序端电压激励的同序电流响应和由负序端电压激励的异序电流响应均属于正序性质，构成电流响应的正序分量；由负序端电压激励的同序电流响应和由正序端电压激励的异序电流响应均属负序性质，构成电流响应的负序分量。据此可得到故障网络的正序电流响应和负序电流响应分别为

$$\begin{cases}\boldsymbol{I}_{tdq+}^{b+}=\boldsymbol{H}_{++}^{b+}(s)\boldsymbol{U}_{tdq+}^{b+}+\boldsymbol{H}_{-+}^{b+}(s)\overline{\boldsymbol{U}_{tdq-}^{b-}}\\ \boldsymbol{I}_{tdq-}^{b-}=\boldsymbol{H}_{--}^{b-}(s)\boldsymbol{U}_{tdq-}^{b-}+\boldsymbol{H}_{+-}^{b-}(s)\overline{\boldsymbol{U}_{tdq+}^{b+}}\end{cases} \tag{7-64}$$

式(7-64)以序量形式刻画了从 PCC 风机端看不对称故障电网时的外特性。相比电力系统常用于分析不对称故障的对称分量法，它考虑了网络的电流动态，因此可用于计及电流动态的风电机组并网系统建模及分析。

由于故障网络是线性的，对其线性化较为简便。直接线性化式(7-64)可得

$$\begin{cases}\Delta\boldsymbol{I}_{tdq+}^{b+}=\boldsymbol{H}_{++}^{b+}(s)\Delta\boldsymbol{U}_{tdq+}^{b+}+\boldsymbol{H}_{-+}^{b+}(s)\overline{\Delta\boldsymbol{U}_{tdq-}^{b-}}\\ \Delta\boldsymbol{I}_{tdq-}^{b-}=\boldsymbol{H}_{--}^{b-}(s)\Delta\boldsymbol{U}_{tdq-}^{b-}+\boldsymbol{H}_{+-}^{b-}(s)\overline{\Delta\boldsymbol{U}_{tdq+}^{b+}}\end{cases} \tag{7-65}$$

基于式(7-65)，可得到不对称故障网络基于各序矢量的小信号模型，如图 7-9 所示，图中 Conj 表示共轭运算。

图 7-9 用复传递函数描述了外端口输入-输出特性。根据附录 2 中定义的复传递函数描述到实传递函数矩阵描述的变换 T_{c2rs} 和 T_{c2rd}，可将式(7-65)改写为由实传递函数矩阵描述的相应方程：

$$\begin{aligned}\begin{bmatrix}\Delta\boldsymbol{I}_{tdq+}^{b+}\\ \Delta\boldsymbol{I}_{tdq-}^{b-}\end{bmatrix}&=\begin{bmatrix}T_{c2rs}\left(\boldsymbol{H}_{++}^{b+}(s)\right) & T_{c2rd}\left(\boldsymbol{H}_{-+}^{b+}(s)\right)\\ T_{c2rd}\left(\boldsymbol{H}_{+-}^{b-}(s)\right) & T_{c2rs}\left(\boldsymbol{H}_{--}^{b-}(s)\right)\end{bmatrix}\begin{bmatrix}\Delta\boldsymbol{U}_{tdq+}^{b+}\\ \Delta\boldsymbol{U}_{tdq-}^{b-}\end{bmatrix}\\ &=\begin{bmatrix}\boldsymbol{H}_{++}^{b+}(s) & \boldsymbol{H}_{-+}^{b+}(s)\\ \boldsymbol{H}_{+-}^{b-}(s) & \boldsymbol{H}_{--}^{b-}(s)\end{bmatrix}\begin{bmatrix}\Delta\boldsymbol{U}_{tdq+}^{b+}\\ \Delta\boldsymbol{U}_{tdq-}^{b-}\end{bmatrix}\end{aligned} \tag{7-66}$$

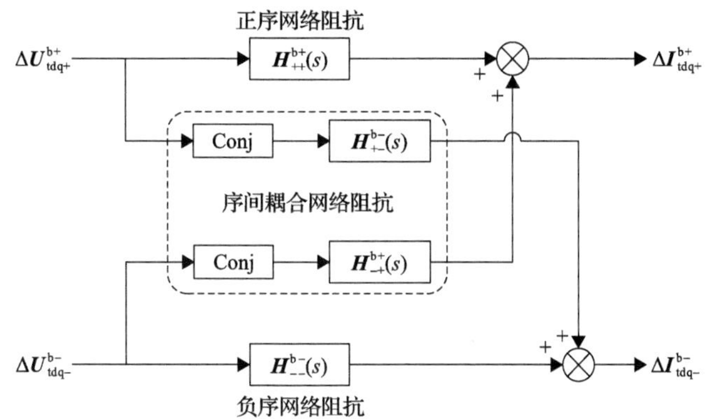

图 7-9　故障网络表征外端口输入-输出特性的频域小信号模型

从式(7-66)可看出，与风电机组小信号模型相同，故障网络的小信号模型也是 4 输入 4 输出系统。这是因为它的输入和输出均包含了正序和负序分量，而正序和负序分量均为矢量，又分别含有 d 轴和 q 轴分量。

7.4　不对称故障穿越期间风电机组并网系统的小信号稳定性分析

本节旨在探究在深度不对称故障穿越期间由序间耦合网络引入的风电机组序间相互作用引起系统失稳问题的机理。首先，基于 7.2 节和 7.3 节所建立的风电机组-故障网络频域模型，指出风电机组并网系统在不对称故障穿越期间可能出现的小信号稳定性问题的主要类型，明确研究具体失稳问题的思路；其次，同样以双馈型风机并网系统为例展开分析，根据模态分析可知序间相互作用对两序子系统的影响性质不同，应重点研究其对负序子系统的影响，因此将序间耦合支路归算到负序子系统并提出基于特征方程进行降维分析的思路；再次，在此基础上基于复系数法概念，将序间动态耦合对正、负序耦合系统稳定性的影响用阻尼和恢复系数量化；最后，定量分析若干重要因素如何通过影响序间耦合的致稳作用进而影响并网系统整体稳定性，揭示序间动态耦合引起双馈型风机并网系统发生中低频段稳定性问题的机理。

7.4.1　并网系统小信号稳定性问题

对处于不对称故障穿越期间无功注入状态的风电机组进行频域小信号建模得到了风电机组 4 输入 4 输出外特性方程式(7-40)；对不对称故障网络进行频域建模得到了不对称故障网络 4 输入 4 输出外特性方程式(7-66)。风电机组模型和不对称故障网络的接口基于序量，接口量是正、负序机端电流 d-q 轴分量和正、负序机端电压 d-q 轴分量。联立风电机组和不对称故障网络模型，可得到不对称故障穿越期间风电机组并网系统的矢量形式小信号模型，如图 7-10 所示。

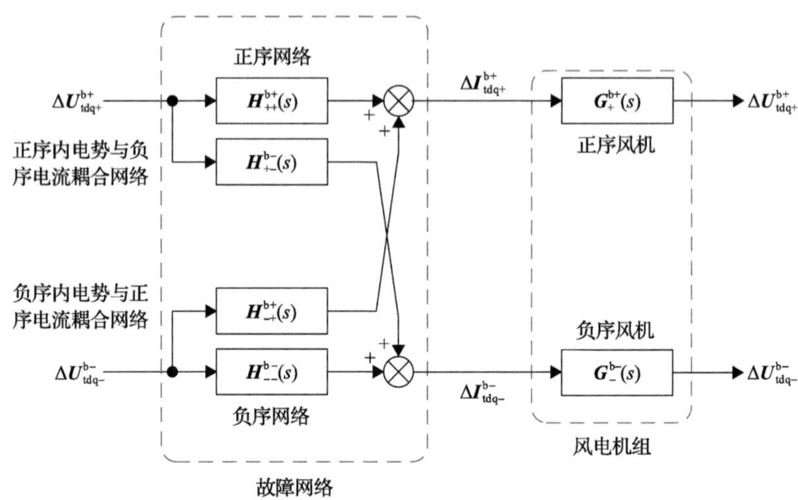

图 7-10　不对称故障穿越期间风电机组并网系统的矢量形式小信号模型

从图 7-10 可见，在电网不对称故障穿越期间，由于故障网络内具有多个子网络，由风电机组和故障网络构成的并网系统中形成了多个环路，因而将发生各种形式的相互作用。从传递路径看，这些相互作用可分为两类。

第一类是无序间耦合网络参与的序内相互作用。体现这类相互作用的环路共有两个，包括由正序风机和正序网络构成的正序子系统环路以及由负序风机和负序网络构成的负序子系统环路，如图 7-11 所示。在不对称故障程度不大、序间耦合程度不太强时，序间耦合支路可以忽略，此时两个子系统近似为孤立的两个子系统，可分别研究正序子系统和负序子系统的稳定性，风电机组并网系统的稳定性由这两个子系统自身稳定性较弱的一个决定。单独看某个子系统的稳定性本质上与对称故障工况下的分析思路是一致的，此类问题已有文献专门介绍[14]，本章关注的重点也不在于此，不再赘述。

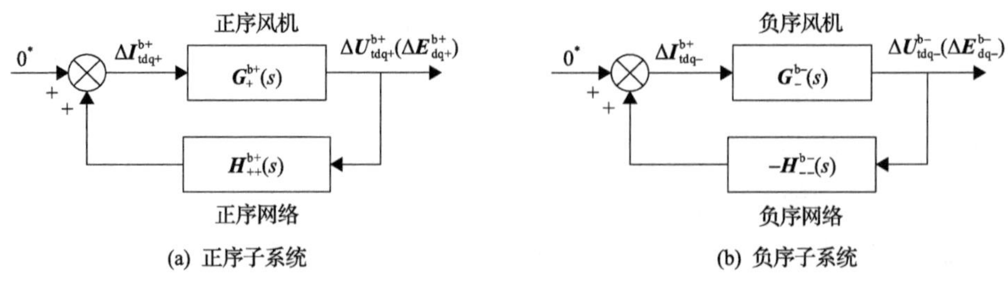

(a) 正序子系统　(b) 负序子系统

图 7-11　风电机组正、负序并网子系统自身稳定性环路

0^*指输入指令为零

第二类是序间耦合网络引入的序间相互作用。从拓扑上看，输入量无论是选正序机端电压还是选负序机端电压，输出量无论是选正序机端电流还是选负序机端电流，所形成的序间相互作用环路均只有一个，如图 7-12 所示。

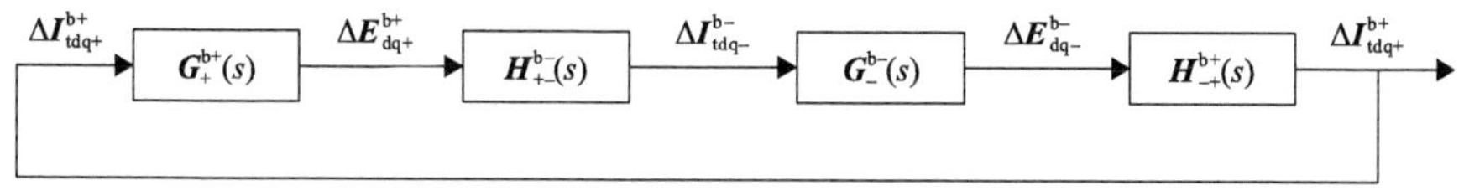

图 7-12　风电机组并网系统序间相互作用环路

第二类稳定性问题是本节研究的重点，此类问题关注的是在正、负序子系统自身均稳定的基础上，受序间耦合网络影响后，正、负序耦合系统是否仍稳定。现有风电机组的故障穿越期间控制策略在设计时一般将故障电网等效为理想正序电压源或正、负序电压源，既未考虑序间耦合网络，更未充分考虑正、负序网络，因而将导致评估风电机组并网系统在不对称故障持续阶段的稳定性时所得结果不够准确。本节将研究深度不对称故障条件下正、负序耦合系统受序间耦合网络阻抗影响易发生的失稳问题。

7.4.2　并网系统序间耦合等效折算

从图 7-10 可知，序间耦合支路包括正序机端电压耦合负序机端电流支路和负序机端电压耦合正序机端电流支路。正负序耦合系统整体的稳定性既可以从正序子系统的视角观察，考虑负序子系统对正序子系统影响的结果，也可以从负序子系统的视角观察，考虑正序子系统对负序子系统影响的结果，因此从图 7-10 出发可得到图 7-13 中两种归算方式。从分析耦合系统整体稳定性上来说，两种归算方式是等价的，但是在分析失稳机理时却有区别。从模态观点看，前一种归算到正序的方式适合于研究相互作用后正序子系统模态失稳而负序子系统模态稳定的情况，后一种归算到负序的方式则相反。因此有必要先行确认序间相互作用对两序子系统稳定性影响的区别，再选择合适的归算方式。

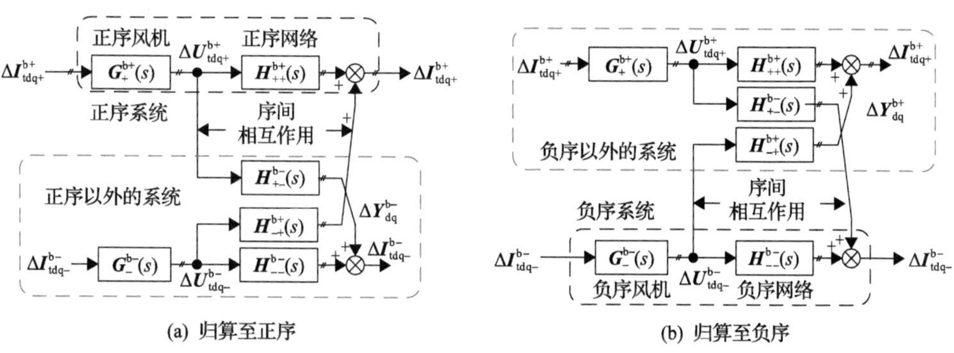

图 7-13　序间耦合网络的两种归算方式

1. 序间相互作用对正、负序并网子系统主导模态影响的区别

为直观地了解不同序间相互作用强度下风电机组并网系统的稳定性，本节后续均以双馈型风机并网系统为例进行介绍。首先结合在不对称故障穿越期间双馈型风机并网系统的状态方程[6]，应用模态分析法分析不同故障深度条件下系统的主导模态[15]。

以两相间短路不对称故障工况为例，将相间短路阻抗 z_{ft} 从 0.01+j0.6 变化到 0.01+j0.2 时可得到系统主导特征根的变化轨迹，如图 7-14 所示。图中符号“×”为复平面上的特征根，系统参数改变时特征根在复平面上的位置会发生变化，将不同参数得到的特征根同时绘制在复平面上，将相同模态的特征根用线条连接起来并用箭头指示参数取值变化时特征根移动的方向，这一带箭头的线条即为特征根轨迹；实线为无序间耦合时的特征根轨迹，虚线为有序间耦合时的特征根轨迹；本章出现的特征根轨迹图中符号含义相同，不再赘述。

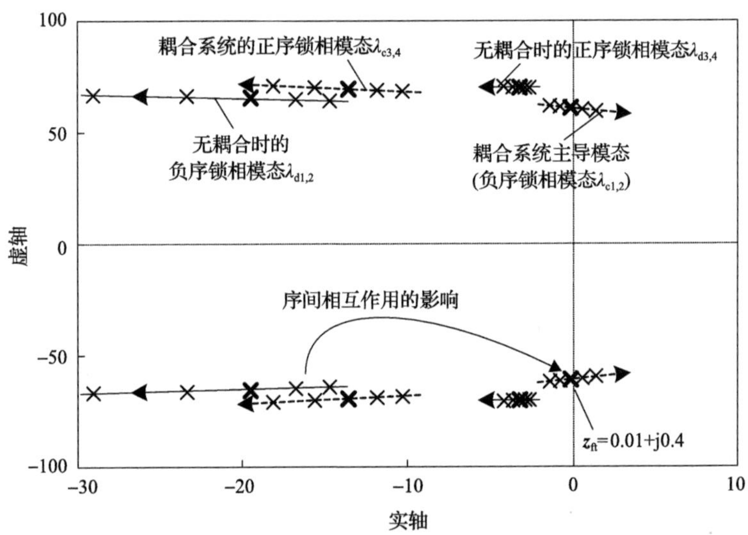

图 7-14　不对称故障程度变深时正、负序耦合系统和负序无耦合子系统的主导特征根轨迹

从图 7-14 中可看出，随着相间短路阻抗减小即不对称故障程度的加深，正、负序耦合系统的主导模态 $\lambda_{c1,2}$ 的特征根向右半平面移动，当相间短路阻抗减小至 $z_{ft}=0.01+j0.4$ 时，正、负序耦合系统变为临界稳定，对应极点在图中以加粗的符号“×”标出。若不对称故障程度进一步加深，正、负序耦合系统就会出现不稳定。根据各状态量在主导模态中参与因子的幅值大小，判断出主导模态 $\lambda_{c1,2}$ 是负序锁相模态。从正序锁相环的二阶状态量出发，根据参与因子幅值也可寻找出与之对应的正序锁相模态 $\lambda_{c3,4}$。从图 7-14 可看出，随着不对称故障程度的加深，正

序锁相模态 $\lambda_{c3,4}$ 往更稳定的方向移动，呈现与负序锁相模态相反的移动趋势。

根据模态谐振理论可知，振荡频率不同的两个模态耦合以后，将使两个模态之间发生频率推斥，推斥的结果是振荡频率较高的模态更稳定而振荡频率较低的模态更不稳定[16,17]。对于给出的控制参数，正序子系统的锁相环带宽为 19.0Hz，负序子系统的锁相环带宽为 9.5Hz，正序锁相模态的振荡频率也将高于负序锁相模态的振荡频率。为验证正、负序间耦合对正序子系统和负序子系统各自主导模态的影响是否遵循这一规律，用模态分析方法分别求出了无序间动态耦合时负序子系统的负序锁相模态 $\lambda_{d1,2}$ 和正序子系统的正序锁相模态 $\lambda_{d3,4}$，其中运行点与耦合系统保持一致。以图 7-14 中用加粗的符号“×”标出的相间短路阻抗 $z_{ft}=0.01+j0.4$ 时的临界稳定情况为例，可看到动态耦合后正序子系统和负序子系统的主导极点间确实表现出推斥的性质。即使在无序间动态耦合时负序锁相模态 $\lambda_{d1,2}$ 远比正序锁相模态 $\lambda_{d3,4}$ 更稳定的情况下，耦合后发生相互作用的结果也是使振荡频率稍低的负序锁相模态向右，即更不稳定的方向发生移动，而使振荡频率稍高的正序锁相模态向左，即更稳定的方向发生移动。两个模态的移动方向及幅度分别代表了序间相互作用对正序子系统和负序子系统影响的性质及大小。因此从上述模态分析结果可知，只要双馈型风机的控制系统设计时满足负序锁相主导模态振荡频率明显低于正序锁相主导模态振荡频率的条件，序间相互作用对负序子系统的致稳性质就是降稳，而对正序子系统的致稳性质则是增稳。

表 7-1 给出了不同故障深度下系统主导模态的具体数值。以 $z_{ft}=0.01+j0.6$ 的情况为例，不计序间相互作用时所得的负序无耦合系统的负序锁相模态为 $\lambda_{d1,2}=-14.67\pm j64.12$，耦合后负序锁相主导模态变为 $\lambda_{cp}=-1.43\pm j61.80$，因此序间相互作用对负序子系统的致稳作用是使其主导模态的振荡角频率变化了 $\Delta\omega_{ns}=-2.32$rad/s，阻尼系数变化了 $\Delta D_{ns}=-26.48$，性质是降稳；类似地，序间相互作用使正序无耦合系统主导模态的振荡角频率变化了 $\Delta\omega_{ps}=-1.55$rad/s，阻尼系数变化了 $\Delta D_{ps}=15.2$，性质是增稳。因此，最终影响结果是使负序子系统的负序锁相模态成为正、负序耦合系统的主导模态，正、负序耦合系统整体的稳定性是失稳，表中用加粗字体强调这一情况。

综上所述，若在设计不对称故障穿越期间控制策略时使负序锁相环比正序锁相环慢得多，即保证负序锁相环的带宽远低于正序锁相环，则由于所得的负序锁相模态振荡频率低于正序锁相模态振荡频率，序间相互作用的影响将是使负序锁相模态减稳的同时使正序锁相模态增稳，但负序锁相模态的减稳幅度比正序锁相模态的增稳幅度大得多，最终结果是使负序锁相模态失稳并成为正、负序耦合系统的主导模态，系统整体稳定性是失稳。这一失稳问题的机理是深度不对称故障工况下序间耦合网络在正序子系统和负序子系统引入显著的序间相互作用影响了负序锁相模态的阻尼。

表 7-1　不同深度相间短路故障下系统的主导模态

相间短路阻抗	0.01 + j0.2	0.01 + j0.4	0.01 + j0.6
无耦合系统正序锁相模态 $\lambda_{d3,4}$	−4.2 ± j70.47	−2.93 ± j69.96	−2.67 ± j69.95
耦合后正序锁相模态 $\lambda_{c3,4}$	−18.09 ± j70.87	−13.53 ± j69.42	−10.27 ± j68.40
正序锁相主导模态振荡角频率变化量 $\Delta\omega_{ps}$ / (rad/s)	0.4	−0.54	−1.55
正序锁相主导模态阻尼系数变化量 ΔD_{ps}	27.78	21.2	15.2
无耦合系统负序锁相模态 $\lambda_{d1,2}$	**−29.06 ± j66.71**	**−19.48 ± j65.57**	**−14.67 ± j64.12**
耦合后负序锁相模态 $\lambda_{c1,2}$	**1.35 ± j59.41**	**−0.81 ± j61.41**	**−1.43 ± j61.80**
负序锁相模态振荡角频率变化量 $\Delta\omega_{ns}$ / (rad/s)	**−7.3**	**−4.16**	**−2.32**
负序锁相模态阻尼系数变化量 ΔD_{ns}	**−60.82**	**−37.34**	**−26.48**

2. 基于特征方程降维的序间耦合支路等效归算方法

1) 序间耦合支路的等效归算

模态分析结果说明了在序间相互作用影响下，负序子系统的锁相模态成为双馈型风机并网系统的主导模态。因此研究序间相互作用对系统整体稳定性的影响时应重点关注序间相互作用对负序子系统的致稳性质，即应以负序子系统为视角进行研究，因此采取如图 7-13(b)所示的将序间耦合支路归算至负序的方式。

具体归算做法是，先求出两条序间耦合支路与负序子系统相连接的两个节点间的输入-输出特性。因此，在图 7-13(b)中 $\Delta\boldsymbol{Y}_{dq}^{b+}$ 处断开序间耦合支路给正序子系统的输入，然后在该断面处考虑从 $\Delta\boldsymbol{Y}_{dq}^{b+}$ 到正序子统输出的 $\Delta\boldsymbol{U}_{tdq+}^{b+}$ 的输入-输出特性为

$$\Delta\boldsymbol{U}_{tdq+}^{b+}=\left(\boldsymbol{E}_2-\boldsymbol{G}_{+}^{b+}(s)\boldsymbol{H}_{++}^{b+}(s)\right)^{-1}\boldsymbol{G}_{+}^{b+}(s)\boldsymbol{H}_{++}^{b+}(s)\Delta\boldsymbol{Y}_{dq}^{b+} \tag{7-67}$$

式中，$\boldsymbol{E}_2$ 为 2 阶单位矩阵。

据此即可得到序间耦合支路归算到负序之后的传递函数 $\boldsymbol{H}_{m-}^{b-}(s)$ 为

$$\boldsymbol{H}_{m-}^{b-}(s)=\boldsymbol{H}_{-+}^{b+}(s)\left(\boldsymbol{E}_2-\boldsymbol{G}_{+}^{b+}(s)\boldsymbol{H}_{++}^{b+}(s)\right)^{-1}\boldsymbol{G}_{+}^{b+}(s)\boldsymbol{H}_{++}^{b+}(s)\boldsymbol{H}_{+-}^{b-}(s) \tag{7-68}$$

归算结果将使正序子系统和序间耦合支路等效为一条与负序网络并联的支路，如图 7-15 所示。

在 dq^{b-} 坐标系中并联等效网络的输入-输出特性可用传递函数矩阵描述为

$$\boldsymbol{H}_{eq-}^{b-}(s)=\boldsymbol{H}_{--}^{b-}(s)+\boldsymbol{H}_{m-}^{b-}(s) \tag{7-69}$$

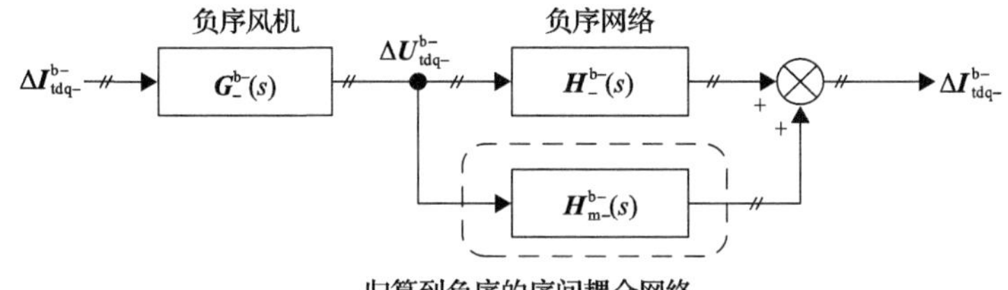

图 7-15 正、负序间耦合支路归算到负序的等效模型

该整体等效网络和负序风机构成的闭环系统如图 7-16 所示。

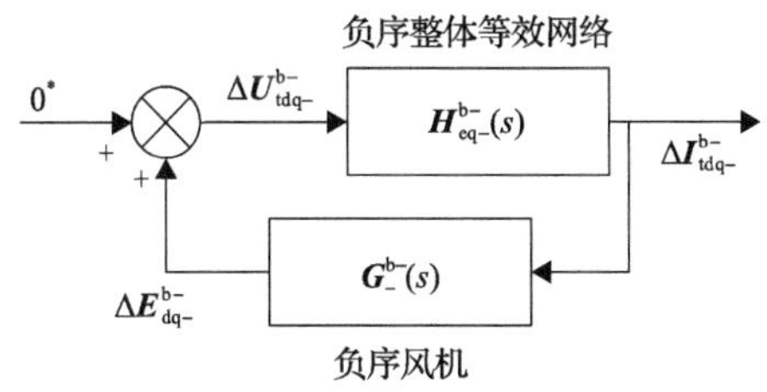

图 7-16 反馈形式的负序风机-负序整体等效网络所构成 2 输入 2 输出闭环系统

2) 基于特征方程的降维方法

人们关心一个系统的小信号稳定性，主要是关心它的弱阻尼模态，即振荡频率和阻尼两方面信息。然而在频域上直接根据图 7-16 所示的多输入多输出系统的传递函数矩阵来求解该系统主导模态的阻尼和振荡频率是极其困难的。导致该困难的根本原因在于描述该系统的方程的维度大于 1。因此，一个自然的思路是根据端口输入-输出特性等效的原则进行降维归算以克服该困难。为保持风机和网络各基本单元的矢量特性，本节采用基于特征方程的降维方法。

在图 7-16 所示的指令为 0 的正反馈系统中，将负序整体等效网络作为前向通道，其输入量为网络端负序电压矢量，输出量为网络端负序电流矢量。由式(7-69)可知，负序整体等效网络的输入输出间的关系由 2×2 的传递函数矩阵 $\boldsymbol{H}_{\mathrm{eq-}}^{\mathrm{b-}}(s)$ 描述，即

$$\Delta\boldsymbol{I}_{\mathrm{tdq-}}^{\mathrm{b-}}=\boldsymbol{H}_{\mathrm{eq-}}^{\mathrm{b-}}(s)\Delta\boldsymbol{U}_{\mathrm{tdq-}}^{\mathrm{b-}} \tag{7-70}$$

调换输入输出，式(7-70)可改写为

$$\Delta\boldsymbol{U}_{\mathrm{tdq-}}^{\mathrm{b-}}=\underbrace{\left(\boldsymbol{H}_{\mathrm{eq-}}^{\mathrm{b-}}(s)\right)^{-1}}_{\boldsymbol{K}_{\mathrm{m}}^{\mathrm{b-}}(s)}\Delta\boldsymbol{I}_{\mathrm{tdq-}}^{\mathrm{b-}} \tag{7-71}$$

将负序装备作为反馈通道，其输入量为机端负序电流矢量，输出量为机端负序电压矢量，其输入输出间的关系由 2×2 的传递函数矩阵 $\boldsymbol{G}_{-}^{\mathrm{b-}}(s)$ 描述为

$$\Delta \boldsymbol{U}_{\text{tdq}-}^{\text{b}-} = \underbrace{\boldsymbol{G}_{-}^{\text{b}-}(s)}_{\boldsymbol{K}_{\text{e}}^{\text{b}-}(s)} \Delta \boldsymbol{I}_{\text{tdq}-}^{\text{b}-} \tag{7-72}$$

由于该反馈系统的指令为 0，根据图 7-16，令式(7-71)和式(7-72)相减得

$$\left(\boldsymbol{K}_{\text{m}}^{\text{b}-}(s) - \boldsymbol{K}_{\text{e}}^{\text{b}-}(s)\right) \Delta \boldsymbol{I}_{\text{t}-}^{\text{b}-} = \boldsymbol{0}_2 \tag{7-73}$$

式中，$\boldsymbol{0}_2$ 为 2 阶零矩阵。由于 $\Delta \boldsymbol{I}_{\text{t}-}^{\text{b}-}$ 元素全不为 0，因此必有

$$\underbrace{\det\left(\boldsymbol{K}_{\text{m}-}^{\text{b}-}(s) - \boldsymbol{K}_{\text{e}}^{\text{b}-}(s)\right)}_{k_{\text{c}}(s)} = 0 \tag{7-74}$$

根据特征方程的意义，式(7-74)便是图 7-16 中 2 输入 2 输出闭环反馈系统的特征方程，因而也是图 7-13(b)中正负序动态耦合系统的特征方程。特征方程完全决定了系统有多少个模态以及每个模态是否稳定，因此具有相同特征方程的线性系统也会含有完全相同的模态。对于图 7-16 中所示的归算到负序的 2 输入 2 输出系统，若构造一个与之具有相同特征方程的单输入单输出系统，则通过研究该单输入单输出系统的模态即可获知归算到负序等效系统的主导模态，从而得到所关心的正负序耦合系统包含稳定裕度在内的稳定性信息，这便是本节采用特征方程进行降维研究的思路。

式(7-74)不仅给出了正、负序耦合系统的各基本组成单元，包括序间耦合网络的输入输出特性与系统特征方程，即整体稳定性间清晰的内在联系，而且将式(7-74)做部分分式展开后，多项式部分的最高阶次必为 2，这就使得该系统可用二阶运动方程描述。从研究同步机机电振荡问题的 Phillips-Heffron 模型可以知道，二阶系统可提供清晰的恢复和阻尼系数的信息，因此在分析系统稳定性时具有物理概念清晰的优点。对于正负序耦合系统，可根据特征方程式(7-74)构造出具有相同特征方程的二阶形式的单输入单输出系统，如图 7-17 所示。

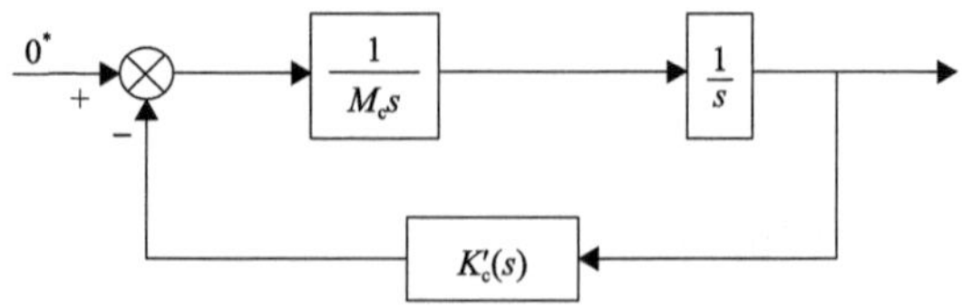

图 7-17　与正负序耦合系统同特征方程的单输入单输出二阶等效系统

根据二阶系统质量的数学意义可知，图 7-17 中等效系统的质量 M_{c} 应当就是特征方程式(7-74)二次项 s^2 的系数，$K_{\text{c}}'(s)$ 为二阶系统的等效刚度。得到等效系统的质量后，其闭环传递函数可写为

$$G_c(s)=\frac{1}{M_c s^2+K_c'(s)} \tag{7-75}$$

因此特征方程为

$$M_c s^2+K_c'(s)=0 \tag{7-76}$$

令式(7-76)与式(7-74)左边相等，可得所构造的单输入单输出系统中的系数应当为

$$K_c'(s)=k_c(s)-M_c s^2 \tag{7-77}$$

至此，从图 7-13(b)的 4 输入 4 输出正负序耦合模型出发，图 7-16 中求得将序间耦合支路归算到负序的 2 输入 2 输出等效模型，式(7-74)进一步求得该二维归算模型的二阶特征方程，得到了并网系统各基本组成单元与系统稳定性的内在联系。在此基础上，图 7-17 给出了与该二维归算模型具有相同特征方程的二阶形式的单输入单输出系统。由于特征方程包含了系统完整的稳定性信息，研究该单输入单输出系统的特征方程即可获取原多输入多输出正负序耦合系统的稳定性信息，进而在此基础上研究序间相互作用对正、负序耦合系统稳定性的影响。

7.4.3　并网系统序间相互作用量化方法

从图 7-17 中可见，由于所得的单输入单输出等效系统具有二阶形式，因此可考虑应用复系数法概念[18-22]进行分析。对图 7-17 中的单输入单输出系统应用复系数法概念可得到广义复系数[14]，即总恢复系数和总阻尼系数分别为

$$\begin{aligned}K_c(\omega)&=\mathrm{Re}\{k_c(\mathrm{j}\omega)\}/M_c\\ D_c(\omega)&=\mathrm{Im}\{k_c(\mathrm{j}\omega)\}/\omega/M_c\end{aligned} \tag{7-78}$$

式中，$k_c(\mathrm{j}\omega)$为式(7-74)特征方程里的$k_c(s)$中的复频率 s 仅考虑其虚数部分；ω 为角频率自变量。

从式(7-78)可见，对图 7-16 中闭环系统定义的广义复系数，只能得到总恢复系数和总阻尼系数，而不能单独计算等效机械子系统和等效电气子系统的恢复系数和阻尼系数。这是因为 2 输入 2 输出等效机械子系统和等效电气子系统对闭环系统特征方程的贡献遵循式(7-74)所指出的矩阵行列式规则。在数学上容易证明，两矩阵和的行列式并不等于两矩阵行列式之和，因此总的恢复系数不像单输入单输出系统那样简单分解为等效机械子系统贡献的恢复系数与等效电气子系统贡献的恢复系数之和，对于总的阻尼系数来说亦然。

根据式(7-78)，在与模态分析一致的条件下，取相间短路故障工况和短路阻抗

为 z_{ft}=0.01+j0.4，计算得到将序间耦合支路归算到负序模型，亦即正负序耦合系统的总恢复系数和总阻尼系数，如图 7-18 中实线所示。与单输入单输出系统的广义复系数法类似，图 7-18(a)示出了恢复系数随频率的变化情况，恢复系数下降至 0 时的角频率指示了系统的自然振荡角频率。图 7-18(b)示出了阻尼系数随角频率的变化情况，在系统的自然振荡角频率处对应的阻尼系数指示了系统的稳定性和稳定裕度。

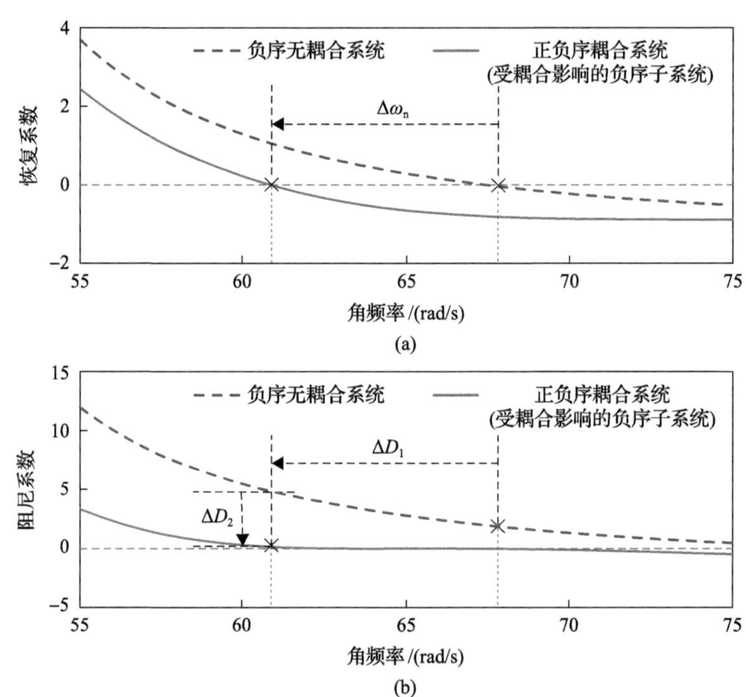

图 7-18　负序无耦合系统和正负序耦合系统的广义复系数(相间短路故障工况)

现在的分析目标是正负序间相互作用对负序子系统稳定性的影响。若在图 7-15 归算到的负序等效模型中断开序间耦合网络，则可得到由负序风机和负序网络构成的不受序间耦合影响的负序子系统。接下来定义该系统的广义复系数以定性说明序间相互作用如何影响并网系统稳定性。取负序无耦合系统中的负序网络为等效机械子系统，负序风机为等效电气子系统，则复系数概念下两子系统的传递函数分别为

$$\begin{aligned}\boldsymbol{K}_{\mathrm{mns}}^{\mathrm{b}-}(s)&=\left(\boldsymbol{H}_{--}^{\mathrm{b}-}\right)^{-1}\\ \boldsymbol{K}_{\mathrm{ens}}^{\mathrm{b}-}(s)&=\boldsymbol{G}_{-}^{\mathrm{b}-}(s)\end{aligned}\tag{7-79}$$

式中，下标 ns 标识负序无耦合系统以区别于正、负序耦合系统的相关量。因此负序无耦合系统的特征方程为

$$\underbrace{\det\left(\boldsymbol{K}_{\text{mns}}^{\text{b}-}(s)+\boldsymbol{K}_{\text{ens}}^{\text{b}-}(s)\right)}_{k_{\text{ns}}(s)}=0 \tag{7-80}$$

与正序子系统一样，负序无耦合系统也可等效为形如图 7-17 的二阶系统。设式(7-80)做部分分式展开后结果中二次项的系数为 M_{ns}，则 M_{ns} 为等效二阶系统的质量。于是负序无耦合系统的总恢复数据和总阻尼系数分别为

$$\begin{aligned}K_{\text{ns}}(\omega)&=\text{Re}\left\{k_{\text{ns}}(\text{j}\omega)\right\}/M_{\text{ns}}\\D_{\text{ns}}(\omega)&=\text{Im}\left\{k_{\text{ns}}(\text{j}\omega)\right\}/\omega/M_{\text{ns}}\end{aligned} \tag{7-81}$$

保持所有条件与正、负序耦合系统一致，根据式(7-81)可求得负序无耦合系统的广义复系数即阻尼系数和恢复系数，如图 7-18 中虚线所示。

在图 7-18 中比较有无耦合影响时负序子系统的阻尼系数和恢复系数，就可定量分析序间相互作用对负序子系统稳定性的影响。从图中可看出，序间相互作用对负序子系统影响的实质是使负序无耦合系统的广义复系数发生移动，因此其对主导模态的自然振荡角频率和阻尼均有影响。设负序无耦合系统的自然振荡角频率为 ω_{ns}，正负序耦合系统的自然振荡角频率为 ω_{c}，则序间相互作用对负序子系统的影响可做如图 7-18 所示的分解，先仅考虑序间相互作用贡献的恢复系数、暂不考虑其贡献的阻尼系数，使系统的自然振荡角频率产生的变化量为

$$\Delta\omega_{\text{n}}=\omega_{\text{c}}-\omega_{\text{ns}} \tag{7-82}$$

此振荡角频率的变化在阻尼系数上引起的变化量为

$$\Delta D_1=D_{\text{ns}}\left(\omega_{\text{c}}\right)-D_{\text{ns}}\left(\omega_{\text{ns}}\right) \tag{7-83}$$

计入序间耦合效应对阻尼系数曲线本身的影响后，在新的自然振荡角频率 ω_{c} 处又将引入阻尼系数的变化量 ΔD_2：

$$\Delta D_2=D_{\text{c}}\left(\omega_{\text{c}}\right)-D_{\text{ns}}\left(\omega_{\text{c}}\right) \tag{7-84}$$

因此序间相互作用在阻尼系数上引起的总变化为

$$\Delta D_{\text{ns}}=\Delta D_1+\Delta D_2 \tag{7-85}$$

如图 7-18 所示，在所给定的工况和参数下可计算得正负序耦合系统的振荡角频率和阻尼系数分别为 60.9rad/s 和–0.1，负序无耦合系统的振荡角频率和阻尼系数分别为 67.6rad/s 和 2.5，因此振荡角频率变化量为 $\Delta\omega_{\text{n}}=-6.7\text{rad/s}$，阻尼变化量为 $\Delta D=$

–2.6，可知序间相互作用对负序子系统的致稳性质是减稳。表 7-2 列出了模态分析法和广义复系数法两种方法所得结果的对比，由于模态分析基于数值计算，可认为是准确值。模态分析法结果显示，受序间相互作用的影响，负序子系统的主导模态从无耦合时稳定的 $\lambda_{d1,2}=-19.5\pm j65.6$ 变化为耦合后不稳定的 $\lambda_{c1,2}=-0.2\pm j60.9$，振荡角频率变化量为 $\Delta\omega_n=-4.7$rad/s，阻尼变化量为 $\Delta D_{ns}=-38.6$。对比两个结果可见，广义复系数法分析正负序耦合系统所得的结果与模态分析法所得的准确结果吻合得很好，显示了广义复系数法的合理性，可得到序间相互作用降低了负序子系统的阻尼从而使耦合系统失稳的结论。但由于负序无耦合系统自身的阻尼很强，在评估负序无耦合系统的稳定性时出现较大误差。鉴于负序无耦合系统的求解仅需负序网络阻抗和负序风机，不涉及序间耦合网络，为准确研究正负序耦合系统的稳定性，可将求解负序无耦合系统的振荡角频率和阻尼系数作为已解决问题，后面将采用模态分析法的数值计算结果。

表 7-2　序间相互作用对负序子系统稳定性的影响(相间短路阻抗 $z_{ft}=0.01+j0.4$)

分析方法	负序无耦合系统	正负序耦合系统	ΔD_{ns}
广义复系数法	$-1.3\pm j67.9$	$-0.1\pm j60.9$	–2.6
模态分析法	$-19.5\pm j65.6$	$-0.2\pm j60.9$	–38.6

综上所述，研究序间相互作用对负序子系统的影响，实际上是比较负序子系统在负序网络、负序整体等效网络这两种网络条件下分别得到的负序无耦合系统、正负序耦合系统的稳定性。正负序耦合系统为 2 输入 2 输出系统，可根据式(7-78)计算其广义复系数以评估其稳定性。与负序无耦合系统比较后，就可从自然振荡角频率的变化量 $\Delta\omega_n$ (对应恢复系数的变化量)和阻尼系数的变化量 ΔD 衡量序间耦合网络对负序子系统稳定性的影响。阻尼系数的变化量包括振荡角频率变化引起的阻尼变化量和阻尼系数曲线移动引起的阻尼变化量两部分。由于负序无耦合系统的阻尼很强，故求解该系统时必须结合模态分析等其他方法。

7.4.4　并网系统小信号稳定性分析

本节以双馈型风机并网系统为例，针对一些关键因素，来说明这些因素如何通过影响序间相互作用进而引起系统在不对称故障穿越期间出现阻尼不足从而引发振荡失稳问题。

1. 故障深度的影响

为厘清序间耦合对正负序耦合系统稳定性的贡献，在不同相间短路阻抗条件下根据式(7-78)定义的广义复系数，计算得到正负序耦合系统的振荡角频率和阻尼系数，如图 7-19 所示。随着不对称故障程度的加深，即故障支路阻抗 z_{ft} 减小，序间耦合网络改变了负序整体等效网络的输入输出特性，从图中可看出振荡角频率也不断降低，阻尼系数迅速下降，最终表现为负阻尼。各不对称故障程度下的正负序耦合系统振荡角频率和阻尼系数的具体数值列于表 7-3 中。

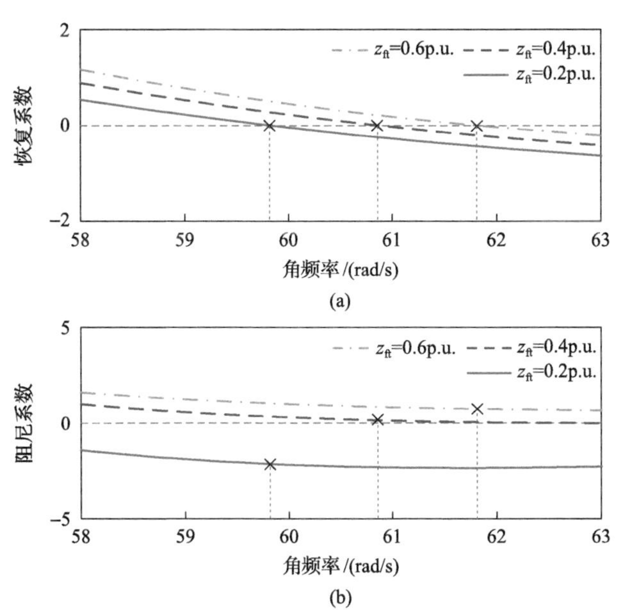

图 7-19 不同故障深度下正负序耦合系统的恢复系数和阻尼系数

表 7-3 不同故障程度下序间相互作用对负序子系统稳定性的影响

参数	0.01 + j0.2	0.01 + j0.4	0.01 + j0.6
M_c	0.43	0.68	1.02
ω_c /(rad/s)	59.8	60.9	61.8
D_c	–2.2	0.1	0.8
M_{ns}	0.43	0.68	1.02
ω_{ns} /(rad/s)	64.1	65.7	66.7
D_{ns}	58.1	38.8	29.3
$\Delta\omega_n$ /(rad/s)	–6.3	–6.8	–6.9
ΔD_{ns}	–60.3	–38.7	–28.5

基于表 7-3，综合负序无耦合系统和正负序耦合系统的稳定性趋势可知，随着不对称故障程度的加深，尽管负序子系统自身更稳定，但由于序间相互作用增强，

序间相互作用对负序锁相模态贡献的负阻尼剧烈增大，引起负序锁相主导模态由于阻尼不足而发生失稳。

为验证以上分析的合理性，图 7-20 给出了不同不对称故障深度下的双馈型风机转子电流。仿真结果显示，随着相间不对称故障程度的加深，双馈型风机可发生剧烈的振荡失稳，这将导致不对称故障穿越失败。由于正、负序子系统间的相互作用是使负序锁相模态失稳而使正序锁相模态更稳定，即发生失稳的是负序锁相模态，而一般情况下负序锁相模态在负序各状态量(包括负序转子电流)中的参与程度更强，因此从仿真结果看负序电流失稳更快。

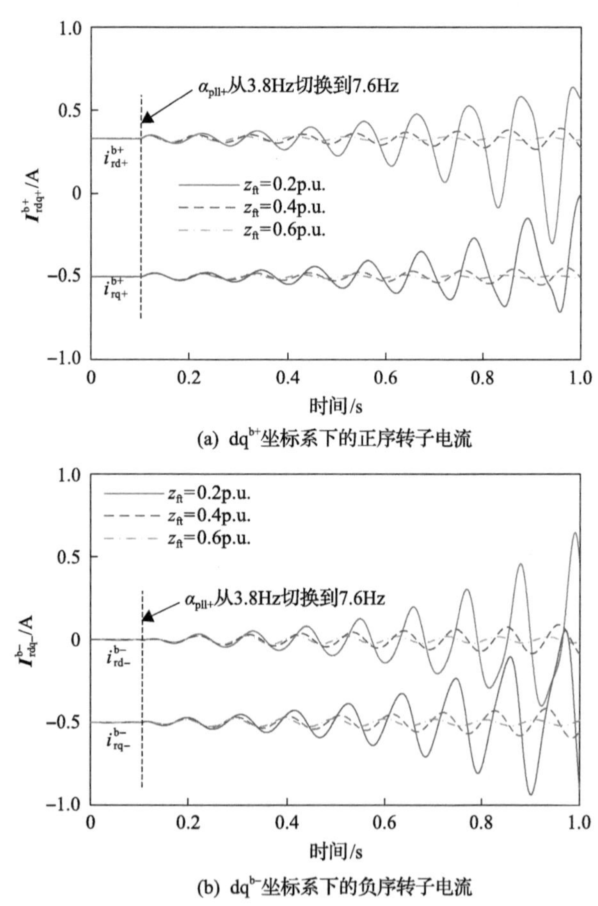

(a) dq^{b+}坐标系下的正序转子电流

(b) dq^{b-}坐标系下的负序转子电流

图 7-20　不同不对称故障深度下的双馈型风机转子电流响应

2. 控制参数的影响

1) 正序锁相环控制参数的影响

正序锁相环控制参数对双馈型风机并网系统稳定性的影响可通过变化正序锁

相环带宽并考察恢复系数和阻尼系数随之变化的情况实现。选取相间短路故障工况，在变化正序锁相环带宽时保持锁相环 PI 控制参数满足 $K_{pp+}/\sqrt{K_{ip+}}$ 恒定以令锁相环自身的阻尼比保持不变，故障网络参数、双馈型风机主电路参数和其他控制参数采用默认参数。按该方式将正序锁相环带宽从 22.8Hz 逐渐降低至 13.3Hz，得到正负序耦合系统和负序无耦合系统的特征根轨迹，如图 7-21(a)所示。从图中可见，以实线箭头示出的负序无耦合系统的主导模态即负序锁相模态 $\lambda_{d1,2}$ 阻尼很强，且在正序锁相参数变化过程中保持不变；以虚线箭头轨迹示出的正序无耦合系统的主导模态即正序锁相模态 $\lambda_{d3,4}$ 趋稳。另外，在正序锁相环带宽下降之初，正序锁相模态 $\lambda_{c3,4}$ 趋于稳定，而负序锁相模态 $\lambda_{c1,2}$ 则与之相反，表现出不稳定趋势，显示

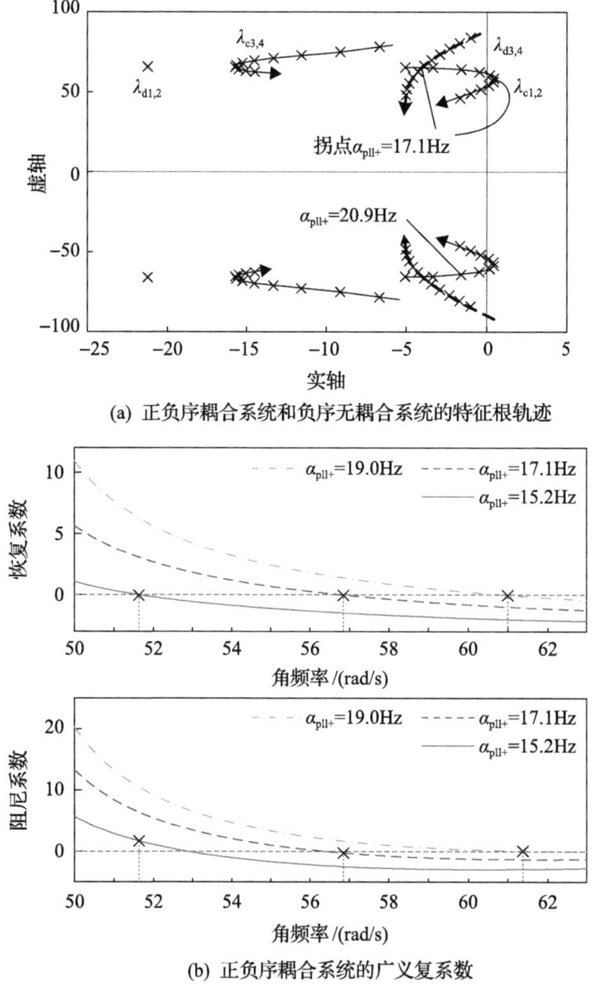

(a) 正负序耦合系统和负序无耦合系统的特征根轨迹

(b) 正负序耦合系统的广义复系数

图 7-21　正序锁相环带宽降低时正负序耦合系统和负序无耦合系统的稳定性趋势

出序间相互作用对负序子系统的减稳作用在增强。当正序锁相环带宽降低至20.9Hz时，负序锁相模态已成为正负序耦合系统的主导模态。当正序锁相环带宽降低至17.1Hz附近时，负序锁相模态和正序锁相模态的振荡角频率相等，此时负序锁相模态的减稳和正序锁相模态的增稳幅度均达到最大，轨迹出现拐点。此后进一步降低正序锁相环带宽，两个模态的移动方向发生转向。值得指出的是，整个过程中始终保持负序锁相环参数不变，设计带宽为9.5Hz。

在特征根轨迹的拐点附近取正序锁相环带宽为19.0Hz、17.1Hz、15.2Hz这3种情况做进一步分析。根据式(7-78)中正负序耦合系统广义复系数的定义，得到其在这几种情况下的恢复系数和阻尼系数随频率变化的情况，如图7-21(b)所示。从图中可看出，一方面由于恢复系数曲线随正序锁相环带宽的减小而下降，正负序耦合系统的振荡角频率随之不断下降；另一方面阻尼系数曲线虽然也随正序锁相环带宽的减小而下降，但在较低频段，振荡角频率的降低引起的阻尼系数变化量大于阻尼系数曲线本身的垂直变化量。因此，正序锁相环带宽从拐点对应的17.1Hz往上或往下变化时，均可引起阻尼增强。可从中推断，特征根轨迹的拐点是两种因素引起的阻尼系数变化量刚好抵消的位置。

前述3种情况下正负序耦合系统和负序无耦合系统的振荡角频率和阻尼系数的具体数值如表7-4所示，其中正负序耦合系统的相关结果由图7-21(b)得出，负序无耦合系统的相关结果基于模态分析的数值计算结果得出。图7-21和表7-4表明，当正序锁相模态和负序锁相模态的振荡角频率相等时，由序间耦合网络引入的正、负序子系统间的相互作用最为强烈，对负序子系统的减稳作用最为显著。

表7-4　不同正序锁相环带宽下序间相互作用对负序子系统稳定性的影响

参数	19.0Hz	17.1Hz	15.2Hz
M_c	=>	0.68	<=
ω_c	61.3	56.7	51.6
ΔD_c	0.4	–0.3	1.2
M_{ns}	=>	0.68	<=
ω_{ns}	=>	65.6	<=
D_{ns}	=>	39.0	<=
$\Delta\omega_n$	–4.3	–8.8	–14.0
ΔD_{ns}	–38.6	–39.3	–37.8

注：符号“=>”表示相对拐点时的结果增大，符号“<=”表示相对拐点时的结果减小，下同。

为验证以上分析的合理性，图7-22给出了不同正序锁相参数下双馈型风机的转子电流仿真结果。仿真开始时，给定正序锁相环带宽为22.8Hz，之后分别切换为 15.9Hz、13.3Hz。除负序锁相环带宽调整为 7.6Hz 外，主要控制参数均与附录 3 中的默认参数相同。仿真结果显示，正序锁相环带宽变化至 15.9Hz 附近时正负序耦合系统的阻尼最弱，向上或向下远离该带宽均可使系统变稳定。

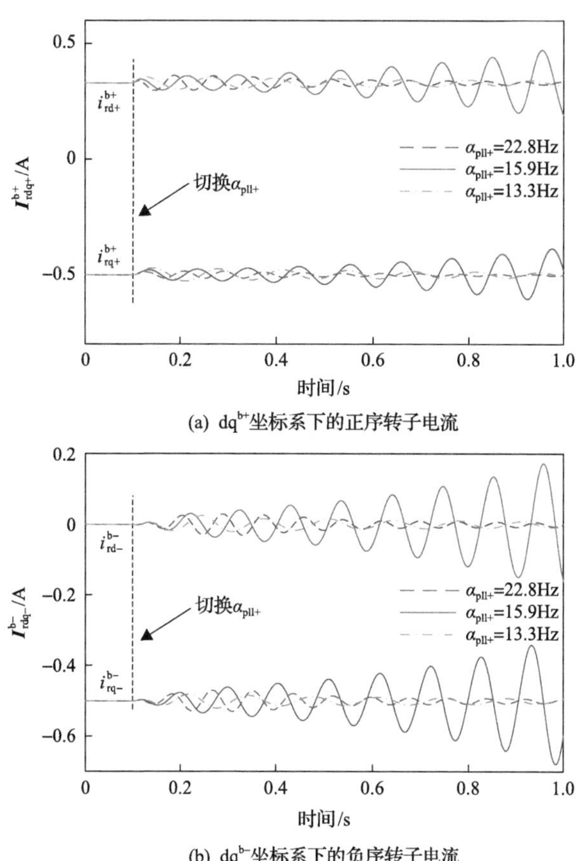

(a) dq^{b+}坐标系下的正序转子电流

(b) dq^{b-}坐标系下的负序转子电流

图 7-22　相间短路故障工况不同正序锁相环带宽下的双馈型风机转子电流响应

2) 正序转子电流环控制参数的影响

通过改变正序转子电流环带宽并考察恢复系数和阻尼系数随之变化的情况可获知正序转子电流环控制参数对双馈型风机稳定性的影响。仍选取相间短路故障工况，在变化正序转子电流环带宽时保持电流环 PI 控制参数满足 $K_{pi+}/\sqrt{K_{ii+}}$ 恒定以令转子电流环自身的阻尼比保持不变，故障网络具体参数、双馈型风机主电路参数、其他主要控制参数均采用默认参数。按上述方式将正序转子电流环带宽从 294Hz 逐渐降低至 158Hz，负序锁相环参数始终保持设计带宽为 9.5Hz 不变，得到正负序耦合系统和负序无耦合系统的特征根轨迹，如图 7-23(a) 所示。从图中可见，以实线箭头示出的负序无耦合系统的主导模态即负序锁相模态 $\lambda_{d1,2}$ 阻尼很强，且在正序锁相参数变化过程中保持不变；以虚线箭头示出的正序无耦合系统的主导模态即正序锁相模态 $\lambda_{d3,4}$ 向右移动但仍保持阻尼为正。这是由于正序转子电流环带宽降低时与正序锁相环之间的正序相互作用增强。与此同时，正负序耦合系统的负序锁相模态 $\lambda_{c1,2}$ 和正序锁相模态 $\lambda_{c3,4}$ 均持续趋向右半平面方向。

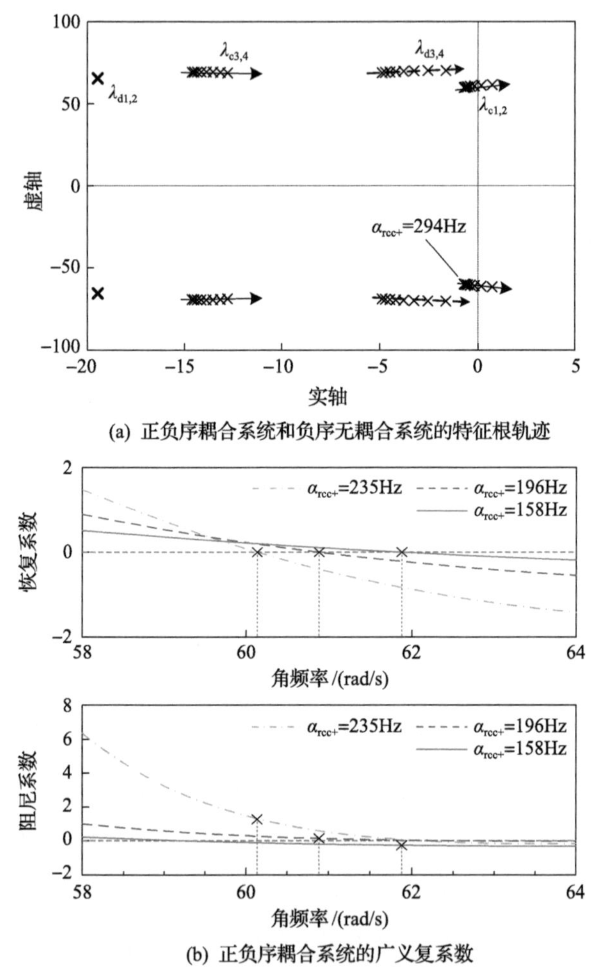

(a) 正负序耦合系统和负序无耦合系统的特征根轨迹

(b) 正负序耦合系统的广义复系数

图 7-23　正序转子电流环带宽降低时正负序耦合系统和负序无耦合系统的稳定性趋势

选取正序转子电流环带宽为 235Hz、196Hz、158Hz 这 3 种情况做进一步分析。根据式(7-78)中正负序耦合系统广义复系数的定义，得到在这几种情况下的恢复系数和阻尼系数随频率变化的情况，如图 7-23(b)所示。从该图可见，一方面阻尼系数曲线自身随正序转子电流环带宽的降低而下降，另一方面由于恢复系数曲线在 60Hz 以上时随正序转子电流环带宽的降低而增大，正负序耦合系统的振荡角频率随之有所升高，进一步降低了正负序耦合系统的阻尼。基于图 7-23(b)得到正负序耦合弱阻尼系统的振荡角频率和阻尼系数，基于模态分析数值计算结果得到负序无耦合强阻尼系统的振荡角频率和阻尼系数，在表 7-5 中列出了详细数值。

表 7-5　不同正序电流环带宽下序间相互作用对负序子系统稳定性的影响

参数	235Hz	196Hz	158Hz
M_{c}	=>	0.68	<=
ω_{c}	60.2	60.9	61.8
D_{c}	1.5	0.4	−1.0
M_{ns}	=>	0.68	<=
ω_{ns}	=>	65.6	<=
D_{ns}	=>	39.0	<=
$\Delta\omega_{\mathrm{n}}$	−5.4	−4.7	−3.8
ΔD_{ns}	−37.5	−38.6	−40.0

图 7-23 和表 7-5 表明，正序电流环控制参数可通过影响深度不对称故障期间正、负序子系统间的相互作用，对负序锁相模态的稳定性产生明显影响。当负序锁相模态的阻尼系数为负、正负序耦合系统将发生振荡失稳时，提高正序电流环带宽可增强该模态的阻尼使之稳定。反之，对于原本稳定的正负序耦合系统，降低正序转子电流环带宽可能降低负序锁相模态的阻尼而使系统发生失稳。

为验证上述分析的正确性，仍以两相间短路故障为例，图 7-24 给出了不同正序电流环参数下双馈型风机的转子电流仿真结果。仿真开始时，给定正序电流环带宽为 294Hz，在 0.1s 时刻分别切换为 235Hz、196Hz、158Hz。故障网络具体参数、双馈型风机的主电路参数和其他主要控制参数均与附录 3 中的默认参数相同。从仿真结果可看出，负序转子电流比正序转子电流失稳的速度更高，说明主导模态较大可能由负序子系统贡献；调节正序的电流环参数可影响正负序耦合系统的稳定性，适当提高正序电流环带宽有助于增强并网系统在不对称故障持续阶段中低频弱阻尼模态的阻尼。

3. 运行点的影响

若电网故障发生后双馈型风机的变桨等紧急控制较为迅速，则故障前风速的大小近似决定了故障期间的发电机转速，即低风速下的故障期间发电机转速较低。根据双馈型风机小信号模型可知，正、负序装备的输入-输出特性均与发电机转速有关，因此发电机转速作为机电运行点必然影响不对称故障期间正负序耦合系统的稳定性。不对称故障穿越期间发电机转速可近似看作不变，运行范围为 0.7～

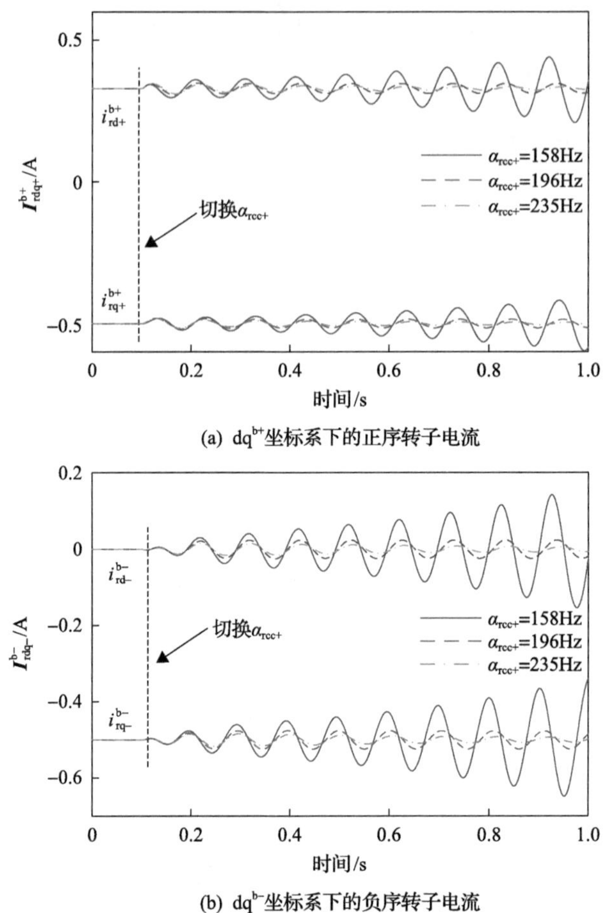

(a) dq^{b+}坐标系下的正序转子电流

(b) dq^{b-}坐标系下的负序转子电流

图 7-24　两相间短路故障工况不同正序电流环带宽下的双馈型风机转子电流响应

1.2p.u.。选取相间短路故障工况，在此范围内降低发电机转速，得到正负序耦合系统的特征值随之变化的轨迹，如图 7-25(a)所示。其中故障网络的具体参数、双馈型风机的主电路参数和主要控制参数均采用默认参数。从图中可见，随着发电机转速的降低，以虚线箭头示出的正序无耦合系统的主导模态即正序锁相模态 $\lambda_{d3,4}$ 趋向右半平面；而同样以虚线箭头示出的负序无耦合系统的主导模态即负序锁相模态 $\lambda_{d1,2}$ 则显著趋稳。转速变化期间正序锁相模态的振荡角频率始终高于负序锁相模态。两子系统耦合以后，随着发电机转速的下降，正序锁相模态快速向更稳定的方向移动，但负序锁相模态被大幅推向更不稳定的方向从而成为耦合系统的主导模态。从负序锁相模态的移动幅度可判断出低发电机转速条件下序间相互作用使负序子系统的降稳幅度更大。

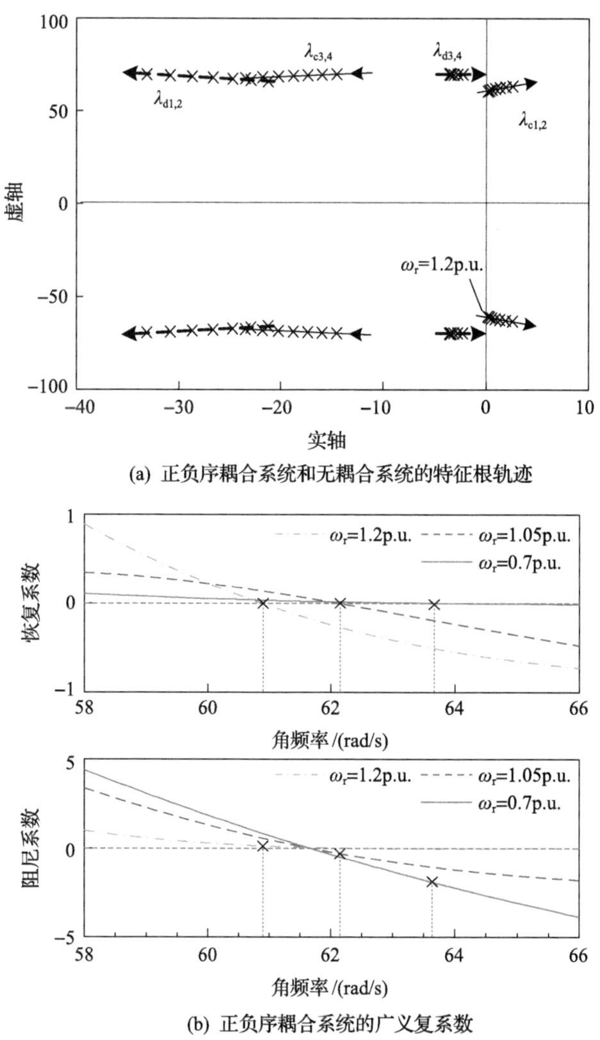

(a) 正负序耦合系统和无耦合系统的特征根轨迹

(b) 正负序耦合系统的广义复系数

图 7-25　发电机转速降低时正负序耦合系统和无耦合系统的稳定性趋势

在特征根轨迹中取发电机转速为 1.2p.u.、1.05p.u.、0.7p.u.这 3 种情况做进一步分析。根据式(7-78)中定义的正负序耦合系统广义复系数，得到在这几种情况下的恢复系数和阻尼系数随角频率变化的情况，如图 7-25(b)所示。从图中可见，随着发电机转速的下降，恢复系数曲线的负斜率减小而阻尼系数的负斜率增大，说明广义复系数在由恢复系数和阻尼系数构成的相平面上发生了旋转，使得恢复系数曲线过零点角频率升高，而使对应角频率处的阻尼系数随之减小。图中结果显示低发电机转速条件引起阻尼系数的减小主要是由于广义复系数在复数平面上旋转而非平移，这和其他因素的影响有所不同。

基于图 7-25(b)得到正负序耦合弱阻尼系统的振荡角频率和阻尼系数，基于模态分析数值计算结果得到负序无耦合强阻尼系统的振荡角频率和阻尼系数，表 7-6 中列出了详细值。结合图 7-25 和表 7-6 可看出，尽管负序锁相模态在无耦合时充分稳定，但由于正、负序子系统间的相互作用较强，极大地减小了该模态的阻尼系数，使正负序耦合系统因负序锁相模态的阻尼不足而发生振荡失稳。当发电机转速较低时，序间相互作用对负序锁相模态的减稳影响更显著，因此双馈型风机在低转速工况下失稳的风险更高。

表 7-6　不同发电机转速下序间相互作用对负序子系统稳定性的影响

参数	1.2p.u.	1.05p.u.	0.7p.u.
M_c	=>	0.75	<=
ω_c	60.9	62.2	63.7
D_c	0.2	−0.4	−2.4
M_{ns}	=>	0.75	<=
ω_{ns}	65.6	66.9	69.5
D_{ns}	39	45	62
$\Delta\omega_n$	−4.7	−4.7	−5.8
ΔD_{ns}	−38.2	−45.4	−64.4

为验证上述分析的正确性，仍以两相间短路故障为例，选取发电机转速为 1.2p.u.、1.05p.u.、0.7p.u.这 3 种情况分别进行仿真，得到双馈型风机转子电流响应结果，如图 7-26 所示。除负序锁相环带宽调整为 7.6Hz 以外，仿真所使用的故障网络具体参数、双馈型风机的主电路参数和其他主要控制参数均采用默认参数。仿真开始时，负序锁相带宽设定为 3.8Hz 使并网系统可在各转速条件下稳定运行，在 0.1s 时刻将其切换为 7.6Hz，同时在正序锁相环状态 $\omega_{\delta+}$ 上施加 0.015rad/s 的小

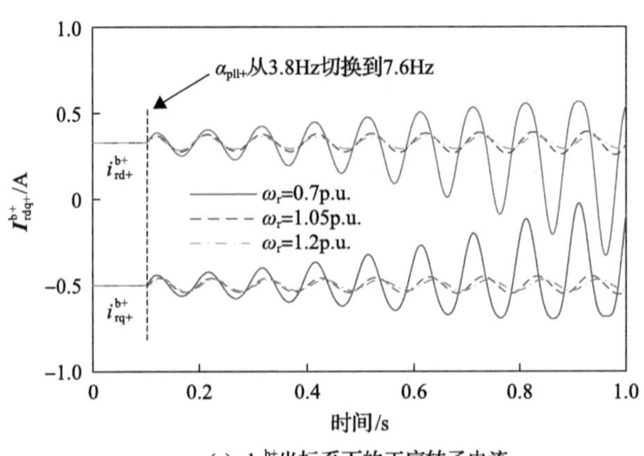

(a) dq^{b+}坐标系下的正序转子电流

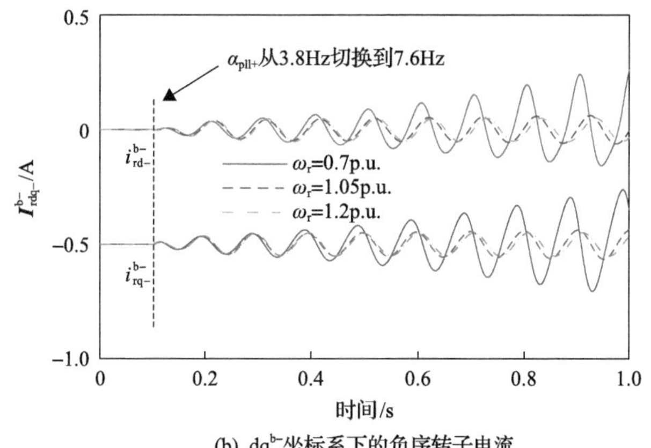

(b) dq^{b-}坐标系下的负序转子电流

图 7-26　两相间短路故障工况不同发电机转速下的双馈型风机转子电流响应

扰动。从仿真结果可见，发电机转速降低到同步速以下时并网系统稳定性显著降低，受扰后即发生振荡失稳，这和分析结果是一致的，显示了分析的合理性。与分析不对称故障深度、正序控制参数时的情况稍有不同，该仿真结果显示正序转子电流比负序转子电流失稳得更快。但从频率和失稳速度上看，仍对应于负序锁相模态，因此仍可判断失稳机理是序间相互作用削弱了负序锁相模态的阻尼导致发电机装备由于阻尼不足而发生振荡失稳。

7.5　小　　结

本章针对深度不对称短路故障穿越期间，研究了风电机组并网电力系统电磁尺度稳定性问题，重点探索了正负序间相互作用机制以及机侧变换器控制参数的影响规律，为工程实践中故障穿越期间控制系统设计和进一步的多机系统分析研究提供了参考与基础。

首先针对风电机组故障穿越期间控制策略设计的多样性及故障网络拓扑的复杂性，为使模型具有良好的可扩展性，本章采用内电势一般化建模方法，建立了风电机组的频域小信号模型；克服了不对称故障外端口正、负序分量耦合的障碍，建立了计及电流动态的典型不对称故障网络频域序量模型用以反映其外端口特性；基于并网系统频域模型指出了不对称故障穿越期间可能产生的小信号稳定性问题的两种主要类型：第一类为无序间耦合网络参与的序内相互作用，第二类为序间耦合网络引起的序间相互作用。然后，重点介绍了弱电网的序间耦合阻抗可能导致风电机组并网系统在深度不对称故障穿越阶段发生第二类失稳问题的机理，包括：①基于模态分析，得到了序间动态耦合影响正、负序子系统的不同规律，在此基础上完成了序间耦合支路往负序系统的等效归算；②基于广义复系数法概念找出了弱阻尼的正负序耦合系统的阻尼系数和恢复系数，将序间相互作用对负序子系统稳定性的影响用阻尼系数和恢复系数的变化量予以量化；③分析了不对称故障工况下影响序间相互作用的若干重要因素，揭示了在弱电网深度不对称故障穿越期间风电机组并网系统可因序间相互作用较强发生第二类失稳问题的机理。需要说明的是，虽然本章以双馈型风机并网系统为具体案例分析了系统在不对称故障穿越期间的小信号稳定性，但双馈型风机和全功率型风机并网系统由于网络耦合而引起的序间相互作用是相同的，所以，前述第二类失稳问题的机理同样适用于全功率型风机并网系统。

本章研究了深度不对称故障穿越期间风电机组并网系统的小信号稳定性机理及影响因素，取得的初步研究结论对工程实践中风电机组励磁变换器控制设计有一定指导意义。作为探索性研究，在本章的基础上仍有一些前瞻性工作值得进一步研究：①风电机组故障持续期间策略的不同结构对并网系统稳定性的影响，本章所考虑的不对称故障持续期间的控制仅是众多策略中的一种，从工程实际问题的角度考虑，对风电机组并网系统在不对称故障穿越期间的稳定性问题进行精细分析还需进一步的工作；②本章仅从风电机组与网络端口的角度分析了由正、负两序相互作用引起的不对称故障穿越期间风电机组并网系统失稳机理，但风电机组和网络内部仍然存在复杂的序间耦合，特别是在不对称接地故障期间网络内部还存在正、负、零序彼此间的相互作用，还需全面深入探究零序对并网系统稳定性的作用机理；③电网发生故障往往同时波及多台风机或风电场甚至相连的其他发电、输电、变电装备等，研究不对称故障穿越期间多种不同类型装备之间的相互作用对整个系统稳定性的影响具有非常重要的意义。

参 考 文 献

[1] ENTSO-E. Network code on requirements for grid connection applicable to all generators[EB/OL]. (2016-04-14) [2018-03-03]. https://www.entsoe.eu/major-projects/network-code-development/requirements-for-generators.

[2] Hydro-Québec. Requirements for the interconnection of distributed generation to the Hydro-Québec medium-voltage distribution system[EB/OL]. (2009-02-10) [2018-03-03]. http://www.hydroquebec.com/transenergie/fr/commerce/raccordement_distribution.html.

[3] VDE. Technical requirements for the connection and operation of customer installations to the high-voltage network: VDE-AR-N 4120[S]. Offenbach: VDE Verlag, 2017.

[4] 国家市场监督管理总局, 国家标准化管理委员会. 风电场接入电力系统技术规定 第 1 部分: 陆上风电: GB/T 19963.1—2021[S]. 北京: 中国标准出版社, 2021.

[5] Hu Q, Hu J, Yuan H, et al. Synchronizing stability of DFIG-based wind turbines attached to weak AC grid[C]. IEEE International Conference on Electrical Machines and Systems, Hangzhou, 2014: 2614-2618.

[6] 王波. 电网故障持续期间双馈风力发电机并网系统小信号建模与分析研究[D]. 武汉: 华中科技大学, 2018.

[7] Xu L, Wang Y. Dynamic modeling and control of DFIG-based wind turbines under unbalanced network conditions[J]. IEEE Transactions on Power Systems, 2007, 22(1): 314-323.

[8] Song H S, Nam K. Dual current control scheme for PWM converter under unbalanced input voltage conditions[J]. IEEE Transactions on Industrial Electronics, 1999, 46(5): 953-959.

[9] Xu L, Andersen B R, Cartwright P. VSC transmission operating under unbalanced AC conditions - analysis and control design[J]. IEEE Transactions on Power Delivery, 2005, 20(1): 427-434.

[10] Yin B, Oruganti R, Panda S K, et al. An output-power-control strategy for a three-phase PWM rectifier under unbalanced supply conditions[J]. IEEE Transactions on Industrial Electronics, 2008, 55(5): 2140-2151.

[11] 何仰赞, 温增银. 电力系统分析(上册)[M]. 武汉: 华中科技大学出版社, 2002.

[12] 熊信银, 张步涵, 戴明鑫, 等. 电气工程基础[M]. 武汉: 华中科技大学出版社, 2005.

[13] Harnefors L. Modeling of three-phase dynamic systems using complex transfer functions and transfer matrices[J]. IEEE Transactions on Industrial Electronics, 2007, 54(4): 2239-2248.

[14] Hu J, Wang B, Wang W, et al. Small signal dynamics of DFIG-based wind turbines during riding through symmetrical faults in weak AC grid[J]. IEEE Transactions on Energy Conversion, 2017, 32(2): 720-730.

[15] 刘取. 电力系统稳定性及发电机励磁控制[M]. 北京: 中国电力出版社, 2007.

[16] Dobson I, Zhang J, Greene S, et al. Is strong modal resonance a precursor to power system oscillations?[J]. IEEE Transactions on Circuits & Systems I: Fundamental Theory & Applications, 2001, 48(3): 340-349.

[17] Seyranian A P. Sensitivity analysis of multiple eigenvalues[J]. Journal of Structural Mechanics, 1993, 21(2): 261-284.

[18] Canay I M. A novel approach to the torsional interaction and electrical damping of the synchronous machine part Ⅰ: Theory[J]. IEEE Transactions on Power Apparatus & Systems, 1982, PAS-101(10): 3630-3638.

[19] Harnefors L. Proof and application of the positive-net-damping stability criterion[J]. IEEE Transactions on Power Systems, 2011, 26(1): 481-482.

[20] 杜文娟, 王海风. 电力系统低频功率振荡阻尼转矩分析理论与方法[M]. 北京: 科学出版社, 2015.

[21] Tabesh A, Iravani R. On the application of the complex torque coefficients method to the analysis of torsional dynamics[J]. IEEE Transactions on Energy Conversion, 2005, 20(2): 268-275.

[22] Tabesh A, Iravani R. Frequency-response analysis of torsional dynamics[J]. IEEE Transactions on Power Systems, 2004, 19(3): 1430-1437.

第 8 章　风电机组的机电暂态特性建模及其并网电力系统暂态稳定性分析

8.1　引　　言

电力系统运行的基本目标在于为用户提供满足一定电压、频率指标的高品质电能，这要求电力系统各节点电压、频率能够在不同类型的扰动下维持稳定。暂态问题作为一个重要分支，旨在研究系统在正常运行状态下经受大扰动(如短路故障等)后随时间增长最终能否过渡至可接受的稳态[1]，这需要对系统暂态行为有深入的认识与理解。而从电力系统发展经验可知，认识节点装备和互联网络的暂态特性是研究电力系统暂态行为及其稳定问题的基础[2]。对于含高比例风电的电力系统而言，风电机组的物理结构和工作原理与同步机有明显差异，其暂态特性更加复杂且异构多变，导致电力系统暂态行为显著变化，并可能带来暂态稳定新现象。因此，需要从根源出发刻画风电机组的暂态特性并深入分析高比例风电接入后电力系统的暂态问题。

本章主要讨论在对称短路故障下风电机组的机电时间尺度(以下简称机电尺度)暂态特性及其并网电力系统的暂态稳定问题。首先，为了统一描述风电机组机电尺度暂态特性，提出“有功/无功功率激励-内电势幅值/相位响应”的建模方法，并据此建立不同控制策略下风电机组的机电尺度暂态模型；然后，利用所建模型分析风电机组的机电尺度暂态特性；最后，以最基本的简单电力系统(即单风电机组-无穷大系统和两机系统)为场景，以内电势为视角，重点分析风电机组内电势相位的暂态过程及其与同步机内电势相位之间的交互机理，旨在说明由不同控制策略决定的风电机组暂态特性及其共性与差异性特征对含高比例风电的电力系统机电暂态行为的影响规律。

8.2　风电机组的机电尺度暂态模型及暂态特性分析

建立合适的机电尺度暂态模型是认识风电机组机电暂态特性[3]的前提。目前，关于风电机组机电暂态建模的研究较多[4-9]，但因为风电机组拓扑电路及控制结构在不同故障条件下呈现多样性，所以其暂态模型形式各异。然而，为了便于用于多机电力系统，也为了得到更为一般化的分析结果及适用范围，模型应具有统一的结构与形式。GE、美国西部电力协调委员会(WECC)、国际电工委员会(IEC)提出了诸多风电机组机电暂态分析模型[7-9]。这些模型在忽略电磁尺度动态的基础上，将风电机组对外等效为受控电流源并联电抗的形式，并利用一系列微分-代数方程组描述风电机组的物理结构及控制，它们能够有效模拟不同制造商实际风机的机电暂态，并在电力系统的机电暂态仿真分析中得到应用。然而，这类模型考虑多种限幅逻辑及切换控制策略，且采用原始结构化建模方式，无法直观呈现出装备激励与响应间的关系，对于理解风电机组暂态特性并解释其在电力系统中的作用机制的帮助有限，因此亟须对风电机组模型结构进行进一步抽象。此外，因为电力系统暂态分析中一般将电压矢量作为研究对象，如电压稳定性和功角稳定性，所以受控电压源相较于受控电流源更便于理解和分析。

综上考虑，首先，本节介绍一种基于“有功/无功功率激励-内电势幅值/相位响应”(以下简称“激励-响应”)关系的建模思路，以反映风电机组暂态物理过程并揭示其暂态特性。然后，以双馈型风机为例，运用该建模方法建立不同类型有功/无功控制策略下的机电尺度暂态模型。最后，基于所提出的模型分析风电机组暂态特性的基本特征及其在不同控制策略下的共性与差异性以及其主导的电力系统机电暂态同步稳定性。

8.2.1　“激励-响应”关系建模思路

随着风电机组、光伏发电、直流输电等电力电子装备接入系统，并网装备呈现多样化。为了便于进行电力系统分析，希望将多样化的并网装备用某一公共量统一描述它们的外特性。根据戴维南等效定理，所有装备在网络端口处所表现的特性均可等效为一个含幅值和相位动态的交流电压源串联阻抗的形式。其中等效电压矢量 $\boldsymbol{E}$ 称为内电势，串联电抗 X 可称内电抗。因此，在电力系统暂态稳定分析中，多样化装备的暂态特性可用内电势统一描述。

从电力系统暂态过程考虑，为确保系统电压和频率的稳定，系统中输入、输出的有功、无功功率必须保持平衡。在一定的故障条件下，网络拓扑发生变化，使得各装备输出的有功、无功功率变化。装备输入、输出功率不平衡导致各装备中能量存储元件状态变化，相应控制器动作改变内电势频率、相位与幅值，即反映了装备的暂态特性；而装备内电势频率、相位与幅值变化决定网络中各节点电压和线路电流的分配，进一步改变装备输出的有功和无功功率，即反映了网络特性。通过装备与网络特性构成的闭环关系不断调节装备内电势幅值和相位，直至输入、输出的有功、无功功率达到新的平衡状态的过程，即为系统的暂态过程。也就是说，对于装备和网络而言，输入/输出有功/无功功率和内电势相位/幅值互为对偶的因果变量。系统的暂态过程可以由装备特性的“输入/输出有功/无功功率-内电势相位/幅值”关系以及网络特性的“内电势相位/幅值-输入/输出有功/无功功率”关系共同描述。

回顾传统电力系统机电暂态稳定分析，同步机机电暂态特性也是由“输入/输出有功功率-内电势相位”关系(即转子运动方程)描述；网络功率特性则是由与其对偶的“内电势幅值/相位-输出有功功率”关系描述。以此为基础，研究者梳理了传统电力系统的暂态物理过程，并提出了传统电力系统暂态稳定分析方法及优化控制[10-12]。在含新型装备的电力系统(如风电并网系统)中，用相似的关系刻画装备暂态特性，也便于通过系统论的思路，理解新型装备为电力系统暂态行为带来的新特征和新机理。

文献[13]提出了利用“有功/无功功率输入激励，内电势相位/幅值响应”的关系物理化描述各装备特性的一般化建模方法。文献[14]～[16]运用该方法建立不同并网装备不同时间尺度及多时间尺度特性的模型。该方法适用于小干扰和大干扰建模，在不考虑装备序贯切换下两种模型基于同一原始数学方程，只是针对的扰动问题不同，在此基础上做出的简化和变换不同。

8.2.2 机电尺度模型考虑的控制策略及简化条件

在关注的机电尺度范畴，风电机组的暂态特性主要由慢尺度控制器所决定。本节将分别介绍几种常见的机电尺度控制策略，以及在建立机电尺度模型时考虑的简化条件。

目前，主流的风电机组有双馈型风机和全功率型风机。对于双馈型风机，因为网侧变换器的控制器响应时间常数一般较小，所以机电尺度动态主要由机侧变换器决定。对于全功率型风机，其机侧和网侧变换器典型的控制策略有两种：一是机侧变换器控制发电机有功功率或电磁转矩输出以实现转速调节，网侧变换器则迅速将发电机输出的有功功率注入电网以维持直流电压恒定；二是网侧变换器直接控制有功功率输出以调节转速，而机侧变换器控制直流电压恒定。在不考虑惯量控制和一次调频控制时，全功率型风机电磁尺度控制能够快速控制输出电磁功率，引起的转速变化较小，对电网不呈现机电尺度动态。考虑到两类风机在控制策略上具有相通性，本章以更具一般性的双馈型风机为例展开分析。

1. 机电尺度控制策略

如第 2 章所述，双馈型风机一般采用矢量控制。在端电压定向的情况下，分别通过控制双馈型风机转子电流 d、q 轴分量控制风机输送至电网的有功、无功功率。根据外部电网故障严重程度的不同，转子电流指令的给定模式可分为正常控制和暂态控制两种。在电网正常运行或浅度故障时，双馈型风机的机侧变换器运行在正常控制模式。在该模式下，有功支路输出的 d 轴电流指令($i_{\mathrm{rd}}^{\mathrm{P*}}$)有多种获得方式，如直接由转速控制器得到电流指令(DFlag=1)[14]、先由转速控制器获得功率指令 P_e^* 再经代数环节(DFlag=2)[9]、附加 df/dt 惯量控制(DFlag=3)[7]等，其中 DFlag=2 和 DFlag=3 两种生成功率指令的控制方式是目前应用最多的；同样，无功支路输出的 q 轴电流指令(i_{rq}^{p*})也有多种获得方式，如无功功率指令经代数环节 f_Q 得到电流指令(QFlag=1)[8]、由无功功率控制得到电流指令(QFlag=2)[15]、由端电压控制得到电流指令(QFlag=3)[9]以及由无功控制与端电压控制级联得到电流指令(QFlag=4)[7]。在电网深度故障时，双馈型风机的机侧变换器运行在暂态切换控制模式。该模式下，根据外部电网电压跌落情况以及机侧变流器容量等一系列控制逻辑获得 dq 轴电流指令，具体的实现方式详见第 4 章。当故障恢复后，双馈型风机又恢复至正常控制模式。也就是说，不同电网故障严重程度下，双馈型风机在故障期间所采用的控制模式不同，但故障恢复后均采用正常控制模式。考虑到本章重点关注故障恢复后系统的暂态稳定性，所以主要针对正常控制模式下的双馈型风机进行建模分析，如图 8-1 所示。其中，ω_r 是发电机转速，P_e 是风机输出电磁功率，f_p 是锁相环输出频率，X_s 和 X_m 是异步电机的定子电抗和互电抗，K_f、T_f 是惯量控制的比例系数和时间常数，U_t 是端电压，$U_{t(user)}^*$ 是用户设定的端电压指令，Q_t 是端电压处输出的无功功率，上角标*表示指令值。

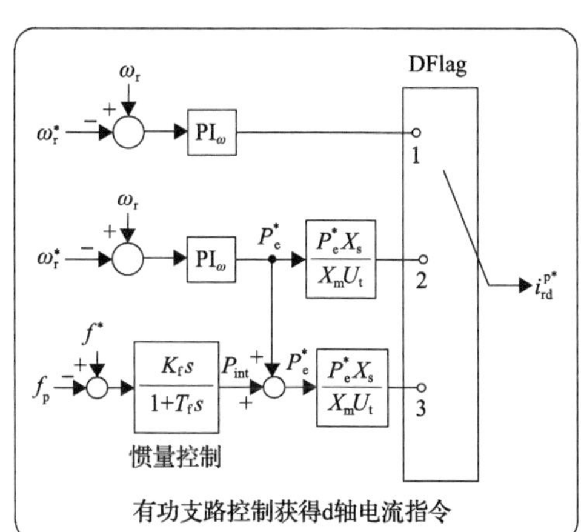

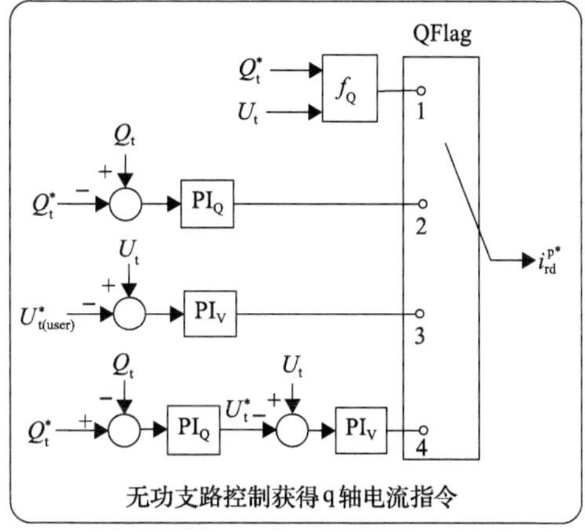

图 8-1　正常控制模式下双馈型风机机侧变换器电流指令计算方式

2. 简化条件

围绕所关注的风电并网系统机电尺度暂态稳定问题，提出以下简化条件。

(1)因交流电流尺度与转子转速尺度动态相差较远，忽略交流电流动态，如机侧和网侧变换器电流控制调节动态，定、转子磁链和电感电流暂态过程。认为输出电流能够快速跟踪指令值，即 $\boldsymbol{I}_r=\boldsymbol{I}_r^*$，$\boldsymbol{I}_g=\boldsymbol{I}_g^*$。

(2)仅考虑机侧变换器直流电压尺度动态(如端电压控制)。因网侧变换器与机侧变换器容量相比较小，所以网侧变换器直流电压尺度动态对机电尺度动态影响较小，忽略网侧变换器动态。

(3)因重点关注风电机组的外特性而非轴系振荡问题，所以将风力机、发电机及轴系等效为单质量块。

(4)因电阻值远小于感抗值，所以忽略电阻损耗。

(5)暂未考虑输入转矩动态变化，认为其近似恒定 $T_{in}\approx P_{in}/\omega_r^*$。关于风力机输入功率 P_{in} 动态的影响在文献[17]中讨论。

(6)因 MPPT 产生转子转速指令之后的低通滤波器的时间常数较大，所以近似认为机电尺度转子转速指令值 ω_r^* 不变。

8.2.3 基于“激励-响应”关系的机电尺度暂态模型

双馈型风机对外可以等效为内电势 $\boldsymbol{E}$ 串联内电抗 X 的形式。本节将介绍双馈型风机的等效电路变量定义及其机电暂态“激励-响应”关系建模过程。

1. 双馈型风机机电尺度等效电路内电势及内电抗定义

以电流流出定子绕组以及电流流入转子绕组作为双馈型风机定转子电流的正方向，则双馈型风机标幺化后的定子电压方程和磁链方程可表示为

$$\boldsymbol{U}_s = -r_s \boldsymbol{I}_s + \frac{1}{\omega_{base}} \frac{d\boldsymbol{\psi}_s}{dt} + j\omega_1 \boldsymbol{\psi}_s \tag{8-1}$$

$$\boldsymbol{\psi}_s = L_m \boldsymbol{I}_r - L_s \boldsymbol{I}_s \tag{8-2}$$

式中，ω_{base} 为额定角速度；ω_1 为定子电压角速度；L_m 为异步电机互感；下角标 s 表示定子绕组电气量。

基于 8.2.2 节的简化条件，将式(8-2)代入式(8-1)，得到定子电压与定转子电流的关系为

$$\boldsymbol{U}_s = jX_m \boldsymbol{I}_r - jX_s \boldsymbol{I}_s \tag{8-3}$$

又因双馈型风机定子电压 $\boldsymbol{U}_s$ 和端电压 $\boldsymbol{U}_t$ 等价，所以可定义双馈型风机的内电抗为 X_s，内电势为

$$\boldsymbol{E} = E\angle\theta_e = jX_m \boldsymbol{I}_r \tag{8-4}$$

式中，内电势幅值 E 表示为

$$E = f_1\left(E_{\mathrm{d}}^{\mathrm{p}},\ E_{\mathrm{q}}^{\mathrm{p}}\right) = \sqrt{\left(E_{\mathrm{d}}^{\mathrm{p}}\right)^2 + \left(E_{\mathrm{q}}^{\mathrm{p}}\right)^2} \tag{8-5}$$

式中，$E_{\mathrm{d}}^{\mathrm{p}}$ 为锁相坐标系中内电势 d 轴分量，$E_{\mathrm{q}}^{\mathrm{p}}$ 为锁相坐标系中内电势 q 轴分量。

锁相坐标系中内电势相位 $\theta_{\mathrm{e}}^{\mathrm{p}}$ 表示为

$$\theta_{\mathrm{e}}^{\mathrm{p}} = f_2\left(E_{\mathrm{d}}^{\mathrm{p}},\ E_{\mathrm{q}}^{\mathrm{p}}\right) = \arctan\left(E_{\mathrm{q}}^{\mathrm{p}} / E_{\mathrm{d}}^{\mathrm{p}}\right) \tag{8-6}$$

公共坐标系中的内电势相位 θ_{e} 由公共坐标系中锁相控制输出相位 θ_{p} 和锁相坐标系中内电势相位 $\theta_{\mathrm{e}}^{\mathrm{p}}$ 共同构成：

$$\theta_{\mathrm{e}} = \theta_{\mathrm{e}}^{\mathrm{p}} + \theta_{\mathrm{p}} \tag{8-7}$$

由此，双馈型风机机电尺度暂态原始模型及等效电路如图 8-2 所示，其中 d 轴电流指令 $i_{\mathrm{rd}}^{\mathrm{p}}$ 和 q 轴电流指令 $i_{\mathrm{rq}}^{\mathrm{p}}$ 分别由有功支路控制和无功支路控制获得，P 是内电势输出的有功功率，P_{t} 是端电压处输出的有功功率，θ_{t} 是端电压相位。

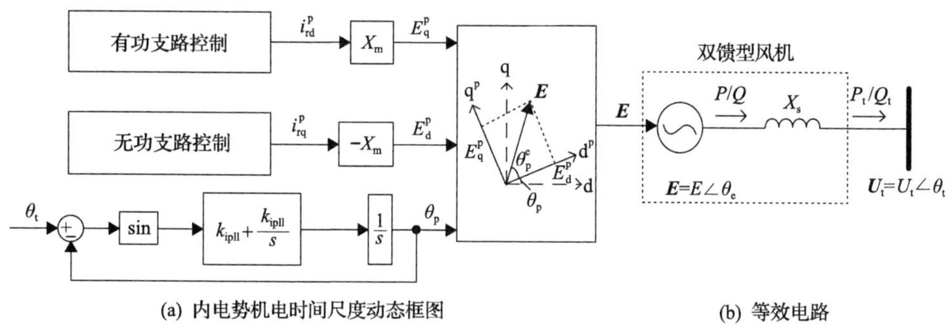

图 8-2　双馈型风机机电尺度暂态原始模型及等效电路

2. 有功/无功功率激励统一等效

可以看出，除内电势输出有功功率 P 和无功功率 Q 之外，原始模型有多个输入信号：发电机转速 ω_{r}、端电压处输出至电网的无功功率指令值 Q_{t}^* 和实际值 Q_{t}、端电压幅值 U_{t}、锁相环输入相位误差 $(\theta_{\mathrm{t}}-\theta_{\mathrm{p}})$。为了将装备统一表示为有功功率 P 和无功功率 Q 激励输入，需对这些电气量做如下变化处理。

1) 将发电机转速 ω_{r} 替换为内电势输入有功功率 P_{in} 和输出有功功率 P 不平衡的形式

发电机转速可由转子运动方程描述为

$$\frac{1}{2H}\frac{\mathrm{d}\omega_{\mathrm{r}}}{\mathrm{d}t} = T_{\mathrm{in}} - T_{\mathrm{e}} \tag{8-8}$$

式中，H 为风力机与双馈型发电机的等效单质量块惯性常数；输入转矩 T_{in} 和输

出电磁转矩 T_e 分别由输入、输出有功功率替换为

$$T_{in}=P_{in}/\omega_r \approx P_{in}/\omega_r^* \tag{8-9}$$

$$T_e=P_e/\omega_1=P_s=P \tag{8-10}$$

2) 将端电压处输出至电网的无功功率指令值 Q_t^* 和实际值 Q_t 替换为内电势处输出的无功功率 Q

根据线路电气关系，内电抗 X_s 上消耗的无功功率 Q_{loss} 可由内电势出口处的有功功率 P、无功功率 Q 及内电势幅值 E 表示为

$$Q_{loss}=f_3(P,Q,E)=\frac{\left(P^2+Q^2\right)X_s}{E^2} \tag{8-11}$$

由此，可将端电压处输出至电网的无功功率实际值 Q_t 替换为

$$Q_t=Q-Q_{loss} \tag{8-12}$$

定义内电势处输入的无功功率指令为

$$Q_{in}^*=Q_t^*+Q_{loss} \tag{8-13}$$

3) 将端电压幅值 U_t 及锁相环输入相位误差 $(\theta_t-\theta_p)$ 替换为内电势输出有功/无功功率 P/Q

由图 8-2(b) 可知，内电势处输出有功功率 P、无功功率 Q 可由内电抗 X_s 及其两端电压和相位差表述为

$$P=EU_t\sin(\theta_e-\theta_t)/X_s \tag{8-14}$$

$$Q=E^2/X_s-EU_t\cos(\theta_e-\theta_t)/X_s \tag{8-15}$$

将式 (8-14) 和式 (8-15) 联立，得端电压幅值 U_t 为

$$U_t=f_4(P,Q,E)=\sqrt{\left(PX_s\right)^2+\left(E^2-QX_s\right)^2}\Big/E \tag{8-16}$$

4) 将锁相环输入相位误差 $(\theta_t-\theta_p)$ 替换为内电势输出有功/无功功率 P/Q

在不同的有功控制方式下，转速控制器输出的指令值不同，即已知的变量不同，所以锁相环输入相位误差的表达方式也不同。

在输出为电流指令 i_{rd}^{p*} 时 (DFlag=1)，可通过输出有功功率 P、无功功率 Q、内电势幅值 E 之间的关系替换锁相环输入相位误差 $(\theta_t-\theta_p)$。可得内电势与端电压

的相角差$(\theta_e-\theta_t)$分别为

$$\theta_e-\theta_t=f_5(P,Q,E)=\arctan\frac{PX_s}{E^2-QX_s} \tag{8-17}$$

又因锁相环输入相位误差$(\theta_t-\theta_p)$可由锁相坐标系中内电势相位θ_e^p等效替换为

$$\theta_t-\theta_p=\theta_e^p-(\theta_e-\theta_t) \tag{8-18}$$

联立式(8-17)和式(8-18)，锁相环输入相位误差$(\theta_t-\theta_p)$可由有功功率P、无功功率Q表示为

$$\theta_t-\theta_p=\theta_e^p-f_5(P,Q,E) \tag{8-19}$$

在输出为电磁功率指令P_e^*时(DFlag=2 和 DFlag=3)，可通过输出有功功率P、电磁功率指令P_e^*、无功功率Q、内电势幅值E之间的关系替换锁相环输入相位误差$(\theta_t-\theta_p)$。锁相坐标系中 dq 轴电流i_{rdq}^p与端电压坐标系中 dq 轴电流i_{rdq}间存在如下关系：

$$\begin{bmatrix} i_{rd} \\ i_{rq} \end{bmatrix}=\begin{bmatrix} \cos(\theta_t-\theta_p) & \sin(\theta_t-\theta_p) \\ -\sin(\theta_t-\theta_p) & \cos(\theta_t-\theta_p) \end{bmatrix}\begin{bmatrix} i_{rd}^p \\ i_{rq}^p \end{bmatrix} \tag{8-20}$$

实际输出有功功率P与端电压坐标系中 dq 轴电流i_{rdq}间存在关系：

$$P=P_s=U_t i_{sd}=\frac{X_m}{X_s}U_t i_{rd} \tag{8-21}$$

所以实际输出有功功率P为

$$P=\frac{U_t}{X_s}\left[E_q^p\cos(\theta_t-\theta_p)+E_d^p\sin(\theta_t-\theta_p)\right] \tag{8-22}$$

从图 8-2 可知，电磁功率指令值P_e^*与锁相坐标系中 q 轴内电势E_q^p之间存在关系：

$$P_e^*=\frac{X_m}{X_s}U_t i_{rd}^p=\frac{U_t E_q^p}{X_s} \tag{8-23}$$

可获得输出有功功率P与电磁功率指令P_e^*之间的关系为

$$
\begin{aligned}
P - P_{\mathrm{e}}^{*} &= f_6\left(P,Q,E,E_{\mathrm{d}}^{\mathrm{p}},E_{\mathrm{q}}^{\mathrm{p}},\theta_{\mathrm{t}}-\theta_{\mathrm{p}}\right) \\
&= \frac{1}{X_{\mathrm{s}}}\left[E_{\mathrm{q}}^{\mathrm{p}}\cos\left(\theta_{\mathrm{t}}-\theta_{\mathrm{p}}\right)+E_{\mathrm{d}}^{\mathrm{p}}\sin\left(\theta_{\mathrm{t}}-\theta_{\mathrm{p}}\right)\right]\cdot f_4(P,Q,E)-\frac{1}{X_{\mathrm{s}}}E_{\mathrm{q}}^{\mathrm{p}}\cdot f_4(P,Q,E)
\end{aligned}
\tag{8-24}
$$

由此，锁相环输入相位误差$(\theta_{\mathrm{t}}-\theta_{\mathrm{p}})$可由有功功率$P$、无功功率$Q$等效表示为

$$
\theta_{\mathrm{t}}-\theta_{\mathrm{p}}=f_6^{-1}\left(P,Q,E,E_{\mathrm{d}}^{\mathrm{p}},E_{\mathrm{q}}^{\mathrm{p}},P_{\mathrm{e}}^{*}\right) \tag{8-25}
$$

式中，f_6^{-1}为f_6的反函数。

以上根据已知量的不同，用两种方式处理锁相环输入相位误差$(\theta_{\mathrm{t}}-\theta_{\mathrm{p}})$。第一种是用实际功角$(\theta_{\mathrm{e}}-\theta_{\mathrm{t}})$和矢量控制下的功角$(\theta_{\mathrm{e}}-\theta_{\mathrm{p}})$之差表示；第二种是用实际输出有功功率$P$与矢量控制下的电磁功率指令$P_{\mathrm{e}}^{*}$之差表示。采用功角或输出有功功率描述，在物理含义上是等价的。

5) 锁相环动态的简化

一般情况下，锁相环响应的时间常数远小于机电尺度。所以，在分析机电尺度动态时，认为锁相环已完成响应，即认为锁相环能够及时跟踪端电压相位变化。为了反映双馈型风机在大扰动下的暂态物理过程，这里仍保留锁相同步的激励信号以及锁相同步机制，并采用含无穷大增益的“∞控制器”等效表示锁相环的快速跟踪调节过程。“∞控制器”输入为端电压实际相位与锁相环输出相位之差$(\theta_{\mathrm{t}}-\theta_{\mathrm{p}})$，正常情况下此误差为0；控制器输出为锁相环输出的相位θ_{p}，正常情况此数值等于端电压相位大小θ_{t}。在实现方式上，“∞控制器”可以通过计算外部网络代数方程获得。

3. 不同控制策略下双馈型风机机电暂态模型

如上所述，不同的有功支路控制下，锁相环输入误差的处理方式不同。将上述等效关系代入图 8-2 原始框图中，统一替换双馈型风机输入变量为有功功率和无功功率、输出变量为内电势相位和幅值。分别建立不同有功支路控制下的双馈型风机机电尺度暂态模型。并结合所得模型，分别解释不同控制下的双馈型风机机电尺度暂态响应物理过程。

1) 转速控制器输出为电流(DFlag=1)时的暂态模型

DFlag=1 时的双馈型风机基于“激励-响应”关系的机电尺度暂态模型如图 8-3 所示。其中包含相位模型与幅值模型。无功支路控制子模型具体形式如图 8-4 所示。

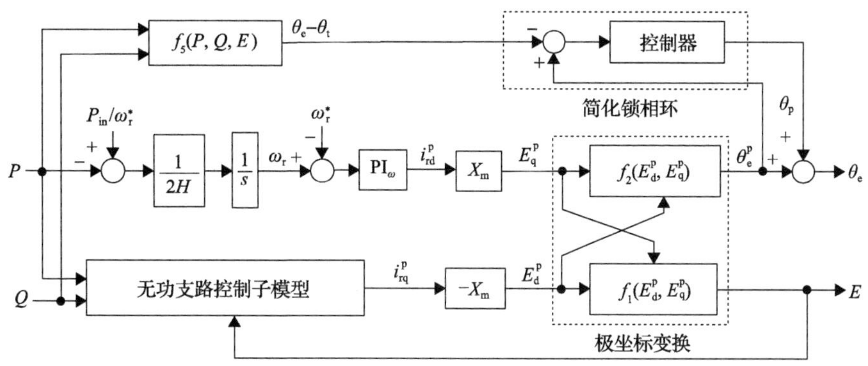

图 8-3　DFlag=1 时双馈型风机机电尺度暂态“激励-响应”关系模型

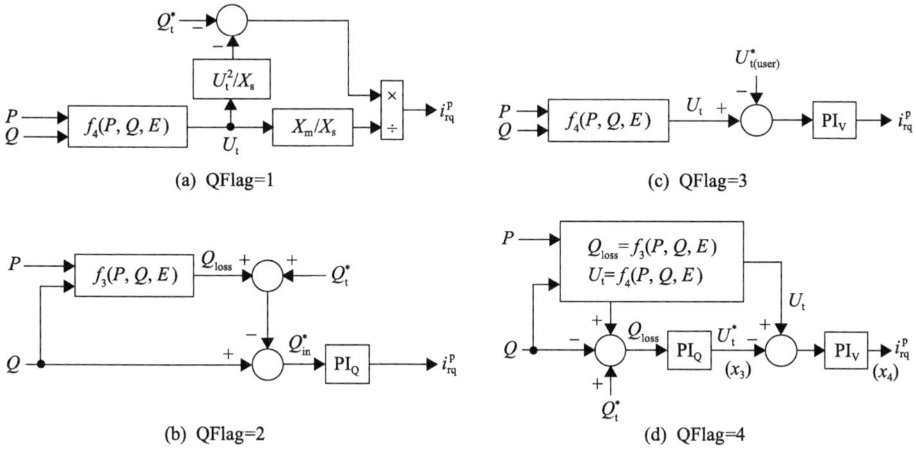

图 8-4　多种无功支路控制子模型

2) 转速控制器输出为有功功率(DFlag=2 或 DFlag=3)时的暂态模型

DFlag=2 或 DFlag=3(含惯量控制)时，双馈型风机基于“激励-响应”关系的机电尺度暂态模型如图 8-5 所示。其中，幅值模型获得方式与图 8-4 相同；虚线所示控制支路为附加 df/dt 惯量控制。DFlag=2 可视为 DFlag=3 下 K_f=0，T_f=∞的一种特例。

从图 8-5 正常控制策略下的模型中可以看出，不同控制策略下内电势形成方式相同，均是由锁相相位 θ_p、锁相坐标系下的有功电流 i_{rd}^p 和无功电流 i_{rq}^p 共同构成双馈型风机的内电势相位；锁相坐标系中的有功电流 i_{rd}^p 和无功电流 i_{rq}^p 共同构成内电势幅值。虽然不同有功支路控制方式下锁相输入分别为相位和功率，但其物理实质是相同的，均反映锁相相位与端电压相位的误差。核心区别在于转速控制输出指令不同，控制目标不同，从而导致物理过程不同。

上述建模步骤同样适用于采用第二种控制策略的全功率型风机，此处不再赘述。

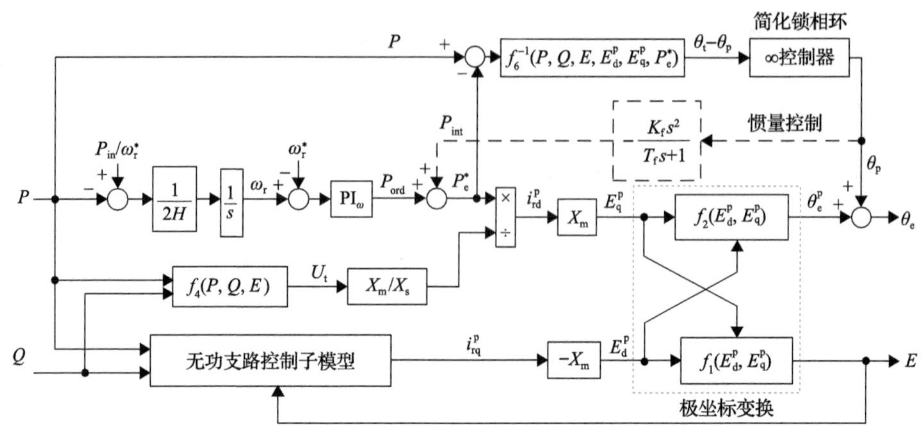

图 8-5 DFlag=2 或 DFlag=3 时双馈型风机基于“激励-响应”关系的机电尺度暂态模型

8.2.4 机电暂态特性分析

如 1.5.3 节所述，风电机组和同步机在电路形式上均可等效为电压源(即内电势)串联电抗的形式，两者的核心区别在于内电势背后的暂态特性(即“激励-响应”关系)不同。从电力系统暂态稳定分析发展经验中得出，有功/无功功率激励下内电势状态(幅值/相位)如何变化是决定系统暂态行为及稳定性的核心[13]，而认清该变化过程中经历的重要环节及其特征是归纳内电势变化规律的基础。

为了认识风电机组的“激励-响应”关系，最初步且最容易理解的方式是将其与熟知的传统同步机“激励-响应”关系对比，从宏观特征上认识两者的区别。继而，从“激励-响应”模型中认识风电机组暂态特性宏观特征的具体表现形式。从 8.2.3 节建立的风电机组模型中也得知，不同控制策略下的风电机组暂态特性存在一定的相似性和差异性，即因风电机组内电势幅值和相位的形成方式相同，其宏观特征的表现形式存在一定相似性；而不同控制策略下有功/无功功率与 dq 轴转子电流的关系不同，也使得表现形式存在差异性。

首先给出基于“激励-响应”的同步机暂态模型作为参照，如图 8-6 所示，其中考虑了转子运动方程、同步机 dq 轴电枢绕组、励磁绕组及励磁控制。图中 H_{sg} 为同步机转子惯性时间常数标幺值，θ_r 和 θ_e 是转子相位和内电势相位，P 和 Q 为同步机假想内电势 E_Q 输出有功功率和无功功率，X_{ad} 是 d 轴电枢反应电抗，X'_d 是 d 轴暂态电抗，X_q 是 q 轴同步电抗，R_f 是励磁电阻，T'_{d0} 为 d 轴开路时间常数，$f_{sg}(P,Q,E_Q)$ 是端电压 U_t 和同步机假想内电势 E_Q、同步机假想内电势 E_Q 处输出有功功率 P、无功功率 Q 之间的数学关系，其表达式与式(8-16)相同。

基于该模型可知，同步机内电势的相位暂态特性由转子运动方程决定，幅值暂态特性由励磁控制及转子电路(磁链)关系决定[1]。将 8.2.3 节所建立的风电机组与同步机模型中的“激励-响应”关系进行比较，可以发现风电机组的机电尺度暂态特性存在机械/电气位置非直接相关、非线性、幅值/相位动态耦合、不对称、高阶等宏观特征。以下同样以双馈型风机为例，详细阐述几个基本特征及其在不同控制方式下的表现形式。

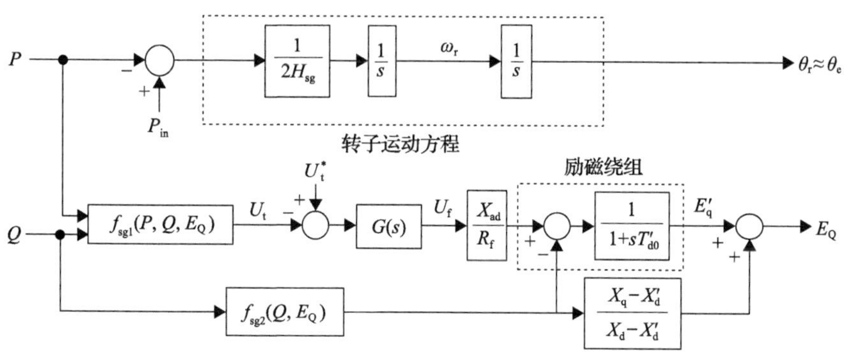

图 8-6　同步机“激励-响应”关系暂态模型

1. 非直接相关：转子机械位置(角速度)与内电势电气位置(角速度)非直接相关

回顾同步机内电势形成过程，将直流电压作用于同步机励磁绕组，产生的励磁电流建立了励磁磁场，再由转子运动带动励磁磁场同步旋转，与电枢绕组产生相对运动，从而经法拉第电磁感应生成内电势[1]。因此，对同步机而言，内电势的电气位置与转子的机械位置近似相同，内电势相位运动可由转子运动方程描述。而双馈型风机则是通过复杂矢量控制获得交流电压并作用于异步电机的励磁绕组，产生相对于转子旋转的励磁磁场，进而生成内电势，这使得内电势的电气位置与转子的机械位置非直接相关。因此，双馈型风机的相位暂态特性无法再用经典的转子运动方程所表示。

对比图 8-6 可以看出转子机械位置(角速度)与内电势电气位置(角速度)之间的动态关系由有功控制策略决定。若仅关注“有功功率-相位”支路的动态关系，其在不同有功控制策略下均是由不平衡有功功率驱动转子转速变化，而为了维持有功功率平衡，双馈型风机控制器根据机械转速误差 $\Delta\omega_r$($\Delta\omega_r=\omega_r-\omega_r^*$) 直接或间接调节内电势电气角速度 ω_e。在不同有功控制策略下，机械转速与电气角速度之间的联系程度不同，导致内电势相位动态存在差异。

2. 跟随同步：通过锁相同步机制跟随端电压以实现与电网的同步

对同步机而言，同步误差导致作用于转子质量块上的有功功率不平衡，进而驱使同步机根据转子运动方程主动调节转子速度和内电势速度，使其重新实现同步，该过程是与电网主动同步的过程。对双馈型风机而言，其普遍采用锁相同步机制，即通过跟随装备自身端电压位置实现同步，并非主动根据功率动态调节，是一种被动跟随的同步方式。锁相同步相位与锁相坐标系下控制所得相位共同构成的内电势相位，又将进一步通过网络影响端电压相位。从而，在锁相同步机制下，双馈型风机的内电势相位和端电压相位之间增加了相互联系，可能会为系统带来新的约束关系。

3. 非线性：有功功率与内电势相位之间的关系为非线性的

对同步机而言，其输出有功功率与内电势相位运动之间的动态关系是线性积分关系。而对双馈型风机而言，其有功功率与相位间的关系存在多重复杂的非线性环节。这使得传统电力系统的暂态稳定性结论难以适用于双馈型风机并网电力系统。

可以看出，双馈型风机普遍存在因功率、电压、电流等电气量间的转换，直角坐标系与极坐标系的变换以及简化锁相环带来的非线性环节。而对比可发现，不同控制方式下可能会引入更多形成原因和形式不同的非线性环节。有功支路控制在通过功率指令得到电流指令时引入新的非线性环节；不同无功支路控制下，输入变量等效为功率驱动时引入的功率、电压、电流关系形式不同。而这些不同增加了双馈型风机内部“有功功率-内电势相位”和“无功功率-内电势幅值”的非线性程度，使得双馈型风机内电势动态过程解析分析更具挑战性。

4. 耦合：内电势相位与幅值动态存在内部耦合

对同步机而言，相位运动由有功功率动态决定，幅值运动由励磁控制动态决定。因此，相位运动与幅值运动近似解耦(图 8-6)。而从图 8-3 和图 8-5 中可以看出，对双馈型风机而言，因矢量控制所在的直角坐标系与内电势幅值/相位所在的极坐标系之间存在变换关系，幅值和相位动态在装备内部形成交叉耦合。也就是说，内电势相位和幅值动态相互影响，在分析双馈型风机并网系统的暂态行为时需同时考虑两者的动态。

5. 高阶：不平衡有功功率与内电势相位之间的动态关系高于二阶

对同步机而言，不平衡功率与内电势相位之间的动态关系是由转子运动方程决定的二阶积分关系。而对双馈型风机而言，在 DFlag=3 的有功支路控制下(图 8-5)，其有功功率与内电势相位之间经过转子运动、转速控制器、惯量控制器等多个环节，使得不平衡有功功率与内电势相位之间的动态关系是二阶以上的高阶关系。而该高阶关系导致分析双馈型风机并网系统的功角稳定时，无法直接应用传统电力系统中的部分概念，如加减速面积、能量函数等，而急需在此基础上有进一步的拓展。

6. 不对称：内电势相位对输入和输出有功功率扰动的响应路径不同

对同步机而言，输入机械功率扰动或输出电磁功率扰动，其本质上都会因为引起转子上的有功功率不平衡，从而导致转子转速变化和内电势相位变化。所以，在保证作用在转子上的不平衡功率相同的前提下，同步机内电势相位对输入机械功率扰动和输出电磁功率扰动的响应是相同的。而对双馈型风机，当输入机械功率扰动时，其响应逻辑与同步机相似，即引起转子上功率不平衡，改变转速，从而经过不同的有功支路控制驱使内电势相位变化；而当输出电磁功率扰动时，除了引起功率不平衡继而影响内电势相位动态以外，还会通过其他路径(如锁相支路)进一步影响内电势相位动态。

从图 8-3 和图 8-5 可以看出，因为锁相同步支路的存在，双馈型风机内电势相位还会受输出电磁功率自身驱动。而对比两图发现，不同有功支路控制方式也会进一步增加输入机械功率和输出电磁功率传递路径的差异性。例如，当 DFlag=2 或 DFlag=3 时，双馈型风机输出电磁功率还会通过直接影响代数环节输入，从而影响内电势相位。

8.3　单风电机组-无穷大系统的机电暂态行为分析

本节在最基本的单风电机组-无穷大系统场景中，分析风电机组区别于同步机的暂态特性对风电并网系统机电暂态行为的影响。同样以双馈型风机为例，分析不同有功/无功支路控制下故障恢复后双馈型风机的机电暂态行为，具体包括暂态稳定机理和暂态稳定/单调失稳行为分析。分析场景如图 8-7 所示：双回线路的某一回线路端口发生三相非金属接地故障，接地阻抗为 X_f，并在 t_c 时间后切除故障，故障后单线运行。不同分析场景下系统的参数如附表 4-3 所示，故障前和故障后系统等效传输线路阻抗分别为 X_{g1}、X_{g3}。

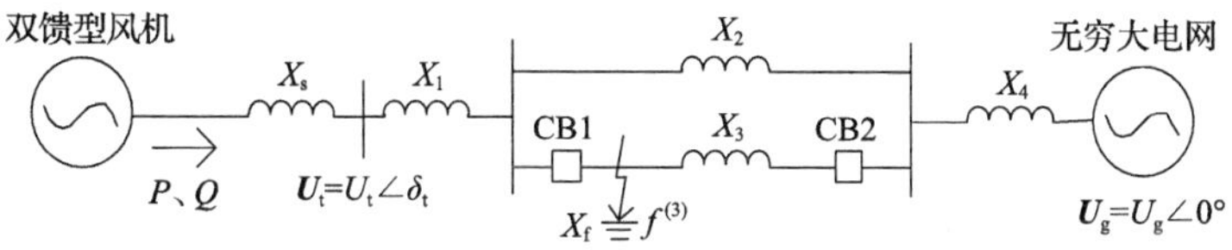

图 8-7　含双馈型风机的单风电机组-无穷大系统

根据图 8-7 可得系统的线路电压方程为

$$\boldsymbol{U}_{\mathrm{t}}=\frac{X_{\mathrm{g3}}}{X_{\mathrm{s}}+X_{\mathrm{g3}}}\boldsymbol{E}+\frac{X_{\mathrm{s}}}{X_{\mathrm{s}}+X_{\mathrm{g3}}}\boldsymbol{U}_{\mathrm{g}} \tag{8-26}$$

以无穷大电网电压 $\boldsymbol{U}_{\mathrm{g}}$ 作为公共坐标系，根据式(8-26)，可将公共坐标系中端电压相位表示为

$$\delta_{\mathrm{t}}=\arctan\frac{EX_{\mathrm{g3}}\sin\delta_{\mathrm{e}}}{EX_{\mathrm{g3}}\cos\delta_{\mathrm{e}}+U_{\mathrm{g}}X_{\mathrm{s}}} \tag{8-27}$$

进一步，结合双馈型风机内部相位关系式(8-7)，可得双馈型风机简化锁相环的表达式：

$$\delta_{\mathrm{p}} = \arcsin \frac{E_{\mathrm{q}}^{\mathrm{p}} X_{\mathrm{g3}}}{U_{\mathrm{g}} X_{\mathrm{s}}} \tag{8-28}$$

将式(8-26)代入图 8-3 和图 8-5 所提不同控制策略下的双馈型风机暂态模型中，并将模型与式(8-14)、式(8-15)所示网络功率传输方程结合，得到在不同控制策略下故障恢复后单机并网系统的闭环框图，如图 8-8 所示。

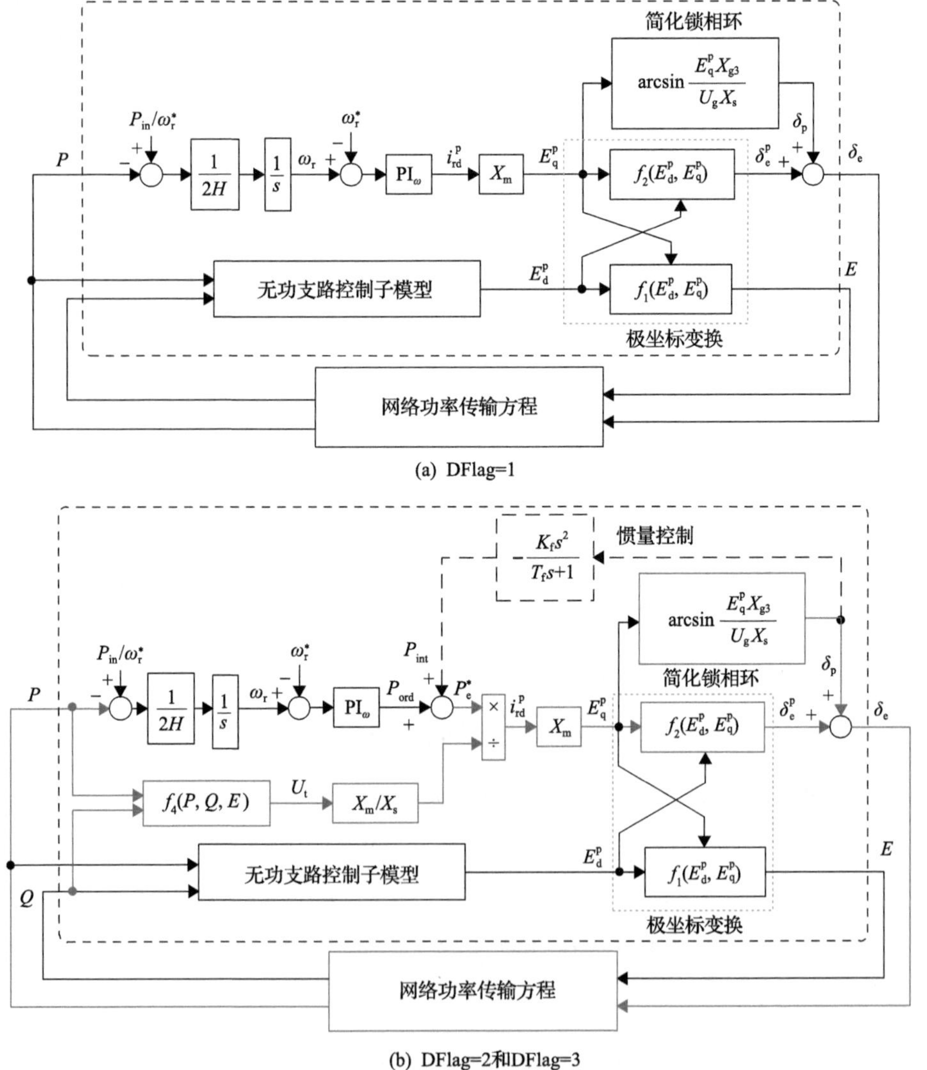

图 8-8 不同有功支路控制策略下故障恢复后单双馈型风机-无穷大系统示意图

8.3.1 单风电机组-无穷大系统的功率传输特性

如 8.2.4 节所述，双馈型风机与同步机的主要差异之一在于：因极坐标变换，双馈型风机内电势的幅值和相位动态耦合。该耦合特征使得双馈型风机内电势幅值和相位动态不再独立变化，而是存在交互联系。从图 8-8 中可看出，不同有功支路控制方式下的幅值和相位代数关系均可表示为

$$\delta_e = f_{\delta e}\left(E_d^p, E_q^p\right) = \arcsin\frac{E_q^p X_{g3}}{U_g X_s} + \arctan\frac{E_q^p}{E_d^p} \tag{8-29}$$

$$E = f_E\left(E_d^p, E_q^p\right) = \sqrt{\left(E_d^p\right)^2 + \left(E_q^p\right)^2} \tag{8-30}$$

将式(8-29)代入式(8-30)，可得到幅值 E 与相位 δ_e 之间的一般关系为

$$E = f_E\left[E_d^p, f_{\delta e}^{-1}\left(E_d^p, \delta_e\right)\right] = g_E\left(E_d^p, \delta_e\right) \tag{8-31}$$

从式(8-31)可知，双馈型风机内电势幅值 E 与相位 δ_e 之间的关系与内部变量锁相坐标系中 d 轴内电势 E_d^p 、串联内电抗(定子电抗)X_s 均有关。因该关系具有强非线性，目前难以直接得到 g_E 的解析表达，所以通过数值方法认识幅值 E 随各参数变化的规律。图 8-9 给出了不同 E_d^p 和 X_s 下双馈型风机内电势幅值 E 与相位 δ_e 之间的关系。可以看出，在该特定耦合关系下，内电势幅值会随相位的增大而增大。随着 E_d^p 减小或 X_s 增大，这种变化趋势更加明显。这说明，减小 E_d^p 或增大 X_s，幅值与相位之间的耦合程度更加紧密。

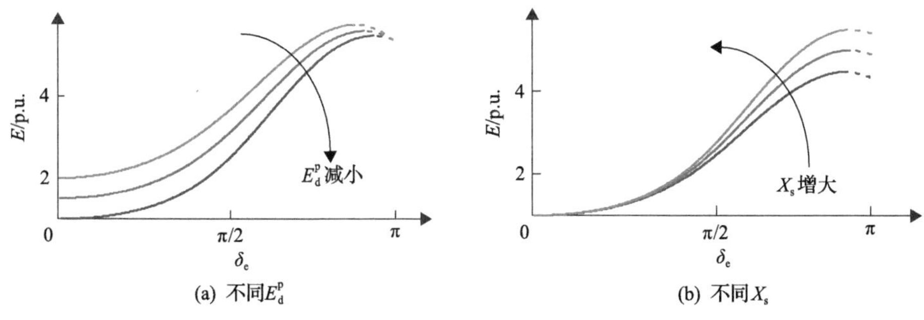

图 8-9　双馈型风机内电势幅值与相位关系

双馈型风机不同于同步机的幅值和相位动态耦合特征，也将导致单双馈型风机-无穷大系统的功率特性曲线相较于熟知的单同步机-无穷大系统产生明显差异。对于单同步机-无穷大系统，因同步机相位和内电势幅值在极坐标系中自然形成，两者动态相互独立，分别由转子运动和绕组电路决定，所以系统的功率传输

特性曲线形状是近似正弦且关于 π/2 对称的(若不考虑同步机 dq 轴电抗不对称所导致的功率传输特性曲线畸变)[16]。锁相坐标系中交流励磁控制通过影响内电势的幅值改变功率传输特性曲线，但不改变曲线形状，如图 8-10 中细线所示。但是，对于单双馈型风机-无穷大系统，幅值和相位动态是耦合的，所以分析功率特性时需要一起考虑。

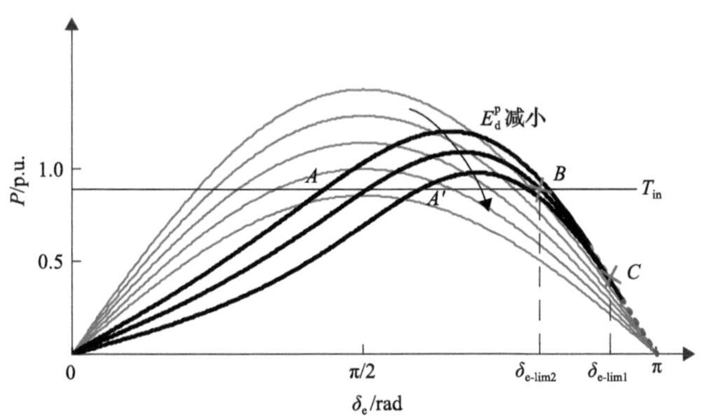

图 8-10　单风电机组-无穷大系统功率传输特性曲线

将幅值和相位的关系式(8-31)代入单风电机组-无穷大系统的网络功率传输方程式(8-14)中，得到传输有功功率表达式为

$$P=\frac{U_{\mathrm{g}} g_E\left(E_{\mathrm{d}}^{\mathrm{p}},\delta_{\mathrm{e}}\right)}{X_{\mathrm{g}3}+X_{\mathrm{s}}}\sin\delta_{\mathrm{e}}=f_P\left(E_{\mathrm{d}}^{\mathrm{p}},\delta_{\mathrm{e}}\right) \tag{8-32}$$

根据式(8-32)得到单双馈型风机-无穷大系统的功率传输特性曲线，如图 8-10 中粗线所示。从图中看出，单双馈型风机-无穷大系统的功率传输特性曲线相较于单同步机-无穷大系统的功率传输特性曲线产生畸变，功率传输特性曲线与 T_{in} 的左侧交点，即左侧平衡点右移且曲线明显不对称。实际上，两个功率传输特性曲线满足的功率关系是相同的，只是因为双馈型风机内部幅值和相位动态耦合而导致幅值随相位变化，所以运行点会沿着不同幅值 E 的功率传输特性正弦曲线簇(细线簇)变化，从而形成新的功率传输特性曲线。还可看出，随着 $E_{\mathrm{d}}^{\mathrm{p}}$ 减小，幅值与相位的耦合程度增大，导致新曲线畸变更加明显，左侧平衡点右移更多，甚至运行在 π/2 右侧，如图中 A'点。同理，X_{s} 增大也会增加幅值与相位的耦合程度，造成曲线畸变得更明显。

8.3.2　单风电机组-无穷大系统机电暂态稳定机理

本节着重分析系统暂态稳定机理及其边界约束。首先，得到系统的多个相位约束并解释其背后的稳定机理，进而得到系统的暂态稳定边界；然后，分析系统暂态稳定边界的影响因素及影响规律。需要说明的是，因为双馈型风机有功支路控制方式显著改变相位暂态特性，从而影响相位暂态稳定机理和暂态行为，所以有功支路控制方式是分析暂态稳定机理的重要考虑因素。

1. 暂态稳定机理及暂态稳定边界

在 8.2.4 节特性分析中指出，双馈型风机与同步机的另一个主要差异在于：双馈型风机“有功功率-内电势相位”之间的关系是非线性的。该非线性特征使得单风电机组-无穷大系统中存在多个非线性环节。从图 8-8 中也可以看出，除了与原来相同的由网络功率传输特性带来的非线性外，双馈型风机自身还存在极坐标变换、网络方程通过锁相支路引入的非线性环节。不同的非线性环节将会为故障恢复后的系统带来更多的特殊相位约束，造成新的失稳机理。下面依次分析不同非线性环节引入的相位约束及其背后的数学与物理意义。

1) 双馈型风机自身非线性环节引入的相位约束及其数学与物理意义

如图 8-8 所示，双馈型风机自身存在由极坐标变换、网络方程通过锁相支路引入的两个非线性环节[3]。其中，极坐标变换的非线性环节是由反三角函数 arctan 构成的。该函数性质决定其定义域为$(-\infty,+\infty)$，所以任意值的输入变量 $E_{\mathrm{d}}^{\mathrm{p}}$、$E_{\mathrm{q}}^{\mathrm{p}}$ 均可满足该非线性环节定义域，即不会引入特殊相位约束。网络方程通过锁相支路引入的非线性环节是由反三角函数“arcsin”构成的。该函数性质决定其定义域为$[-1,1]$。因此，输入变量 $E_{\mathrm{d}}^{\mathrm{p}}$、$E_{\mathrm{q}}^{\mathrm{p}}$ 必须满足定义域，即$|E_{\mathrm{q}}^{\mathrm{p}}X_{\mathrm{g3}}/(U_{\mathrm{g}}X_{\mathrm{s}})|\leqslant 1$，否则该非线性环节将失去数学意义。此外，考虑到双馈型风机作为发电单元，为满足有功功率输出，其内电势相位始终超前于电网电压相位。综上，使得 $E_{\mathrm{q}}^{\mathrm{p}}X_{\mathrm{g3}}/(U_{\mathrm{g}}X_{\mathrm{s}})=1$ 的 $E_{\mathrm{q}}^{\mathrm{p}}$ 值对应的 δ_{e} 即为相位最大取值，得到双馈型风机自身非线性环节引入的相位约束 $\delta_{\mathrm{e\text{-}lim1}}$：

$$\delta_{\mathrm{e\text{-}lim1}}=\frac{\pi}{2}+\arctan\frac{U_{\mathrm{g}}X_{\mathrm{s}}}{E_{\mathrm{d}}^{\mathrm{p}}X_{\mathrm{g3}}} \tag{8-33}$$

首先，从数学角度分析相位约束 $\delta_{\mathrm{e\text{-}lim1}}$ 的形成原因。受简化锁相环非线性的影响，$E_{\mathrm{q}}^{\mathrm{p}}$ 不能超过 $U_{\mathrm{g}}X_{\mathrm{s}}/X_{\mathrm{g3}}$，相应地 δ_{e} 不能超过 $\delta_{\mathrm{e\text{-}lim1}}$。若 $E_{\mathrm{q}}^{\mathrm{p}}$ 受有功支路控制影响而持续增大使得 δ_{e} 超过 $\delta_{\mathrm{e\text{-}lim1}}$，则无法根据式(8-7)和式(8-27)得到锁相相位表达式，即简化锁相环无代数解。该相位约束的形成是非线性系统的一种奇异诱导分岔现象：简化锁相环动态为非线性代数环节后，单双馈型风机-无穷大系统微分代数方程(DAE)的代数约束增加并使系统形成了奇异面。通过系统 DAE 求得该奇异面是由 $E_{\mathrm{q}}^{\mathrm{p}}=U_{\mathrm{g}}X_{\mathrm{s}}/X_{\mathrm{g3}}$ 构成的。当系统的状态向量轨迹接触奇异面时，微小的状态量变化将导致系统变量快速变化，从而引起系统不稳定。需要说明的是，因该奇异面是在简化锁相动态为代数关系的前提下形成的，所以状态向量轨迹触及奇异面实际意味着代数化锁相动态无法再准确描述系统的行为，此后系统不稳定行为需考虑被忽略的较快尺度动态，如锁相动态等。

其次，从物理角度分析相位约束 $\delta_{\text{e-lim1}}$ 的形成机理。简化锁相环无代数解在物理意义上意味着锁相环没有静态工作点，即始终无法输出满足 $U_{\text{tq}}^{\text{p}}=0$ 的稳态相位值。具体可通过电路方程解释，根据图 8-7 得到系统的线路电压方程的另一种形式为

$$E_{\text{q}}^{\text{p}}-U_{\text{tq}}^{\text{p}}=X_{\text{s}}i_{\text{d}}^{\text{p}} \tag{8-34}$$

$$U_{\text{tq}}^{\text{p}}-U_{\text{gq}}^{\text{p}}=X_{\text{g3}}i_{\text{d}}^{\text{p}} \tag{8-35}$$

将内电势定义式(8-4)及各变量与锁相相位 δ_{p}、端电压相位 δ_{t} 关系代入式(8-35)后可得

$$U_{\text{tq}}^{\text{p}}+U_{\text{g}}\sin\delta_{\text{p}}=X_{\text{g3}}i_{\text{d}}^{\text{p}} \tag{8-36}$$

联立式(8-35)、式(8-36)可得

$$U_{\text{g}}\sin\delta_{\text{p}}=\frac{X_{\text{g3}}}{X_{\text{s}}}E_{\text{q}}^{\text{p}}-\frac{X_{\text{g3}}+X_{\text{s}}}{X_{\text{s}}}U_{\text{tq}}^{\text{p}} \tag{8-37}$$

可将式(8-37)各项用如图 8-11 所示的曲线表示。锁相存在静态工作点需满足两个条件：①式(8-37)有解；② $U_{\text{tq}}^{\text{p}}=0$。以上两个条件在图中反映为，图 8-11 中箭头线段为 0，两条虚线重合且与实线存在交点。由此可得 E_{q}^{p} 最大值在 $\delta_{\text{p}}=\pi/2$ 处，

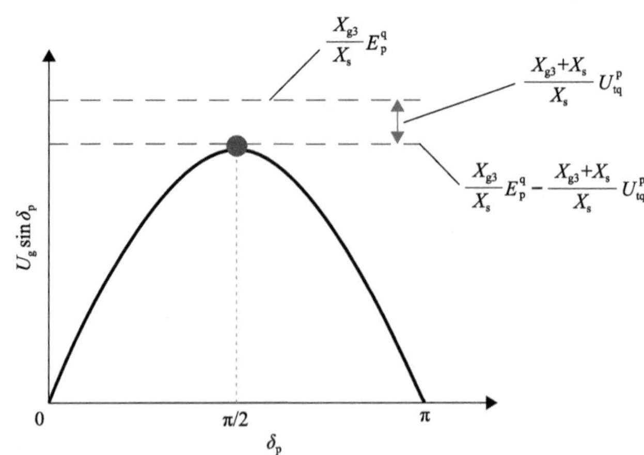

图 8-11　锁相相位静态工作点与锁相坐标系中 d 轴转子电流的关系

即 $E_{\mathrm{q\_max}}^{\mathrm{p}}=U_{\mathrm{g}}X_{\mathrm{s}}/X_{\mathrm{g3}}$。若 $E_{\mathrm{q}}^{\mathrm{p}}$ 大于此值，则两条线不存在交点，$U_{\mathrm{tq}}^{\mathrm{p}}\neq 0$，锁相输入误差不为 0。此时，若锁相控制仍代数化，则“简化锁相环”无解；若计及锁相动态，则锁相相位 δ_{p} 会在锁相相位控制积分器的作用下不断增大。该点在图 8-10 中表示为 C 点，其左侧实线曲线表示锁相存在静态工作点，其右侧虚线曲线部分表示锁相不存在工作点。

2) 网络功率传输方程非线性环节引入的相位约束及其数学与物理意义

与单同步机-无穷大系统相同，网络功率传输特性带来的非线性关系会导致系统存在两个平衡点，如图 8-10 的左侧平衡点 A 和右侧平衡点 B 所示。其中 B 点可根据式(8-32)表示为

$$\delta_{\mathrm{e\text{-}lim2}}=\pi-f_{\mathrm{P}}^{-1}\left(E_{\mathrm{d}}^{\mathrm{p}},P_{\mathrm{in}}\big/\omega_{\mathrm{r}}^{*}\right) \tag{8-38}$$

平衡点处的稳定性取决于内电势相位随不平衡有功功率的变化规律(即相位特性)。对于单同步机-无穷大系统而言，同步机的暂态特性决定了其“有功功率-内电势相位”之间为二阶关系，有功功率激励下相位变化趋势简单明了，A 点和 B 点分别为系统的稳定平衡点和不稳定平衡点，稳定平衡点稳定域边界的不稳定平衡点所决定的稳定流形构成了系统的稳定边界[17]。而对于双馈型风机，采用不同的有功控制方式时，其暂态特性不同，内电势相位随有功功率的变化趋势不同。所以 B 点是否为系统的不稳定平衡点，需要分别判断不同的有功控制方式时内电势相位在 B 点的运动趋势。

DFlag=1 时，单双馈型风机-无穷大系统与单同步机-无穷大系统相似，均为二阶非线性系统，可根据系统方程求出 $\delta_{\mathrm{e\text{-}lim2}}$ 为此非线性系统的不稳定奇点——“鞍点”[18]。从物理过程分析，双馈型风机有功支路动态关系与同步机转子运动方程相似。暂且忽略转速控制参数 $k_{\mathrm{p}\omega}$，分析相位 δ_{e} 在图 8-10 中右侧平衡点 B 处的运动趋势。当 δ_{e} 到达 B 点且转子转速误差 $\Delta\omega_{\mathrm{r}}>0$，$\delta_{\mathrm{e}}$ 继续增加越过 B 点时，由于施加在转子上的不平衡功率增加，转子转速误差增大，相位 δ_{e} 进一步增大，形成正反馈，从而单调发散，该过程与同步机单调失稳类似。因此，在 DFlag=1 时，右侧平衡点 B 是不稳定平衡点。当相位 δ_{e} 越过该点时，会因类似于单同步机-无穷大系统而恢复能力不足，发生由转子运动及转速控制主导的单调失稳。在此有功支路控制方式下，$\delta_{\mathrm{e\text{-}lim2}}$ 为系统的不稳定平衡点，构成系统的另一相位约束。

DFlag=2 时，系统的微分代数方程变化，在相位 δ_{e} 越过图 8-10 中 B 点但未超过 C 点，即锁相快速准确跟踪端电压时，双馈型风机输出有功功率 P 准确跟踪功率指令 P_{e}^{*}。此时，转子承载的不平衡功率驱使转速误差增大，通过转速控制促使有功功率指令和实际输出有功功率增大，反过来减小了转子上的不平衡功率，抑制相位进一步增大。所以 B 点不是不稳定平衡点。

DFlag=3 时，因惯量控制微分环节存在，双馈型风机的“有功功率-内电势相位”之间呈现高阶关系。有功功率与内电势相位之间的动态关系更为复杂，内电势相位在越过右侧平衡点后的动态过程，与转子转速大小、转速控制输出有功功率指令和实际电磁功率的相对大小均有关。在此控制下，由网络带来的相位约束判断条件更为复杂。

综上，双馈型风机内部非线性得到的相位约束 $\delta_{e\text{-lim1}}$ 和系统不稳定平衡点 $\delta_{e\text{-lim2}}$ 的稳定流形共同构成故障恢复后单风电机组-无穷大系统的稳定边界。其中，$\delta_{e\text{-lim1}}$ 与有功支路控制方式无关，$\delta_{e\text{-lim2}}$ 与有功支路控制方式有关。相位越过不同约束时，分别对应上述两种不同的失稳机理，但其实质仍是储能元件状态(转子转速)失稳或控制器失控。

2. 影响暂态稳定边界的因素

系统的稳定边界由最小的相位约束所主导，即 $\delta_{eu}=\min\{\delta_{e\text{-lim1}}, \delta_{e\text{-lim2}}\}$。从 $\delta_{e\text{-lim1}}$ 和 $\delta_{e\text{-lim2}}$ 的表达式式(8-33)、式(8-38)可以看出，两者受多种因素影响，如故障恢复后系统的传输线路阻抗 X_{g3}、无功支路输出 E_d^p。其中，$\delta_{e\text{-lim2}}$ 还与输入机械转矩指令 P_{in}/ω_r^* 有关。这些影响因素将改变 $\delta_{e\text{-lim1}}$ 和 $\delta_{e\text{-lim2}}$ 的相对大小，从而改变系统稳定边界的主导相位约束。

在附表 4-3 参数下，得到两个相位约束随传输线路阻抗 X_{g3} 和输入机械转矩指令 P_{in}/ω_r^* 的变化规律，如图 8-12 所示。随着 X_{g3} 增大，$\delta_{e\text{-lim1}}$ 和 $\delta_{e\text{-lim2}}$ 均减小。P_{in}/ω_r^* 越小，$\delta_{e\text{-lim2}}$ 越大。

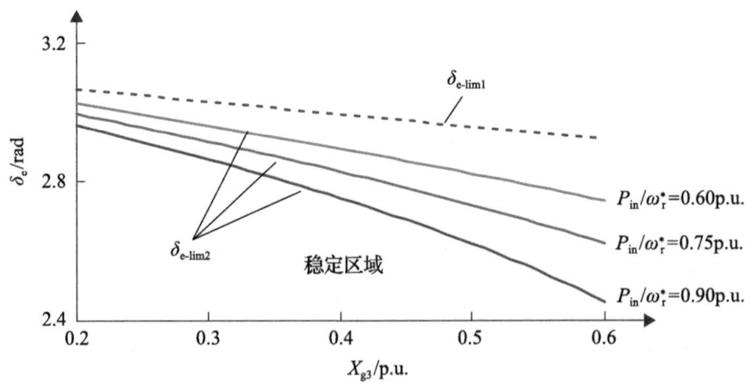

图 8-12　系统相位约束及暂态稳定边界与 X_{g3} 和 P_{in}/ω_r^* 的关系(E_d^p=0.93p.u.)

图 8-13 为两个相位约束随无功支路输出 E_d^p 和输入机械转矩指令 P_{in}/ω_r^* 的变化规律。随着 E_d^p 增大，$\delta_{e\text{-lim1}}$ 减小而 $\delta_{e\text{-lim2}}$ 增大，两个相位约束的相对大小发生变化。当 E_d^p 较大且 P_{in}/ω_r^* 较小时(如图 8-13 中 B 点)，暂态稳定边界 δ_{eu} 由 $\delta_{e\text{-lim1}}$ 决定；而当 E_d^p 较小时(如图 8-13 中 A 点)，δ_{eu} 则由 $\delta_{e\text{-lim2}}$ 决定。

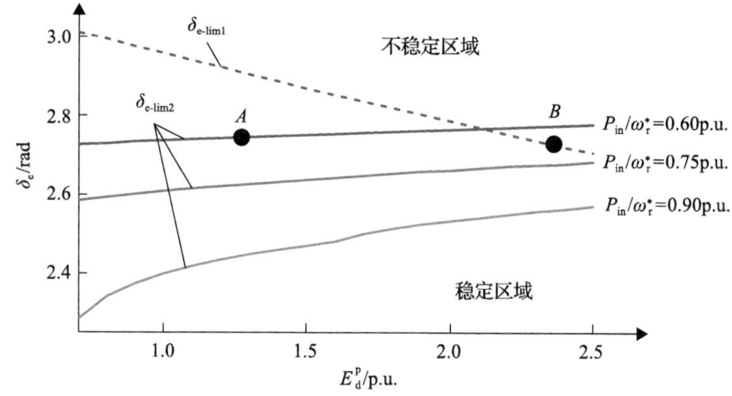

图 8-13　系统相位约束及暂态稳定边界与 E_d^p 和 P_{in}/ω_r^* 的关系（X_{g3}=0.6p.u.）

本节分析了双馈型风机暂态特性耦合和非线性特征对单风电机组-无穷大系统暂态稳定机理的影响，发现双馈型风机自身锁相支路非线性特征为系统带来额外的相位约束以及新的失稳机理，且该相位约束不受有功支路控制方式影响；发现双馈型风机幅值-相位耦合特征改变了系统功率传输特性，从而改变由网络非线性特征带来的相位约束，该约束受有功支路控制方式影响较大。

8.3.3　单风电机组-无穷大系统机电相位暂态稳定性分析

本节重点分析在不同有功控制策略下单风电机组-无穷大系统的相位暂态稳定性。以下以系统暂态稳定性较弱的恒功率区域[19]为例进行分析。为了便于理解暂态稳定机理，先忽略无功支路动态（E_d^p 为常数），仅考虑不同有功支路控制方式下内电势相位暂态稳定/单调行为及其对系统暂态稳定性的影响规律。

1. 系统相位暂态稳定行为

在附表 4-1 双馈型风机参数和附表 4-3 单风电机组-无穷大系统典型参数配置下，设置故障条件为 X_f=1p.u.、故障清除时间 t_{cl}=0.625s。在此方式与参数下，采用不同有功支路控制方式的双馈型风机内电势相位 δ_e 均未越过暂态稳定边界。仿真得到不同有功支路控制下的暂态稳定行为时域响应，如图 8-14 所示。

从图 8-14 中可以看出，不同有功支路控制方式下系统机电尺度暂态过程显著不同。

DFlag=1 时，故障恢复后系统存在明显的机电尺度暂态过程，可根据图 8-8(a)理解该过程。故障期间，由于输出有功功率减小，转子上不平衡功率增加导致转速增大，进而通过转速控制器调节使得内电势相位增加。故障恢复后，由于输出有功功率增大，转速减小但仍大于额定转速，所以相位在转速控制器的调节下继续增大。直至转速下降至额定转速以下，相位开始减小。该响应过程由转子运动和转子转速控制主导。机电尺度暂态过程显著的原因是，转速控制直接生成电流

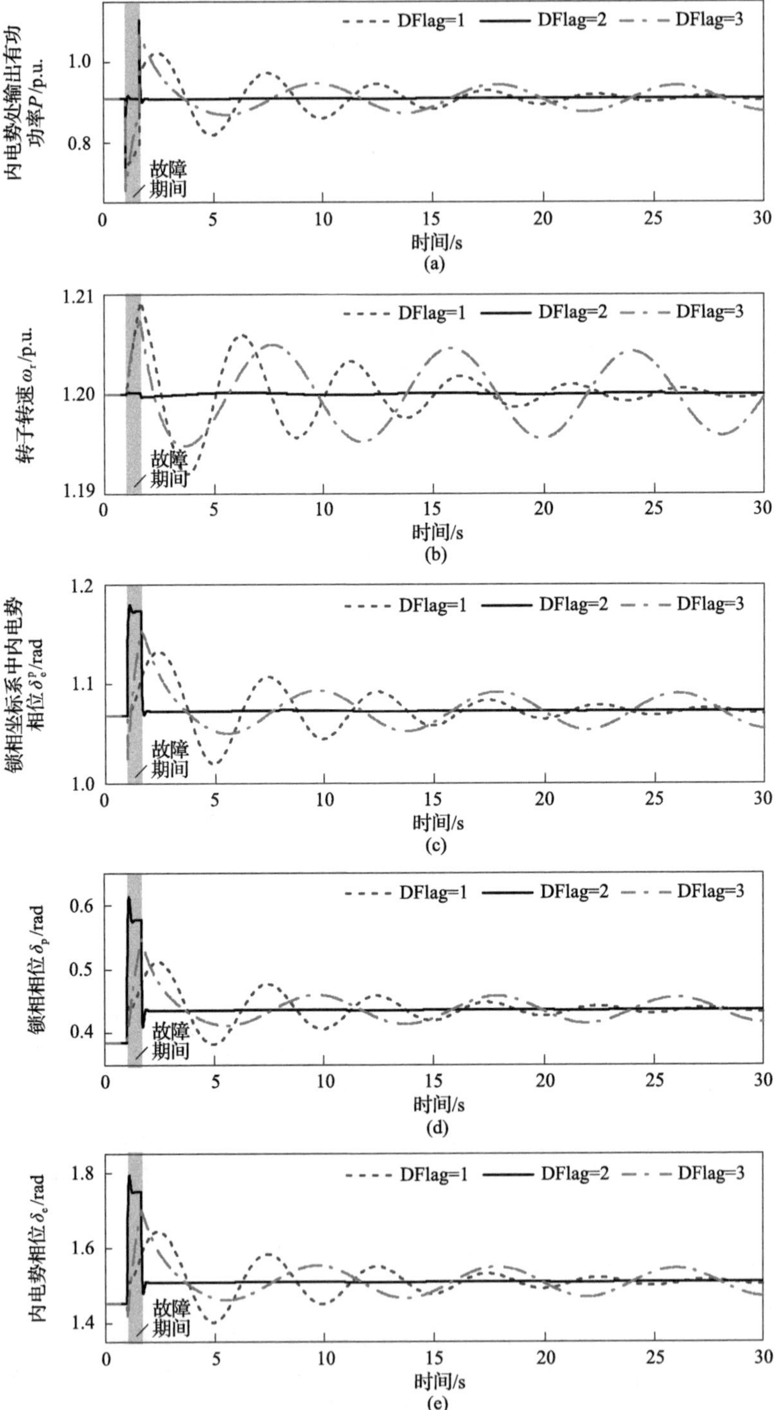

图 8-14　不同有功支路控制下的单双馈型风机-无穷大系统暂态稳定行为时域响应

指令，未直接控制输出有功功率，所以故障后输出有功功率突变且未及时受控跟踪输入机械功率，施加在转子上的不平衡功率较大且调节过程较长，从而造成转速变化幅度较大，双馈型风机的机电尺度暂态过程较显著。

DFlag=2 或 3 时，系统框图如图 8-8(b)所示。双馈型风机直接生成功率指令并经代数环节即时调节内电势相位，使实际输出有功功率快速跟踪指令值。有/无惯量控制决定有功功率指令是否变化，从而决定系统是否具有机电尺度暂态过程。

DFlag=2 时，双馈型风机基本不响应外部扰动，故障恢复后系统无机电尺度暂态过程。故障期间，双馈型风机有功功率指令基本不变而端电压 U_t 突减，通过代数环节导致内电势相位突增，以使输出有功功率继续跟踪有功功率指令。因该调节过程很快，施加在转子上的不平衡功率较小，转速变化较小，通过转速控制输出有功功率指令变化较小，双馈型风机机电尺度暂态过程不显著。在此控制下，双馈型风机机电尺度外特性近似于恒有功功率源。但故障期间电网电压较低，双馈型风机为及时跟踪电磁功率指令，需要提供更多有功电流，从而导致故障期间相位增加幅度最大。

DFlag=3 时，双馈型风机响应外部扰动，故障恢复后系统存在机电尺度暂态过程。这是因为惯量控制根据锁相相位动态改变有功功率指令 P_e^*，促使双馈型风机调整内电势相位，实现输出有功功率跟踪指令值，产生机电尺度动态。继而造成转子上有功功率不平衡，导致转速变化、转速控制器动作。系统存在机电尺度暂态过程的关键影响因素是双馈型风机的惯量控制，暂态过程由转子转速控制和惯量控制共同决定。

2. 系统相位暂态单调失稳行为

在保持故障条件不变的前提下，改变系统参数如附表 4-3 参数 2 所示，即增加传输线路阻抗，设置为风电经长线路送出场景。根据式(8-33)、式(8-38)得到相位约束值为 $\delta_{\text{e-lim1}}$=2.965rad、$\delta_{\text{e-lim2}}$=2.325rad。在不同有功支路控制方式下电力系统各变量暂态失稳行为如图 8-15～图 8-17 所示。

DFlag=1 时，系统暂态单调失稳行为如图 8-15 所示，结合图 8-10 的功率传输曲线解释暂态失稳过程，内电势相位单调失稳行为可分为两个阶段。阶段 1，当双馈型风机相位到达不稳定平衡点 $\delta_{\text{e-lim2}}$(图 8-10 中 B 点)时，相位仍运行在实线部分，锁相环存在静态工作点，但因输出有功功率小于输入有功功率，转子上的不平衡功率导致转速缓慢增大，从而通过转速控制器造成锁相坐标系中内电势相位 δ_e^p 和锁相相位 δ_p 增大，共同导致相位 δ_e 增大。越过 B 点后，电磁功率随 δ_e 的增大进一步减小，加剧了相位 δ_e 的增大速率。该过程失稳机理与单同步机-无穷大系统相似，相位失稳行为是由转子运动以及转速控制器主导的慢速单调发散。阶段 2，当相位继续增大越过 $\delta_{\text{e-lim1}}$(图 8-10 中的 C 点)时，相位运行在虚线部分，

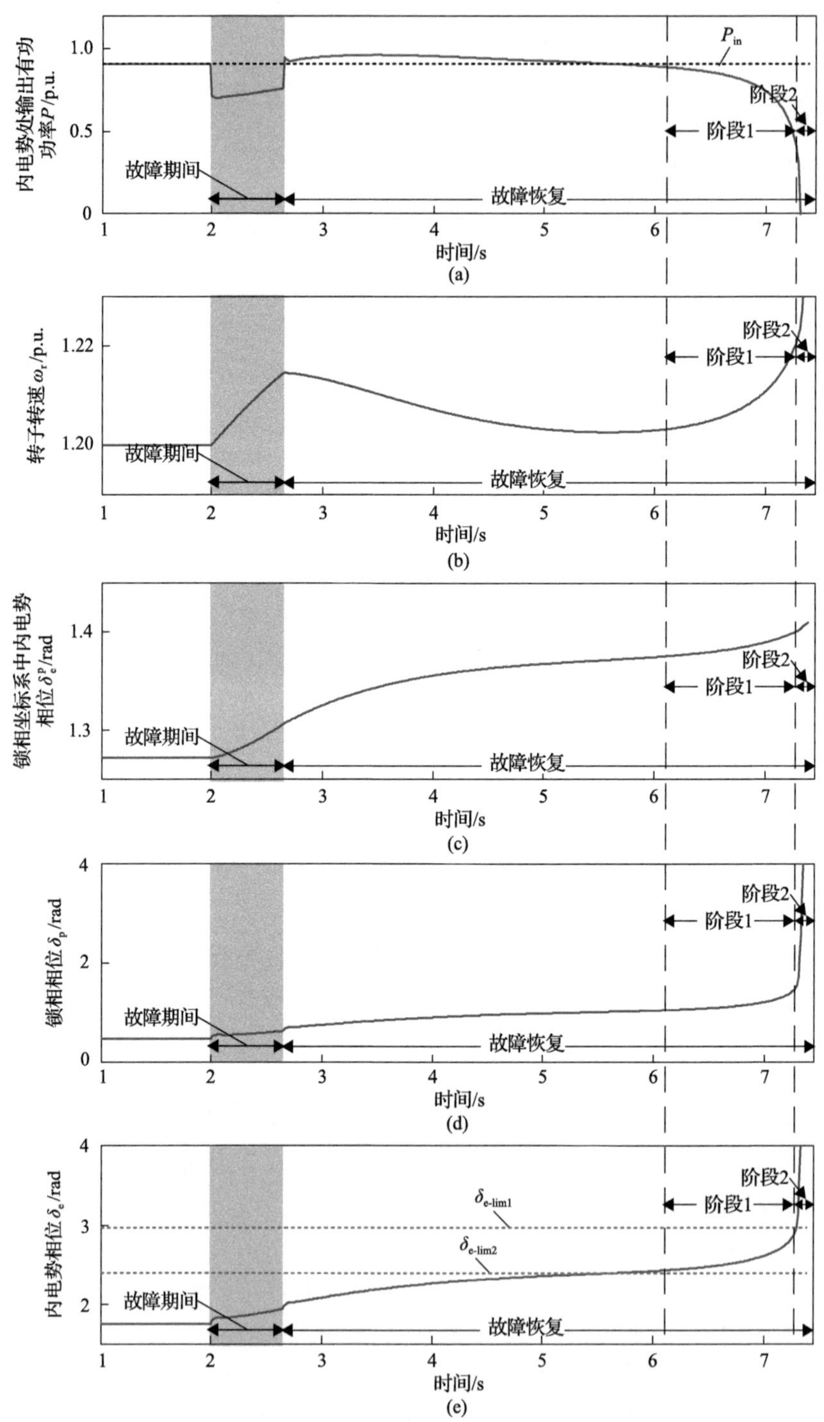

图 8-15　有功支路控制策略 DFlag=1 时单双馈型风机-无穷大系统暂态失稳行为时域响应

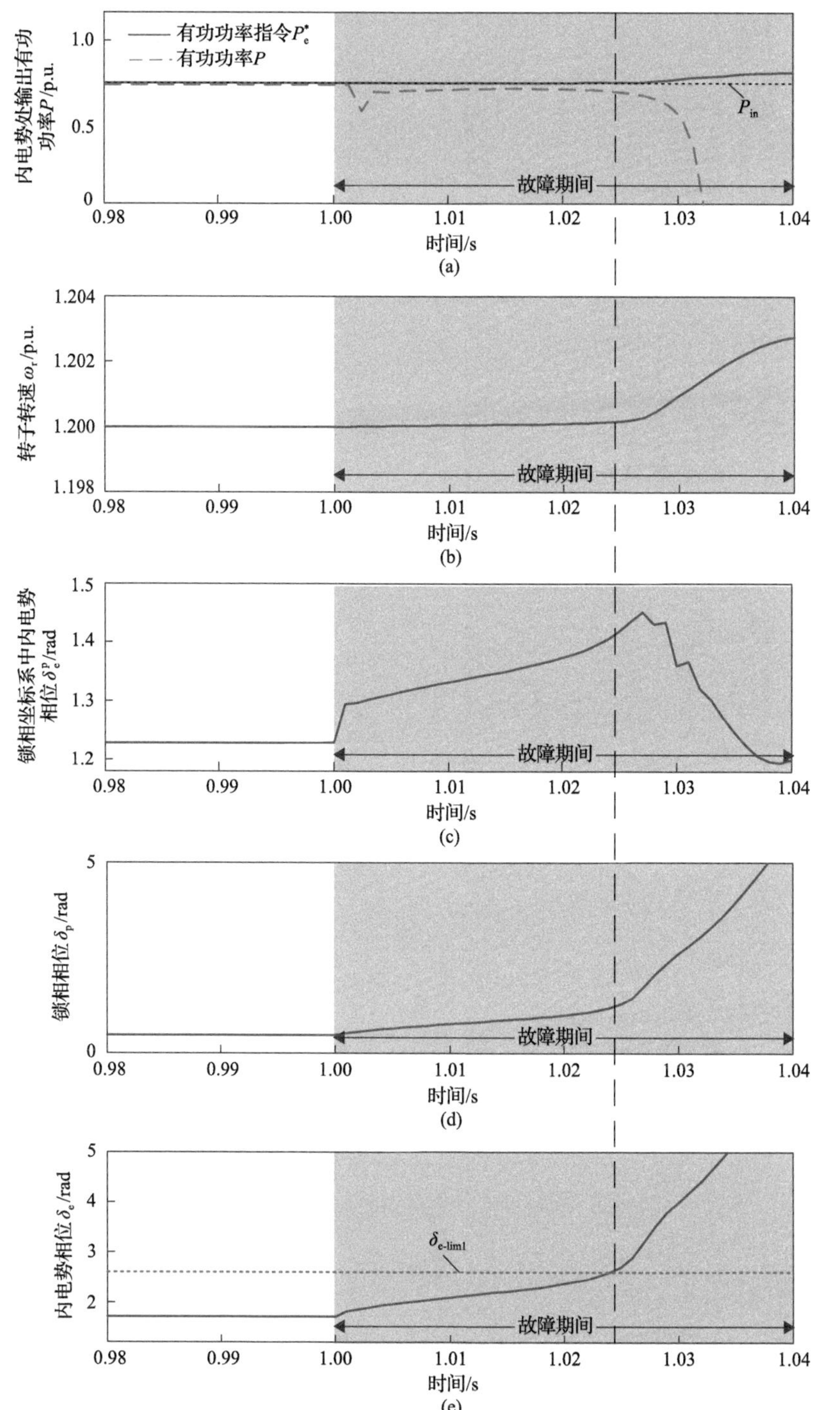

图 8-16 有功支路控制策略 DFlag=2 时单双馈型风机-无穷大系统暂态失稳行为时域响应

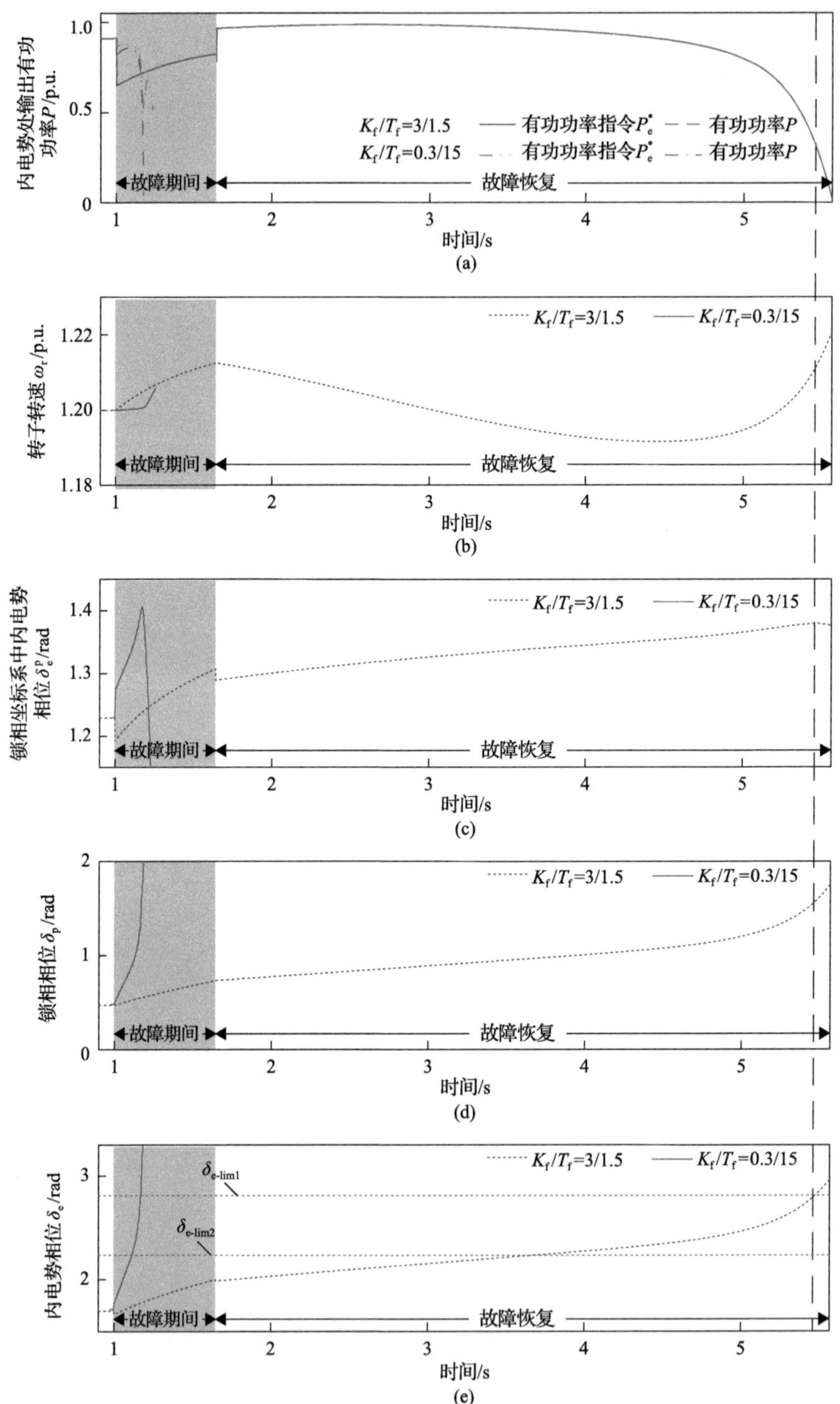

图 8-17　有功支路控制策略 DFlag=3 时单双馈型风机-无穷大系统暂态失稳行为时域响应

锁相环无静态工作点。为了呈现更完整的物理过程，在此阶段考虑了被忽略的实际锁相动态。该过程相位失稳行为是由锁相动态主导的快速单调发散。综上，DFlag=1 时，双馈型风机相位存在因不同失稳机理而带来的两个失稳过程，从而产生了慢—快尺度单调发散新现象。

DFlag=2 时，系统单调失稳行为如图 8-16 所示，因为故障期间的端电压较低，通过代数环节得到的锁相坐标系中内电势相位 δ_e^p 较大。相位易在故障期间越过相位约束 $\delta_{e\text{-lim1}}$，使得 δ_p 快速发散，发生由锁相动态主导的快速单调发散行为。

DFlag=3 时，系统相位单调失稳行为如图 8-17 所示。因惯量控制的存在，双馈型风机有功功率与相位之间的动态关系呈现更为复杂的高阶特征，经典加减速面积不适用，所以 $\delta_{e\text{-lim2}}$ 不适用但 $\delta_{e\text{-lim1}}$ 仍然存在。从图中看出，相位越过 $\delta_{e\text{-lim1}}$ 后的行为与惯量控制参数密切相关：①K_f/T_f=3/1.5 时，相位越过 $\delta_{e\text{-lim1}}$ 后，相位 δ_p 和 δ_e 仍慢速发散，且实际输出有功功率近似跟踪有功功率指令 P_e^*；②K_f/T_f =0.3/15 时，相位越过 $\delta_{e\text{-lim1}}$ 后，相位 δ_p 和 δ_e 快速发散，且实际输出有功功率无法跟踪有功功率指令 P_e^*；③K_f/T_f 越趋近于 0/∞，系统暂态行为与 DFlag=2 时的响应越相似。这是因为，相位越过 $\delta_{e\text{-lim1}}$ 后锁相误差不为 0，锁相相位 δ_p 在锁相控制自身积分的作用下增大，但又通过惯量控制减小有功功率指令 P_{int}，从而使 E_q^p 和 δ_e^p 减小。K_f/T_f 越大，惯量控制响应越快，对 E_q^p 的抑制作用越强，从而抵消锁相控制自身积分的作用，使相位发散速率降低。

3. 有功支路控制对系统暂态稳定性的影响规律

由前述分析可知，单双馈型风机-无穷大系统暂态行为受有功控制策略影响较大。下面在附表 4-3 参数 2 配置下，分析不同控制策略及相应参数变化对单风电机组-无穷大系统暂态稳定性的影响规律。系统呈现高阶、强非线性，难以通过构造暂态能量函数量化系统的暂态稳定程度。本书统一通过故障极限切除时间衡量系统的暂态稳定程度。故障极限切除时间越大，则系统的暂态稳定程度越高。不同有功支路控制策略下参数配置方案如表 8-1 所示，各方案下故障极限切除时间随参数变化的规律如图 8-18 所示。

表 8-1　不同有功支路控制的影响方案设置

方案	影响因素	参数 1	参数 2	参数 3	参数 4	参数 5
1	DFlag=1 不同转速控制器参数 ($3n_\omega$, $20n_\omega^2$)	n_ω=0.5	n_ω=0.75	n_ω=1	n_ω=1.25	n_ω=1.5
2	DFlag=1 不同转子惯性时间常数 H	H=3s	H=3.5s	H=4s	H=4.5s	H=5s
3	DFlag=3 不同惯量控制时间常数 T_f	T_f=1.5	T_f=3.5	T_f=5.5	T_f=7.5	T_f=9.5
4	DFlag=3 不同惯量控制比例系数 K_f	K_f=0 (DFlag=2)	K_f=1	K_f=2	K_f=3	K_f=4

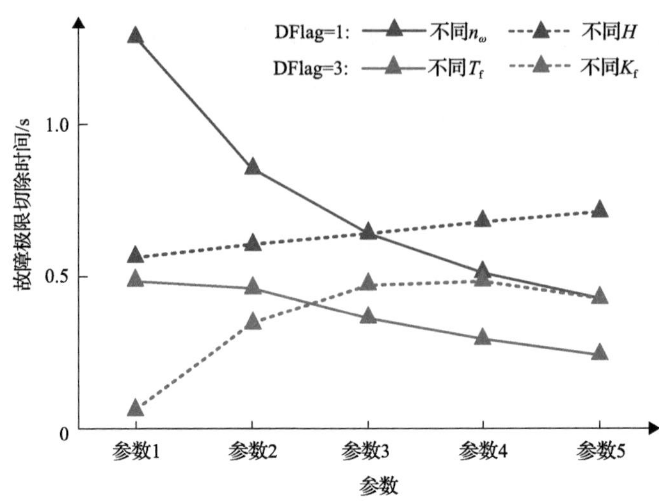

图 8-18　不同有功支路控制方式下单双馈型风机-无穷大系统故障极限切除时间变化规律

从图 8-18 看出，DFlag=1 时单双馈型风机-无穷大系统机电尺度暂态行为主要受双馈型风机转速控制器参数和转子惯性时间常数影响。随着 n_ω 增大，转速控制器带宽增大，故障极限切除时间减小，系统稳定性降低。随着 H 增大，故障极限切除时间增大，系统稳定性提升。这是因为，在此控制下内电势相位动态由转子运动和转速控制共同决定，较小的转子质量块惯性时间常数或较大的转速控制器带宽都会使内电势响应速度增加，对外体现的等效惯量减小，相位变化更明显，从而降低了系统的暂态稳定性。

从图 8-18 还可看出，DFlag=3 时单双馈型风机-无穷大系统机电尺度暂态行为还会受惯量控制时间常数 T_f 和惯量控制比例系数 K_f 影响。随着 T_f 增大，故障极限切除时间减小，系统稳定性降低。系统故障极限切除时间随 K_f 的变化不是单调的，而是随 K_f 增大，故障极限切除时间先增大后减小，系统稳定性先增加后降低。且随着 K_f 增大，故障后系统易发生多摆失稳。$K_f=0$（DFlag=2）时易发生故障期间失稳。这是因为惯量控制对相位调节的效果与 PI 控制器相似：比例系数 K_f 越大，双馈型风机释放转子动能的能力越强，等效惯量增大，但同时阻尼作用削弱，所以系统稳定性先增强后减弱，且易发生多摆失稳。时间常数 T_f 增大，不影响等效惯量但增强阻尼作用，所以系统稳定性增强。

8.3.4　无功支路控制对单风电机组-无穷大系统暂态稳定性的影响

从图 8-8 看出，不同无功控制策略对相位暂态行为的影响路径相似，即通过改变无功支路控制输出 E_d^p 动态从而影响内电势相位暂态行为。此外，从 8.3.2 节的分析可知，无功支路控制输出 E_d^p 动态还会改变相位约束值 $\delta_{e\text{-lim1}}$ 和 $\delta_{e\text{-lim2}}$，甚至影响两者的相对大小，从而改变稳定边界主导因素。因不同无功支路控制策略对内电势的暂态过程的影响存在相通性，本节先以一种控制策略(DFlag=1、QFlag=4)为例，认识无功支路控制对单风电机组-无穷大系统机电尺度暂态过程及暂态稳定/失稳行为的影响；再通过故障极限切除时间衡量不同无功支路控制对系统暂态稳定性的影响规律。

1. 对系统暂态稳定行为的影响

在附表 4-3 参数 2 配置下，故障条件为接地阻抗 X_f=0.5p.u.、故障切除时间 t_{cl}=0.45s，得到在不同无功参数下单风电机组-无穷大系统各变量的暂态响应如图 8-19 所示。从图中看出，暂态稳定时，锁相相位 δ_p 的动态与内电势 q 轴分量 E_q^p 动态一致，均由有功支路控制决定。不同无功支路控制参数下锁相相位 δ_p 响应的差异反映了无功支路控制通过改变幅值动态-经网络影响输出有功/无功功率-经有功支路控制对内电势相位的影响。锁相坐标系中内电势相位 δ_e^p 与锁相相位 δ_p 暂态响应的差异说明了无功支路动态通过极坐标耦合对相位的影响。由此，无功支路控制对相位暂态行为影响较大，从而影响系统的暂态稳定性。

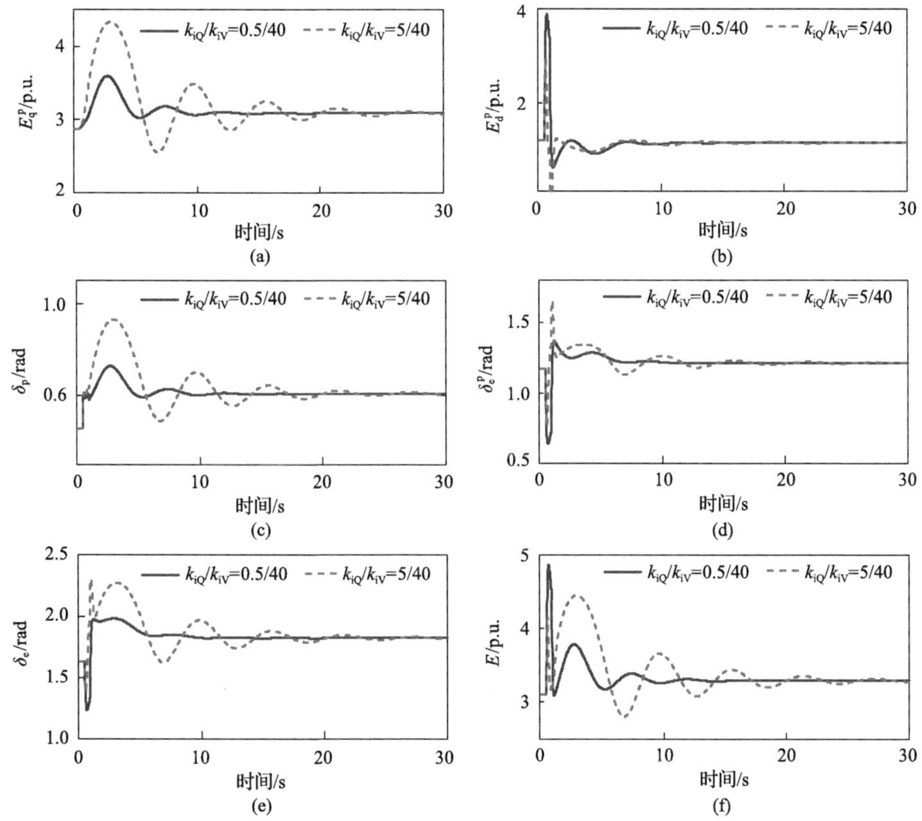

图 8-19　考虑无功支路控制动态的单双馈型风机-无穷大系统暂态稳定行为时域响应

与此同时，因双馈型风机内部通过极坐标形成的“有功功率-内电势幅值”支路存在，双馈型风机内电势幅值动态也由无功支路控制输出 $E_{\mathrm{d}}^{\mathrm{p}}$ 动态和有功支路控制输出 $E_{\mathrm{q}}^{\mathrm{p}}$ 动态共同决定。在故障期间和故障恢复初期，因无功支路的端电压控制对扰动的响应明显，幅值动态由无功支路输出 $E_{\mathrm{d}}^{\mathrm{p}}$ 动态主导；在故障恢复后期，随着无功支路控制对电网扰动的响应减弱，幅值动态主要由有功支路输出 $E_{\mathrm{q}}^{\mathrm{p}}$ 动态决定。

2. 对系统暂态单调失稳行为的影响

进一步增加故障切除时间使 t_{cl}=0.55s，则系统趋于不稳定，此时各变量的时域响应如图 8-20 所示。图 8-20(e) 中虚线表示相位约束 $\delta_{\text{e-lim1}}$ 和 $\delta_{\text{e-lim2}}$ 随时间的变化情况。观察图 8-20(e) 的相位和图 8-20(f) 的幅值响应，可根据失稳现象的不同将双馈型风机失稳后的过程分为以下两个阶段。

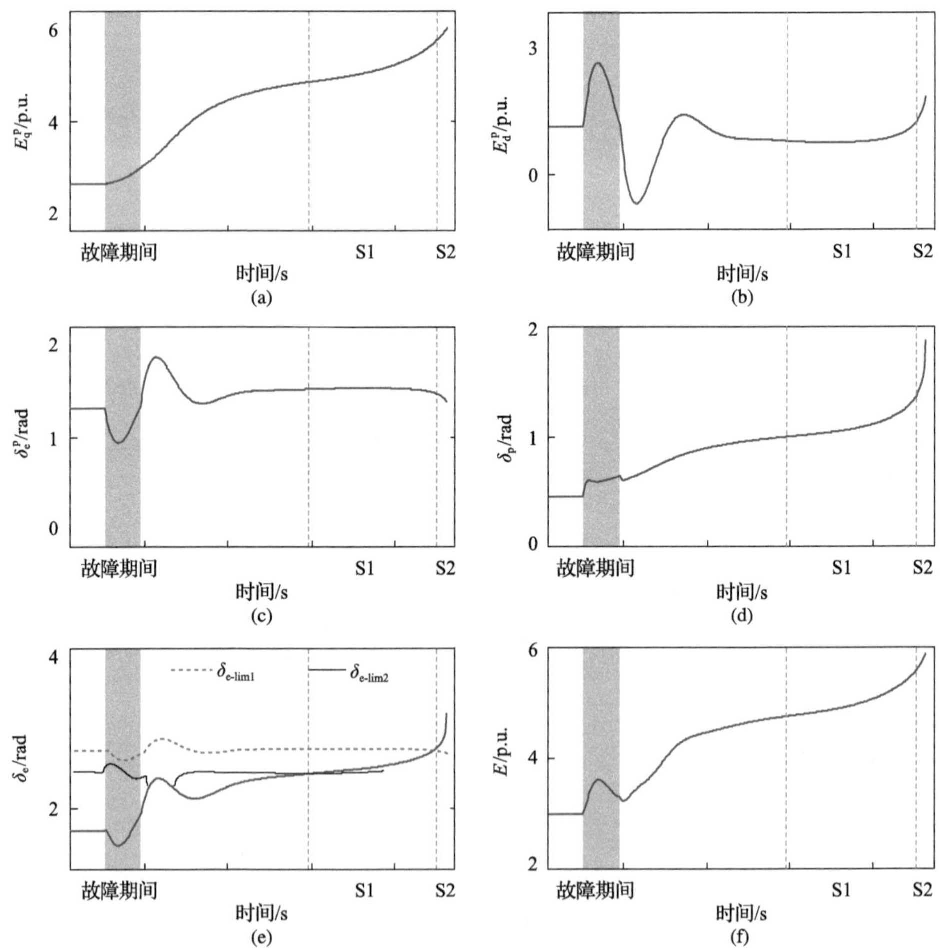

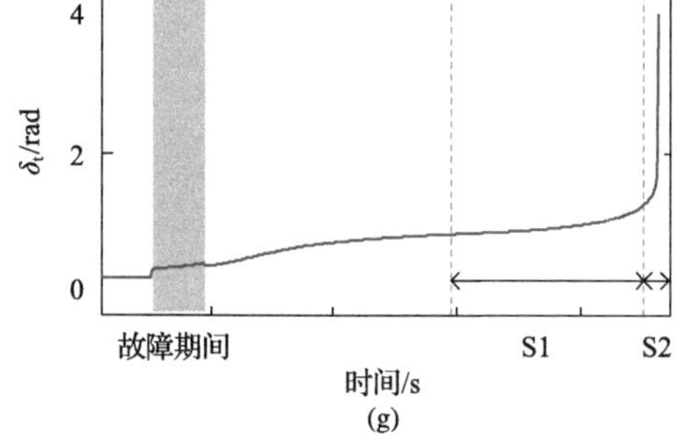

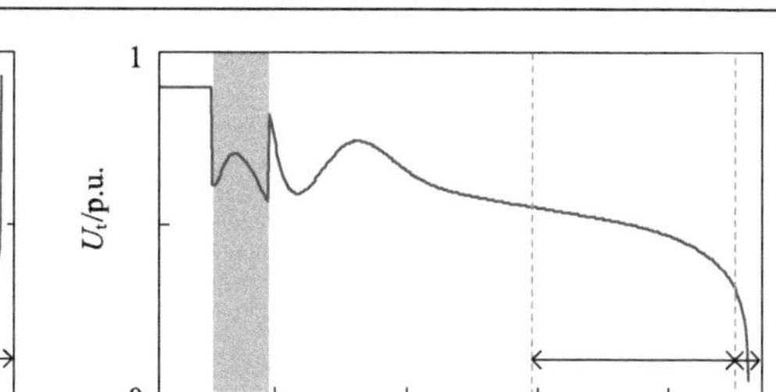

图 8-20　单风电机组-无穷大系统暂态单调失稳时各变量时域响应

阶段 1(S1)：当相位超过相位约束 $\delta_{\text{e-lim2}}$ 时，双馈型风机慢速失稳，该过程的失稳机理与 8.3.3 节失稳行为中阶段 1 的失稳机理相同。此时，随着作用在转子质量块上的不平衡有功功率增加，转速增大，在转子运动和转速控制作用下 E_{q}^{p} 慢速单调增大；随着不平衡无功功率增大，在无功功率控制作用下 E_{d}^{p} 也呈现慢速单调增大。锁相相位 δ_{p} 受到 E_{q}^{p} 增大的影响而慢速单调发散；锁相坐标系中内电势相位 $\delta_{\text{e}}^{\text{p}}$ 则因还受 E_{d}^{p} 增大的影响，未明显发散，甚至在该阶段后期呈现下降趋势。在 E_{q}^{p} 和 E_{d}^{p} 的共同作用下，相位 δ_{e} 慢速单调发散。与此同时，内电势幅值 E 也在 E_{d}^{p}、E_{q}^{p} 的共同作用下慢速单调发散。综上，因双馈型风机内部耦合特征，内电势幅值和相位同时慢速单调发散，这是不同于同步机功角(相位)单调失稳的现象。

阶段 2(S2)：相位 δ_{e} 在转速控制和无功功率控制调节下继续增大并越过 $\delta_{\text{e-lim1}}$ 后，因双馈型风机锁相支路不存在静态工作点，锁相相位 δ_{p} 快速发散。内电势相位 δ_{e} 由锁相相位 δ_{p} 主导也快速发散。但内电势幅值因未受到锁相动态影响，和阶段 1 一样慢速失稳。

3. 对系统暂态稳定性的影响规律

从上述对暂态行为的认识可知，无功支路控制会改变输出 E_{q}^{p} 动态，一方面通过极坐标耦合路径影响 $\delta_{\text{e}}^{\text{p}}$ 动态，不同程度地减小内电势相位一摆最大值(定义内电势相位首次正向增大至 $\omega_{\text{e}}=0$ 的过程为相位的“一摆”过程)；另一方面通过增大或减小相位约束，共同影响系统的暂态稳定程度。这里选择故障极限切除时间作为不同控制方式及参数下系统暂态稳定程度的衡量指标。不同无功支路控制的影响方案设置如表 8-2 所示，故障极限切除时间变化规律如图 8-21 所示。

表 8-2　不同无功支路控制的影响方案设置

方案	影响因素	参数 1	参数 2	参数 3	参数 4	参数 5	参数 6
1	QFlag=2 不同无功功率控制参数 k_{iQ}	$k_{\text{iQ}}=0.5$	$k_{\text{iQ}}=1$	$k_{\text{iQ}}=5$	$k_{\text{iQ}}=10$	$k_{\text{iQ}}=20$	$k_{\text{iQ}}=40$ (QFlag=1)

续表

方案	影响因素	参数 1	参数 2	参数 3	参数 4	参数 5	参数 6
2	QFlag=3 不同端电压控制参数 k_{iV}	k_{iV}=0.5	k_{iV}=1	k_{iV}=5	k_{iV}=10	k_{iV}=20	k_{iV}=40
3	QFlag=4 不同无功功率/端电压级联控制参数 k_{iQ}/k_{iV}	k_{iQ}/k_{iV}=0.5/0.5	k_{iQ}/k_{iV}=0.5/1	k_{iQ}/k_{iV}=0.5/5	k_{iQ}/k_{iV}=0.5/10	k_{iQ}/k_{iV}=0.5/20	k_{iQ}/k_{iV}=0.5/40

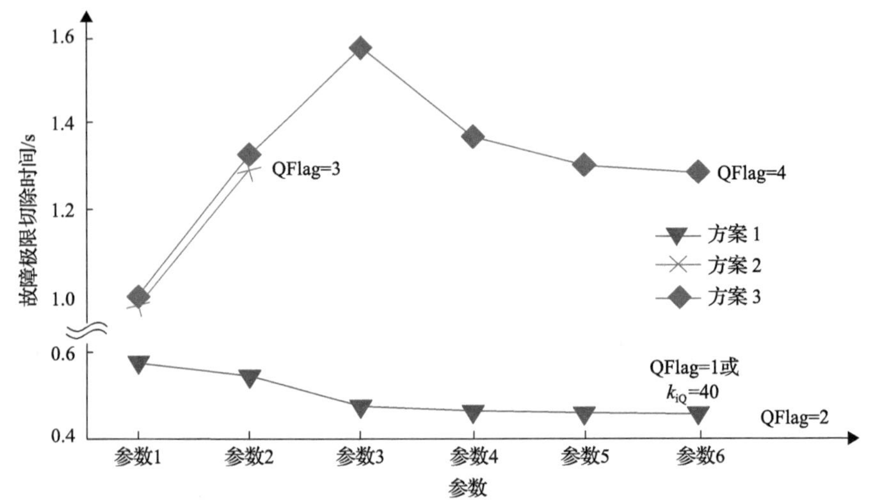

图 8-21　不同无功支路控制方式下单双馈型风机-无穷大系统故障极限切除时间

采用无功功率控制(QFlag=2)时，随着 k_{iQ} 增大，故障极限切除时间变小，增大 k_{iQ} 对系统暂态稳定有不利影响。这是因为该控制方式的作用在于通过无功功率控制调节 E_d^p，将故障期间增大的无功功率调节恢复至指令值。k_{iQ} 越大，控制器调节速度越快，通过积分控制器产生的 E_d^p 越小。而因相位 δ_e 与 E_d^p 负相关，所以 δ_e 的一摆最大值增大，相位约束 $\delta_{e\text{-lim2}}$ 减小，但因相位约束相较于一摆最大值变化较小，所以故障极限切除时间减小。恒无功控制(QFlag=1)可以视为 QFlag=2 中 k_{iQ} 为足够大时的特例，此时无功功率调节能力最快，故其故障极限切除时间最小，系统暂态稳定性最差。

采用端电压控制(QFlag=3)时，随着 k_{iV} 增大，故障极限切除时间变大，当 k_{iV} 增大到一定程度时，系统不会出现机电尺度暂态失稳，即增大 k_{iV} 对系统暂态稳定性有利。这是因为端电压控制的目的在于通过输出更多无功功率以维持端电压不变，所以 k_{iV} 越大，双馈型风机维持端电压不变的能力越强，抵抗外部扰动的能力越强，从而更加稳定。但 k_{iV} 增大会减小系统阻尼，从而导致振荡发散，易发生多摆失稳。

采用无功功率/端电压级联控制(QFlag=4)时，其故障极限切除时间与 k_{iQ}、k_{iV} 均有关，与其余三种无功支路控制方式相比，对系统暂态稳定性最有利。但因为无功支路为二阶，所以故障极限切除时间随参数变化的规律并不单调。随着 k_{iV} 增大，故障极限切除时间先增大后减小。所以在此控制方式下，改变 k_{iV} 可能对系统暂态稳定有利或不利。

需要说明的是，因全功率型风机与双馈型风机的机电尺度内电势幅值和相位形成方式相似，即均是由锁相坐标系中 dq 分量经直角坐标-极坐标变换得到内电势幅值 E 与锁相坐标系中内电势相位 δ_e^p，再由 δ_e^p 与锁相相位 δ_p 共同构成内电势相位 δ_e。所以，全功率型风机内电势幅值和相位之间存在相同的耦合关系和额外的相位约束，上述所得功率传输特性及新的失稳机理同样适用于含全功率型风机的单风电机组-无穷大系统。

8.4　风电机组-同步机两机系统的机电暂态稳定性

现有关于风电并网系统的暂态行为及稳定性研究多以同步机为主要电源、风电机组为辅助电源，采用数值仿真方法分析风电接入后对同步机之间相对相位(转子角)一摆稳定性的影响。然而近年来，随着风力发电的大力发展，风电在电力系统中的比例逐渐升高并已成为局部地区的主要电源。在这类风电并网系统中，风电机组与同步机具有同等重要的位置。

根据 8.2 节、8.3 节的分析可知，风电机组暂态特性可由有功功率/无功功率与内电势幅值/相位之间的关系刻画，其内电势相位暂态特性由转子运动与机电尺度控制策略共同决定，并发现了在单风电机组-无穷大系统中风电机组自身也会存在相位失稳现象。由此可判断，风电机组与同步机内电势相对相位较大同样可能引发系统暂态稳定性问题。因此，不仅要关心风电机组接入后对同步机之间相对相位暂态行为的影响，还需要关注风电机组自身内电势与同步机内电势之间相对相位的暂态交互行为及其引起的稳定性问题。因两者含有相近的机电尺度动态，所以风电机组易与同步机转子运动产生相互作用，所以风电机组与同步机的相对相位暂态行为及系统暂态稳定性也会显著受到双馈型风机自身机电尺度控制策略影响。

本节以风电机组-同步机两机系统为例，研究系统机电尺度暂态稳定性[20]。基于所提“激励-响应”模型，分析不同风电机组控制策略下的故障恢复后系统暂态稳定性，包括暂态稳定边界和不同故障程度下相对相位的暂态稳定/单调失稳行为，并研究不同控制参数和风电接入比例对系统暂态稳定性的影响规律。

风电机组-同步机两机系统如图 8-22 所示，风电机组和同步机电源之间通过双回线路相连并在双回线路两端口接入恒阻抗负荷 Z_{L1}、Z_{L2}。双回线路的某一回线路端口发生三相非金属接地故障(接地阻抗为 X_f)，并在 t_{cl} 后切除，故障后单回线路运行。本节仍是以双馈型风机为代表展开讨论。

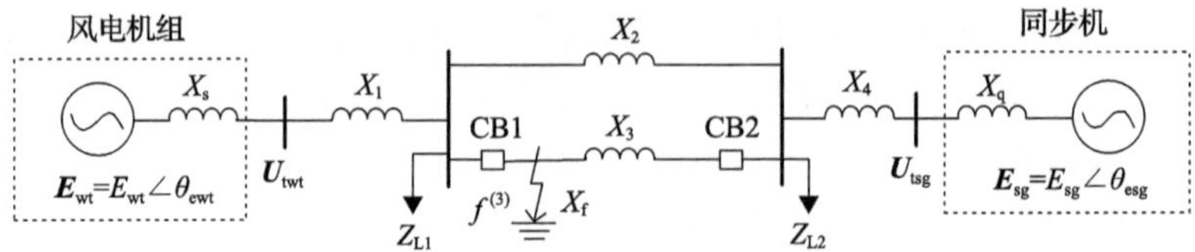

图 8-22　风电机组-同步机两机系统图

8.4.1　两机系统功率传输特性

1. 两机系统分析框图

首先，结合双馈型风机自身代数方程与网络方程得到双馈型风机“简化锁相环”表达形式。可根据图 8-22 的电路关系将故障恢复后期系统双馈型风机和同步机的输出电流依次表示为

$$\boldsymbol{I}_{wt}=\frac{\boldsymbol{E}_{wt}}{\boldsymbol{Z}_{11\_3}}-\frac{\boldsymbol{E}_{sg}}{\boldsymbol{Z}_{12\_3}} \tag{8-39}$$

$$\boldsymbol{I}_{sg}=\frac{\boldsymbol{E}_{sg}}{\boldsymbol{Z}_{22\_3}}-\frac{\boldsymbol{E}_{wt}}{\boldsymbol{Z}_{21\_3}} \tag{8-40}$$

式中，$\boldsymbol{E}_{wt}=E_{wt}\angle\theta_{ewt}$ 为双馈型风机内电势矢量；$\boldsymbol{E}_{sg}=E_{sg}\angle\theta_{esg}$ 为同步机内电势矢量；$\boldsymbol{Z}_{ij\_3}=Z_{ij\_3}\angle\alpha_{ij\_3}(i,j=1,2)$ 为故障恢复后期系统转移阻抗，节点 1、2 分别表示为双馈型风机内电势节点和同步机节点。具体表达形式为

$$\boldsymbol{Z}_{21\_3}=\boldsymbol{Z}_{12\_3}=\left[\mathrm{j}\left(X_4+X_q\right)\|Z_{L2}+\mathrm{j}X_2\right]\|Z_{L1}+\mathrm{j}\left(X_1+X_s\right) \tag{8-41}$$

$$\boldsymbol{Z}_{11\_3}=\frac{\mathrm{j}\left(X_s+X_1\right)+Z_{L1}}{Z_{L1}}\cdot\left\{\mathrm{j}\left(X_4+X_q\right)+Z_{L2}\|\left[\mathrm{j}\left(X_1+X_s\right)\|Z_{L1}+\mathrm{j}X_2\right]\right\} \tag{8-42}$$

$$\boldsymbol{Z}_{22\_3}=\left[\mathrm{j}\left(X_1+X_s\right)\|Z_{L1}+\mathrm{j}X_2\right]\|Z_{L2}+\mathrm{j}\left(X_4+X_q\right) \tag{8-43}$$

双馈型风机端电压矢量表示为

$$\boldsymbol{U}_{twt}=\boldsymbol{E}_{wt}-\mathrm{j}X_s\boldsymbol{I}_{wt}=\underbrace{\left(1-\frac{\mathrm{j}X_s}{\boldsymbol{Z}_{11\_3}}\right)}_{\boldsymbol{K}_{1\_3}}\boldsymbol{E}_{wt}+\underbrace{\frac{\mathrm{j}X_s}{\boldsymbol{Z}_{12\_3}}}_{\boldsymbol{K}_{2\_3}}\boldsymbol{E}_{sg}=\boldsymbol{K}_{1\_3}\boldsymbol{E}_{wt}+\boldsymbol{K}_{2\_3}\boldsymbol{E}_{sg} \tag{8-44}$$

式中，系数 $\boldsymbol{K}_{1\_3}=k_{1\_3}\angle\varphi_{1\_3}$、$\boldsymbol{K}_{2\_3}=k_{2\_3}\angle\varphi_{2\_3}$，$k_{1\_3}$ 和 φ_{1_3} 分别为 $\boldsymbol{K}_{1\_3}$ 的幅值和相位，k_{2_3} 和 φ_{2_3} 分别为 $\boldsymbol{K}_{2\_3}$ 的幅值和相位。

可将式(8-44)写成极坐标形式，并得各相位相对于双馈型风机内电势相位 θ_{ewt} 的形式：

$$U_{twt}\angle(\theta_{twt}-\theta_{ewt})=k_{1\_3}E_{wt}\angle\varphi_{1\_3}+k_{2\_3}E_{sg}\angle(\theta_{esg}-\theta_{ewt}+\varphi_{2\_3}) \tag{8-45}$$

令双馈型风机内电势与同步机内电势相位之差为 $\delta_{wt\text{-}sg}=\theta_{ewt}-\theta_{esg}$。并认为锁相相位 θ_{pwt} 与双馈型风机端电压相位 θ_{twt} 近似相等。通过式(8-45)可求得在锁相坐标系中 θ_{ewt}^{p} 的表达式：

$$\tan\theta_{ewt}^{p}=-\frac{k_{1\_3}E_{wt}\sin\varphi_{1\_3}+k_{2\_3}E_{sg}\sin(\varphi_{2\_3}-\delta_{wt\text{-}sg})}{k_{1\_3}E_{wt}\cos\varphi_{1\_3}+k_{2\_3}E_{sg}\cos(\varphi_{2\_3}-\delta_{wt\text{-}sg})}=\frac{\sin\theta_{ewt}^{p}}{\cos\theta_{ewt}^{p}} \tag{8-46}$$

可将式(8-46)变换为

$$k_{1\_3}E_{wt}\sin(\theta_{ewt}^{p}+\varphi_{1\_3})+k_{2\_3}E_{sg}\sin(\theta_{ewt}^{p}-\delta_{wt\text{-}sg}+\varphi_{2\_3})=0 \tag{8-47}$$

通过式(8-47)可解得双馈型风机内电势相位 θ_{ewt} 表达式为

$$\theta_{ewt}=\arcsin\left[\frac{k_{1\_3}E_{wt}}{k_{2\_3}E_{sg}}\sin(\theta_{ewt}^{p}+\varphi_{1\_3})\right]+\varphi_{2\_3}+\theta_{ewt}^{p}+\theta_{esg} \tag{8-48}$$

合并式(8-48)与式(8-6)、式(8-7)，则可将锁相相位 θ_{pwt} 用控制器输出变量表示为

$$\begin{aligned}\theta_{pwt}&=\arcsin\left(\frac{k_{1\_3}E_{qwt}^{p}}{k_{2\_3}E_{sg}}\cos\varphi_{1\_3}+\frac{k_{1\_3}E_{dwt}^{p}}{k_{2\_3}E_{sg}}\sin\varphi_{1\_3}\right)+\varphi_{2\_3}+\theta_{esg}\\&=f_7(E_{dwt}^{p},E_{qwt}^{p},E_{sg},\theta_{esg})\end{aligned} \tag{8-49}$$

其次，双馈型风机和同步机内电势处输出有功功率、无功功率分别表示为

$$P_{wt}+jQ_{wt}=\boldsymbol{E}_{wt}\boldsymbol{I}_{wt}^{*}=\frac{E_{wt}^{2}}{Z_{11\_3}}\angle\alpha_{11\_3}-\frac{E_{wt}E_{sg}}{Z_{12\_3}}\angle(\delta_{wt\text{-}sg}+\alpha_{12\_3}) \tag{8-50}$$

$$P_{sg}+jQ_{sg}=\boldsymbol{E}_{sg}\boldsymbol{I}_{sg}^{*}=\frac{E_{sg}^{2}}{Z_{22\_3}}\angle\alpha_{22\_3}-\frac{E_{wt}E_{sg}}{Z_{21\_3}}\angle(-\delta_{wt\text{-}sg}+\alpha_{21\_3}) \tag{8-51}$$

双馈型风机采用所提不同正常控制策略下的“激励-响应”关系模型，同步机采用考虑三绕组的“激励-响应”关系模型且考虑同步机原动机调节作用(以调节系统频率)，并结合式(8-49)～式(8-51)，得到故障恢复后两机系统的闭环框图，如图 8-23 所示。

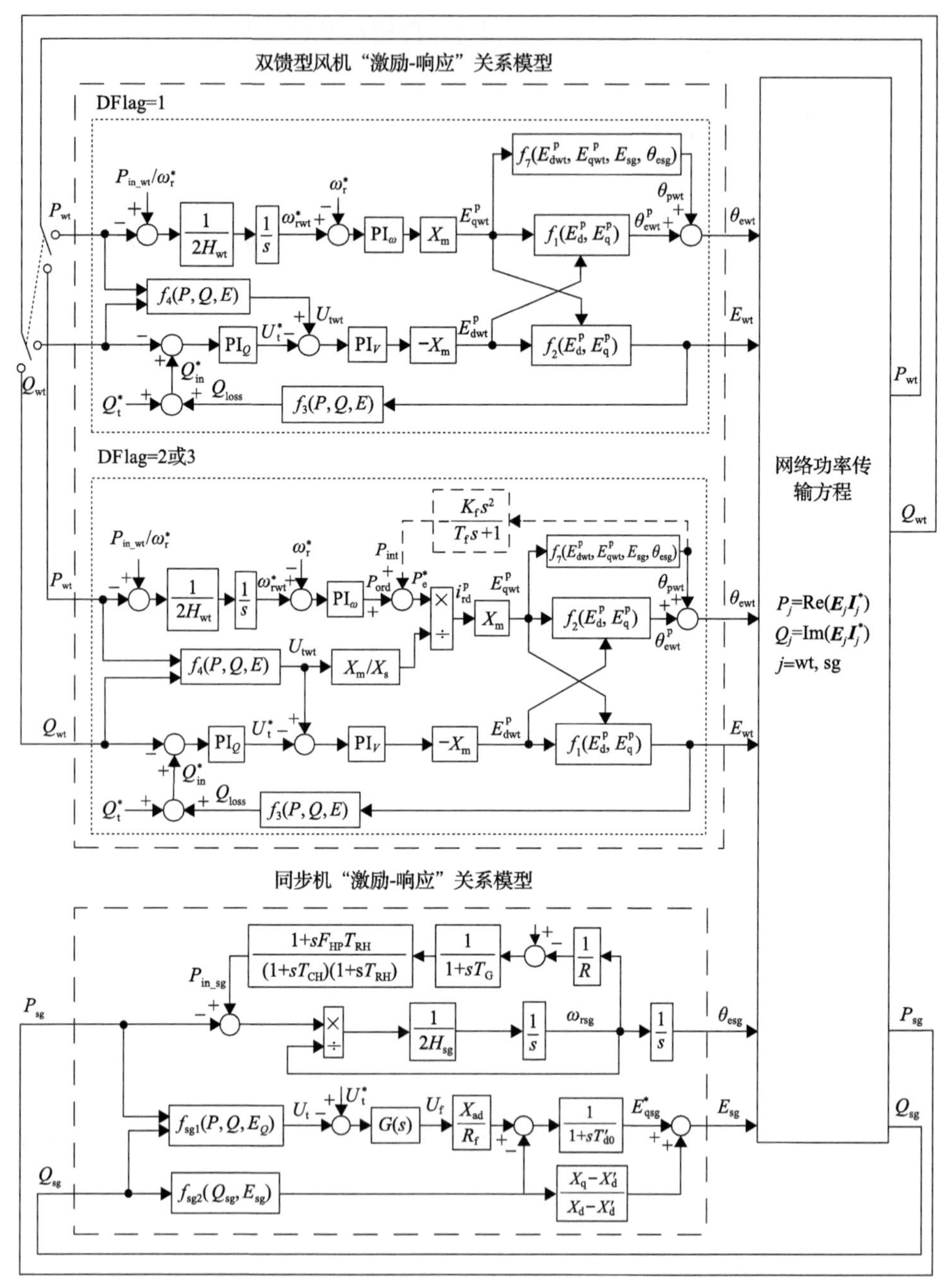

图 8-23　在双馈型风机不同有功支路控制策略下双馈型风机-同步机两机系统闭环框图

2. 两机系统功率传输特性

将幅值与相位的耦合关系式(8-31)代入双馈型风机-同步机两机系统的功率

传输特性方程式(8-50)和式(8-51)后，可画出系统的功率传输特性曲线(图 8-24)。其中，细线表示故障前的功率传输特性曲线，粗线表示故障后的功率传输特性曲线；实线表示有静态工作点，虚线表示无静态工作点。可见，因双馈型风机自身幅值-相位的耦合特性，双馈型风机-同步机两机系统功率传输特性曲线产生形变。

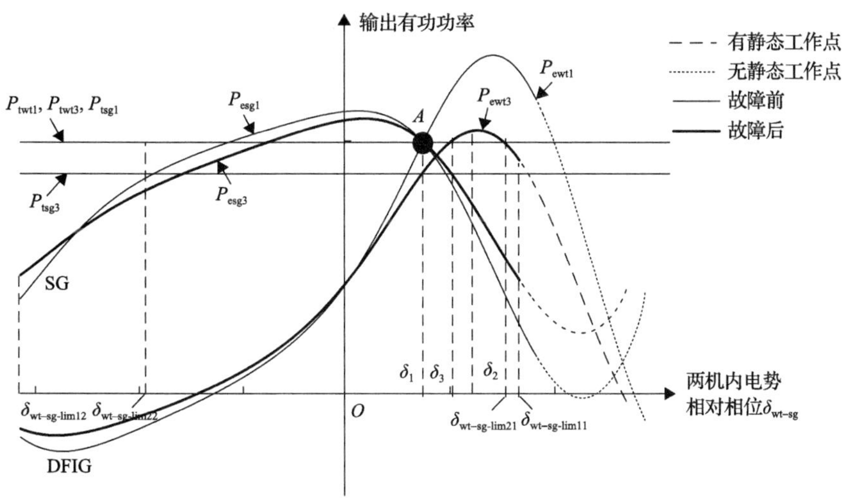

图 8-24　双馈型风机-同步机两机系统的功率传输特性曲线

8.4.2　两机系统机电暂态稳定机理

假设两机出力相等，故障前输入功率相同，系统稳态工作点位于两曲线交点 A 处，内电势相对相位为 δ_1。故障期间，两机输出有功功率均小于输入机械功率，故障期间相对相位末状态 δ_2 取决于两机内电势相位相对增长速率。故障恢复后稳态时，双馈型风机输入功率 P_{twt} 不变，同步机输入功率 P_{tsg} 在调速器作用下减小至 P_{tsg3}，系统有功功率达到新的平衡，内电势相对相位稳态值增大至 δ_3。两机内电势相对相位 δ_{wt-sg} 由故障后初始点 δ_2 运行至故障后稳态点 δ_3 的暂态过程由双馈型风机和同步机暂态特性共同决定。

因同步机调速器调节过程较慢，故障恢复后两机不平衡有功功率仍较大，随着相对相位增加，双馈型风机输出有功功率先增大后减小，而同步机输出有功功率则一直减小。同步机受不平衡功率 P_{usg} 作用而使内电势绝对相位 θ_{esg} 增大，双馈型风机在不平衡功率 P_{uwt} 的作用下机械转子先减速后加速，内电势绝对相位 θ_{ewt} 的变化规律由自身暂态特性决定。从图 8-24 中看出，相对相位 δ_{wt-sg} 超过某一个约束值 $\delta_{wt-sg-lim21}$，导致双馈型风机和同步机的不平衡有功功率均随着相对相位的增大而增大，且双馈型风机内电势绝对相位 θ_{ewt} 的增大速率大于同步机内电势绝对相位 θ_{esg} 的增大速率，则两机相对相位 δ_{wt-sg} 不断增大，失去同步，即 $\delta_{wt-sg-lim21}$ 为同时满足 $d\theta_{ewt}/dP_{uwt}>d\theta_{esg}/dP_{usg}$、$dP_{wt}/d\delta_{wt-sg}<0$、$dP_{sg}/d\delta_{wt-sg}<0$ 的最小值。同理，

$\delta_{wt\text{-}sg}$小于某一个约束值$\delta_{wt\text{-}sg\text{-}lim22}$，使得$\theta_{ewt}$的减小速率小于$\theta_{esg}$的减小速率，则两机相对相位$\delta_{wt\text{-}sg}$也可能反向不断增大至失去同步，即$\delta_{wt\text{-}sg\text{-}lim22}$为同时满足$d\theta_{ewt}/dP_{uwt}<d\theta_{esg}/dP_{usg}$、$dP_{wt}/d\delta_{wt\text{-}sg}>0$、$dP_{sg}/d\delta_{wt\text{-}sg}>0$的最大值。虽然因双馈型风机暂态特性与同步机不同，扩展等面积法不适用，无法准确判断该约束值，但通过上述暂态过程的物理认识并结合8.3.2节单风电机组-无穷大系统下双馈型风机失稳机理的分析可知，双馈型风机-同步机两机系统也会存在与传统同步机两机系统类似的相对相位约束及因恢复能力不足的失稳机理，该约束与双馈型风机有功支路控制方式密切相关。根据上述分析，这类相位约束存在最大值$\delta_{wt\text{-}sg\text{-}lim21}$和最小值$\delta_{wt\text{-}sg\text{-}lim22}$。

从图8-23中看出，双馈型风机存在由极坐标变换、网络方程通过锁相支路引入的两个非线性环节。其中，双馈型风机锁相相位非线性环节形式如式(8-49)所示，仍然由反三角函数“arcsin”构成。从数学角度看，为使该非线性环节成立，在锁相坐标系中内电势dq轴分量E_{dwt}^{p}、E_{qwt}^{p}和同步机内电势E_{sg}需要满足约束关系：

$$
-\frac{k_{2\_3}}{k_{1\_3}\cos\varphi_{1\_3}}E_{sg}(t)-\tan\varphi_{1\_3}E_{dwt}^{p}(t)\leqslant E_{qwt}^{p}(t)\leqslant\frac{k_{2\_3}}{k_{1\_3}\cos\varphi_{1\_3}}E_{sg}(t)-\tan\varphi_{1\_3}E_{dwt}^{p}(t) \tag{8-52}
$$

将式(8-52)与式(8-49)、式(8-6)、式(8-7)合并，求得在锁相坐标系中内电势q轴分量E_{q}^{p}最大值和最小值所对应的双馈型风机内电势相位：

$$
\theta_{ewt1}(t)=\frac{\pi}{2}+\varphi_{2\_3}+\theta_{sg}+\arctan\frac{\dfrac{k_{2\_3}}{k_{1\_3}\cos\varphi_{1\_3}}E_{sg}(t)-\tan\varphi_{1\_3}E_{dwt}^{p}(t)}{E_{dwt}^{p}(t)} \tag{8-53}
$$

$$
\theta_{ewt2}(t)=\frac{\pi}{2}+\varphi_{2\_3}+\theta_{sg}-\arctan\frac{\dfrac{k_{2\_3}}{k_{1\_3}\cos\varphi_{1\_3}}E_{sg}(t)+\tan\varphi_{1\_3}E_{dwt}^{p}(t)}{E_{dwt}^{p}(t)} \tag{8-54}
$$

从8.3.2节对单双馈型风机-无穷大系统的相位约束和失稳机理分析可知，$\theta_{ewt2}(t)$是由双馈型风机自身非线性特性及锁相同步机制所带来的，对应系统中双馈型风机锁相静态工作点最大值。同理，对于两机系统，也会因双馈型风机锁相是否存在静态工作点，而为内电势相位相对值$\delta_{wt\text{-}sg}$带来新的相角差约束值$\delta_{wt\text{-}sg\text{-}lim11}$和$\delta_{wt\text{-}sg\text{-}lim12}$：

$$
\delta_{wt\text{-}sg\text{-}lim11}(t)=\frac{\pi}{2}+\varphi_{2\_3}+\arctan\frac{\dfrac{k_{2\_3}}{k_{1\_3}\cos\varphi_{1\_3}}E_{sg}(t)-\tan\varphi_{1\_3}E_{dwt}^{p}(t)}{E_{dwt}^{p}(t)} \tag{8-55}
$$

$$\delta_{\text{wt-sg-lim12}}(t)=\frac{\pi}{2}+\varphi_{2\_3}-\arctan\frac{\dfrac{k_{2\_3}}{k_{1\_3}\cos\varphi_{1\_3}}E_{\text{sg}}(t)+\tan\varphi_{1\_3}E_{\text{dwt}}^{\text{p}}(t)}{E_{\text{dwt}}^{\text{p}}(t)} \tag{8-56}$$

由锁相同步支路主导的双馈型风机相对相位约束$\delta_{\text{wt-sg-lim11}}$和$\delta_{\text{wt-sg-lim12}}$是随双馈型风机无功支路控制输出动态$E_{\text{dwt}}^{\text{p}}(t)$、同步机内电势幅值动态$E_{\text{sg}}(t)$的变化而变化的。

综上，系统最大和最小暂态稳定边界$\delta_{\text{wt-sg-u1}}$和$\delta_{\text{wt-sg-u2}}$由四个相位约束共同确定：

$$\delta_{\text{wt-sg-u1}}(t)=\min\left\{\delta_{\text{wt-sg-lim11}}(t),\delta_{\text{wt-sg-lim21}}(t)\right\} \tag{8-57}$$

$$\delta_{\text{wt-sg-u2}}(t)=\max\left\{\delta_{\text{wt-sg-lim12}}(t),\delta_{\text{wt-sg-lim22}}(t)\right\} \tag{8-58}$$

式中，$\delta_{\text{wt-sg-lim21}}$和$\delta_{\text{wt-sg-lim22}}$在双馈型风机有功支路控制方式 DFlag=1 时有效。

随着两机输出有功功率不同，双馈型风机内电势相位可能超前或滞后同步机内电势相位，即相对相位$\delta_{\text{wt-sg}}$可大于 0 或小于 0。当$\delta_{\text{wt-sg}}$大于 0 且越过最大值$\delta_{\text{wt-sg-u1}}$或相对相位$\delta_{\text{wt-sg}}$小于 0 且越过最小值$\delta_{\text{wt-sg-u2}}$时，两机系统均可能失去暂态稳定性。

8.4.3　两机系统机电暂态行为分析

本节分析不同有功支路控制下两机系统的机电尺度暂态行为，参数配置如附表 4-1 所示。

1. 暂态稳定行为

图 8-25 展示了采用不同有功支路控制方式的双馈型风机-同步机两机系统暂态稳定时各变量的时域响应。从图中可以看出，采用不同有功支路控制方式时双馈型风机的机电尺度暂态特性各异，导致两机相互作用程度变化，进而使得同步机与双馈型风机各变量的暂态行为显著变化。

有功支路控制策略 DFlag=1 时，双馈型风机输出有功功率变化直接通过转子运动和有功支路转子转速控制改变锁相坐标系中内电势相位，通过锁相同步控制支路改变锁相相位，从而从两条路径共同影响双馈型风机内电势相位。双馈型风机暂态特性参与到同步机内电势变化对自身输出有功功率的影响中，即双馈型风机对同步机有相互作用影响，该相互作用受双馈型风机转速控制参数 PI_{ω} 影响。在此控制下，双馈型风机与同步机输出有功功率和内电势相对相位均存在机电尺度动态，该动态与双馈型风机转子惯量时间常数、转速控制器参数和同步机转子惯量时间常数均相关。

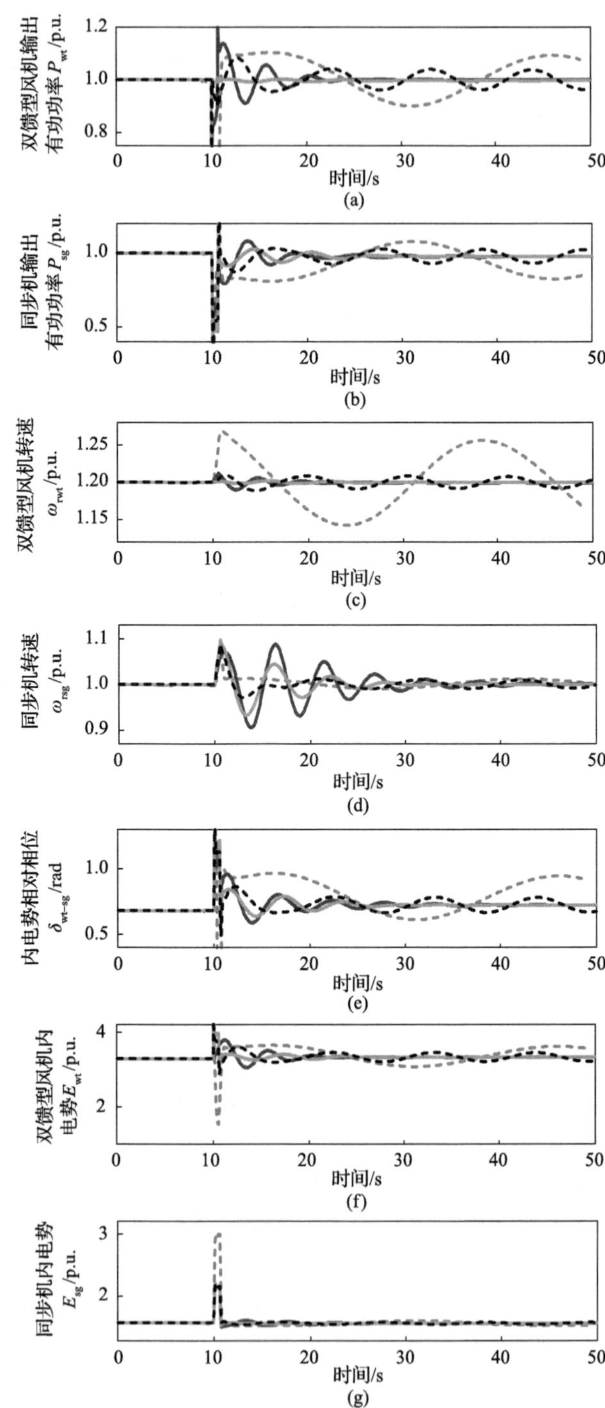

图 8-25　不同有功支路控制下的双馈型风机-同步机两机系统暂态稳定行为时域响应

DFlag=1　DFlag=2　DFlag=3(T_f/K_f=15/0.3)　DFlag=3(T_f/K_f=10/3)

有功支路控制策略 DFlag=2 时，双馈型风机根据端电压变化即时通过代数环节调节内电势相位，使输出有功功率保持不变。因为施加在双馈型风机转子上的输入功率与输出功率保持平衡，所以转子转速不变化且转速控制器不动作。也就是说，双馈型风机不因电网结构变化而产生机电尺度动态，同步机内电势相位变化对自身输出有功功率的影响与双馈型风机无关，双馈型风机对同步机无相互作用影响。此时，双馈型风机输出有功功率和转速无明显动态过程，同步机输出有功功率和内电势相对相位动态均由同步机转子运动方程决定。

有功支路控制略 DFlag=3 时，因 df/dt 惯量控制的存在，双馈型风机端电压相位变化会通过惯量控制改变输出有功功率指令，使输出有功功率和内电势相位产生机电尺度动态，进而通过网络影响同步机输出有功功率。所以，采用惯量控制(DFlag=3)时，同步机和双馈型风机之间存在较强的相互作用。该相互作用受惯量控制比例系数 K_f和时间常数 T_f影响。不同惯量控制参数改变了双馈型风机暂态特性，进而改变了双馈型风机对同步机的作用，导致两机间的相对相位暂态行为显著变化。当 K_f/T_f较小时，双馈型风机对外体现出等效惯量较小，两机内电势相对相位变化速率较高；当 K_f/T_f较大时，双馈型风机对外体现出等效惯量大，两机内电势相对相位变化速率较低。

此外，因双馈型风机和同步机自身内电势幅值-相位耦合特性不同，两机系统中双馈型风机内电势幅值与相位存在相似的动态过程，而同步机幅值则几乎不产生机电尺度动态过程。

2. 单调失稳行为

图 8-26 展示了采用不同有功支路控制方式的双馈型风机-同步机两机系统单调失稳时各变量的时域响应。从图中可以看出，双馈型风机采用不同有功支路控制方式时，两机系统的暂态失稳过程也不相同。但因不同有功支路控制方式下，双馈型风机均存在锁相同步非线性特征，所以双馈型风机与同步机内电势相对相位越过相位约束后均会出现快速单调发散的现象。

有功支路控制策略 DFlag=1 时，两机系统相对相位约束由 $\delta_{\text{wt-sg-lim11}}$ 和 $\delta_{\text{wt-sg-lim21}}$ 共同构成。故障恢复后期暂态失稳可分为两个阶段。①当相对相位 $\delta_{\text{wt-sg}}$ 越过 $\delta_{\text{wt-sg-lim21}}$ 时，随着相对相位 $\delta_{\text{wt-sg}}$ 增大，两机不平衡有功功率均增大，且同步机内电势绝对相位 θ_{esg} 随不平衡有功功率的增大而增大的速率小于双馈型风机内电势绝对相位 θ_{ewt} 的增大速率，两机内电势相位相对相位 $\delta_{\text{wt-sg}}$ 进一步增大，进而系统失去暂态稳定。此阶段相对相位暂态行为是由两机转子运动和双馈型风机转子转速控制器主导的慢速单调发散行为。②当相对相位 $\delta_{\text{wt-sg}}$ 越过 $\delta_{\text{wt-sg-lim11}}$ 时，双馈型风机锁相支路不存在静态工作点，双馈型风机内电势绝对相位 θ_{ewt} 快速单调发散，而同步机内电势绝对相位 θ_{esg} 仍在转子运动作用下慢速增大，进而两机内电势相对相位 $\delta_{\text{wt-sg}}$ 发生由双馈型风机锁相动态主导的快速单调发散行为。

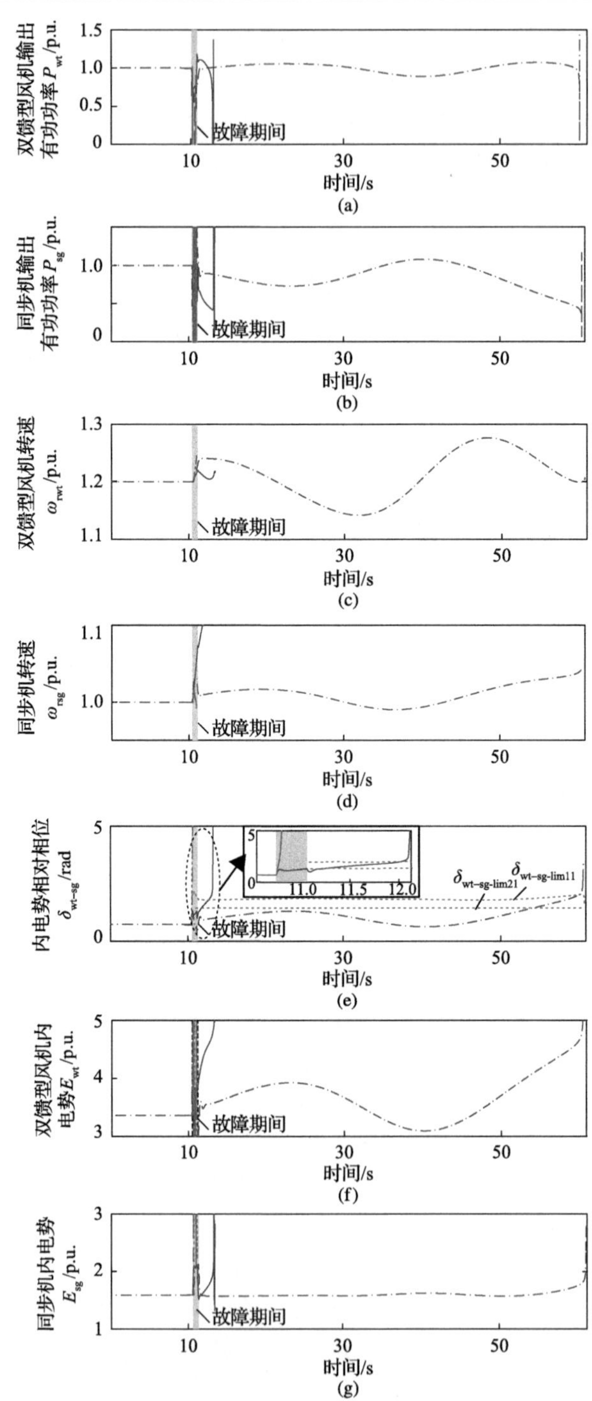

图 8-26　不同有功支路控制下的双馈型风机-同步机两机系统单调失稳行为时域响应

—— DFlag=1　– – DFlag=2　······ DFlag=3(T_f/K_f=15/0.3)　–·– DFlag=3(T_f/K_f=10/3)

有功支路控制策略 DFlag=2 时，两机系统相对相位约束由 $\delta_{\text{wt-sg-lim11}}$ 构成。双馈型风机根据端电压变化即时调节内电势相位，以保持输出有功功率不变。因故障期间端电压较低，双馈型风机内电势绝对相位 θ_{ewt} 易突增，使两机内电势相对相位 $\delta_{\text{wt-sg}}$ 越过约束边界 $\delta_{\text{wt-sg-lim11}}$，并在故障期间发生由锁相动态主导的快速单调发散行为。

有功支路控制策略 DFlag=3 时，两机系统失稳行为与双馈型风机惯量控制参数密切相关。当 $K_{\text{f}}/T_{\text{f}}$ 较小时，惯量控制对双馈型风机内电势相位变化的抑制作用较小，两机内电势相对相位 $\delta_{\text{wt-sg}}$ 易在故障期间越过约束边界 $\delta_{\text{wt-sg-lim11}}$，发生由双馈型风机锁相动态主导的快速单调发散行为；当 $K_{\text{f}}/T_{\text{f}}$ 较大时，惯量控制对双馈型风机内电势相位变化的抑制作用显著，$\delta_{\text{wt-sg}}$ 易在故障恢复后期先因系统阻尼不足而发生由双馈型风机惯量控制、转速控制和同步机转子运动主导的慢速振荡发散，而后因越过约束边界 $\delta_{\text{wt-sg-lim11}}$ 而发生由锁相动态主导的快速发散。

8.4.4　两机系统暂态稳定性的影响因素及影响规律

从前述分析可知，两机系统暂态行为由不同控制下双馈型风机暂态特性和同步机转子运动方程共同决定。其中，同步机转子运动方程由其物理属性决定，而双馈型风机暂态特性则受有功支路控制方式及参数影响。本节分析不同有功支路控制方式下双馈型风机的控制器参数对两机系统机电尺度暂态稳定性的影响规律，同样以故障极限切除时间作为衡量系统暂态稳定程度的指标，基本参数见附录 4。

1. 有功支路控制 DFlag=1 转速控制器参数 n_ω 的影响

在保证双馈型风机转速控制带阻尼比不变的前提下，令转速控制器参数 $(k_{\text{p}\omega}, k_{\text{i}\omega})=(3n_\omega,20n_\omega^2)$。在不同 n_ω 值下两机系统的故障极限切除时间如图 8-27(a)所示。可以看出，随着 n_ω 增大，故障极限切除时间减小，两机系统的暂态稳定程度减弱。这是因为，增大 n_ω 升高了转速控制器带宽，即增强了双馈型风机的转速调节能力。双馈型风机可更快地通过调节内电势相位以调节输出有功功率，使故障恢复后转速能够恢复到指令值、输入/输出功率再次达到平衡。但这也减小了双馈型风机的对外等效惯量，增加了双馈型风机内电势相位相对于同步机内电势相位的变化速率，降低了系统暂态稳定性。

2. 有功支路控制 DFlag=3 惯量控制比例系数 K_{f} 的影响

改变惯量控制比例系数 K_{f}，所得两机系统的故障极限切除时间变化规律如图 8-27(b)所示，其中 K_{f}=0 对应于双馈型风机有功支路控制为 DFlag=2 的情况。可以看出，随着 K_{f} 增大，系统的暂态稳定性先增大后减小。这是因为，当 K_{f} 较小时，惯量控制对端电压频率变化的响应能力较弱，几乎不改变双馈型风机输出有功功率指令。此时惯量控制对故障期间双馈型风机相位变化的抑制作用较小，双馈型风机与同步机之间的相互作用较弱，易发生故障期间暂态失稳。K_f的增大增强了惯量控制对端电压频率变化的响应能力，抑制故障期间双馈型风机相位变化的同时，也促使故障恢复后期双馈型风机产生机电尺度动态。随着K_f增大，故障恢复后期双馈型风机等效惯量增大，承受不平衡功率的能力增强，内电势相位变化减慢，有利于两机系统暂态稳定。然而，K_f增大也会减弱双馈型风机的阻尼作用，使得相对相位振荡衰减速率降低。所以当K_f增大到一定程度后，会对两机系统暂态稳定产生不利影响。

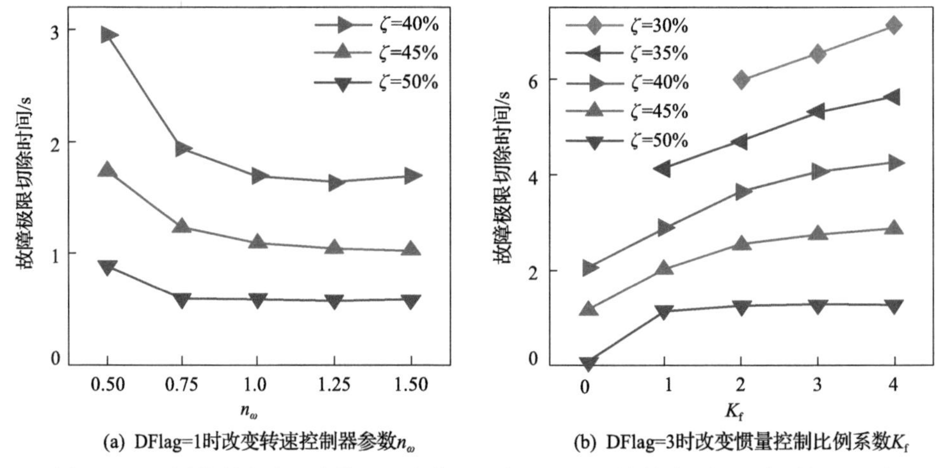

(a) DFlag=1时改变转速控制器参数n_ω (b) DFlag=3时改变惯量控制比例系数K_f

图 8-27 不同控制方式及参数下风电接入比例对两机系统故障极限切除时间的影响

3. 风电接入比例的影响

在不同风电接入比例ζ[①]下，各因素对系统故障极限切除时间的影响规律如图 8-27 所示。从图中看出，随着风电接入比例ζ减小，两机系统的故障极限切除时间普遍增大，甚至会因为故障持续时间较长以致各控制器完成调节而不会使故障恢复后期系统暂态失稳。不同风电接入比例下，各控制器参数的影响规律基本一致。当风电接入比例较小，双馈型风机采用 DFlag=2 时，不会发生故障期间及故障恢复后失稳，有利于两机系统暂态稳定；DFlag=3 时，增大K_f虽略微削弱了系统阻尼效果，但显著增加了双馈型风机等效惯量作用，从而提升了系统的暂态稳定性。

① 风电接入比例ζ=双馈型风机出力P_{wt}/系统总出力($P_{wt}+P_{sg}$)。

8.5　小　　结

本章围绕风电机组的机电尺度暂态特性及其并网电力系统的机电暂态问题展开研究。首先，为便于剖析不同控制策略下风电机组的暂态特性，本章提出了基于“激励-响应”因果关系的装备统一建模方法，据此建立了不同有功/无功控制策略下的风电机组的机电尺度暂态模型。然后，归纳了风电机组暂态特性的基本特征，即机械-电气位置非直接相关、输入-输出关系非线性/高阶、有功功率/无功功率-内电势相位/幅值之间耦合、有功功率-相位关系。在单风电机组-无穷大系统中，以内电势相位为视角，揭示了风电机组暂态特性对其并网系统机电暂态稳定边界及失稳形态的影响规律，即不同有功/无功控制下均存在由锁相同步非线性引入的额外相位约束，并为系统带来新的相位慢—快失稳现象；坐标变换带来的幅值-相位内部耦合会引起功率传输特性曲线和稳定边界变化，也成为系统幅值-相位联合暂态失稳的新成因。最后，在单双馈型风机-同步机两机系统场景中，说明了所得结论的适应性与一般性。需要说明的是，虽然本章主要以双馈型风机为例进行分析，但因全功率型风机与双馈型风机的机电尺度内电势幅值与相位形成方式相似，所以，全功率型风机内电势幅值和相位之间亦存在相同的耦合关系和额外的相位约束，上述所得功率传输特性及新的失稳机理同样适用于含全功率型风机的单风电机组-无穷大系统。所以，上述结论适用于含双馈型、全功率型风机及同步机等不同类型并网装备的电力系统机电尺度暂态稳定性分析。

然而，本章仅在风电机组机电尺度暂态特性建模及其简单并网系统暂态稳定性分析方面做了初步的探索与剖析，仍有尚待完善之处：①仅考虑了正常控制策略下的风电机组暂态模型，然而在深度故障下，风电机组会切换至暂态控制，所以还需考虑不同故障阶段、不同暂态控制下的风电机组暂态特性；②在风电机组并网电力系统暂态行为及稳定性分析方面，还需要考虑更复杂的包含双馈型、全功率型风机与同步机等不同类型装备的多机分析场景；③目前只考虑了单一机电尺度储能元件及控制器和部分直流电压尺度控制器动态，未考虑交流电流尺度储能元件及控制器动态，然而，在多机系统中，风电机组快尺度控制器带宽因受机-网和机-机相互作用影响而改变，各尺度动态在风机自身非线性作用下而产生的串行相互作用，使得各尺度间动态耦合增强[21]，所以，风电机组的快尺度动态及其跨尺度串行相互作用也是含多机电力系统暂态建模与分析必须考虑的重要因素。

参 考 文 献

[1] 王锡凡. 现代电力系统分析[M]. 北京: 科学出版社, 2003.

[2] 倪以信, 陈寿孙, 张宝霖. 动态电力系统的理论和分析[M]. 北京: 清华大学出版社, 2002.

[3] Tang W, Hu J, Chang Y, et al. Modeling of DFIG-based wind turbine for power system transient response analysis in rotor speed control timescale[J]. IEEE Transactions on Power Systems, 2018, 33 (6): 6795-6805.

[4] Ekanayake J B, Holdsworth L, Wu X G, et al. Dynamic modeling of doubly fed induction generator wind turbines[J]. IEEE Transactions on Power Systems, 2003, 18 (2): 803-809.

[5] Ledesma P, Usaola J. Doubly fed induction generator model for transient stability analysis[J]. IEEE Transactions on Energy Conversion, 2005, 20 (2): 388-397.

[6] Lei Y, Mullane A, Lightbody G, et al. Modeling of the wind turbine with a doubly fed induction generator for grid integration studies[J]. IEEE Transactions on Energy Conversion, 2006, 21 (1): 257-264.

[7] Clark K, Miller N W, Sanchez-Gasca J J. Modeling of GE wind turbine-generators for grid studies[J]. GE Energy, 2010, 4: 8850-8950.

[8] Pourbeik P. Proposed changes to the WECC WT3 generic model for type 3 wind turbine generators[J]. Prepared under Subcontract No. NFT-1-11342-01 with NREL, Issued to WECC REMTF and IEC TC88 WG27, 2013, 12 (16): 11.

[9] International Electrotechnical Commission. IEC 61400-27-1: Electrical simulation models for wind power generation-wind turbines[R]. Geneva: International Electrotechnical Commission, 2015.

[10] Kundur P, Balu N J, Lauby M G. Power System Stability and Control[M]. New York: McGraw-hill, 1994.

[11] Anderson P M, Fouad A A. Power System Control and Stability, Vol.1[M]. Ames: IOWA State University Press, 1977.

[12] 刘取. 电力系统稳定性及发电机励磁控制[M]. 北京: 中国电力出版社, 2007.

[13] 袁小明, 程时杰, 胡家兵. 电力电子化电力系统多尺度电压功角动态稳定问题[J]. 中国电机工程学报, 2016 (19): 5145-5154.

[14] Pena R, Clare J C, Asher G M. Doubly fed induction generator using back-to-back PWM converters and its application to variable-speed wind-energy generation[J]. IEE Proceedings-Electric Power Applications, 1996, 143 (3): 231-241.

[15] Tapia A, Tapia G, Ostolaza J X, et al. Modeling and control of a wind turbine driven doubly fed induction generator[J]. IEEE Transactions on Energy Conversion, 2003, 18 (2): 194-204.

[16] 李光琦. 电力系统暂态分析[M]. 北京: 中国电力出版社, 2007.

[17] 李颖晖, 张保会, 李勐. 电力系统稳定边界的研究[J]. 中国电机工程学报, 2002 (3): 72-77.

[18] Marszalek W, Trzaska Z W. Singularity-induced bifurcations in electrical power systems[J]. IEEE Transactions on Power Systems, 2005, 20 (1): 312-320.

[19] Tang W, Hu J, Zhang R. Impact of mechanical power variation on transient stability of DFIG-based wind turbine[C]. 2018 IEEE 4th Southern Power Electronics Conference (SPEC), Singapore, 2018.

[20] 唐王倩云. 双馈型风机转子转速控制尺度暂态建模及其并网系统暂态稳定性分析[D]. 武汉: 华中科技大学, 2020.

[21] 胡家兵, 袁小明, 程时杰. 电力电子并网装备多尺度切换控制与电力电子化电力系统多尺度暂态问题[J]. 中国电机工程学报, 2019, 39 (18): 5457-5467.

第 9 章　风电机组快速频率响应特性及其对电力系统频率动态的影响

9.1　引　　言

近年来随着风电的快速发展，风电渗透率在各个国家及区域电网中不断提高，由于风机有着与传统同步机迥然不同的有功出力特性，电力系统等效惯性时间常数逐渐减小并使频率支撑能力大大减弱，同时电网的稳定裕度也降低了，使得系统频率稳定问题日益严峻。与此同时，限于中国风能资源与用电负荷逆向分布的禀赋，大规模风电集中式并网、远距离输送是主要开发模式之一，未来大规模风电通过高压直流输电技术外送将使得局部电网风电注入率超过 50%，电力系统运行面临的频率稳定问题日益严重。因此，从电力系统长期发展来看，构建以新能源为主体的新型电力系统势在必行，优化风电控制系统，改善其有功功率动态响应特性，增强对电网的频率支撑作用，是解决大规模风电并网问题的技术发展必然趋势。现已有较多针对风电机组参与频率响应的控制策略研究，但是对于风电机组在频率响应控制策略下的动态特性及其对电力系统频率动态的影响缺乏深刻的剖析。本章首先基于运动方程的概念提出适用于频率动态分析的风电机组模型，然后介绍含高比例风电的电力系统频率动态分析方法，着重分析风电机组不同因素对于电力系统频率动态的影响，为实际电力系统频率动态优化提供参考。

本章首先基于运动方程的概念提出适用于频率动态分析的风电机组模型，通过等效惯量阐述风机惯量响应的特点以及和同步机的本质区别，分析不同运行工况和参数对风机惯量的影响；然后介绍含高比例风电的电力系统频率动态分析方法，该方法基于经典控制理论，通过传递函数的频域特性与频率动态的映射关系实现对含风电电力系统的频率动态解析；接着应用该方法着重分析风电机组不同因素对于电力系统频率动态的影响，为电力系统频率动态优化提供参考；最后从电力系统低频振荡和风电机组传动链振荡两个角度分析风电快速频率对电力系统和风电机组本身带来的影响，说明风电快速频率控制应用过程应考虑的其他因素。

9.2 含高比例风电的电力系统频率动态问题

9.2.1 同步机主导的电力系统频率动态

同步机是传统电力系统的主要发电装备，在电网频率扰动下同步机动态响应特性是决定传统电力系统频率动态行为的主要因素。当传统电力系统故障致使发电机组跳闸或投切大功率负荷而引起频率大幅度波动时，同步发电机组的频率响应过程通常可分为四个阶段，即惯性响应阶段、一次调频阶段、二次调频阶段及三次调频阶段，如图 9-1 所示，其中一次调频阶段是指在系统频率变化超出调速系统不灵敏区时通过调速器系统调整原动机出力，使系统中的机械功率与电磁功率实现再次平衡，以阻止系统频率变化的阶段，为有差调频阶段，电力系统综合的一次调频时间通常为 10～30s；由于一次调频作用的衰减性和调整的有差性，其不能单独用来调节系统频率，要实现频率无差调节，必须依靠二次调频作用，二次调频即改变发电系统的参考功率，使系统频率回到平衡运行点，由于受发电机组能量转换过程的时间限制，二次调频的响应时间要慢于一次调频，其响应时间在 30s～30min；三次调频也称为发电机组有功功率的经济分配，其主要任务是经济、高效地实施功率和负荷的平衡，避免发电机组偏离经济运行点运行，由于需要考虑开、停机成本，发电成本，网损，以及负荷预测等因素，其执行周期更长，通常在 30min 以上。

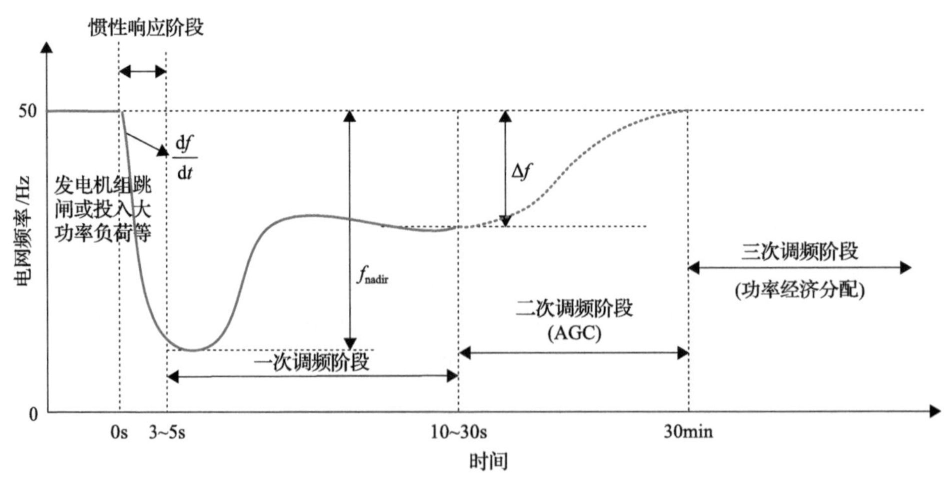

图 9-1 常规电力系统频率动态过程

这里则重点关注一次调频时间尺度以下的惯性响应阶段。同步发电机组的惯性响应过程，实质上是电网扰动致使同步发电机组输入机械功率与输出电磁功率不平衡时同步发电机组机电尺度内电势相位的动态调节过程。当电力系统投入大功率负荷而引起机端电压相位变化时，由于同步发电机输出内电势的相位动态直接取决于转子位置的变化，具有较大的固有机械惯性，从而导致同步机瞬时输出电磁功率增加，同步发电机输出电磁功率与输入机械功率的不平衡，逐渐引起转子机械转速的变化，即内电势频率的变化，同步机在不平衡有功功率的驱动下逐步调节内电势频率最终实现与电网电压的同步运行及输出电磁功率和输入机械功率的再平衡，这个过程即由同步发电机内电势相位动态特性所决定的惯性响应过程。由于同步发电机调速系统不灵敏区的存在以及调速器系统本身动态响应速度的限制，在系统频率扰动初始阶段，系统频率变化率主要由同步发电机及其他负荷装备的惯性响应提供的动态有功功率支撑作用所调节，惯性响应过程中提供的动态有功支撑来源于各同步发电机组及负荷装备自身储存的机械旋转动能的释放，系统中各发电机组及负荷装备惯性响应越强，系统频率变化率越小。因此，就同步发电机而言，其优越的惯性响应特性将减缓系统频率变化率，为频率的一次调节作用争取更多的时间，有利于减小系统频率的大幅度波动，提高系统频率稳定性。

9.2.2　高比例并网风电对电力系统频率动态过程的影响

对于当前基于锁相同步矢量控制方式下的风电机组而言，其机电尺度内电势的相位动态主要受有功功率不平衡驱动下的速度控制以及锁相环的综合影响。当系统中投入大功率负荷而引起机端电压相位变化时，锁相环输出相位基准与实际电网电压相位出现不平衡，将驱动风电机组内电势相位发生变化，与此同时，风电机组输出电磁功率与输入机械功率的不平衡引起风电机组机械转速的变化，进而转速的不平衡在速度控制作用下同样驱动风电机组内电势相位发生变化。但由于当前锁相环通常设计为具有快速的动态响应，锁相环位置的不平衡将迅速驱动风电机组内电势相位变化实现与电网的同步运行，屏蔽了电网的频率扰动，以至于在机电尺度上风电机组输出电磁功率几乎不发生变化，即不能引起较大的机械转速变化以释放机械动能。换言之，现有风电机组不能像同步发电机一样提供动态功率支撑，即风电机组不具备惯性响应特性。

随着以风电为代表的新能源发电在电力系统中的渗透水平的不断提高并逐步取代系统中部分常规同步电源，新能源电源显著区别于同步发电机的频率响应特性无疑将深刻地影响着系统的频率动态行为，将致使系统惯量减小，恶化系统频率动态，威胁系统的安全稳定运行，这些因素反过来也将限制风电等新能源发电的渗透率，制约其长远的可持续健康发展。因此，亟须对风电机组进行惯性响应特性优化，增强其对电网的频率动态支撑作用。除此之外，风电显著区别于常规同步电源的静态出力特性，即风电静态出力的波动性和不确定性，也为电力系统的供电充裕性带来新的挑战，大规模风电并网将对系统中常规发电静态出力特性的灵活性提出更高的要求。对于高比例风电接入的区域，电网调频压力与安全运行风险也逐渐加大，风电机组主动参与电网频率的一次调节，也将是风电健康可持续发展的必然趋势。

9.3 含快速频率响应控制的风电机组机电运动方程建模

9.3.1 内电势运动方程

依据 8.2 节介绍的内电势可知，有功功率相关的运行状态不平衡时内电势的相位动态以及无功功率或端电压不平衡时内电势的幅值动态是认识并网装备动态特性的基本视角。因此，本章将继续沿用内电势的概念，建立对同步机和风机的频率动态的认识。

图 9-2(a)为同步发电机转子动态示意图，其中，T_m、T_e 分别为机械转矩和电磁转矩，$\Delta\omega$ 为机械转速；图 9-2(b)表示同步发电机在不平衡转矩作用下内电势的相位动态，其中，K_s、D 表示整步系数和阻尼系数，ω_0 为同步机所取的基准转速，J 表示转动惯量，ΔT_m、ΔT_s、ΔT_d 分别为机械转矩、同步转矩和阻尼转矩的增量。在同步机输入机械转矩与输出电磁转矩不平衡时将导致机械转速的变化，而其内电势频率直接由转速所决定，进而机械转速的变化引起内电势相位的变化。换言之，$\Delta\delta$ 表示内电势相位运动的位移电角速度，$(\Delta T_m - \Delta T_s - \Delta T_d)/J$ 则表示相位运动加速度，显然，在一定电网及扰动条件下，内电势相位的位移、速度、加速度的运动规律完全取决于同步机自身惯量、阻尼及整步系数这些基本物理特性。因此，基于对同步发电机相位运动特性的理解，本章提出构建风电机组装备的内电势运动方程，可更直观地理解和认识风电机组装备本身的动态特性及其基本物理特性，如惯量、阻尼特性等，也便于与同步发电机内电势运动实现形式和本质上的统一。

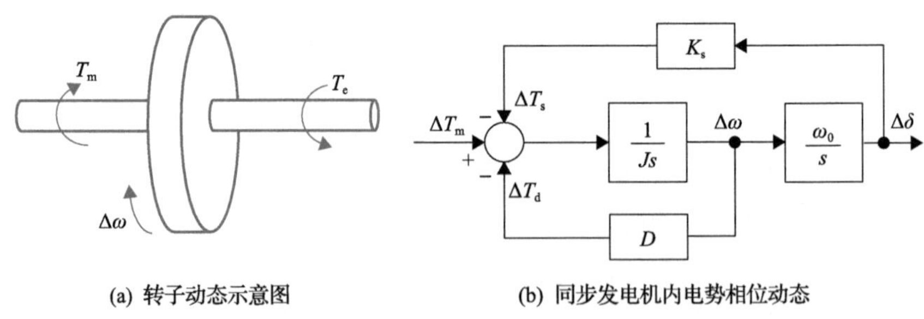

图 9-2 同步发电机转子动态及其相应的内电势相位动态

图 9-3 给出了风电机组的内电势相位动态。图中 I_{in} 与 I_{out} 分别表示从直流电容流入和流出的电流，U_{dc} 表示直流电容的电压，$\boldsymbol{E}_s$ 表示双馈型风机的定子电压，$\boldsymbol{U}_t$ 表示双馈型风机的并网点电压，L_f 与 L_g 分别表示滤波器电感与电网电感，$\Delta\omega_1$、$\Delta\omega_2$、$\Delta\omega_3$ 分别表示机械转子、直流电容、交流电感三种储能元件对于风电机组内电势旋转频率的影响，$\Delta\delta_1$、$\Delta\delta_2$、$\Delta\delta_3$ 则表示三种储能元件对于内电势相

角的影响。从内电势相位动态的角度来看，相比于同步发电机的内电势相位动态主要取决于有功功率不平衡作用下机械转速的变化，风电机组内电势相位动态则由多时间尺度的有功功率相关控制(速度控制、直流电压控制、有功电流控制)及锁相环所综合决定，这是两者的核心区别。进一步地讲，风电机组装备内电势的相位动态不直接取决于单一物理储能元件的运动状态，如机械转速，而是通过控制器将机械转速、直流电容电压、电感电流等多个物理储能元件的运行状态与内电势相位运动状态相互耦合在一起。基于对同步发电机内电势相位动态特性的物理理解，本章将提出通过建立风电机组装备内电势运动方程，来描述电网扰动作用下风电机组装备内电势的动态响应特性，有助于深入理解风电机组装备内电势运动过程中的物理本质，分析影响内电势相位动态响应特性的关键因素。

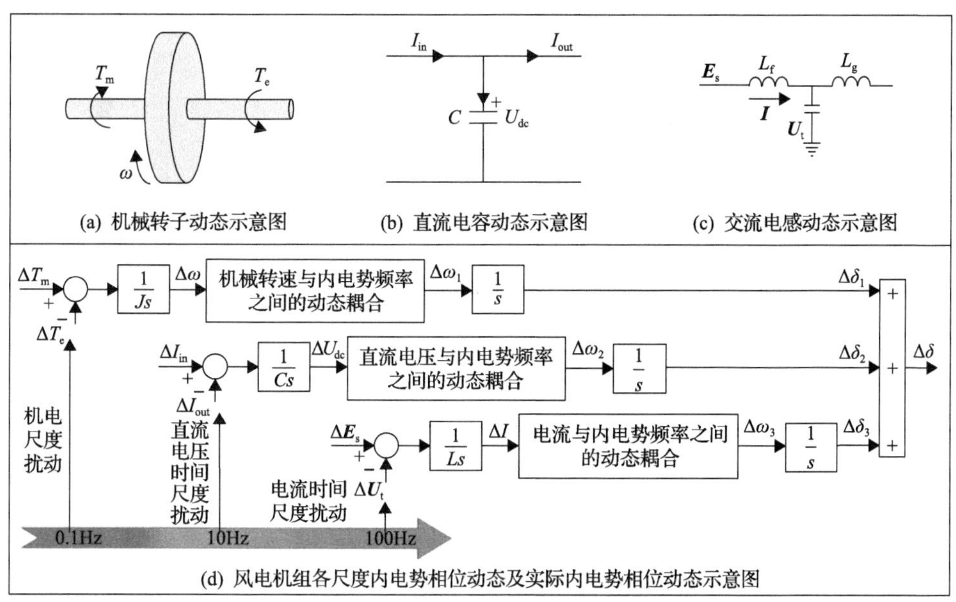

图 9-3 风电机组的内电势相位动态

需要指出的是，本章为简化和更清晰地阐述风电机组装备的基本物理特性，认为慢时间尺度的控制环节完全不响应快时间尺度的电网扰动；快时间尺度的控制环节可以理想地完全跟踪慢时间尺度的电网扰动。因而在慢时间尺度的电网扰动作用下可忽略快时间尺度控制环节的动态过程，即本章关注的频率动态问题是机电尺度下的问题，仅关注机电尺度下的内电势动态，忽略直流电压时间尺度及电流时间尺度控制环节的影响。

9.3.2 风电机组运动方程模型

回顾第 8 章中关于内电势的定义，这里重新给出了双馈型风机的内电势定义：

$$\boldsymbol{E}^{\mathrm{DFIG}} = \mathrm{j}\omega_1 L_{\mathrm{m}} \boldsymbol{I}_{\mathrm{r}} \tag{9-1}$$

根据全功率型风机的结构，其与电网的接口为网侧变换器，定义其内电势为

$$\boldsymbol{E}^{\mathrm{FP}} = \boldsymbol{U}_{\mathrm{t}} + \mathrm{j}\omega_1 L_{\mathrm{f}} \boldsymbol{I}_{\mathrm{g}} \tag{9-2}$$

为了简化分析风电机组对电力系统频率动态的影响，在建模过程中做出如下假设。

(1) 在频率动态过程中风电机组的风速输入保持不变，由转速变化引起的机械功率变化认为是恒定的。

(2) 本书研究的频率动态问题属于慢尺度的动态问题，对于双馈型风机，忽略网侧变换器控制、锁相环、端电压控制和转子侧变换器电流控制等的动态；而对于全功率型风机，忽略网侧变换器的动态可以认为网侧变换器的功率等于机侧控制的功率指令。

(3) 忽略电机定、转子电流的暂态过程。

基于以上假设，可得到如图 9-4 所示的双馈型风机内电势动态示意图和如图 9-5 所示的全功率型风机内电势动态示意图。其中，P_{rated} 表示额定功率，ω_{w} 表示风机叶片的旋转速度。

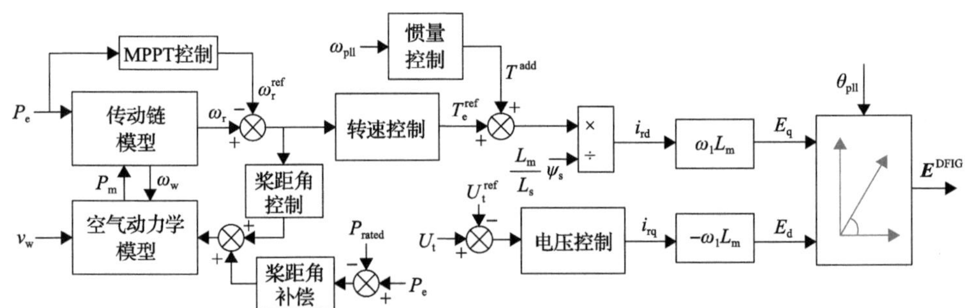

图 9-4　双馈型风机内电势动态示意图

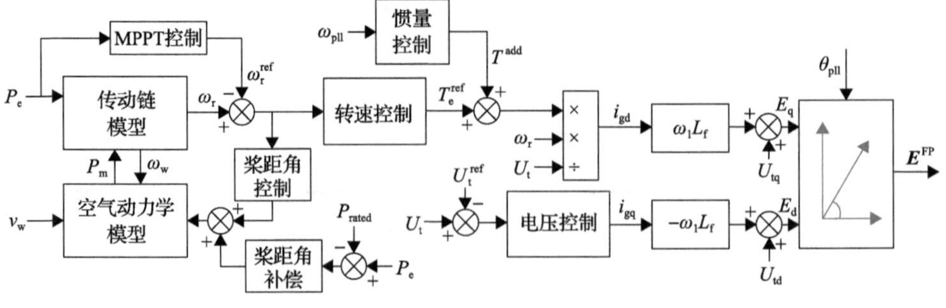

图 9-5　全功率型风机内电势动态示意图

对比图 9-4 和图 9-5，双馈型风机和全功率型风机从功率到内电势有相似的结构，两者的风力机及其控制部分具有完全一样的结构，主要的不同在于转矩指令和内电势的数学关系，但是这个关系依然比较类似。这里需要说明的是，双馈型风机的转矩指令到转子电流的关系是基于实际的转子侧变换器控制得来的，而全功率型风机的转矩指令到网侧变换器电流的关系是忽略了从转子侧变换器到网侧变换器的直流电压动态过程得来的(因为本章关注的问题处于机电尺度的范畴，忽略直流电容的动态，认为网侧变换器与转子侧变换器所传输的功率相同)。由于双馈型风机和全功率型风机在内电势动态上具有比较强的相似性，运动方程模型的推导以及后续的分析以双馈型风机为例来说明，全功率型风机的建模与分析可以此类推，不再赘述。

1. 线性化

下面首先根据图 9-4 对双馈型风机模型进行线性化处理。

1) 空气动力学模型的线性化

根据 2.2 节对风力机的介绍，风力机所捕获的功率为

$$P_{\mathrm{m}}=\frac{1}{2}C_{\mathrm{p}}\rho A_{\mathrm{w}}v_{\mathrm{w}}^{3} \tag{9-3}$$

式中，A_{w} 为风机叶片的截面积。

机械功率与机械转矩之间的关系为

$$T_{\mathrm{m}}=\frac{P_{\mathrm{m}}}{\omega_{\mathrm{w}}} \tag{9-4}$$

联立式(9-3)与式(9-4)可得

$$T_{\mathrm{m}}=\frac{1}{2}\frac{C_{\mathrm{p}}}{\omega_{\mathrm{w}}}\rho A_{\mathrm{w}}v_{\mathrm{w}}^{3} \tag{9-5}$$

对式(9-5)进行线性化可得

$$\Delta T_{\mathrm{m}}=k_{\omega}\Delta\omega_{\mathrm{w}}+k_{\beta}\Delta\beta \tag{9-6}$$

式中

$$k_{\omega}=\left.\frac{\partial T_{\mathrm{m}}}{\partial\omega_{\mathrm{w}}}\right|_{\beta=\beta_0,\ \omega_{\mathrm{w}}=\omega_{\mathrm{w}0}},k_{\beta}=\left.\frac{\partial T_{\mathrm{m}}}{\partial\beta}\right|_{\beta=\beta_0,\ \omega_{\mathrm{w}}=\omega_{\mathrm{w}0}} \tag{9-7}$$

其中，下标 0 表示物理量稳态时的值。

2) 传动链模型的线性化

忽略风力机轴系的动态过程，单质量块的传动链模型已在第 2 章中给出，对其进行线性化可得

$$J_{eq}s\Delta\omega_r = \Delta T_m - \Delta T_e \tag{9-8}$$

根据 2.2.3 节中的描述，单质量块模型整个风力机被视为一个刚体，其转速为折算后的发电机转速，因此式(9-4)～式(9-7)中的 ω_w 在后续推导中均替换为 ω_r。

3) 风力机控制的线性化

MPPT 控制的传递函数为

$$\omega_r^{ref} = \begin{cases} \dfrac{aP_e^2 + bP_e + c}{1+T_s s}, & \text{MPPT区} \\ 1.2, & \text{其他区} \end{cases} \tag{9-9}$$

式中，a、b、c 为最大风能跟踪拟合曲线的系数。线性化可得

$$\frac{\Delta\omega_r^{ref}}{\Delta P_e} = G_{MPPT}(s) = \begin{cases} \dfrac{2a+b}{1+T_s s}, & \text{MPPT区} \\ 0, & \text{其他区} \end{cases} \tag{9-10}$$

桨距角的指令由桨距角控制和桨距角补偿两个部分构成，皆为 PI 控制，线性化后为

$$\Delta\beta_p = \underbrace{\left(k_{pp} + \frac{k_{ip}}{s}\right)}_{G_p(s)}\left(\Delta\omega_r - \Delta\omega_r^{ref}\right) \tag{9-11}$$

$$\Delta\beta_{pc} = \underbrace{\left(k_{ppc} + \frac{k_{ipc}}{s}\right)}_{G_{pc}(s)}\Delta P_e \tag{9-12}$$

$$\Delta\beta = \Delta\beta_p + \Delta\beta_{pc} \tag{9-13}$$

式中，$\Delta\beta_p$ 为桨距角控制的输出；$\Delta\beta_{pc}$ 为桨距角补偿的输出。

转速控制线性化传递函数为

$$\Delta T_e^{ref} = \underbrace{\left(k_{prs} + \frac{k_{irs}}{s}\right)}_{G_{pr}(s)}\left(\Delta\omega_r - \Delta\omega_r^{ref}\right) \tag{9-14}$$

4) 惯性响应控制的线性化

惯性响应控制已在 2.5.1 节中做了介绍，这里的分析中惯性响应控制采用 df/dt 控制[1]，如图 9-6 所示，其简化的传递函数为

$$T^{\mathrm{add}}=\frac{sk_{\mathrm{f}}}{1+sT_{\mathrm{f}}}\left(f^{\mathrm{ref}}-f\right) \tag{9-15}$$

式中，k_{f} 为惯性响应控制的比例系数；T_{f} 为滤波系数。一般 f 从锁相环处获取，即为 ω_{pll}。线性化后的表达式为

$$\Delta T^{\mathrm{add}}=-\frac{sk_{\mathrm{f}}}{1+sT_{\mathrm{f}}}\Delta\omega_{\mathrm{pll}} \tag{9-16}$$

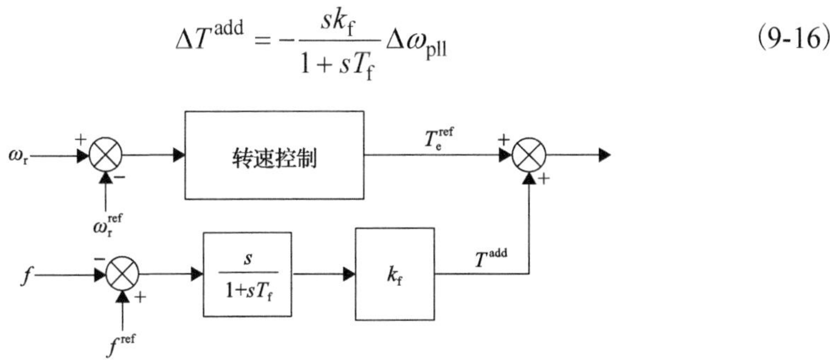

图 9-6　df/dt 控制示意图

5) 锁相环的线性化

锁相环的作用是检测电网相位为控制系统提供基准坐标。在稳态情况下，锁相环输出的相位即为双馈型风机定子端电压的相位。在动态时，锁相环等效模型如图 9-7 所示[2]。

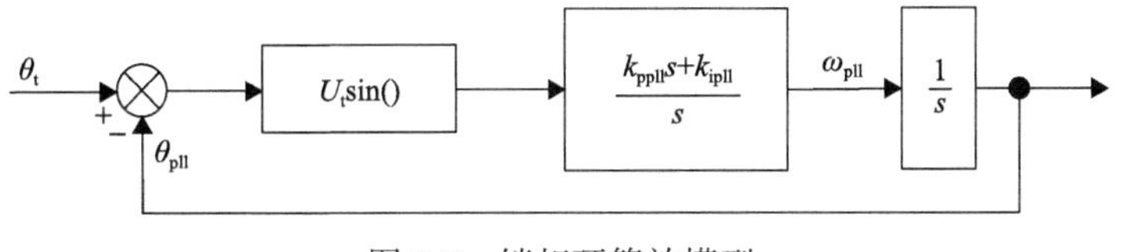

图 9-7　锁相环等效模型

那么，定子端电压的相位和锁相环输出的相位之间的线性化关系可由式(9-17)描述：

$$\Delta\theta_{\mathrm{pll}}=\frac{k_{\mathrm{ppll}}s+k_{\mathrm{ipll}}}{s^{2}+k_{\mathrm{ppll}}s+k_{\mathrm{ipll}}}\Delta\theta_{\mathrm{t}} \tag{9-17}$$

6) 内电势合成的线性化

双馈型风机的内电势定义如式(9-1)所示，进一步地，得到相位和幅值的表达式：

$$\theta = \theta_{\mathrm{pll}} + \arctan\frac{E_{\mathrm{q}}}{E_{\mathrm{d}}} \tag{9-18}$$

$$E = \sqrt{E_{\mathrm{q}}^2 + E_{\mathrm{d}}^2} \tag{9-19}$$

线性化可得

$$\Delta\theta = \Delta\theta_{\mathrm{pll}} + \frac{E_{\mathrm{d0}}^{\mathrm{p}}}{E_0^2}\Delta E_{\mathrm{q}}^{\mathrm{p}} - \frac{E_{\mathrm{q0}}^{\mathrm{p}}}{E_0^2}\Delta E_{\mathrm{d}}^{\mathrm{p}} \tag{9-20}$$

$$\Delta E = \frac{E_{\mathrm{d0}}^{\mathrm{p}}}{E_0}\Delta E_{\mathrm{d}}^{\mathrm{p}} + \frac{E_{\mathrm{q0}}^{\mathrm{p}}}{E_0}\Delta E_{\mathrm{q}}^{\mathrm{p}} \tag{9-21}$$

式中，下标 0 表示稳态时的值。

另外，内电势的 d 轴分量和 q 轴分量分别与转子电流有以下关系：

$$\begin{cases} E_{\mathrm{q}}^{\mathrm{p}} = \omega_1 L_{\mathrm{m}} i_{\mathrm{rd}}^{\mathrm{p}} \\ E_{\mathrm{d}}^{\mathrm{p}} = -\omega_1 L_{\mathrm{m}} i_{\mathrm{rq}}^{\mathrm{p}} \end{cases} \tag{9-22}$$

线性化后的关系式为

$$\begin{cases} \Delta E_{\mathrm{q}}^{\mathrm{p}} = \omega_1 L_{\mathrm{m}} \Delta i_{\mathrm{rd}}^{\mathrm{p}} \\ \Delta E_{\mathrm{d}}^{\mathrm{p}} = -\omega_1 L_{\mathrm{m}} \Delta i_{\mathrm{rq}}^{\mathrm{p}} \end{cases} \tag{9-23}$$

将式(9-23)代入式(9-20)和式(9-21)中可以得到内电势相位与幅值和转子电流的关系式，分别为

$$\Delta\theta = \Delta\theta_{\mathrm{pll}} + \omega_1 L_{\mathrm{m}}\frac{E_{\mathrm{d0}}^{\mathrm{p}}}{E_0^2}\Delta i_{\mathrm{rd}}^{\mathrm{p}} + \omega_1 L_{\mathrm{m}}\frac{E_{\mathrm{q0}}^{\mathrm{p}}}{E_0^2}\Delta i_{\mathrm{rq}}^{\mathrm{p}} \tag{9-24}$$

$$\Delta E = -\omega_1 L_{\mathrm{m}}\frac{E_{\mathrm{d0}}^{\mathrm{p}}}{E_0}\Delta i_{\mathrm{rq}}^{\mathrm{p}} + \omega_1 L_{\mathrm{m}}\frac{E_{\mathrm{q0}}^{\mathrm{p}}}{E_0}\Delta i_{\mathrm{rd}}^{\mathrm{p}} \tag{9-25}$$

2. 运动方程模型

经过对双馈型风机各个环节的线性化，可得到双馈型风机线性化后的模型。将上述线性化后的方程整理后，可得到如图 9-8 所示的线性化模型框图。图中，k_{V} 是端电压控制参数，$K_{\theta\mathrm{id}}$、$K_{\theta\mathrm{iq}}$、K_{Eid}、K_{Eiq} 表示的是内电势相位、幅值与转子电流 d、q 轴分量的耦合关系线性化后的系数。

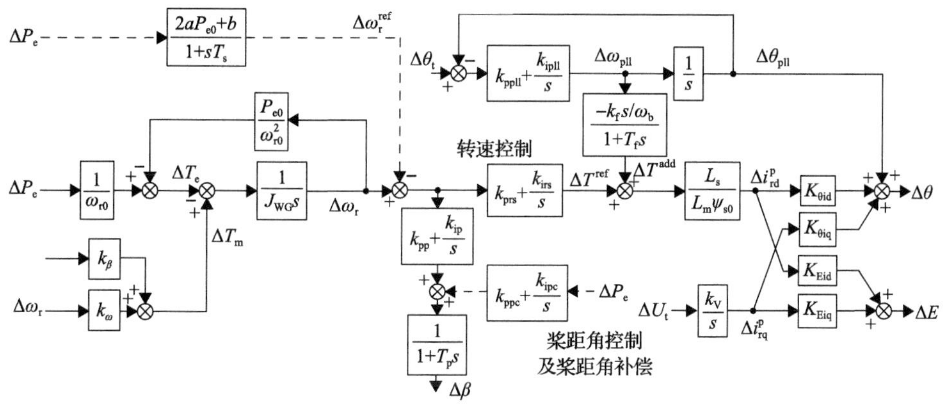

图 9-8　双馈型风机线性化模型

对于左侧的空气动力学模型、传动链模型、MPPT 控制以及桨距角控制，将其用一个等效机电惯量 $J_{\mathrm{eq}}(s)$ 来表示，如图 9-9 所示。其中，$J_{\mathrm{eq}}(s)$ 的表达式为

$$J_{\mathrm{eq}}(s)=\frac{-\left[k_\beta\left(G_{\mathrm{p}}(s)+\omega_{\mathrm{r0}}G_{\mathrm{pc}}(s)G_{\mathrm{pr}}(s)\right)\right]}{\left[\dfrac{1}{\omega_{\mathrm{r0}}}-\left(k_\beta T_{\mathrm{eref0}}G_{\mathrm{pc}}(s)+k_\omega+\dfrac{P_{\mathrm{e0}}}{\omega_{\mathrm{r0}}^2}-J_{\mathrm{WG}}s\right)G_{\mathrm{MPPT}}(s)\right]s}+\frac{-\left[k_\beta T_{\mathrm{ref0}}G_{\mathrm{pc}}(s)-k_\omega-\dfrac{P_{\mathrm{e0}}}{\omega_{\mathrm{r0}}^2}+J_{\mathrm{WG}}s\right]}{\left[\dfrac{1}{\omega_{\mathrm{r0}}}-\left(k_\beta T_{\mathrm{eref0}}G_{\omega\mathrm{p2}}(s)+k_\omega+\dfrac{P_{\mathrm{e0}}}{\omega_{\mathrm{r0}}^2}-J_{\mathrm{WG}}s\right)G_{\mathrm{MPPT}}(s)\right]s} \tag{9-26}$$

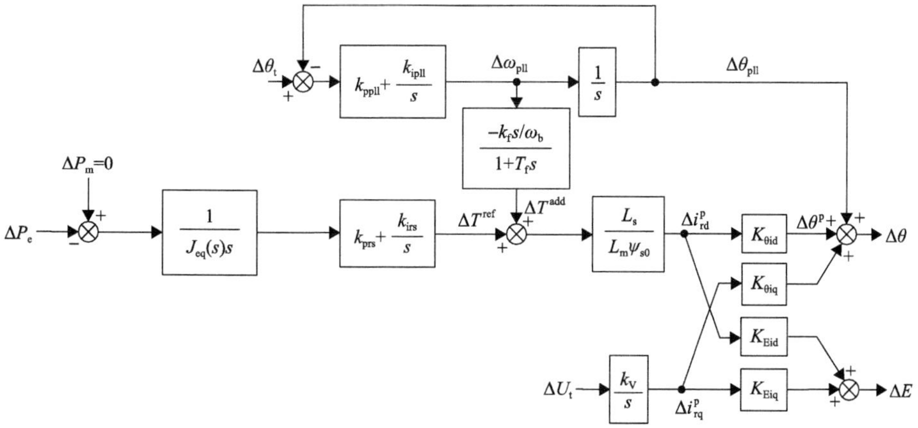

图 9-9　机电尺度等效惯量替换后的线性化模型

值得注意的是，因为风电机组功率曲线分段的特征以及桨距角在额定功率

运行区才动作的特点，$J_{eq}(s)$在不同工作区的表达式有所不同。式(9-26)中$G_{MPPT}(s)$在额定转速和额定功率运行区为0，而$G_{pc}(s)$在MPPT区和额定转速运行区为0。

对该模型进行进一步的处理，由于锁相环的动态相对图9.9中其他的控制时间尺度要快，忽略锁相环的动态过程，认为其输出相位等于输入的端电压相位。另外，将图中的端电压幅值与相位用有功/无功功率和内电势幅值/相位来表示，得到如图9-10所示的模型。图中$K_{\theta Q}$、$K_{\theta P}$、K_{VQ}、K_{VP}分别表示无功功率到内电势相位、有功功率到内电势相位、无功功率到内电势幅值、有功功率到内电势幅值线性化后的系数。

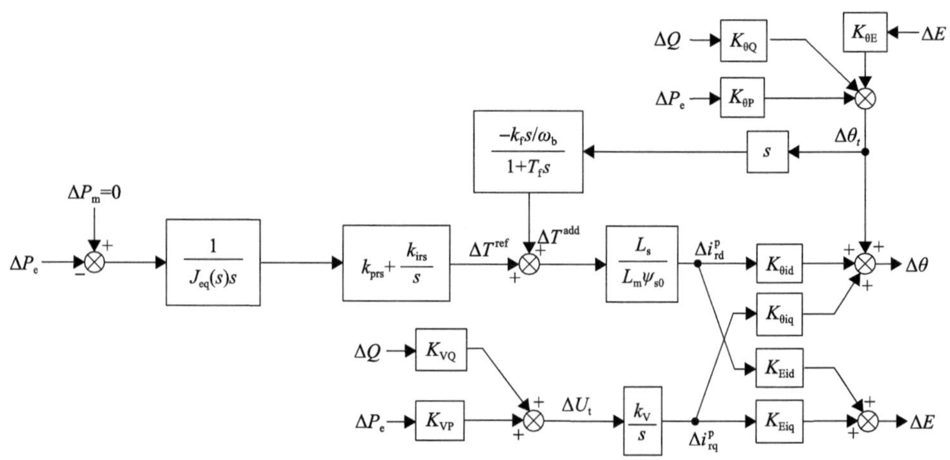

图 9-10 端电压幅值与相位等效替换后的线性化模型

以不平衡功率作为模型的输入，内电势作为模型的输出，可以得到双馈型风机的运动方程模型，其中包含相位运动方程以及幅值运动方程，如图9-11所示。

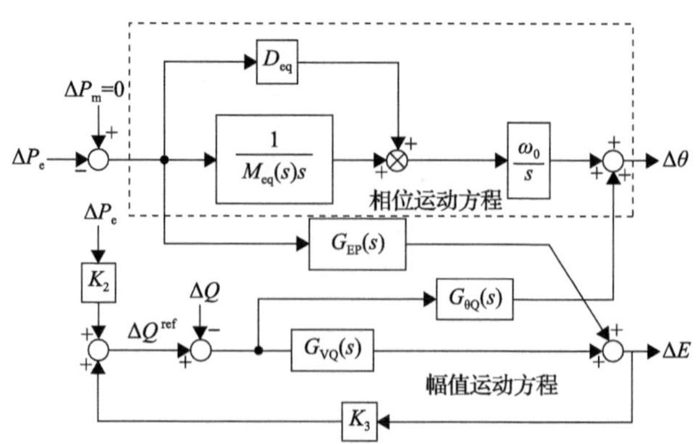

图 9-11 双馈型风机的运动方程模型

图中$G_{\theta Q}(s)$、$G_{EP}(s)$为无功功率到内电势相位、有功功率到内电势幅值的耦合项传递函数，K_2为有功功率到无功功率的耦合系数，K_3为内电势幅值到无功功率的反馈系数，$G_{VQ}(s)$为无功功率到端电压幅值的传递函数。上方框中的相位运动方程为本章关注的重点，下方的幅值运动方程和交叉耦合部分不再做详细说明。

图 9-11 中，等效惯量和等效阻尼表达式为

$$\frac{1}{M_{eq}(s)}=\left[\frac{\left(k_{prs}+k_{irs}/s\right)\left(T_f s+1\right)}{J_{eq}(s)}-\frac{K_{P\theta}}{K_{\theta iq}}\right]\frac{1}{k_f} \tag{9-27}$$

$$D_{eq}=-\frac{K_1 T_f}{K_{\theta iq}k_f} \tag{9-28}$$

在运动方程模型中，风电机组的惯量由一个传递函数表征，相对于具有常数惯量的同步发电机而言，这种非常数的惯量蕴含了更丰富的特性与物理过程，将对电力系统机电尺度动态带来新的影响。关于等效惯量的特性及其具体量化分析将在 9.4 节中详细讨论。

9.4　风电机组的惯量响应特性

9.4.1　风电机组惯量的特点

借助牛顿第二定律的基本概念，式(9-27)定义了风电机组等效惯量的频域解析表达。则在频域中，可定义内电势加速度为$a(s)$，不平衡有功功率为$P_{er}(s)$，两者之间的关系为

$$a(s)=\frac{P_{er}(s)}{M_{eq}(s)} \tag{9-29}$$

在时域上表述为卷积，如式(9-30)所示：

$$a(t)=P_{er}(t)*M_{eq}^{-1}(t) \tag{9-30}$$

式中，$M_{eq}^{-1}(t)$为$1/M_{eq}(s)$所对应的 Laplace 反变换。于是可得到加速度与不平衡有功功率之间的时域关系为

$$\frac{P_{er}(t)}{a(t)}=P_{er}(t)\Big/\left[P_{er}(t)*M_{eq}^{-1}(t)\right] \tag{9-31}$$

可以看出不平衡有功功率与加速度之间的比值与不平衡有功功率的形式有关。显然，若认为这个比值为惯量，则在时域上双馈型风机的惯量为一个时变的表述。应当指出的是，其与时变惯量[3]的通常描述并不吻合，这里只是从最简

单的力与加速度的角度来理解。因此，关于惯量的概念，主要是基于频域的分析。

在幅频特性上，根据式(9-27)，可以知道其在不同扰动频率下具有不一样的响应特性。对于较高频率的扰动，有

$$\left|M_{\mathrm{eq}}(s)\right| \approx \left|M_{\mathrm{eq}}(\mathrm{j}\omega)\right|_{\omega\to\infty} \tag{9-32}$$

即在较高的频率扰动下，其近似地表现出常数的特性。这部分的数值大小与速度控制、风力发电机的工作点和控制模式有关，其在一定程度上表征了惯量的大小。

当扰动频率较低时，有

$$\left|M_{\mathrm{eq}}(s)\right| = \left|M_{\mathrm{eq}}(\mathrm{j}\omega)\right|_{\omega\to 0} \approx 0 \tag{9-33}$$

即对于扰动频率很低的情况，其所表现出的惯量就接近于0。

而在相频特性上，若假设等效机电惯量 J_{eq} 为常数，根据式(9-27)则可知惯量传递函数 $M_{\mathrm{eq}}(s)$ 的相位将为0°～180°；而当考虑MPPT控制、桨距角控制之后，J_{eq} 会对相位造成影响。

总体上来看，双馈型风机的惯量在时频上都表现出变化的特点。其大小和特性受到控制参数的影响，通过改变控制参数，可实现不同大小和特性的惯量表征。

9.4.2 不同工作区参数对风电机组惯量特性的影响

由前面的双馈型风机模型可知，在MPPT区，转速指令会受到桨距角控制的影响而动作，但是桨距角控制和桨距角补偿不会动作；在额定转速运行区，转速指令由于已经达到最大值而保持固定，同时由于风力机捕获的功率未达到额定功率也不会动作；在额定功率运行区，转速指令依旧保持在最大值因而没有动态，桨距角控制和桨距角补偿开始动作从而会影响输入机械功率的动态。因此，风速变化造成双馈型风机工作区变化时，除了风速大小本身带来的差别，还有不同工作区转换带来的影响。

图9-12和图9-13分别给出了不同工作区下含 $\mathrm{d}f/\mathrm{d}t$ 控制的双馈型风机在惯性响应控制比例系数和滤波系数变化时等效惯量 $M_{\mathrm{eq}}(s)$ 的变化情况。三个子图分别表示风速为9m/s、12m/s和16m/s时的等效惯量，分别对应MPPT区、额定转速运行区和额定功率运行区。通过对比可以发现MPPT区和额定转速运行区的等效惯量是相似的，随着风速的增加，等效惯量 $M_{\mathrm{eq}}(s)$ 在低频段的模值也会增加，同时低频段的正相位会随之减小。值得注意的是，额定功率运行区 $M_{\mathrm{eq}}(s)$ 在低频段的模值显著减小，这与另外两个工作区随着风速增加 $M_{\mathrm{eq}}(s)$ 模值的变化趋势是相反的。这是因为在额定功率运行区桨距角控制和桨距角补偿开始动作。

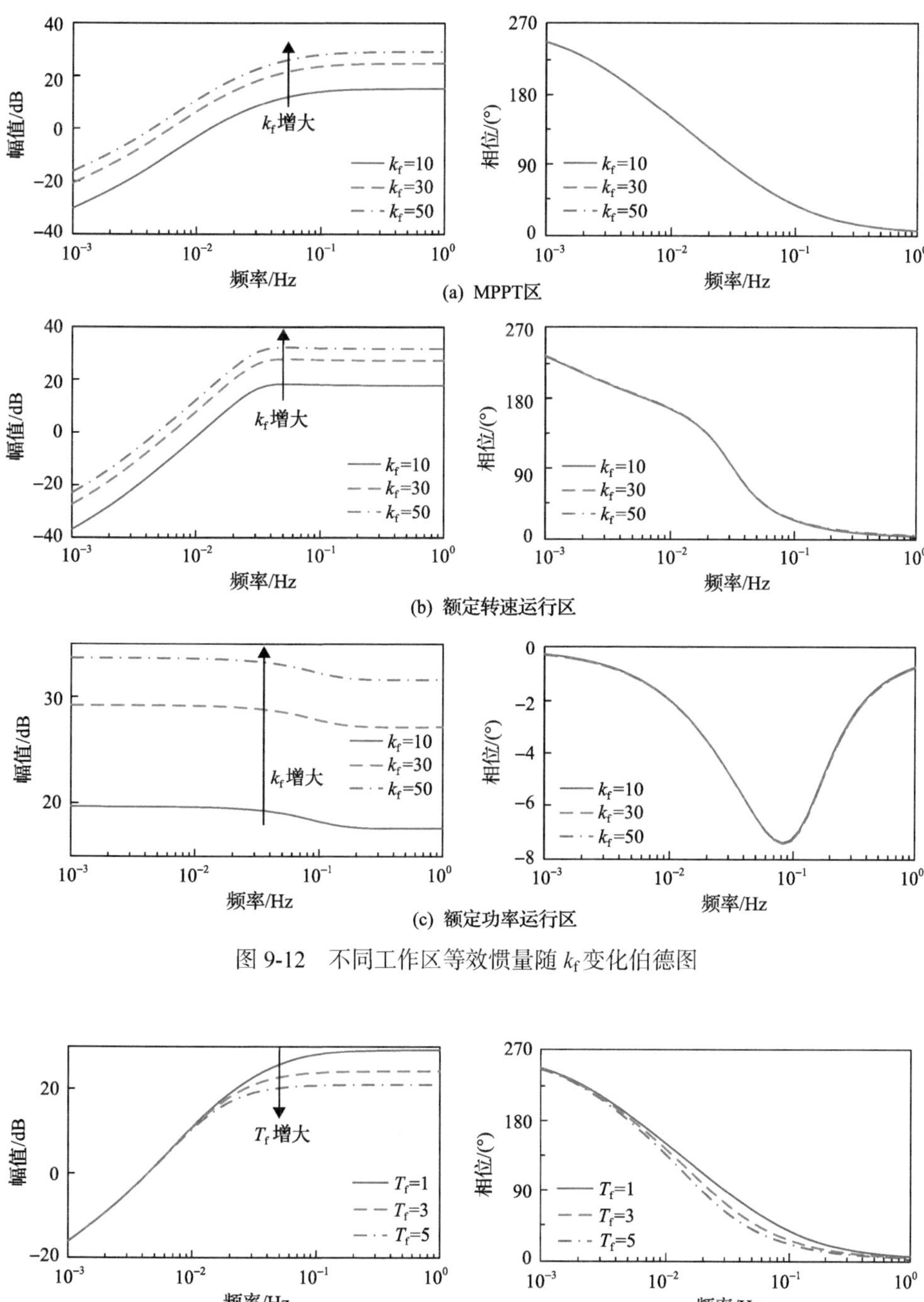

图 9-12　不同工作区等效惯量随 k_f 变化伯德图

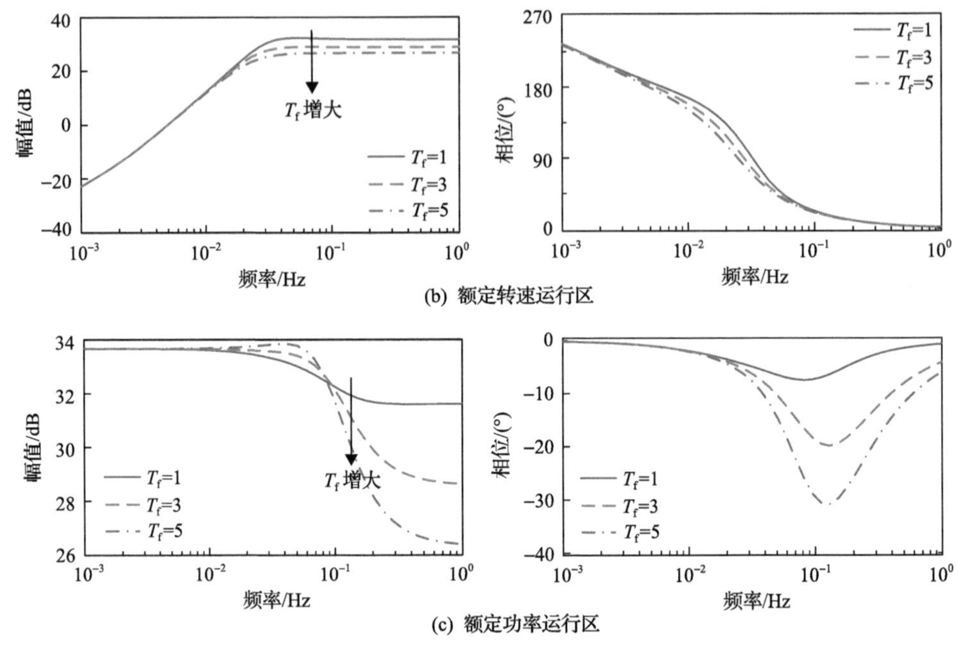

图 9-13　不同工作区等效惯量随 T_f 变化伯德图

从图 9-12 中可以看到，在 MPPT 区和额定转速运行区，当频率越来越低时，$M_{eq}(s)$的相位从 0°左右增加到了接近 270°，这是因为双馈型风机的电磁转矩指令不仅由 df/dt 控制产生，也会由转速控制产生，两个控制器的耦合造成了这个现象。当 df/dt 控制趋向于产生更多的有功功率时，双馈型风机的转速会下降，这会使得转速控制器的输出降低电磁转矩来恢复转速到初始值。因此，$M_{eq}(s)$的相位会超过 90°。另外，结合式(9-27)和图 9-12 可知，增大 df/dt 的比例系数 k_f 可以增加 $M_{eq}(s)$的模值，但是对 $M_{eq}(s)$的相位没有影响。但是从图 9-13 可看到，滤波系数 T_f减小，除了会增大 $M_{eq}(s)$的模值外，还会为系统提供更多的正相位。而在额定功率运行区，随着频率的升高，$M_{eq}(s)$的模值总体呈下降趋势(在低频段和高频段，$M_{eq}(s)$都趋向于一个常数)，而 $M_{eq}(s)$的相位从 0 开始下降后又上升回到 0。这种与前两个工作区明显的差别是桨距角动作引起的，当风电机组的转速下降时，桨距角也会下降来增大机械转矩，这样避免了输出的有功功率低于正常值。因此 $M_{eq}(s)$的相位保持在 0°左右。

惯性响应控制参数的影响是显而易见的。随着惯性响应控制比例系数 k_f 的增加，等效惯量 $M_{eq}(s)$的幅值会增大且不会影响 $M_{eq}(s)$的相位；而随着滤波系数 T_f 的增加，等效惯量 $M_{eq}(s)$在高频段的幅值会减小，同时 $M_{eq}(s)$的相位会增加，对于等效惯量 $M_{eq}(s)$低频段的幅值和频率几乎没有影响。需要说明的是此处的高频段指的是图 9-12 和图 9-13 中各子图的横坐标从左到右看靠近右侧的部分，而低频段指的是靠近左侧的部分。

9.5　风电机组快速频率响应控制对电力系统频率动态的影响分析

9.5.1　含双馈型风机的电力系统频率动态分析方法

电力系统的频率分析主要有以下几种传统方法[4]：全状态模型分析法[5]、平均系统频率(average system frequency，ASF)模型分析法[6]和系统频率响应(system frequency response，SFR)模型分析法[7-10]。全状态模型分析方法详细考虑了设备的机电动态，并采用准稳态的模型进行计算，其结果较为准确，但运算量较大。ASF 模型分析法方法只考虑了系统的平均频率，在全状态模型分析法的基础上忽略了同步发电机之间的差模动态过程，将系统等值为一台同步发电机，但保留了各同步发电机的调速器；SFR 模型分析法则是在 ASF 模型分析法的基础上进一步将调速器和原动机进行了单机等值。

这些方法都针对同步发电机主导的电力系统。基于相位运动方程，本节主要介绍包含双馈型风机的拓展系统频率分析方法，并据此分析双馈型风机的不同惯量特性对电力系统频率动态的影响。

1. 基本原理

在一个含有 n 台同步发电机和 m 台双馈型风机的系统中，当系统出现功率不平衡时，同步发电机的内电势频率由其摇摆方程有如下表达：

$$\left(\Delta P_{\mathrm{mSG}\_i}-\Delta P_{\mathrm{LSG}\_i}\right)\frac{1}{M_{\mathrm{SG}\_i}s}=\Delta\omega_i,\quad i=1,\cdots,n \tag{9-34}$$

式中，$\Delta P_{\mathrm{mSG}\_i}$ 为第 i 台同步发电机输入机械功率；$\Delta P_{\mathrm{LSG}\_i}$ 为第 i 台同步发电机输出电磁功率。对于双馈型风机而言，在之前的建模中将输入的机械功率进行了折算，根据图 9-11，其内电势转速的表达式为

$$-\Delta P_{\mathrm{LW}\_j}\frac{M_{\mathrm{eq}\_j}(s)D_{\mathrm{eq}\_j}(s)s+1}{M_{\mathrm{eq}\_j}(s)s}=\Delta\omega_j,\quad j=n+1,\cdots,n+m \tag{9-35}$$

式中，ΔP_{LW_j} 为第 j 台双馈型风机输出的电磁功率。而系统中总的有功功率缺额 ΔP_{L} 与各同步发电机和双馈型风机所承担的电磁功率的关系为

$$\Delta P_{\mathrm{L}}=\sum_{i=1}^{n}\Delta P_{\mathrm{LSG}\_i}+\sum_{j=n+1}^{n+m}\Delta P_{\mathrm{LW}\_j} \tag{9-36}$$

在频率动态过程中，首要关注的是其共模的成分，即所有设备的加权平均频率$\Delta\bar{\omega}$，而不是差模成分[11]。这样，同步发电机的摇摆方程和双馈型风机的运动方程可分别写成

$$\left[\Delta P_{\mathrm{mSG}\_i}-\left(\Delta\bar{P}_{\mathrm{LSG}\_i}+\Delta P_{\mathrm{LSG}\_i}^{*}\right)\right]\frac{1}{M_{\mathrm{SG}\_i}s}=\Delta\bar{\omega}+\Delta\omega_i^{*},\quad i=1,\cdots,n \tag{9-37}$$

$$-\left(\Delta\bar{P}_{\mathrm{LW}\_j}+\Delta P_{\mathrm{LW}\_j}^{*}\right)\frac{M_{\mathrm{eq}\_j}(s)D_{\mathrm{eq}\_j}(s)s+1}{M_{\mathrm{eq}\_j}(s)s}=\Delta\bar{\omega}+\Delta\omega_j^{*},\quad j=n+1,\cdots,n+m \tag{9-38}$$

式中，$\Delta\bar{P}_{\mathrm{LSG}_i}$和$\Delta\bar{P}_{\mathrm{LW}_j}$分别为同步发电机和双馈型风机在频率动态过程中所承担的共模有功功率；$\Delta P_{\mathrm{LSG}_i}^{*}$和$\Delta P_{\mathrm{LW}_j}^{*}$分别为同步发电机和双馈型风机所承担的差模有功功率，显然，这部分差模有功功率是多机之间相对振荡时产生的功率，若忽略线路的有功损耗，则这部分差模有功功率之和为 0；$\Delta\omega_i^{*}$和$\Delta\omega_j^{*}$分别为同步发电机和双馈型风机转速偏差的差模成分。结合(9-37)与式(9-38)，可以得到：

$$\begin{aligned}\sum_{i=1}^{n}\Delta P_{\mathrm{mSG}\_i}-\Delta P_{\mathrm{L}}&=\left(\sum_{i=1}^{n}M_{\mathrm{SG}\_i}+\sum_{j=n+1}^{n+m}\frac{M_{\mathrm{eq}\_j}(s)}{M_{\mathrm{eq}\_j}(s)D_{\mathrm{eq}\_j}(s)s+1}\right)s\Delta\bar{\omega}\\&\quad+\sum_{i=1}^{n}M_{\mathrm{SG}\_i}s\Delta\omega_i^{*}+\sum_{j=n+1}^{n+m}\frac{M_{\mathrm{eq}\_j}(s)}{M_{\mathrm{eq}\_j}(s)D_{\mathrm{eq}\_j}(s)s+1}s\Delta\omega_j^{*}\end{aligned} \tag{9-39}$$

式中，M_{SG_i}为同步发电机的惯量。

此时，由于只考虑共模的成分，则有

$$\begin{aligned}&\sum_{i=1}^{n}M_{\mathrm{SG}\_i}s\Delta\omega_i^{*}+\sum_{j=n+1}^{n+m}\frac{M_{\mathrm{eq}\_j}(s)}{M_{\mathrm{eq}\_j}(s)D_{\mathrm{eq}\_j}(s)s+1}s\Delta\omega_j^{*}\\&=\sum_{i=1}^{n}M_{\mathrm{SG}\_i}s\left(\Delta\omega_i-\Delta\bar{\omega}\right)+\sum_{j=n+1}^{n+m}\frac{M_{\mathrm{eq}\_j}(s)}{M_{\mathrm{eq}\_j}(s)D_{\mathrm{eq}\_j}(s)s+1}s\left(\Delta\omega_j-\Delta\bar{\omega}\right)=0\end{aligned} \tag{9-40}$$

求解可得

$$\Delta\bar{\omega}=\frac{\displaystyle\sum_{i=1}^{n}M_{\mathrm{SG}\_i}\Delta\omega_i+\sum_{j=n+1}^{n+m}\frac{M_{\mathrm{eq}\_j}(s)}{M_{\mathrm{eq}\_j}(s)D_{\mathrm{eq}\_j}(s)s+1}\Delta\omega_j}{\displaystyle\sum_{i=1}^{n}M_{\mathrm{SG}\_i}+\sum_{j=n+1}^{n+m}\frac{M_{\mathrm{eq}\_j}(s)}{M_{\mathrm{eq}\_j}(s)D_{\mathrm{eq}\_j}(s)s+1}} \tag{9-41}$$

式(9-41)中的分母即定义为系统的等效惯量：

$$M_{\mathrm{sys}}=\sum_{i=1}^{n}M_{\mathrm{SG}\_i}+\sum_{j=n+1}^{n+m}\frac{M_{\mathrm{eq}\_j}(s)}{M_{\mathrm{eq}\_j}(s)D_{\mathrm{eq}\_j}(s)s+1} \tag{9-42}$$

一般地，在频率动态过程中的差模振荡频率远大于一次调频的带宽，因此，一次调频的控制器对此部分的响应可以忽略不计。于是输入的机械功率可以近似表达为

$$\sum_{i=1}^{n}\Delta P_{\mathrm{mSG}\_i}=\sum_{i=1}^{n}G_{\mathrm{gov}\_i}(s)\Delta\omega_i\approx\sum_{i=1}^{n}G_{\mathrm{gov}\_i}(s)\Delta\bar{\omega} \tag{9-43}$$

式中，$G_{\mathrm{gov}\_i}(s)$ 为同步发电机的一次调频控制传递函数。

据此可得包含双馈型风机的电力系统频率动态分析框图，如图 9-14 所示。

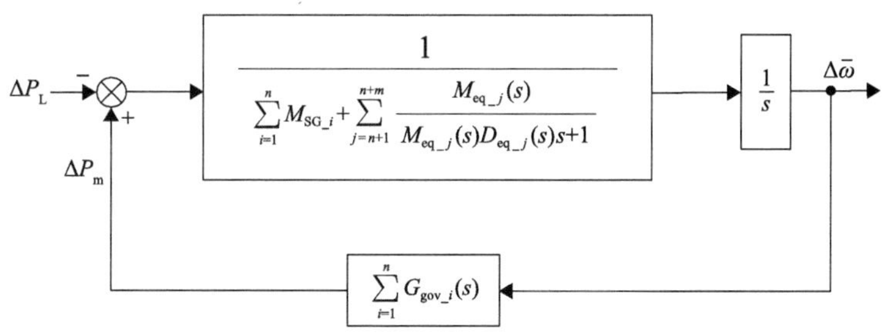

图 9-14　含双馈型风机的电力系统频率动态分析框图

对于传统同步发电机系统而言，由于各同步发电机机械转子的惯量为常数，因此，电力系统总的惯量也为常数，系统的频率动态完全由其不平衡功率和调速器动态决定。然而，双馈型风机的惯量并不是常数，而是由一个传递函数表征，因此，含大规模风电的电力系统的频率动态还会受其惯量特性影响。

2. 频率动态与频域特性关系

通过研究双馈型风机的惯量特性以及图 9-14 的开环传递函数，可以判断和评估双馈型风机接入后对系统频率动态的影响。基于线性系统控制理论，若图 9-14 中的开环传递函数没有正极点，则其开环传递函数的伯德图幅频曲线的过零穿越点对应相应的动态过程中的振荡频率，其相应的相位距离–180°的相角差即所谓的相位裕度。为保证稳定性，要求幅频曲线的过零穿越点对应的相位大于–180°。

幅频曲线过零穿越点的频率越小，可认为系统的频率开环传递函数增益越小，对应到图 9-14 中的传递函数，也就是系统总的惯量越大，这样在系统突然遭受不平衡功率时，其频率的变化速率一般也会越小；相位裕度越小，则该系统的振荡阻尼越弱，意味着动态过程的波动越剧烈，这样，当系统突然遭受负荷突增或发电机跳机等情况时，其频率变化的最低点会下降，频率波动幅度将增加。

9.5.2 风电机组工作区与控制器参数对电力系统频率动态的影响分析

1. 研究对象简介

系统频率动态不仅和双馈型风机的惯量有关，还和同步机调速器的动态特性有关。在不同调速特性的系统中，相同惯量特性的双馈型风机的频率动态也会不一样。下面以图 9-15 所示的三机九节点系统为例，使用 9.5.1 节所提出的方法评估双馈型风机的不同惯量对系统频率动态的影响。

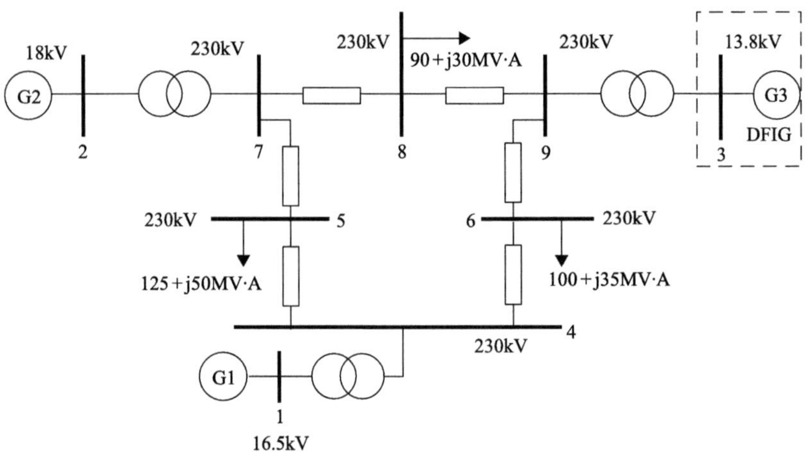

图 9-15　用于频率动态分析的典型仿真系统

图 9-15 中 G1 为水轮机组，其调速系统由图 9-16 所示的模型表示，图中，R_P 为调差系数，T_G 为滤波常数，T_W 为水轮机水锤效应系数，R_T、R_P、T_R 分别为调速器暂时下降率、永久下降率、复位时间，ΔP_{ref}、ΔP_{mSG} 为同步机有功功率设定值、同步机机械功率。G2 为再热式汽轮机，其调速系统由图 9-17 所示的模型表示，图中，R 为调差系数，T_{CH}、T_{RH}、F_{HP} 分别为主进汽容积和汽室的时间常数、再热器时间常数、主进汽容积和汽室产生的功率所占的比例。

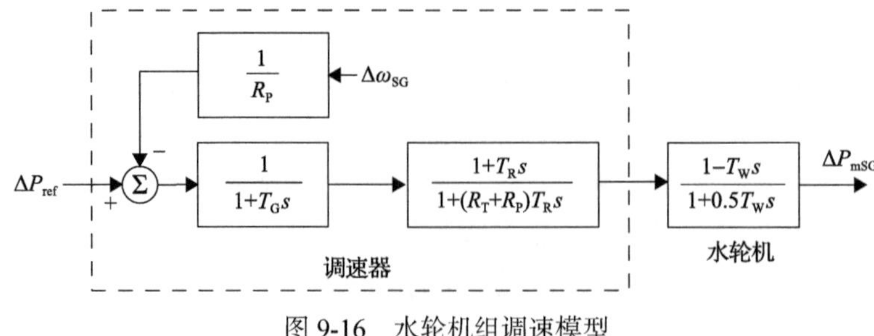

图 9-16　水轮机组调速模型

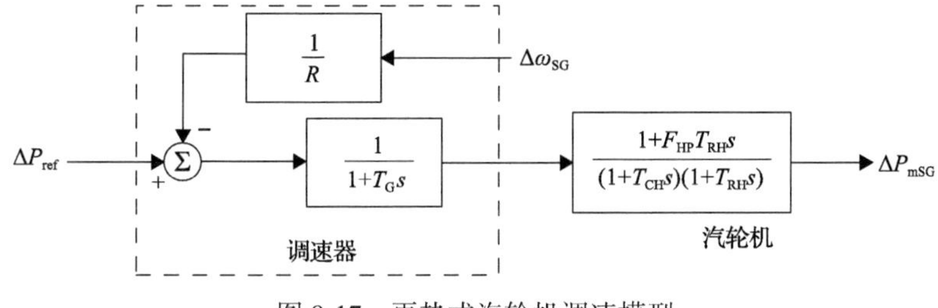

图 9-17　再热式汽轮机调速模型

2. 工作点与控制参数对电力系统频率动态的影响

分别改变惯性响应控制的比例系数和滤波系数，观察图 9-14 所示的开环传递函数的伯德图。图 9-18 和图 9-19 分别表示惯性响应控制的比例系数 k_f 增大和滤波系数 T_f 减小时的开环传递函数变化情况。

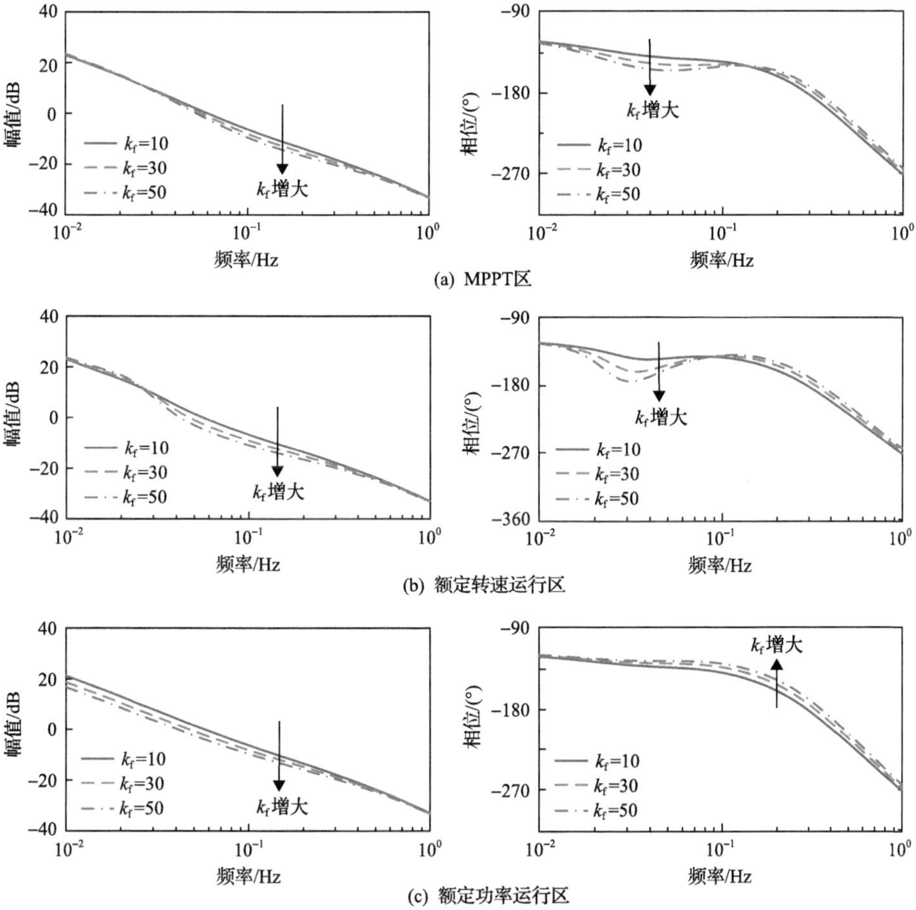

(a) MPPT区

(b) 额定转速运行区

(c) 额定功率运行区

图 9-18　不同 k_f 下开环传递函数的伯德图

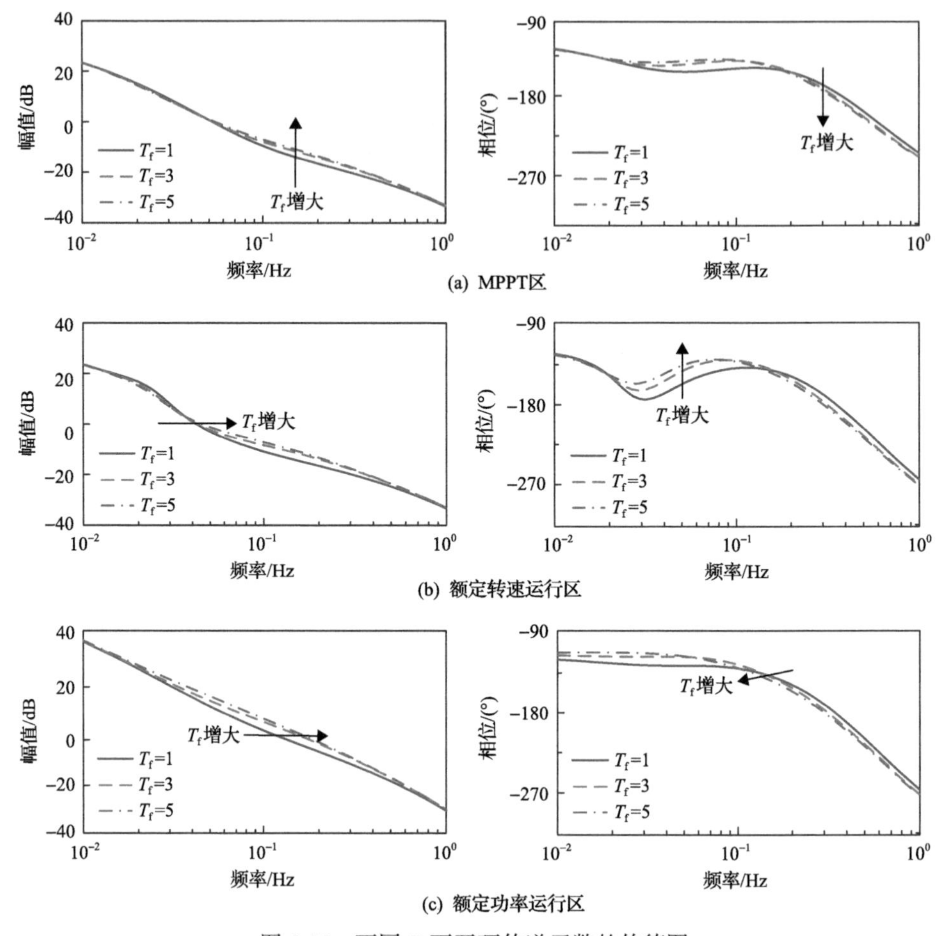

图 9-19　不同 T_f 下开环传递函数的伯德图

从图 9-18 可以看到，增大惯性响应控制的比例系数 k_f，开环传递函数的过零点是往左移的，这说明系统总的惯量是增加的，在系统负荷扰动时频率的变化率是变小的；另外，在 MPPT 区和额定转速运行区，系统的相位裕度随着惯性响应控制的比例系数 k_f 的增大而减小，系统振荡的阻尼在减小，系统的频率最低点是降低的，而在额定功率运行区变化趋势与之相反。

从图 9-19 可知，增大惯性响应控制的滤波系数 T_f，开环传递函数的过零点是往左移的，这说明系统总的惯量是增加的，在系统负荷扰动时频率的变化率是变小的；另外，系统的相位裕度随着惯性响应控制的滤波系数 T_f 的增大，在不同的工作区呈现不同的变化趋势。

图 9-20 和图 9-21 分别表示惯性响应控制的比例系数 k_f 增大和滤波系数 T_f 减小时系统在负荷扰动时的仿真波形。可以看到随着惯性响应控制的比例系数 k_f 增大，系统频率初始时刻的变化率变小，但是系统频率的最低点也是减小的；

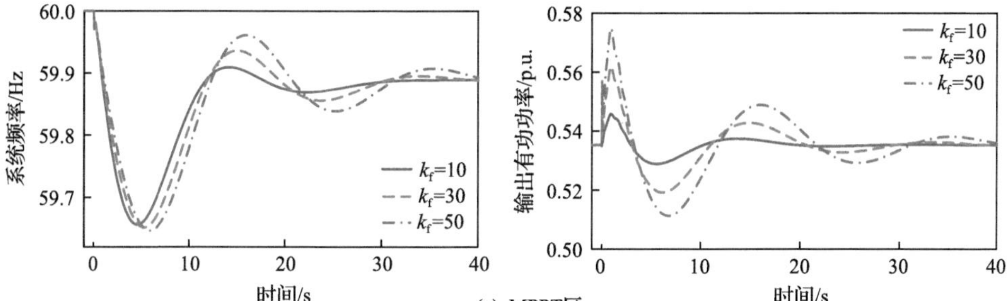

(a) MPPT区

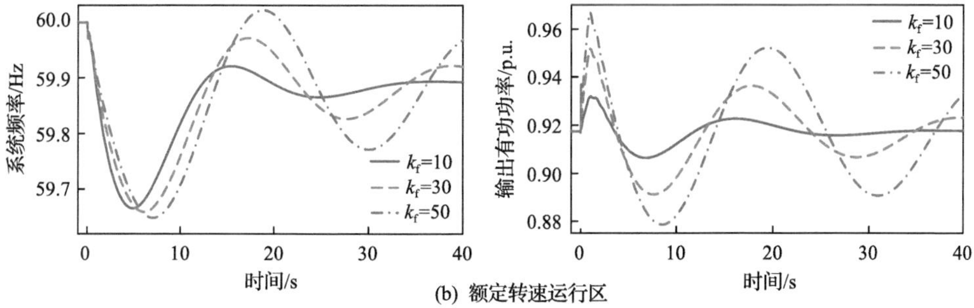

(b) 额定转速运行区

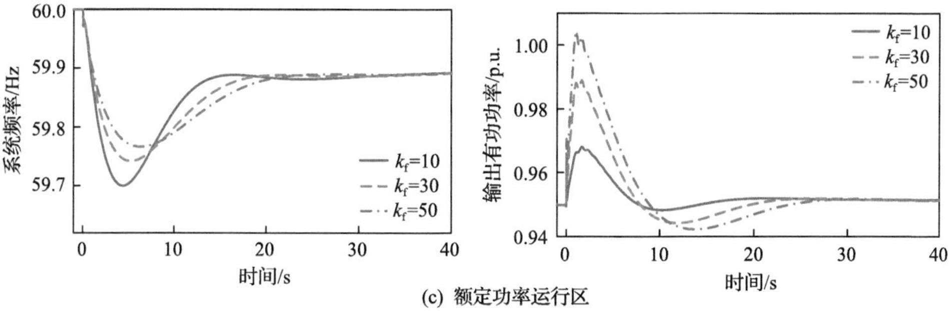

(c) 额定功率运行区

图 9-20　不同 k_f 下系统频率和双馈型风机输出有功功率的仿真波形

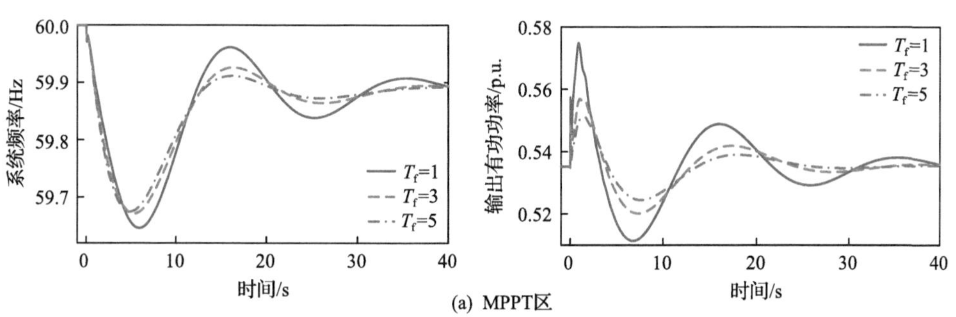

(a) MPPT区

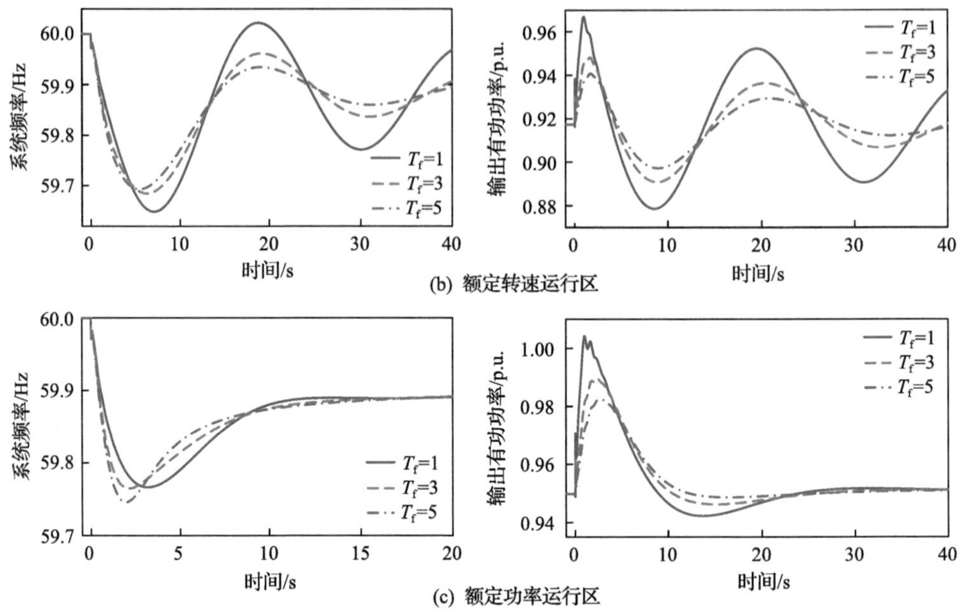

图 9-21　不同 T_f 下系统频率和双馈型风机输出有功功率的仿真波形

滤波系数 T_f减小时，现象也与之相同。也就是说，惯量的增加确实会降低频率变化率，但并不会提升频率的最低点。因此为了优化系统的频率动态，还需要一次调频的配合。

从图 9-16～图 9-19 可知，随着风机风速的增加，双馈型风机分别工作在 MPPT 区、额定转速运行区、额定功率运行区，开环传递函数的过零点是往左移的，这说明系统总的惯量是增加的，在系统负荷扰动时频率的变化率是变小的；另外，比较图 9-18 和图 9-19 可以看到，MPPT 区和额定转速运行区的开环传递函数没有太多区别，但是额定功率运行区的开环传递函数有着比较大的区别。观察以上图 9-20 和图 9-21 不同工作区下在负荷扰动时的系统频率变化图，与前面的理论分析相一致，MPPT 区的仿真波形和额定转速运行区没有区别，但是额定功率运行区的系统频率下降率减小了，同时系统的最低点额下降了。

9.6　风电机组快速频率响应控制带来的其他影响

风电机组的快速频率响应控制在改变电力系统频率动态的同时，亦会对电力系统和风电机组本身产生一些其他影响[12-14]，在一些工况下甚至会产生比较强的负面影响。本节从风电机组快速频率响应控制对电力系统低频振荡和风电机组传动链扭振的影响来进行说明。

9.6.1　风电机组快速频率响应控制对电力系统低频振荡的影响

本节以如图 9-22 所示的四机两区系统为例，研究风电机组快速频率响应控制对电力系统低频振荡的影响。四机两区系统参考文献[15]中的四机两区系统，线路及同步机以及潮流设置均使用相同的参数。为分析风机带来的影响，将同步机 2 代替为等容量的风电场，输出功率保持不变。风电场中加入惯性响应控制，控制结构如图 9-6 所示。

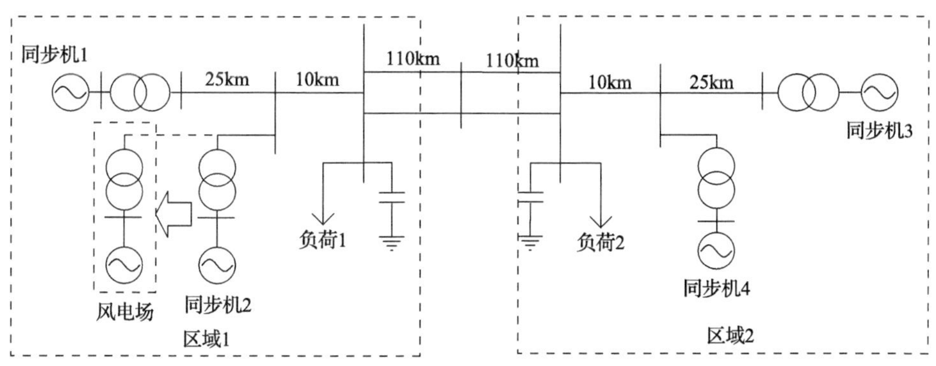

图 9-22　四机两区系统示意图

对于经典的四机两区系统，存在三组振荡模式，一组区域间振荡模式(区域 1 与区域 2 之间的相互振荡)和两组区域内的振荡模式(同步机 1 和同步机 2 之间的相互振荡模式以及同步机 3 和同步机 4 之间的相互振荡模式)[15]。其特征根分布如图 9-23 所示。其中红色叉号表示新出现的振荡模式随惯性响应控制滤波系数变化的特征根变化，红色曲线指示了其变化趋势，黑色叉号表示原四机两区系统区

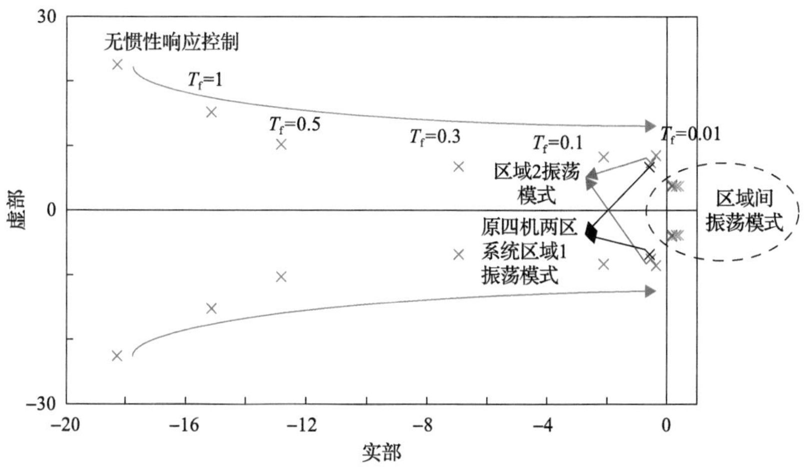

图 9-23　不同参数下四机两区系统主要特征根示意图(彩图扫二维码)

域 1 振荡模式的特征根，蓝色叉号表示区域 1 振荡模式的特征根；虚线圈内表示区域间模式的特征根变化，因变化相对较小难以直接展现变化趋势，在表 9-1 中以表格的形式呈现。

若加入带惯性响应控制的风机，可以看到部分特征根随着惯性响应控制参数的变化出现了明显的变化。下面将从区域间振荡和区域内振荡两个角度来说明惯性响应控制带来的影响。

1) 对区域间振荡的影响

观察图 9-23，区域间振荡模式的特征值随着惯性响应控制的出现而变化。下面通过表 9-1 的参与因子模值来详细说明参数的影响。

表 9-1　区域间振荡模式的部分参与因子模值

状态量的参与因子	参数及特征根		
	无惯性响应控制 0.0326±j4.15	k_f=10, T_f=1 0.0639±j4.12	k_f=10, T_f=0.05 0.114±j3.79
DFIG-直流电压	0	0	0.00001
直流电压控制器输出	0	0	0.00001
DFIG-锁相环相位	0.00171	0.02527	0.06954
DFIG-转子转速	0.00236	0.00468	0.00761
DFIG-速度控制	0.00010	0.00019	0.00034
DFIG-端电压	0.02457	0.00169	0.00178
DFIG-惯性响应控制	—	0.00582	0.06659
DFIG-锁相环转速	0.00169	0.02301	0.01946
SG1 转角	0.25828	0.24317	0.11299
SG3 转角	0.14639	0.15287	0.18584
SG4 转角	0.11234	0.11846	0.14964
SG1 转速	0.25828	0.24317	0.11299
SG3 转速	0.14639	0.15287	0.18584
SG4 转速	0.11234	0.11846	0.14964

无惯性响应控制的情况下，区域间振荡模式的参与因子主要有同步机 1 的转子转速和转子角度、同步机 3 的转子转速和转子角度、同步机 4 的转子转速和转子角度，双馈型风机的各个状态变量在该模式中的参与度均不高。随着双馈型风机的惯性响应控制滤波系数 T_f 的减小，双馈型风机的状态量(尤其是 DFIG-锁相环相位和 DFIG-惯性响应控制)在该区域间振荡模式的参与因子逐渐变大。也就是说，随着双馈型风机参数的变化，双馈型风机会逐渐参与到区域间振荡中，取代

原来同步机 2 在该区域间振荡的作用。

表 9-2 给出了不同惯性响应控制比例系数 k_f 下的区域间振荡模式特征根的变化。随着 k_f 的增大，特征根实部逐渐变小，特征根的虚部逐渐减小。也就是说随着惯性响应控制比例系数的增大，区域间振荡的频率逐渐降低，阻尼也稍稍变强。振荡频率的逐渐降低是因为随着惯性响应控制比例系数的增大，双馈型风机对电网体现出来的惯量增大，风机也参与区域间振荡，频率也会降低。

表 9-2　不同 k_f 下区域间振荡模式的特征根变化（T_f=0.05）

k_f	10	20	30	40
特征根	0.114±j3.79	0.0811±j3.59	0.0540±j3.49	0.0328±j3.38

2）对区域内振荡的影响

回顾图 9-23，随着惯性响应控制参数的变化，区域 2 的振荡模式几乎没有受到影响。这个是合理的，因为区域 2 的振荡模式作为一个区域内的振荡模式，由同步机 3 和同步机 4 主导。随着双馈型风机的惯性控制参数的变化，区域 1 内在机电尺度上出现了一个新的振荡模式。该模式在无惯性响应控制或者惯性响应控制的滤波系数 T_f 较大时由双馈型风机的锁相环主导，但是随着 T_f 的减小，该模式变为由惯性响应和锁相环以及同步机 1 的转子转速和转子角度共同主导。也就是说，如果在风机中加入惯性响应控制，在滤波系数设置得比较小的情况下，该电力系统内出现了同步机和风机相互振荡的模式，该模式由风机和同步机 1 共同主导。在风机取代同步机 2 后，风机也能像原来的同步机 2 一样与同步机 1 产生相互振荡。新出现的振荡模式的部分参与因子模值如表 9-3 所示。

表 9-3　新出现的振荡模式的部分参与因子模值

状态量的参与因子	参数及特征根		
	无惯性响应控制 −18.363±j23.48	k_f=10, T_f=1 −13.853±j14.518	k_f=10, T_f=0.05 −1.226±j8.66
DFIG-直流电压	0.00146	0.00078	0.00015
直流电压控制器	0.00185	0.00100	0.00016
DFIG-锁相环相位	0.53599	0.39858	0.28949
DFIG-转子转速	0.00088	0.00402	0.01248
DFIG-速度控制	0.00001	0.00003	0.00024
DFIG-端电压	0.02490	0.02439	0.00932
DFIG-惯性响应输出	—	0.00877	0.25877
DFIG-锁相环转速	0.52105	0.37416	0.02165
SG1 转角	0.01106	0.01475	0.23734

续表

状态量的参与因子	参数及特征根		
	无惯性响应控制 $-18.363 \pm j23.48$	$k_f=10$, $T_f=1$ $-13.853 \pm j14.518$	$k_f=10$, $T_f=0.05$ $-1.226 \pm j8.66$
SG3 转角	0.00025	0.00157	0.00038
SG4 转角	0.00030	0.00118	0.00320
SG1 转速	0.01106	0.01475	0.23734
SG3 转速	0.00025	0.00157	0.00380
SG4 转速	0.00030	0.00118	0.00320

表 9-4 给出了不同 k_f 下该振荡模式的特征根变化。随着 k_f 的增大，区域间振荡的频率逐渐降低，阻尼变弱。振荡频率的逐渐降低与之前对区域间振荡的影响相同，是因为随着惯性响应控制比例系数的增大，双馈型风机对外体现出来的惯量增大，频率也会降低。

表 9-4　不同 k_f 下新的振荡模式的特征根变化（T_f=0.05）

k_f	10	20	30	40
特征根	$-1.226 \pm j8.66$	$-0.621 \pm j7.48$	$-0.467 \pm j7.10$	$-0.402 \pm j6.87$

9.6.2　风电机组快速频率响应控制对风电机组传动链扭振的影响

惯性响应控制的加入对风机自身也会带来一定的应力安全影响。第 2 章中已有提到，风电机组的传动链存在固有的扭振模式，在风速波动或电磁转矩脉动时可能会激发这种扭振。但是一般情况下这种振荡具备正阻尼，激发后振荡的幅度会随着时间衰减。风机频率响应的加入可能会给轴系的扭振带来负阻尼，并在一些参数下使系统发生振荡发散。下面以一个单双馈型风电机组-无穷大系统为例，来说明双馈型风机惯性响应控制对风电机组传动链扭振的影响。

在图 9-8 双馈型风机线性化模型的基础上，图 9-24 给出了传动链使用两质量块模型下的单风电机组-无穷大系统的模型。对该模型进行进一步的整理，可得如图 9-25 所示的区分电气系统与机械系统的小信号模型。其中，K_e 为线性化后内电势相位到有功功率的系数，$G_{e1}(s)$、$G_{e2}(s)$ 的表达式分别为

$$G_{e1}(s)=\frac{k_{prs}s+k_{irs}}{s}\frac{\omega_b\left(1+T_f s\right)}{k_f s^2} \tag{9-44}$$

$$G_{e2}(s)=K_{\theta P}\left[\frac{L_m\psi_{s0}\omega_b\left(1+T_f s\right)}{K_{\theta id}L_s k_f s^2}-1\right] \tag{9-45}$$

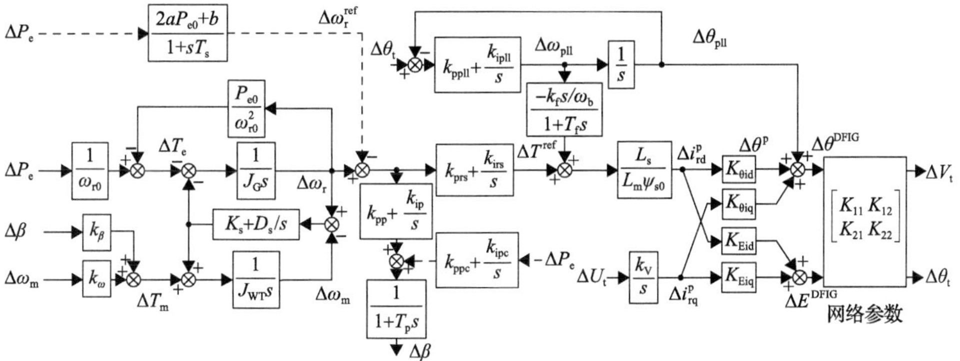

图 9-24　两质量块传动链模型替换后的单风电机组-无穷大系统小信号模型

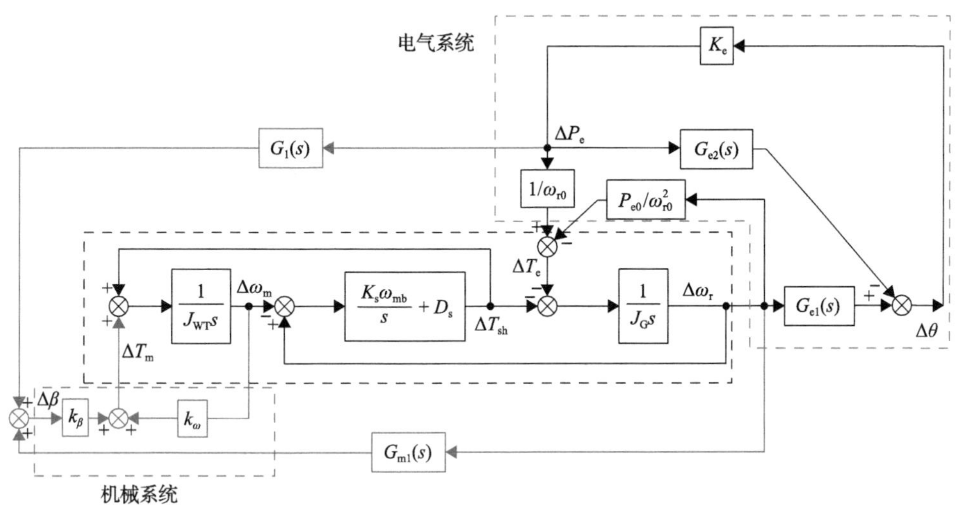

图 9-25　区分电气系统与机械系统的小信号模型

如图 9-25 所示，发电机转速的变化会通过电气系统影响电磁转矩的动态，图 9-25 中的电气系统框表示从发电机转速到电磁转矩的路径。同时，发电机转速还会通过桨距角控制来影响机械转矩的动态，如 $G_{m1}(s)$ 所处的路径所示。值得注意的是，两条路径在 $G_1(s)$ 不为 0 时(也就是在额定功率运行区)存在耦合，也就是说，此时发电机转速也可通过电气系统影响机械扭矩动态。

对图 9-25 进行重新整理后，最终得到如图 9-26 所示的形式。图中的 $G_e(s)$ 支路表示发电机转速与电磁转矩的关系，称为电气作用路径。$G_m(s)$ 支路与 k_ω 支路表示发电机转速与机械转矩的关系，称为机械作用路径。这两条路径与同步机的轴系振荡分析非常相似，电气作用路径的影响对应于电力系统对轴系振荡的影响，而机械作用路径的影响和调速器的影响类似。不同的是，这里的机械作用路径主要由桨距角控制决定，但也会将控制系统其他部分和电力系统相耦合；而电气作用路径中控制系统的影响占主导作用。

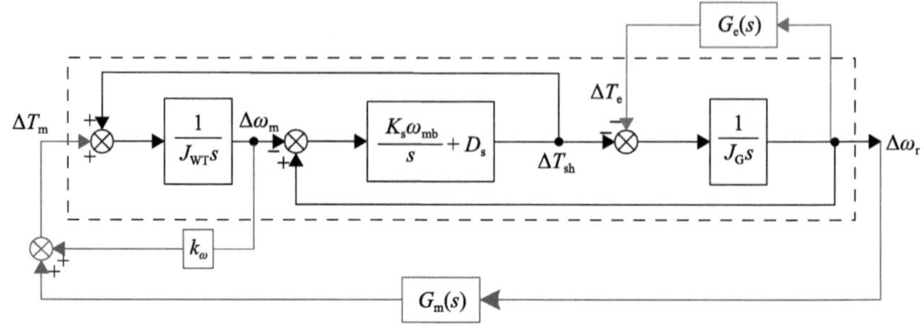

图 9-26　电气作用路径与机械作用路径

两个路径的传递函数分别为

$$G_e(s)=\frac{G_{e1}(s)K_e}{1+K_eG_{e2}(s)}\cdot\frac{1}{\omega_{r0}}-\frac{P_{e0}}{\omega_{r0}^2} \tag{9-46}$$

$$G_m(s)=k_\beta G_1(s)\left[G_e(s)\omega_{r0}+\frac{P_{e0}}{\omega_{r0}^2}\right]+k_\beta k_{pc}\Big/\left(1+T_ps\right) \tag{9-47}$$

作用在发电机转子上的转矩有两个，其中一个是电磁转矩 ΔT_e，另一个是机械系统的等效机械转矩 ΔT_{sh}。当从发电机转子的角度考虑整个系统的稳定性时，发电机转速对机械扭矩动态的影响最终由 ΔT_{sh} 反映。ΔT_{sh} 与转速 $\Delta\omega_r$ 的关系如式(9-48)所示：

$$G_{sh}(s)=\frac{\left(K_s\omega_{mb}+D_ss\right)\left[J_{WT}s-k_\omega-G_m(s)\right]}{J_{WT}s^2+\left(D_s-k_\omega\right)s+K_s\omega_{mb}} \tag{9-48}$$

为研究双馈型风机惯性响应控制对传动链扭振的影响规律，引入阻尼转矩分析方法。根据图 9-26 中的两条路径，可分别获得发电机转子的机械阻尼和电气阻尼的表达式，即

$$D_m(\omega)=\mathrm{Re}\left[G_{sh}(\mathrm{j}\omega)\right] \tag{9-49}$$

$$D_e(\omega)=\mathrm{Re}\left[G_e(\mathrm{j}\omega)\right] \tag{9-50}$$

如果在系统的振荡频率处机械阻尼和电气阻尼之和大于 0，那么系统的轴系振荡不会发散；否则，系统不稳定的轴系振荡模式将会发生振荡发散。

根据两条作用路径的传递函数，可以分析机械阻尼和电气阻尼受惯性响应控制参数、电网强度和工作点影响的规律。图 9-27(a)是电气阻尼曲线，图 9-27(b)

是机械阻尼曲线，图 9-27(c)和图 9-27(d)是电磁功率和发电机转速的仿真波形，$\omega_{d1}\sim\omega_{d3}$ 为三个系数下的振荡频率。

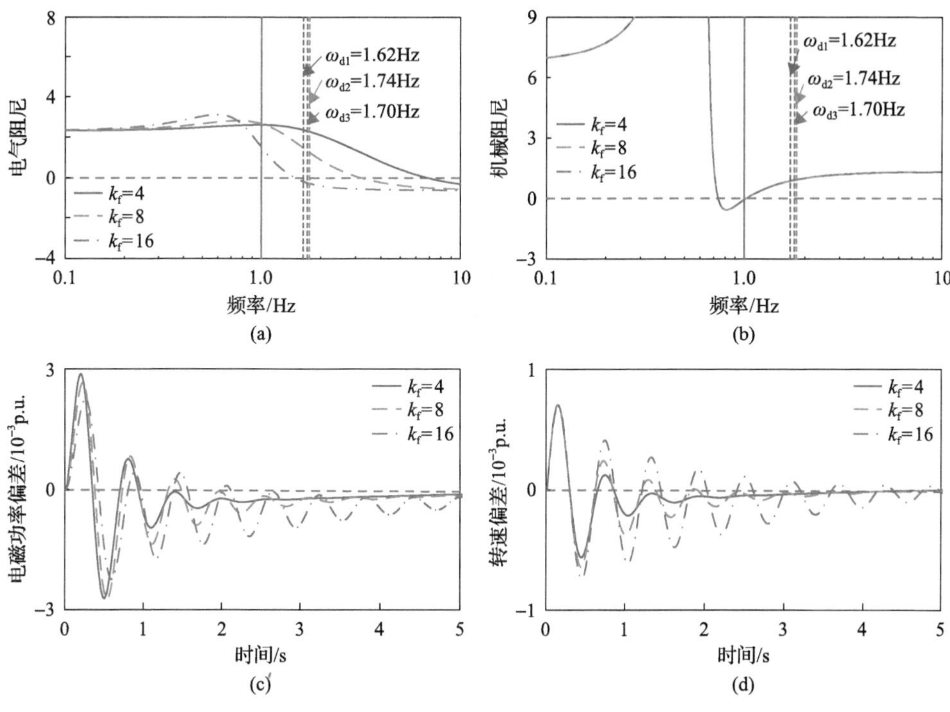

图 9-27　不同 k_f 下的阻尼曲线与仿真结果(T_f=0.2)

1) 惯性响应控制参数的影响

根据作用路径的传递函数，可以看出惯性响应控制参数主要影响电气阻尼。虽然不同工作区域的电气阻尼曲线不同，但惯性响应控制参数变化引起的阻尼变化规律是大致相同的。接下来，在风速为 12m/s，X_g 为 0.5p.u.的工况下，分析惯性响应控制参数变化对电气阻尼的影响。另外，在该工况中，不同惯性响应控制参数下的机械阻尼是相同的。

图 9-27(a)显示了在 T_f=0.2 时 k_f 变化时电气阻尼的变化情况，图 9-27(b)表示在该工况下不同惯性响应控制参数下的机械阻尼没有差异。在这种情况下，当 k_f 增加时，电气阻尼曲线的负阻尼区域将向低频段扩展。这样振荡频率处的电气阻尼随着 k_f 的减小而减小，并最终趋向于一个负值，但这时机械阻尼仍为一个正值，两者之和也为正值。图 9-27(c)和图 9-27(d)展示出了在不同 k_f 下的仿真波形。可以看出，随着 k_f 的增加，发电机转速的收敛变得更加缓慢，这与前面的分析结果一致。

如果 k_f 继续减小，则如图 9-28(a)所示，电气阻尼曲线中将出现尖峰和低谷。

在现有的多质量块系统参数下，当 k_f 较小时，振荡频率将将落在尖峰附近，这时电气阻尼是正的。但随着 k_f 变大，振荡频率将落在低谷中，电气阻尼由此减小。如果 k_f 继续增加，那么振荡频率将落在阻尼曲线右边相对平滑的区域中。所以，随着 k_f 增加，电气阻尼先增加，但随后减小并最终趋向于一个固定的负值。仿真结果如图 9-28(c) 和图 9-28(d) 所示，与前面结论一致。

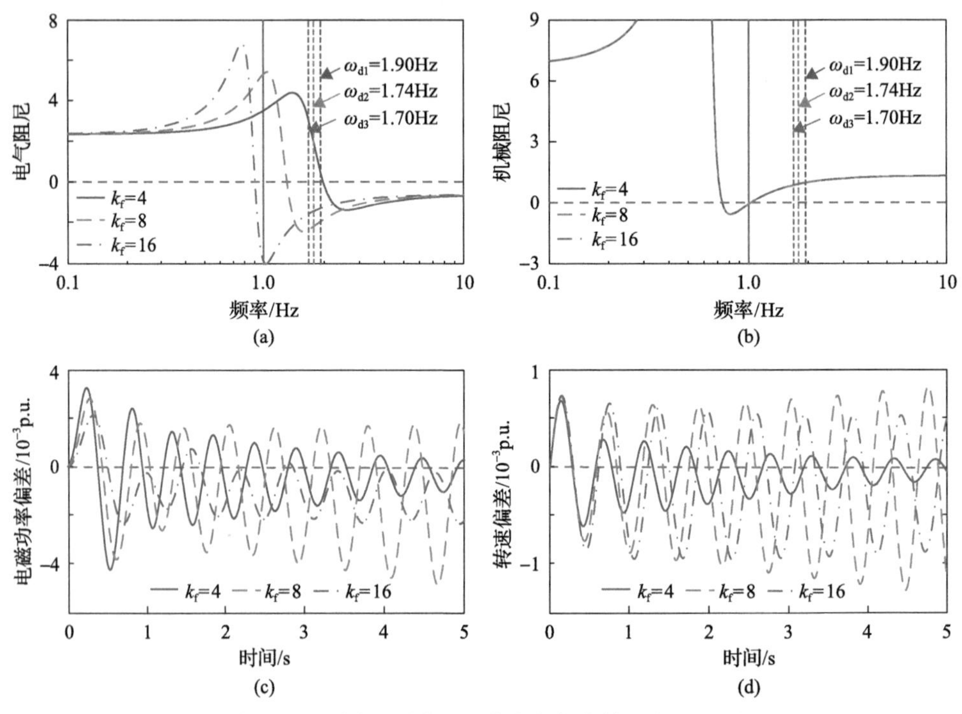

图 9-28　不同 k_f 下的阻尼曲线与仿真结果(T_f=0.05)

2) 电网强度的影响

图 9-29(a) 展示了不同电网强度对电气阻尼的影响。不难发现，电网强度对电气阻尼的影响与 k_f 非常相似。当电网强度比较大，即 X_g 很小时，振荡频率将落在正阻尼区域。随着 X_g 的增加，即电网强度的减小，负阻尼区域将向左移动，使得振荡频率落在负值阻尼区域中。当振荡频率落在低谷中时，电气阻尼的情况最糟糕，但在这时电网强度不是最弱的。总的来说，随着电网强度降低，阻尼将减小。图 9-29(c) 和图 9-29(d) 的仿真结果证明了这一结论的合理性。

3) 不同工作区的影响

图 9-30～图 9-32 展示出了不同风速下惯性响应控制的滤波系数 T_f 变化时的电气阻尼和机械阻尼的曲线。分别取了风速为 9m/s、12m/s 和 16m/s 三种情况，分别代表风机运行在 MPPT 区、额定转速运行区以及额定功率运行区。

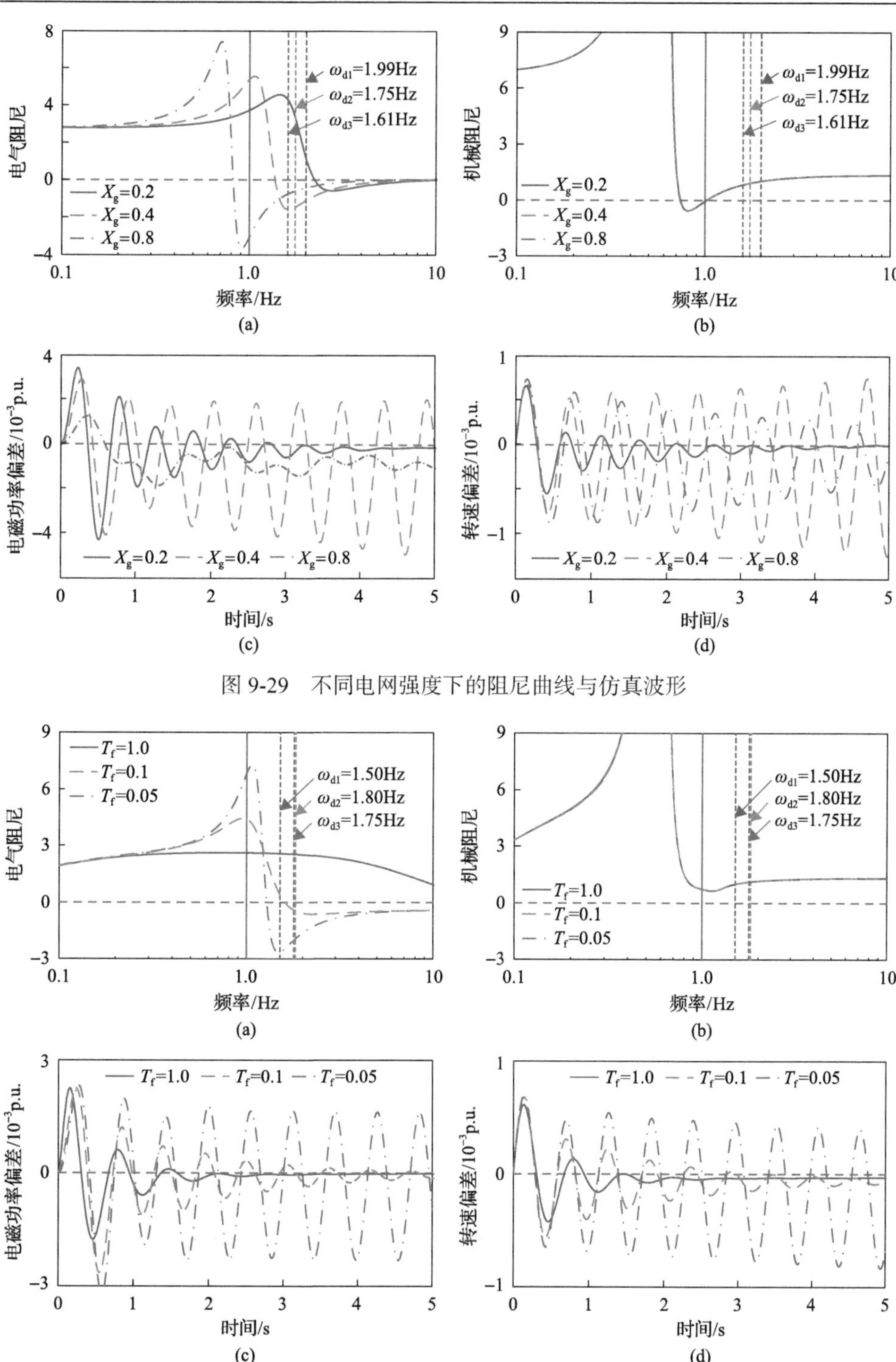

图 9-29　不同电网强度下的阻尼曲线与仿真波形

图 9-30　风速为 9m/s 时的阻尼曲线和仿真波形

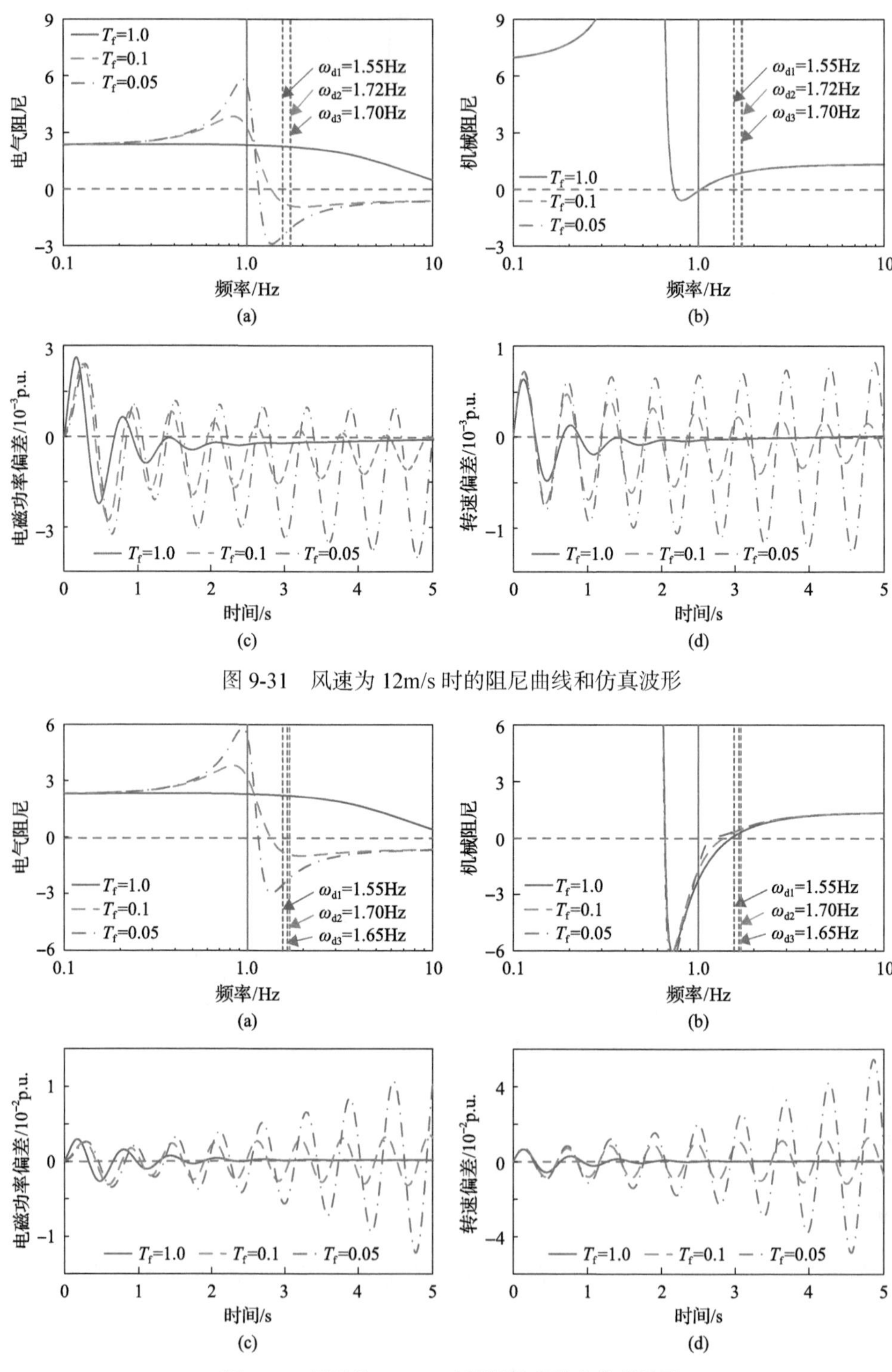

图 9-31　风速为 12m/s 时的阻尼曲线和仿真波形

图 9-32　风速为 16m/s 时的阻尼曲线和仿真波形

首先分析 MPPT 区下的阻尼变化情况。如图 9-30(a)和图 9-30(b)所示，随着 T_f 减小，振荡频率点处的电气阻尼减小。但此时由于桨距角补偿没有动态，机械阻尼并不会随惯性响应控制参数的变化而变化。图 9-31 分析了额定转速运行区的阻尼曲线变化。可以看出，随着 T_f 减小，振荡频率点处的电气阻尼恶化，这与 MPPT 区的情况相同。与 MPPT 区中的机械阻尼相比，可以发现功率的增加将使机械阻尼在振荡频率附近变得更小。从仿真波形中还可以看出，随着 T_f 变小，扰动后的发电机转速缓慢收敛，并且在 T_f=0.05 时，扰动后的发电机转速以及电磁功率波形已经发散。最后，图 9-32(a)和图 9-32(b)展示了额定功率运行区中阻尼曲线的变化。在该工作区中，机械阻尼也受到电气系统的影响，但与惯性参数引起的电气阻尼变化相比，这种影响可以忽略不计。对比三个风速下的阻尼曲线，可以发现，该运行区下相同参数时的振荡频率处的电气阻尼和机械阻尼是最差的。当 T_f=0.1 时，系统就已经不稳定了。图 9-32(c)和图 9-32(d)展示的仿真波形与理论分析一致。

9.7　小　　结

本章首先从含高比例风电的电力系统频率动态问题角度出发，讲述了风电机组快速频率控制的必要性。基于风电机组运动方程和机电尺度内电势的基本概念，建立了包含惯性响应控制的风电机组机电尺度运动方程模型，给出了风电机组等效惯量和等效阻尼的概念，并分析了不同因素对该等效惯量特性的影响。该运动方程的形式很好地反映了风电机组在机电尺度扰动情况下响应的物理过程，为含高比例风电的电力系统机电动态问题研究提供了模型基础，并在后续分析中采用了该运动方程模型。然后介绍了分析电力系统频率动态的扩展频率方法，定义了包含风电机组的电力系统总惯量表达式，并得到了系统频率动态特性分析的传递函数框图。最后基于此方法分析了不同的惯性响应控制参数、不同工作区对于电力系统频率动态的影响。与此同时，分析了该控制对电力系统低频振荡和风电机组传动链扭振的影响，指出在引入频率响应控制时应考虑其对原有的系统带来的其他影响。

本章的建模与分析针对包含了惯性响应控制的风电机组，但是对于包含一次调频的风电机组还没有一个统一的建模思路，也没有给出风电机组加入一次调频对电力系统频率动态的影响分析。后续的工作建议关注这个问题，在已有工作的基础上完善风电机组频率响应模型的建立及其对系统频率动态的影响分析。另外，风电机组快速频率响应控制策略的优化也是另外一个后续工作需要关注的重点。需要依据现有的风电机组惯量特性分析提出惯性响应控制的优化方法，实现风电机组惯性响应控制的自适应调节；也应依据后续一次调频对电力系统频率动态的影响分析来给出一次调频控制策略的优化思路。

参 考 文 献

[1] Morren J, de Haan S W H, Kling W L, et al. Wind turbines emulating inertia and supporting primary frequency control[J]. IEEE Transactions on Power Systems, 2006, 21(1): 433-434.

[2] He W, Yuan X, Hu J. Inertia provision and estimation of PLL-Based DFIG wind turbines[J]. IEEE Transactions on Power Systems, 2017, 32(1): 510-521.

[3] 邢誉峰, 谢珂, 潘忠文. 变质量系统振动分析的两种方法[J]. 北京航空航天大学学报, 2013, 39(7): 858-862.

[4] 张恒旭, 李常刚, 刘玉田, 等. 电力系统动态频率分析与应用研究综述 [J]. 电工技术学报, 2010, 25(11): 169-176.

[5] PTI Inc. PSS/E Program Application Manual (V31.1) [M]. Berlin: Siemens Power Transmission & Distribution Inc., 2007.

[6] Chan M L, Dunlop R D, Schweppe F. Dynamic equivalents for average system frequency behavior following major disturbances [J]. IEEE Transactions on Power Apparatus and Systems, 1972, PAS-91 (4): 1637-1642.

[7] Anderson P M, Mirheydar M. A low-order system frequency response model [J]. IEEE Transactions on Power Systems, 1990, 5(3): 720-729.

[8] Anderson P M, Mirheydar M. An adaptive method for setting under-frequency load shedding relays [J]. IEEE Transactions on Power Systems, 1992, 7(2): 647-655.

[9] Larsson M. An adaptive predictive approach to emergency frequency control in electric power systems[C]. The 44th IEEE Conference on Decision and Control, 2005 European Control Conference, Seville, 2005: 1-5.

[10] Denis L. A general-order system frequency response model incorporating load shedding：Analytic modeling and applications[J]. IEEE Transactions on Power Systems, 2006, 21(2): 709-717.

[11] 何维. 双馈型风电机组机电时间尺度特性分析及对电力系统机电动态影响研究[D]. 武汉：华中科技大学, 2017.

[12] 刘取. 电力系统稳定性及发电机励磁控制[M]. 北京：中国电力出版社, 2007.

[13] 应杰. 基于幅相运动方程的双馈风电机组机电尺度建模与特性分析及对电力系统稳定影响[D]. 武汉：华中科技大学, 2018.

[14] Zhang X, He W, Hu J. Impact of inertia control of DFIG-based WT on torsional vibration in drivetrain[J]. IEEE Transactions on Sustainable Energy, 2020, 11(4): 2525-2534.

[15] Kundur P. Power System Stability and Control[M]. New York: McGraw-Hill, 1994.

附录 1　矢量和复传递函数的坐标系变换关系

主要坐标系之间的矢量变换关系如下。

(1) 矢量 $\boldsymbol{F}_{\alpha\beta}$ 的共轭投影到 $\mathrm{dq}^{\mathrm{b-}}$ 坐标系下为

$$\left(\overline{\boldsymbol{F}_{\alpha\beta}}\right)_{\mathrm{dq}}^{\mathrm{b-}} = \overline{\boldsymbol{F}_{\alpha\beta}}\mathrm{e}^{-\mathrm{j}\theta_{\mathrm{b-}}} = \overline{\boldsymbol{F}_{\mathrm{dq}}^{\mathrm{b+}}}\mathrm{e}^{-\mathrm{j}\left(\theta_{\mathrm{b+}}+\theta_{\mathrm{b-}}\right)} \tag{附 1-1}$$

(2) 复传递函数在坐标系间的变换关系。设在任意速旋转坐标系 dq^{m} 下有

$$\boldsymbol{Y}_{\mathrm{dq}}^{\mathrm{m}} = \boldsymbol{G}^{\mathrm{m}}(s)\boldsymbol{X}_{\mathrm{dq}}^{\mathrm{m}} \tag{附 1-2}$$

式中，$\boldsymbol{G}^{\mathrm{m}}(s)$ 为任意速旋转坐标系下某个环节的传递函数；$\boldsymbol{X}_{\mathrm{dq}}^{\mathrm{m}}$ 为任意速旋转坐标系下该环节的输入矢量；$\boldsymbol{Y}_{\mathrm{dq}}^{\mathrm{m}}$ 为任意速旋转坐标系下该环节的输出矢量。

则在任意速旋转坐标系 dq^{n} 下该关系为

$$\boldsymbol{Y}_{\mathrm{dq}}^{\mathrm{n}} = \boldsymbol{G}^{\mathrm{n}}\left(s+\mathrm{j}\omega_{\delta\mathrm{m2n}}\right)\boldsymbol{X}_{\mathrm{dq}}^{\mathrm{n}} \tag{附 1-3}$$

式中，$\omega_{\delta\mathrm{m2n}}$ 为坐标系 dq^{n} 领先坐标系 dq^{m} 的角频率。

附录2　复传递函数与实传递函数矩阵描述的变换关系

1）从复传递函数描述变换到实传递函数矩阵描述

设有任意速坐标系下由复传递函数描述的矢量方程：

$$\boldsymbol{Y}_{\mathrm{dq}}=\boldsymbol{G}(s)\boldsymbol{X}_{\mathrm{dq}} \tag{附 2-1}$$

则实传递函数矩阵形式的描述为

$$\begin{bmatrix} y_{\mathrm{d}} \\ y_{\mathrm{q}} \end{bmatrix}=\underbrace{\begin{bmatrix} \mathrm{Re}\{\boldsymbol{G}(s)\} & -\mathrm{Im}\{\boldsymbol{G}(s)\} \\ \mathrm{Im}\{\boldsymbol{G}(s)\} & \mathrm{Re}\{\boldsymbol{G}(s)\} \end{bmatrix}}_{T_{\mathrm{c2rs}}(G(s))}\begin{bmatrix} x_{\mathrm{d}} \\ x_{\mathrm{q}} \end{bmatrix} \tag{附 2-2}$$

式（附 2-2）中定义了输入量无共轭的情况下从复传递函数到实传递函数矩阵的变换 T_{c2rs}。

对于输入量共轭的情况，设有任意速坐标系下由复传递函数描述的矢量方程：

$$\boldsymbol{Y}_{\mathrm{dq}}=\boldsymbol{G}(s)\overline{\boldsymbol{X}_{\mathrm{dq}}} \tag{附 2-3}$$

则实传递函数矩阵形式的描述为

$$\begin{bmatrix} y_{\mathrm{d}} \\ y_{\mathrm{q}} \end{bmatrix}=\underbrace{\begin{bmatrix} \mathrm{Re}\{\boldsymbol{G}(s)\} & \mathrm{Im}\{\boldsymbol{G}(s)\} \\ \mathrm{Im}\{\boldsymbol{G}(s)\} & -\mathrm{Re}\{\boldsymbol{G}(s)\} \end{bmatrix}}_{T_{\mathrm{c2rd}}(G(s))}\begin{bmatrix} x_{\mathrm{d}} \\ x_{\mathrm{q}} \end{bmatrix} \tag{附 2-4}$$

式（附 2-4）中定义了输入量有共轭的情况下从复传递函数到实传递函数矩阵的变换 T_{c2rd}。

2）从实传递函数矩阵描述到复传递函数描述

设有任意速坐标系下由实传递函数矩阵形式描述的二维方程：

$$\begin{bmatrix} x_{\mathrm{d}} \\ x_{\mathrm{q}} \end{bmatrix}=\underbrace{\begin{bmatrix} G_{11}(s) & G_{12}(s) \\ G_{21}(s) & G_{22}(s) \end{bmatrix}}_{\boldsymbol{G}(s)}\begin{bmatrix} y_{\mathrm{d}} \\ y_{\mathrm{q}} \end{bmatrix} \tag{附 2-5}$$

则其复传递函数形式的描述为

$$\boldsymbol{X}_{\mathrm{dq}} = \boldsymbol{G}_{\mathrm{s}}(s)\boldsymbol{Y}_{\mathrm{dq}} + \boldsymbol{G}_{\mathrm{d}}(s)\overline{\boldsymbol{Y}_{\mathrm{dq}}} \tag{附 2-6}$$

式中

$$\begin{aligned} \boldsymbol{G}_{\mathrm{s}}(s) &= \underbrace{\frac{G_{11}(s)+G_{22}(s)}{2} + \mathrm{j}\frac{G_{21}(s)-G_{12}(s)}{2}}_{T_{\mathrm{r2cs}}(\boldsymbol{G}(s))} \\ \boldsymbol{G}_{\mathrm{d}}(s) &= \underbrace{\frac{G_{11}(s)-G_{22}(s)}{2} + \mathrm{j}\frac{G_{21}(s)+G_{12}(s)}{2}}_{T_{\mathrm{r2cd}}(\boldsymbol{G}(s))} \end{aligned} \tag{附 2-7}$$

式(附 2-7)中的变换 $T_{\mathrm{r2cs}}(\ )$ 和 $T_{\mathrm{r2cd}}(\ )$ 构成了从实传递函数矩阵描述到复传递函数的变换 T_{r2c}。

附录 3　双馈型风机并网系统仿真参数

所有标幺值参数均归算到双馈型风机定子侧，功率基值为 1.5MW，线电压基值为 690V，基频为 50Hz。

附表 3-1　电网典型不对称故障工况参数

参数	对称短路	BC 相间短路	A 相接地短路
故障前网络阻抗 $z_{11}+z_{12}$	0.06 + j0.6	0.06 + j0.6	0.06 + j0.6
故障位置(以无穷大母线处为 0)	0.1	0.9	0.9
短路阻抗 z_{ft}	0.003 + j0.03	0.01 + j0.4	0.01 + j0.4

附表 3-2　双馈型风机主电路参数

参数	值	参数	值
L_m	3.19mH	C_f	0.08p.u.
R_s, L_s	1.6mΩ, 3.28mH	R_r, L_r	2.2mΩ, 3.27mH
发电机极对数	2 对	额定转速	1800r/min
定子绕组接法	星形	直流母线电压	1150V

附表 3-3　双馈型风机主要控制参数

参数	值	参数	值
k_{pp+}, k_{ip+}	40, 5600(带宽 19.0Hz)	k_{pp-}, k_{ip-}	20, 1400(带宽 9.5Hz)
k_{pi+}, k_{ii+}	0.54, 28(带宽 196Hz)	k_{pi-}, k_{ii-}	0.72, 64(带宽 294Hz)
ξ_{u+}	0.707	ξ_{u-}	0.707
ξ_{i+}	0.1	ξ_{i-}	0.1
α_{f+}	40rad/s	α_{f-}	40rad/s

附录 4　典型发电机组及系统仿真参数

附表 4-1　双馈型风机典型参数

类别		符号	变量	数值
额定参数		S_{N_wt}	双馈型风机额定容量	1.67MV·A
		U_{N_wt}	双馈型风机额定电压	690V
		f_{N_wt}	双馈型风机额定频率	50Hz
电路参数		H_{wt}	轴系转动惯量常数	4s
		X_m	互感抗	2.9p.u.
		X_s	定子感抗	3.08p.u.
		X_r	转子感抗	3.06p.u.
		R_s	定子电阻	0.023p.u.
		R_r	转子电阻	0.009p.u.
		I_{max}	变流器最大容量	1.2p.u.
基本控制参数		PI_{pll}	锁相控制器 PI 参数	60/1,400
		PI_i	电流控制器 PI 参数	20/200
		ω_r^*	转子转速参考值	1.2p.u.
		Q_t^*	端电压处无功功率参考值	0.07p.u.
		V_t^*	端电压参考值	1.05p.u.
有功支路控制参数	DFlag=1	PI_ω	转速控制器 PI 参数	3/20
	DFlag=2	PI_ω	转速控制器 PI 参数	1.5/5, 3/0.6
	DFlag=3	T_f	惯量控制时间常数	1.5
		K_f	惯量控制比例常数	3
无功支路控制参数	QFlag=2	k_{iQ}	无功功率控制参数	0.5
	QFlag=3	k_{iV}	端电压控制参数	40
	QFlag=4	k_{iQ}/k_{iV}	无功功率/端电压级联控制参数	0.5/40

附表 4-2　同步机典型参数

类别	符号	变量	数值
额定参数	S_{N_sg}	同步机额定容量	300MV·A
	U_{N_sg}	同步机额定电压	10kV
	f_{N_sg}	同步机额定频率	50Hz

续表

类别	符号	变量	数值
电路参数	H_{sg}	转动惯量常数	6.5s
	D_{sg}	阻尼系数	0.1p.u.
	X_d	d 轴同步电抗	1.8p.u.
	X'_d	d 轴暂态电抗	0.3p.u.
	X_q	q 轴同步电抗	1.7p.u.
	T'_{d0}	d 轴暂态开路时间常数	8s
励磁机控制参数	K_a	励磁机比例系数	200
	T_e	励磁机时间常数	0.02s
调速器参数	T_G	调速器时间常数	0.2s
	T_{RH}	再热器时间常数	7s
	T_{CH}	汽室时间常数	1s
	F_{HP}	高压产生功率比例	0.3
	R	稳态调节速率	0.05

附表 4-3　单风电机组-无穷大系统典型参数

类别		符号	变量	数值
基准参数		S_{base}	基准容量	1.67MV · A
		U_{base}	基准电压	690V
		f_{base}	基准频率	50Hz
		P_{in}/ω_r^*	输入机械转矩指令	0.91p.u.
系统参数	参数 1	$X_1 \sim X_4$	传输线路参数	0.2/0.1/0.1/0.2p.u.
		E_d^p	锁相坐标系中内电势 d 轴分量	1.48p.u.
	参数 2	$X_1 \sim X_4$	传输线路参数	0.2/0.2/0.2/0.2p.u.
		E_d^p	锁相坐标系中内电势 d 轴分量	0.93p.u.

附表 4-4　双馈型风机–同步机双机系统典型参数

类别	符号	变量	数值
基准参数	S_{base}	基准容量	300MV · A
	U_{base}	基准电压	U_N
	f_{base}	基准频率	50Hz
	P_{in_wt}	风机输入机械功率	1p.u.
	P_{in_sg}	同步机输入机械功率	1p.u.

续表

类别		符号	变量	数值
系统参数	参数 1	$X_1 \sim X_4$	传输线路参数	0.12/0.18/0.18/0.12p.u.
		Z_1、Z_2	恒阻抗负荷	(1.25+0.10j)/(0.85+0.09)p.u.
	参数 2	$X_1 \sim X_4$	传输线路参数	0.12/0.50/0.50/0.12p.u.
		Z_1、Z_2	恒阻抗负荷	(1.19+0.10j)/(0.84+0.09j)p.u.
故障参数		X_f	接地阻抗	0.8p.u.
		t_{cl}	故障持续时间	0.65s